供配电技术项目教程

◎ 吕梅蕾 叶虹 主编

姜春娣 姚晴洲 陈利民 副主编

清華大學出版社

北京

内容简介

本书共分5个项目20个任务，介绍了供配电系统基本计算、供配电系统一次设备选择与安装、供配电系统二次设备安装、供配电系统的调试和供配电系统的运行与维护。为便于学生复习和自学，每个任务末有自我检测，书末有部分习题参考答案。为配合教学和习题的需要，书末还附有常用设备的主要技术数据。

本书适用于高职高专、成人高校电类专业(电气自动化技术、供用电技术、机电一体化技术等)学生作为"供配电技术"课程的教材，也可供中等职业技术学校、技工学校同类专业学生选用，还可作为工程技术人员和管理人员的参考用书。

图书在版编目(CIP)数据

供配电技术项目教程/吕梅蕾，叶虹主编. —北京：清华大学出版社，2017(2024.8重印)
("十三五"应用型人才培养规划教材)
ISBN 978-7-302-46783-0

Ⅰ. ①供… Ⅱ. ①吕… ②叶… Ⅲ. ①供电系统－高等学校－教材 ②配电系统－高等学校－教材 Ⅳ. ①TM72

中国版本图书馆CIP数据核字(2017)第052785号

责任编辑：王剑乔
封面设计：刘 键
责任校对：袁 芳
责任印制：刘 菲

出版发行：清华大学出版社
网 址：https://www.tup.com.cn，https://www.wqxuetang.com
地 址：北京清华大学学研大厦A座 **邮 编**：100084
社 总 机：010-83470000 **邮 购**：010-62786544
投稿与读者服务：010-62776969，c-service@tup.tsinghua.edu.cn
质量反馈：010-62772015，zhiliang@tup.tsinghua.edu.cn
课件下载：https://www.tup.com.cn，010-83470410
印 装 者：三河市龙大印装有限公司
经 销：全国新华书店
开 本：185mm×260mm **印 张**：19 **字 数**：455千字
版 次：2017年7月第1版 **印 次**：2024年8月第8次印刷
定 价：56.00元

产品编号：073853-02

前言

FOREWORD

党的二十大报告强调“加快建设高质量教育体系”“加强教材建设和管理”，教材作为教育目标、理念、内容、方法、规律的集中体现，是教育教学的基本载体和关键支撑，是教育核心竞争力的重要体现，是高质量教育的重要基础和保障。本教材根据供配电技术领域和职业岗位的能力要求，参照相关的职业资格标准，坚持产教融合、校企合作，以巨化集团公司某厂的供配电项目为载体，与行业企业工程技术人员合作编写。将理论和实际紧密联系，知识与能力有机结合，任务难度螺旋递增，注重培养学生的工程应用能力和解决现场实际问题的能力。本教材具体体现以下特色：

(1) 采用任务驱动方式。根据工作过程组织5个项目20个任务，每个任务都以某一能力或技能的形成为主线。

(2) 以“任务情境”“任务分析”“知识准备”“任务实施”“知识拓展”“自我检测”等形式组织教材内容。“任务情境”保证供配电知识体系的完整性；“任务分析”和“知识准备”将技能和知识有效结合，符合高职高专“工学结合”人才培养模式的指导思想；“知识拓展”内容用于组织项目之外需要的相关知识，同时有助于读者了解供配电系统发展的新技术、新设备和新动态；“自我检测”便于读者讨论和巩固所学的知识。

(3) 注重技术内容的先进性和专业术语的标准化。书中所述技术措施、标准规范要求、电气图形符号和文字符号、设计技术数据、设备选型资料均为目前最新的。

本书由衢州学院的吕梅蕾教授/高工和叶虹副教授担任主编，负责制订编写大纲，提出各项目编写思路。衢州学院的姜春娣、湖州职业技术学院的姚晴洲、巨化集团公司的陈利民担任副主编。吕梅蕾编写学习导入和项目一；叶虹编写项目二的任务三、任务四和任务五及附录；姜春娣编写项目三和项目四；姚晴洲编写项目二的任务一、任务二；陈利民编写项目五。

本书在修订过程中，增加了教学课件、各知识点微课视频，方便教师教学和学生自学。本书配套课程《工厂供电》已在逝江省高等学校在线开放课程共享平台上线，更加方便广大学生自学。

在本书的编写过程中，自始至终得到湖州职业技术学院高志宏教授的指导，得到清华大学出版社、各参编单位领导的大力协助，在此表示衷心的感谢；参考了一些经典本科教材、优秀高职高专教材，在此向各参考书目的作者表示真诚的感谢。

由于编者水平有限，书中难免有疏漏之处，敬请读者批评、指正，不胜感激。

编　者

2023年7月

目录

CONTENTS

本书教学课件

学 习 导 入

发电厂、电力系统与工厂的自备电源

电力系统的电压与电能质量

本书从巨化集团公司某厂供配电系统设计、安装、调试、维护的工作过程入手，介绍供配电技术。熟悉系统各部分的工作要点和理论依据，抓住重点，举一反三，您将很快地掌握这项技术。因为对于所有的工厂，其供配电系统大同小异。为此，本书将循序渐进，介绍工厂供电系统中电源方向电力系统的基本知识，讲解典型的工厂供电系统，讨论电力系统的电能和电压质量问题。

一、供电系统概述

电能是现代人们生产和生活的重要能源。电能既易于由其他形式的能量转换而来，又易于转换为其他形式的能量以供应用。电能的输送和分配既简单、经济，又易于控制、调节和测量，利于实现生产过程的自动化。因此，电能在工农业生产、交通运输、科学技术、国防建设等各行各业和人民生活方面应用广泛。

工厂供电是指工厂所需电能的供应和分配问题。由于电能的生产、输送、分配和使用的全过程实际上是在同一瞬间实现的，因此在介绍工厂供电系统之前，有必要了解其电源方向电力系统的基本知识。

（一）电力系统的基本概念

由发电厂、电力网和电能用户组成的一个发电、输电、变配电和用电的整体，称为电力系统，如图 0-1 所示。

1. 发电厂

发电厂又称发电站，它是将自然界蕴藏的多种形式的能源转换为电能的特殊工厂。发电厂的种类很多，一般根据所利用能源的不同，分为火力发电厂、水力发电厂、原子能发电厂，以及风力、地热、潮汐、太阳能发电厂等。

水力发电厂简称水电厂或水电站，它利用水流的位能来生产电能。当控制水流的闸门打开时，水流沿进水管进入水轮机蜗壳室，冲动水轮机，带动发电机发电，其能量转换过程如下所示。

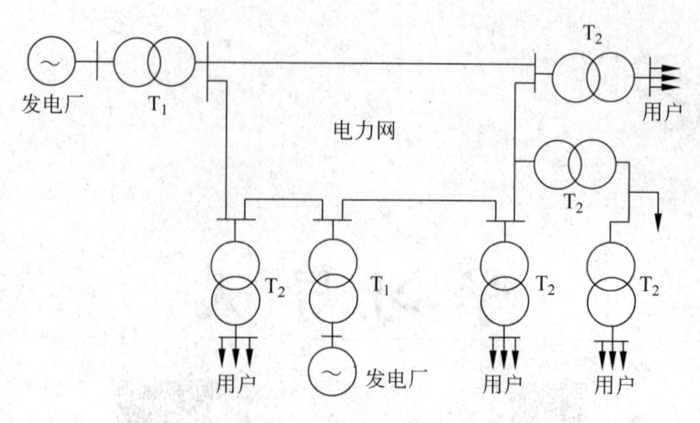

图 0-1　电力系统示意图

T_1—升压变压器；T_2—降压变压器

根据提高水位的不同方法，分为坝后式水电厂、引水式水电厂和混合式水电厂三类。我国的一些大型水电厂，如长江三峡水电厂，属于坝后式水电厂。

火力发电厂简称火电厂或火电站，它利用燃料的化学能来生产电能。我国的火电厂以燃煤为主，但随着"西气东输"工程竣工，将逐步扩大天然气燃料的比例。火力发电的原理是：燃料在锅炉中充分燃烧，将锅炉中的水转换为高温高压蒸汽，蒸汽推动汽轮机转动，带动发电机旋转，发出电能，其能量转换过程如下所示。

燃料的化学能 —锅炉→ 热能 —汽轮机→ 机械能 —发电机→ 电能

现代火电厂根据环保要求，考虑了"三废"（废水、废渣、废气）的综合利用，不仅发电，而且供热（供应蒸汽和热水）。这种既供电又供热的火电厂，称为热电厂或热电站。热电厂一般靠近城市或工业区。国内大型的火力发电厂有华能玉环电厂、北仑电厂等。

核能发电厂又称核电站，它主要利用原子核的裂变能来生产电能，其生产过程与火电厂基本相同，只是以核反应堆（俗称原子锅炉）代替燃煤锅炉，以少量的核燃料取代大量的煤炭等燃料，能量转换过程如下所示。

核裂变能 —核反应堆→ 热能 —汽轮机→ 机械能 —发电机→ 电能

由于核能是极其巨大的能源，而且核电建设具有重要的经济和科研价值，所以世界各国都很重视核电建设，核电发电量的比重逐年增长。我国在 20 世纪 80 年代就确定要适当发展核电，陆续兴建了秦山、大亚湾、岭澳等大型核电站。

2. 电力网

在电力系统中，各级电压的电力线路及其联系的变电所，合称为电力网或电网。电力网是电力系统的重要组成部分，其作用是将电能从发电厂输送并分配到用户。

1）变配电所

变配电所又称变配电站。变电所是接收电能、变换电压和分配电能的场所；配电所只用来接收和分配电能。两者的区别在于变电所装设电力变压器，比配电所多了变压的任务。

按变电所的性质和任务不同，分为升压变电所和降压变电所；除与发电机相连的升压变电所之外，其余的均为降压变电所。按变电所的地位和作用不同，又分为枢纽变电所、地区变电所和用户变电所。

2）电力线路

电力线路又称输电线。由于各种类型的发电厂多建于自然资源丰富的地方，一般距电能用户较远，所以需要借助不同电压等级的电力线路将发电厂生产的电能源源不断地输送出去。电力线路的作用是输送电能，并把发电厂、变配电所和电能用户连接起来。

电力线路按其用途及电压等级，分为输电线路和配电线路。电压在 35kV 及以上的电力线路称为输电线路；电压在 10kV 及以下的电力线路称为配电线路。电力线路按其架设方法，分为架空线路和电缆线路；按其传输电流的种类，分为交流线路和直流线路。

3. 电能用户

电能用户又称电力负荷。在电力系统中，一切消费电能的用电设备或用电单位均称为电能用户。按行业，分为工业用户、农业用户、市政商业用户和居民用户。

（二）工厂供电系统

工厂供电系统是指工厂所需的电力能源从进厂起到所有用电设备终端止的整个电路，它由工厂总降压变电所（高压配电所）、高压配电线路、车间变电所、低压配电线路及用电设备组成。

一些中小型工厂的电源进线电压为 6～10kV，某些大中型工厂的电源进线电压可达 35kV 及以上，某些小型工厂可直接采用低压进线。所谓低压，是指低于 1kV 的电压；1kV 以上的电压称为高压①。

1. 具有高压配电所的工厂供电系统

图 0-2 所示是一个比较典型的中型工厂供电系统的系统图②。为使图形简明，系统图、布线图及后面将涉及的主电路图，一般只用一根线来表示三相线路，即绘成单线图的形式。必须说明，这里的系统图未绘出其中的开关电器，但示意性地绘出了高、低压母线上和低压联络线上装设的开关。

从图 0-2 可以看出，该厂的高压配电所有两条 6～10kV 电源进线，分别接在高压配电所的两段母线上。所谓母线，就是用来汇集和分配电能的导体，又称汇流排。这种利用一台开关分隔开的单母线接线形式，称为单母线分段制。当一条电源进线发生故障，或因检修而被切除时，可以闭合分段开关，由另一条电源进线来对整个配电所的负荷供电。这种具有双电源的高压配电所最常见的运行方式是：分段开关正常情况下是闭合的，整个配电所由一条电源进线供电，通常来自公共高压配电网络；另一条电源进线作为备用，通常从邻近单位取得备用电源。

---

① 这里所谓的低压、高压，是从设计制造的角度来划分的。如果从电气安全的角度，按照我国电力行业标准 DL 408—1991 的规定：低压为设备对地电压低于 250V 者；高压为设备对地电压在 250V 以上者。

② 按照 GB 6988—1986《电气制图》定义：系统图是用符号或带注释的框，概略表示系统或分系统的基本组成、相互关系及其主要特征的一种简图。电路图是用图形符号并按工作顺序，详细表示电路、设备或成套装置的全部基本组成和连接关系，而不考虑其实际位置的一种简图。

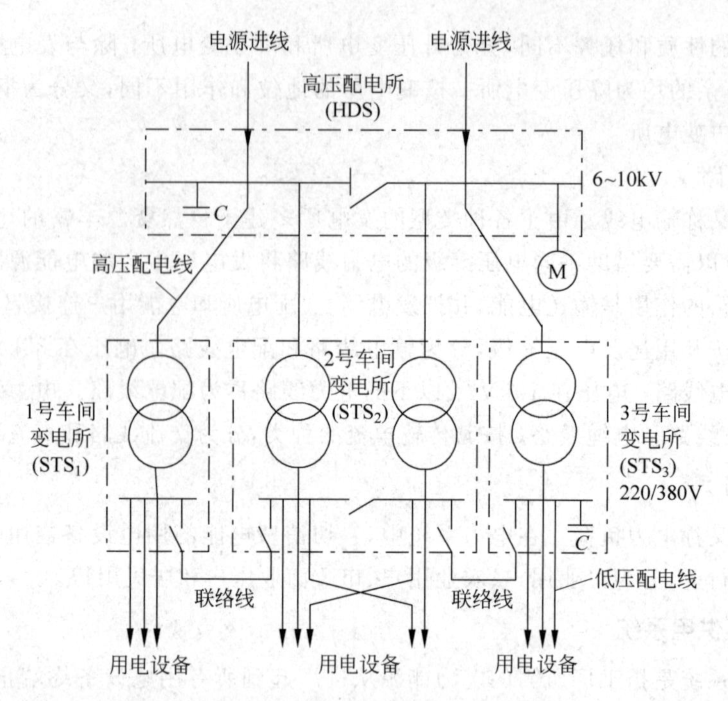

图 0-2 具有高压配电所的中型工厂供电系统图

图中所示高压配电所有四条高压配电线,供电给三个车间变电所。车间变电所装有电力变压器(又称"主变压器"),将 10kV(或 6kV)高压降为低压用电设备所需的 220/380V 电压①。其中,2 号车间变电所的两台电力变压器分别由配电所的两段母线供电;其低压侧采用单母线分段制,使供电可靠性大大提高。各车间变电所的低压侧都通过低压联络线连接,以提高供电系统运行的可靠性和灵活性。此外,该配电所有一条高压配电线,直接供电给一组高压电动机;另有一条高压配电线,直接连接一组高压并联电容器。3 号车间变电所的低压母线上也连接有一组低压并联电容器。这些并联电容器都用来补偿系统的无功功率,用于提高功率因数。

2. 具有总降压变电所的工厂供电系统

图 0-3 所示是一个比较典型的具有总降压变电所的大中型工厂供电系统图。总降压变电所有两条 35kV 及以上的电源进线,采用桥形接线。35kV 及以上电压经该所电力变压器降为 10kV(或 6kV)电压,然后通过高压配电线路将电能送到各车间变电所。车间变电所又经电力变压器将 10kV(或 6kV)电压降为一般低压用电设备所需的 220/380V 电压。为了补偿系统的无功功率和提高功率因数,通常在 10kV(或 6kV)高压母线或 380V 低压母线接入并联电容器。

3. 高压深入负荷中心的工厂供电系统

如果当地的电源电压为 35kV,厂区环境条件和设备条件允许采用 35kV 架空线路和较经济的电气设备,可考虑采用 35kV 作为高压配电电压。35kV 线路直接引入靠近负荷中心的车间变电所,经电力变压器直接降为低压用电设备所需的电压,如图 0-4 所示。这种高压

① 按照 GB 156—2007《标准电压》的规定,电压"220/380V"中的"220V"为三相交流系统的相电压,"380V"为线电压。

深入负荷中心的直配方式，可以节省一级中间变压，简化供电系统，节约有色金属，降低电能损耗和电压损耗，提高供电质量；但是必须考虑厂区要有满足35kV架空线路的“安全走廊”，以确保供电安全。

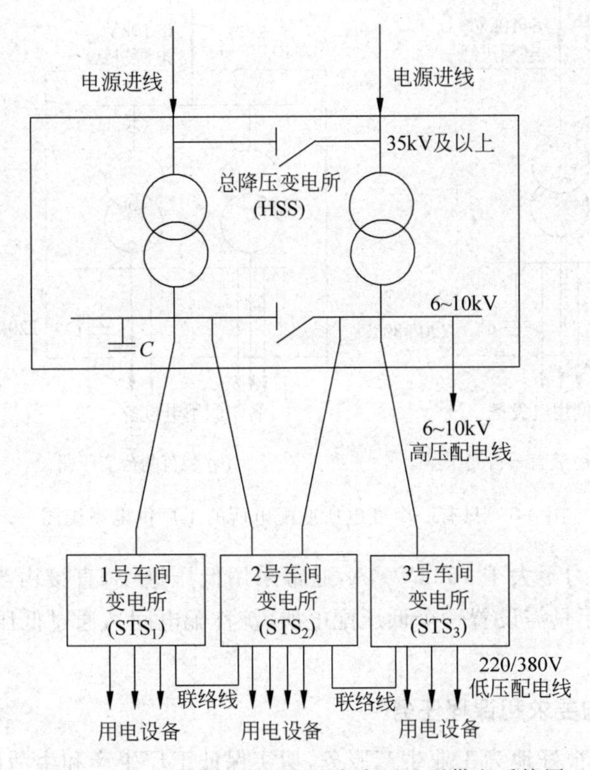

图 0-3　具有总降压变电所的大中型工厂供电系统图

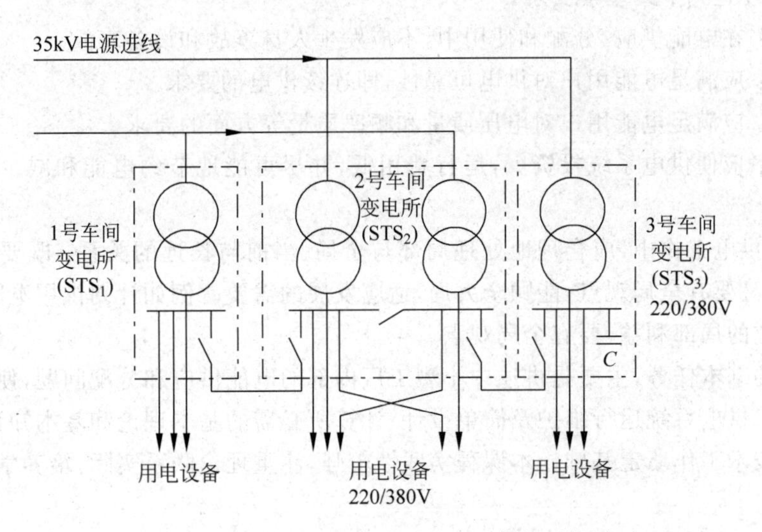

图 0-4　高压深入负荷中心的工厂供电系统图

4. 只有一个变电所或配电所的工厂供电系统

对于小型工厂，由于所需电力容量一般不大于1000kV·A或稍多，因此通常只设一个将10kV(或6kV)电压降为低压的降压变电所,其系统图如图0-5所示。这种变电所相当于上述车间变电所。

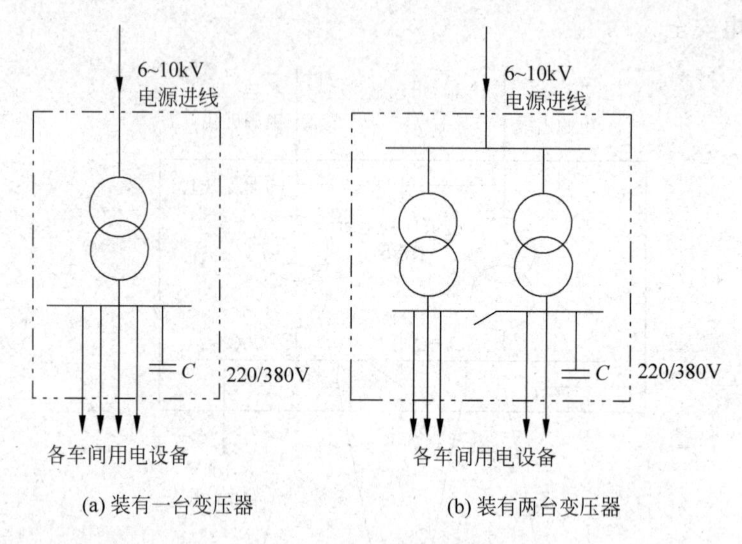

(a) 装有一台变压器 (b) 装有两台变压器

图0-5 只有一个变电所或配电所的工厂供电系统图

如果工厂所需电力不大于160kV·A,通常采用低压进线,直接由当地的220/380V公共电网供电,因此工厂只需设置一个低压配电所(统称配电间),通过低压配电间直接向各车间配电。

(三)工厂供电的要求和课程任务

工厂供电工作要很好地为工业生产服务,切实保证工厂生产和生活用电的需要,并注意节约用电,必须达到下列基本要求。

- 安全:在电能供应、分配和使用中,不应发生人身事故和设备事故。
- 可靠:应满足电能用户对供电可靠性,即连续供电的要求。
- 优质:应满足电能用户对电压质量和频率质量等方面的要求。
- 经济:应使供电系统投资少,运行费用低,并尽可能地节约电能和减少有色金属消耗量。

此外,在供电工作中,应合理地处理局部与全局、当前与长远的关系;既要照顾局部和当前的利益,又要有全局观点,能顾全大局,适应发展的需要。例如计划供用电问题,不能只考虑一个单位的局部利益,要有全局观点。

本课程的基本任务,主要是讲述中小型工厂内部的电能供应和分配问题,使学生初步掌握中小型工厂供电系统运行维护及简单设计、计算所必需的基本理论和基本知识,为今后从事工厂供电技术工作奠定基础。本课程实践性较强,注重理论联系实际,培养学生的动手实践能力。

二、电力系统的额定电压

(一)供电质量的主要指标

供电系统的所有电气设备都规定具有一定的工作电压和频率。电气设备在其额定电压和频率条件下工作时，综合经济效果最佳。因此，电压和频率被认为是衡量电能质量的两个基本参数。

1. 频率

我国采用的工业频率(简称工频)为 50Hz，频率偏差范围一般规定为±0.5Hz。电力系统容量达 3000MW 及以上时，频率偏差范围规定为±0.2Hz。但是频率的调整主要依靠发电厂。对于工厂供电系统来说，提高电能质量，主要是提高电压质量和供电可靠性的问题。

2. 电压

电压质量不只是针对额定电压来说电压偏高或偏低，即电压偏差的问题，还包括电压波动以及电压波形是否畸变，即是否含有高次谐波成分的问题。

1) 电压偏差和调整

(1) 电压偏差。用电设备端子处的电压偏差 ΔU，是以设备端电压 U 与设备额定电压 U_N 差值的百分值来表示的，即

$$\Delta U\% = \frac{U-U_N}{U_N} \times 100\% \tag{0-1}$$

电压偏差是由于系统运行方式改变及负荷缓慢变化而引起的，其变动相当缓慢。

按照 GB 50052—2009《供配电系统设计规范》的规定，在正常运行情况下，用电设备端子处电压偏差允许值(以 U_N 的百分数表示)宜符合下列要求。

① 电动机为±5%。

② 照明：在一般工作场所为±5%；对于远离变电所的小面积一般工作场所，难以满足上述要求时，可为+5%、−10%；对于应急照明、道路照明和警卫照明等，为+5%、−10%。

③ 对于其他用电设备，当无特殊规定时，为±5%。

(2) 电压调整。为了减小电压偏差，保证用电设备在最佳状态下运行，工厂供电系统必须采取相应的电压调整措施，分述如下。

① 合理选择变压器的电压分接头，或采用有载调压型变压器，使之在负荷变动的情况下，有效地调节电压，保证用电设备端电压的稳定。

② 合理地减少供电系统的阻抗，以降低电压损耗，缩小电压偏差范围。

③ 尽量使系统的三相负荷均衡，减小电压偏差。

④ 合理地改变供电系统的运行方式，调整电压偏差。

⑤ 采用无功功率补偿装置，提高功率因数，降低电压损耗，缩小电压偏差范围。

2) 电压波动和闪变及其抑制

电压波动是由于负荷急剧变动引起的。负荷急剧变动，使系统的电压损耗相应地快速变化，使电气设备的端电压出现波动现象。例如，电焊机、电弧炉和轧钢机等冲击性负荷都会引起电网电压波动。电压波动值用电压波动过程中相继出现的电压有效值的最大值与最小值之差对额定电压的百分值来表示，其变化速度不低于每秒 0.2%。

电压波动可影响电动机的正常启动，可使同步电动机转子振动，使电子设备，特别是使计算机无法正常工作，使照明灯发生明显的闪烁现象等。其中，电压波动对照明的影响最为明显。人眼对灯闪的主观感觉，就称为闪变。电压闪变对人眼有刺激作用，甚至使人无法正常工作和学习。

因此,国家标准 GB 12326—2008《电能质量·电压波动和闪变》规定了系统由冲击性负荷产生的电压波动允许值和闪变电压允许值。

降低或抑制冲击性负荷引起的电压波动和电压闪变,宜采取下列措施。

① 对大容量的冲击性负荷采用专线或专用变压器供电。这是最简便、有效的办法。

② 降低供电线路阻抗。

③ 选用短路容量较大或电压等级较高的电网供电。

④ 采用能"吸收"冲击性无功功率的静止补偿装置 SVC 等。

3) 高次谐波及其抑制

高次谐波是指一个非正弦波按傅里叶级数分解后所含的频率为基波频率整数倍的所有谐波分量。基波频率是 50Hz。高次谐波简称谐波。

电力系统中的发电机发出的电,一般认为是 50Hz 的正弦波。但由于系统中有各种非线性元件存在,因而在系统中和用户处的线路中出现了高次谐波,使电压或电流波形发生一定程度的畸变。

系统中产生高次谐波的非线性元件很多,例如荧光灯、高压汞灯、高压钠灯等气体放电灯及交流电动机、电焊机、变压器和感应电炉等,都要产生高次谐波电流。最严重的是大型硅整流设备和大型电弧炉,它们产生的高次谐波电流最突出,是造成电力系统谐波干扰的最主要的谐波源。当前,高次谐波的干扰已成为电力系统中影响电能质量的一大"公害"。因此,国家标准 GB/T 14549—1993《电能质量·公用电网谐波》规定了公用电网中的谐波电压限值和谐波电流允许值。

抑制高次谐波,宜采取下列措施。

(1) 大容量的非线性负荷由短路容量较大的电网供电。

(2) 三相整流变压器采用 Yd 或 Dy 连接,可以消除 3 的整数倍的高次谐波,是抑制整流变压器产生高次谐波干扰的最基本的方法。

(3) 增加整流变压器二次侧的相数。整流变压器二次侧的相数越多,整流脉冲数随之增多,其次数较低的谐波分量被消去得越多。

(4) 装设分流滤波器。

(5) 装设静止补偿装置(SVC),吸收高次谐波电流,以减小这些用电设备对系统产生的谐波干扰。

(二) 额定电压的国家标准

按照 GB 156—2007《标准电压》的规定,我国三相交流电网和用电设备的额定电压如表 0-1 所示。

1. 电力线路的额定电压

电力线路的额定电压等级是国家根据国民经济发展的需要及电力工业的水平,经全面技术经济分析后确定的。它是确定各类电力设备额定电压的基本依据。

2. 用电设备的额定电压

由于用电设备运行时要在线路中产生电压损耗,因而造成线路上各点的电压略有不同,如图 0-6 中的虚线所示。但是对于成批生产的用电设备,其额定电压不可能按使用地点的实际电压来制造,只能按线路首端与末端的平均电压,即电网的额定电压 U_N 来制造。所以,用电设备的额定电压规定与供电电网的额定电压相同。

表 0-1　我国三相交流电网和用电设备的额定电压　　单位:kV

分类	电网和用电设备额定电压	发电机额定电压	电力变压器额定电压	
			一次绕组	二次绕组
低压	0.38	0.4	0.38	0.40
低压	0.66	0.69	0.66	0.69
高压	3	3.15	3,3.15	3.15,3.3
高压	6	6.3	6,6.3	6.3,6.6
高压	10	10.5	10,10.5	10.5,11
高压	—	13.8,15.75,18,20,22,24,26	13.8,15.75,18,20,22,24,26	—
高压	35		35	38.5
高压	66		66	72.5
高压	110		110	121
高压	220		220	242
高压	330		330	363
高压	500		500	550

3. 发电机的额定电压

对于同一电压的线路,一般允许电压偏差±5%,即整个线路允许有10%的电压损耗,因此为了将线路首端与末端的平均电压维持在额定值,线路首端电压应较电网额定电压高5%,如图0-6所示。发电机通常接在线路首端,所以规定其额定电压高于所供电网额定电压5%。

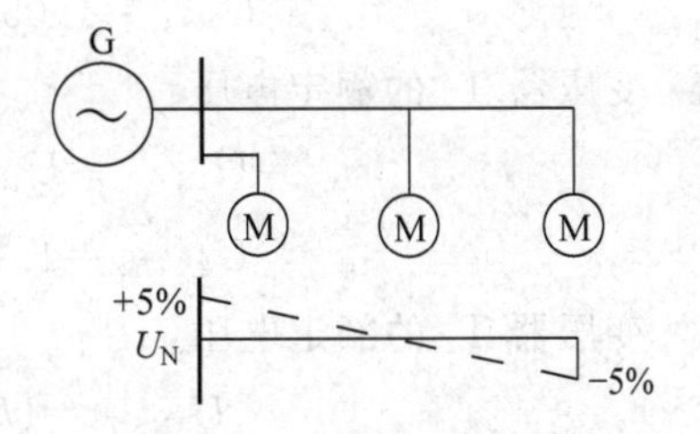

图 0-6　用电设备和发电机的额定电压

4. 电力变压器的额定电压

1) 电力变压器一次绕组的额定电压

若变压器直接与发电机相连,如图0-7中所示的变压器 T_1,则其一次绕组额定电压应与发电机额定电压相同,即高于电网额定电压5%。

若变压器不与发电机直接相连,而是连接在线路的其他部位,应将变压器看作是线路上的用电设备。因此,变压器的一次绕组额定电压应与供电电网额定电压相同,如图0-7中所示的变压器 T_2。

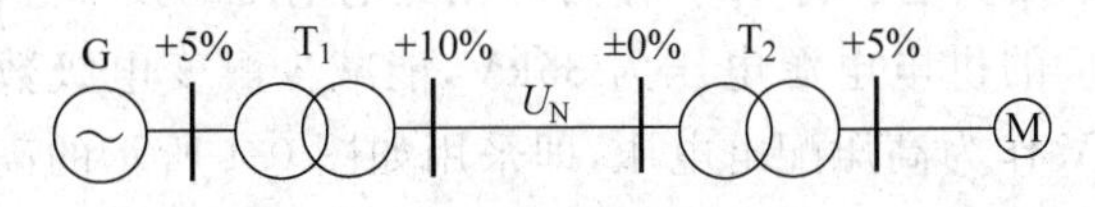

图 0-7　电力变压器的额定电压

2) 电力变压器二次绕组的额定电压

变压器二次绕组的额定电压是指变压器在其一次绕组加上额定电压时的二次绕组开路电压(空载电压)。变压器在满载运行时,其绕组内有大约5%的阻抗电压降,因此下面分两种情况讨论。

(1) 如果变压器二次侧的供电线路较长(如为较大容量的高压电网),对于变压器二次绕组的额定电压，一方面要考虑补偿绕组本身5%的电压降；另一方面要考虑变压器满载时输出的二次电压高于二次侧电网额定电压5%(因变压器处在其二次侧线路的首端)，所以在这种情况下，变压器二次绕组额定电压应高于二次侧电网额定电压10%，如图0-7中所示的变压器T_1。

(2) 如果变压器二次侧的供电线路不长(如为低压电网，或直接供电给高、低压用电设备的线路)，则变压器二次绕组的额定电压只需高于二次侧电网额定电压5%，仅考虑补偿变压器满载时绕组本身5%的电压降，如图0-7中所示的变压器T_2。

【例0-1】 已知如图0-8所示系统中线路的额定电压，试求发电机和变压器的额定电压。

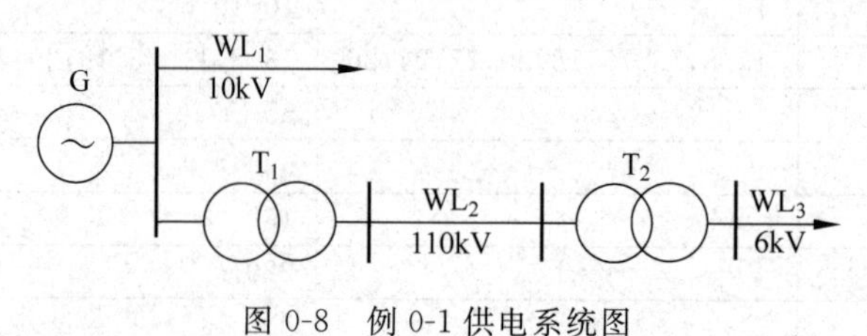

图0-8 例0-1供电系统图

解：发电机G的额定电压：

$$U_{N\cdot G}=1.05U_{N\cdot WL_1}=1.05\times 10=10.5(kV)$$

变压器T_1的额定电压：

$$U_{1N\cdot T_1}=U_{N\cdot G}=10.5kV$$

$$U_{2N\cdot T_1}=1.1U_{N\cdot WL_2}=1.1\times 110=121(kV)$$

变压器T_2的额定电压：

$$U_{1N\cdot T_2}=U_{N\cdot WL_2}=110kV$$

$$U_{2N\cdot T_2}=1.1U_{N\cdot WL_3}=1.1\times 6=6.6(kV)$$

(三) 工厂供配电电压的选择

1. 工厂高压配电电压的选择

工厂供电系统的高压配电电压主要取决于工厂高压用电设备的电压、容量和数量等因素。

工厂的高压配电电压通常应采用10kV。当6kV用电设备的总容量较大，选用6kV经济、合理时，宜采用6kV。如6kV设备不多，仍应选10kV作为工厂的高压配电电压，而对6kV设备通过专用的10/6.3kV变压器单独供电。如果工厂有3kV的用电设备，也可采用10/3.15kV的变压器单独供电。将3kV作为高压配电电压的技术经济指标很差，不应用作高压配电电压。当工厂的供电电源电压为35kV，能减少配变电级数、简化接线，且技术经济合理时，可采用35kV作为高压配电电压，即采用如图0-4所示的高压深入负荷中心的直配方式。

2. 工厂低压配电电压的选择

工厂低压配电电压一般采用220/380V。其中，线电压380V接三相动力设备及380V单相设备，相电压220V接220V照明灯具及其他220V单相设备。但在某些场合，宜采用660V甚至更高的1140V作为低压配电电压。例如在矿井下，因负荷中心往往离变电所较远，为保证远端负荷的电压水平，采用660V或1140V电压配电。采用更高的电压配电，不仅能减少线路的电压损耗，提高负荷端的电压水平，而且能减少线路的电能损耗，降低线路的有色金属消耗量和初投资，增加供电半径，提高供电能力，减少变电点，简化供配电系统。因此，提高低压配电电压有明显的经济效益，是节电的有效手段之一。这在世界各国成为发展趋势，我国也注意到这一问题，生产了不少适用于660V电压的配电电器，不过目前660V电压只限于采矿、石油和化工等少数部门。

通过以上介绍可以看出，巨化集团公司某厂在电力系统中就是电能用户部分，该公司变电所的主要任务是接收电力网上的电能，然后通过变压器变换电压，将电能分配给各个车间和其他生活场所。那么，问题来了，例如，变电所有哪些设备？为什么用到这些设备？设备如何安装？起何作用？如何工作？等等。本书从巨化集团公司某厂供配电系统计算、安装、调试、运行、维护的工作过程导入供配电技术的相关内容。

自我检测

0-1 什么是工厂供电？对工厂供电工作有哪些基本要求？

0-2 什么叫电力系统和电力网？电力系统由哪几部分组成？

0-3 变电所和配电所的任务是什么？二者的区别是什么？

0-4 工厂供电系统由哪几部分组成？

0-5 试查阅相关资料或上网查阅我国一些大型电站（如长江三峡水电站）的情况。

0-6 试查阅相关资料或上网查阅，找出去年我国的发电机装机容量、年发电量和年用电量。

0-7 衡量电能质量的基本参数是什么？

0-8 用电设备的额定电压、发电机的额定电压和变压器的额定电压是如何确定的？为什么？

0-9 什么叫电压偏差？有哪些调压措施？

0-10 试确定图0-9所示供电系统中，线路WL_1、WL_2和电力变压器T_1的额定电压。

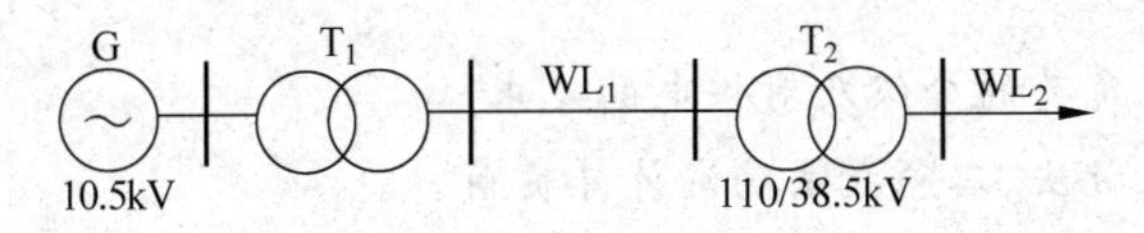

图0-9 习题0-10的供电系统

0-11 试确定图0-10所示供电系统中，发电机G以及线路WL_1、WL_2和电力变压器T_2、T_3的额定电压。

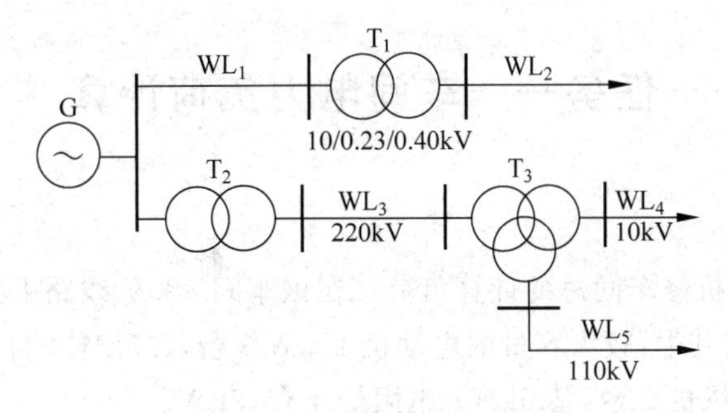

图0-10 习题0-11的供电系统

供配电系统基本计算

在学习巨化集团公司某厂供配电系统的安装、调试、维护工作过程之前，先了解供配电系统的电力负荷计算和短路电流计算相关知识。本项目介绍的内容是供配电系统运行分析和设计计算的基础。其中，电力负荷计算部分讨论和计算供电系统正常运行状态下的运行负荷，它是正确选择供电系统中的变压器、电力线路、开关电器等的基础，也是保障供电系统安全、可靠运行必不可少的环节；短路电流计算部分讨论和计算短路故障状态下产生的短路电流、短路效应，它是校验电气设备、选择整定继电保护装置的基础。

- 了解工厂电力负荷的分级及对供电的要求。
- 能利用需要系数法、二项式法确定计算负荷。
- 能进行无功补偿后工厂计算负荷的计算。
- 能利用欧姆法和标幺制法计算三相短路电流。
- 能进行两相短路和单相短路电流的计算。
- 能进行设备的短路动、热稳定度校验。

任务一 车间电力负荷计算

任务情境

本任务将确定某机修车间总的计算负荷。在该车间 380V 线路上接有冷加工机床电动机 35 台，共 100kW。其中，较大容量的电动机 11kW 3 台，7.5kW 4 台，4kW 6 台，其他为较小容量的电动机；通风机 2 台，共 5kW；电阻炉 1 台，2kW。

任务分析

要完成上述任务，需要掌握以下几个方面的知识。

✧ 电力负荷的有关概念。

✧ 用电设备的设备容量确定。

✧ 用电设备组的计算负荷的计算方法。

✧ 车间电力负荷的计算方法。

电力负荷与负荷曲线

知识准备

一、电力负荷和负荷曲线

（一）电力负荷

在电力系统中，电力负荷通常指用电设备或用电单位（用户），也可以指用电设备或用电单位所消耗的功率或电流（用电量）。

1）电力负荷的分类

电力负荷按照用户的性质，分为工业负荷、农业负荷、交通运输负荷和生活用电负荷等。按用途，分为动力负荷和照明负荷。动力负荷多数为三相对称的电力负荷，照明负荷为单相负荷。按用电设备的工作制，分为连续（或长期）工作制、短时工作制和断续周期工作制（或反复短时工作制）三类。

这里主要介绍按用电设备工作制分类。

（1）连续工作制。这类设备长期连续运行，负荷比较稳定，如通风机、空气压缩机、各类泵、电炉、机床、电解电镀设备、照明设备等。

（2）短时工作制。这类设备的工作时间较短，停歇时间较长，如机床上的某些辅助电动机、水闸用电动机等。这类设备的数量很少，求计算负荷时一般不考虑短时工作制的用电设备。

（3）断续周期工作制。这类设备周期性地工作—停歇—工作，反复运行，工作周期不超过10min，如电焊机和起重机械等。通常用负荷持续率（或暂载率）ε 来表示其工作特征。负荷持续率为一个工作周期内的工作时间与整个工作周期的百分比值，即

$$\varepsilon=\frac{t}{T}\times100\%=\frac{t}{t+t_0}\times100\% \tag{1-1}$$

式中：T 为工作周期；t 为工作时间；t_0 为停歇时间。

对于断续周期工作制的设备来说，其额定容量对应一定的负荷持续率。所以，在计算工厂电力负荷时，对不同工作制的用电设备的容量，需按规定换算。

2）电力负荷的分级及对供电电源的要求

对于工厂的电力负荷，按照GB 50052—2009的规定，根据其对供电可靠性的要求及中断供电所造成的损失或影响程度，分为以下三级。

（1）一级负荷。一级负荷为中断供电将造成人身伤亡，或者中断供电将在政治、经济方面造成重大损失，或将影响重要用电单位正常工作等后果的用电负荷。

在一级负荷中，中断供电将造成重点设备损坏或发生中毒、爆炸和火灾等情况的负荷，以及特别重要的场所不允许中断供电的负荷，应视为特别重要的负荷。

一级负荷属于重要负荷，是绝对不允许断电的，因此要求有两路独立电源供电。当其中一路电源发生故障时，另一路电源能继续供电。对于一级负荷中特别重要的负荷，除上述两路电源外，必须增设应急电源。常用的应急电源有独立于正常电源的发电机组、供电网络中独立于正常电源的专用馈电线路、蓄电池、干电池等。

(2) 二级负荷。二级负荷为中断供电将引起在政治、经济方面造成较大损失，或将影响较重要用电单位正常工作等后果的用电负荷。

二级负荷也属于重要的负荷，要求两回路供电，供电变压器通常也采用两台。在其中一回路或一台变压器发生故障时，二级负荷不致断电，或断电后能迅速恢复供电。

(3) 三级负荷。三级负荷为一般电力负荷，所有不属于一、二级负荷者均属三级负荷。三级负荷对供电电源没有特殊要求，一般由单回电力线路供电。

(二) 负荷曲线

负荷曲线是表征电力负荷随时间变动情况的曲线，可以直观地反映用户用电的特点和规律。按负荷的功率性质不同，分为有功负荷曲线和无功负荷曲线；按时间单位的不同，分为日负荷曲线和年负荷曲线；按负荷对象不同，分为工厂的、车间的或某类设备的负荷曲线；按绘制方式不同，分为依点连成的负荷曲线和阶梯形负荷曲线，如图 1-1 所示。

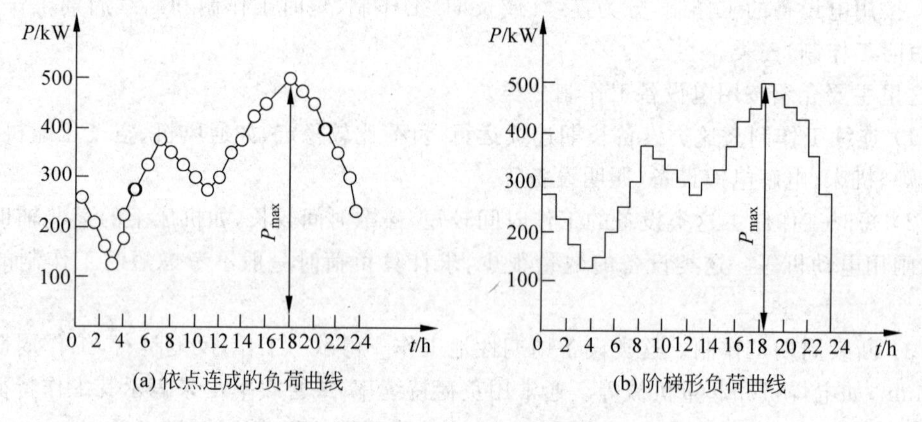

图 1-1 日有功负荷曲线

1. 负荷曲线的绘制

负荷曲线通常绘制在直角坐标系中，纵坐标表示负荷大小(有功功率 kW 或无功功率 kvar)，横坐标表示对应的时间(一般以小时 h 为单位)。

负荷曲线中应用较多的是年负荷曲线，它通常根据典型的冬日和夏日负荷曲线来绘制，如图 1-2(a)所示。这种曲线的负荷从大到小依次排列，反映了全年负荷变动与对应的负荷持续时间(全年按 8760h 计)的关系，称之为年负荷持续时间曲线。图 1-2(b)所示曲线是按全年每日的最大半小时平均负荷来绘制的，反映了全年不同时段的电能消耗水平，称为年每日最大负荷曲线。

从各种负荷曲线可以直观地了解电力负荷变动的规律，并可从中获得一些对设计和运

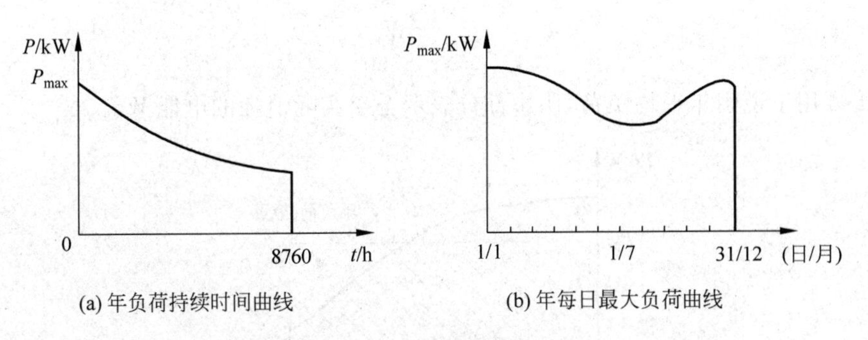

(a) 年负荷持续时间曲线　　(b) 年每日最大负荷曲线

图 1-2　年负荷曲线

行有用的资料。对工厂来说，可以合理地、有计划地安排车间班次或大容量设备的用电时间，从而降低负荷高峰，填补负荷低谷，使负荷曲线比较平坦，提高供电能力。

2. 与负荷曲线有关的物理量

(1) 年最大负荷 P_{max}：指全年中负荷最大的工作班内消耗电能最大的半小时平均功率，也称为半小时最大负荷，记为 P_{30}。

(2) 年最大负荷利用小时 T_{max}：负荷以年最大负荷 P_{max} 持续运行一段时间后，消耗的电能恰好等于该电力负荷全年实际消耗的电能 W_a。这段时间就是年最大负荷利用小时 T_{max}，如图 1-3 所示，即

$$T_{max}=\frac{W_a}{P_{max}} \tag{1-2}$$

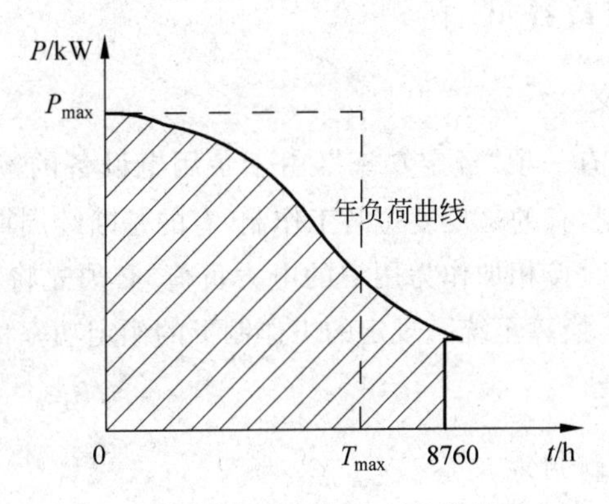

图 1-3　年最大负荷和年最大负荷利用小时

T_{max}是反映工厂负荷是否均匀的一个重要参数。该值越大，负荷越平稳。T_{max}与工厂的生产班制有较大关系。例如，一班制工厂，T_{max}为 1800～3000h；两班制工厂，T_{max}为 3500～4800h；三班制工厂，T_{max}为 5000～7000h。

(3) 平均负荷 P_{av}：指电力负荷在一定时间内平均消耗的功率。例如，在 t 这段时间内消耗的电能为 W_t，则 t 时间内的平均负荷为

$$P_{av}=\frac{W_t}{t} \tag{1-3}$$

年平均负荷是指电力负荷在一年内消耗功率的平均值。如用 W_a 表示全年实际消耗的电能，则年平均负荷为

$$P_{av}=\frac{W_a}{8760} \tag{1-4}$$

图 1-4 用于说明年平均负荷，阴影部分表示全年实际消耗的电能 W_a。

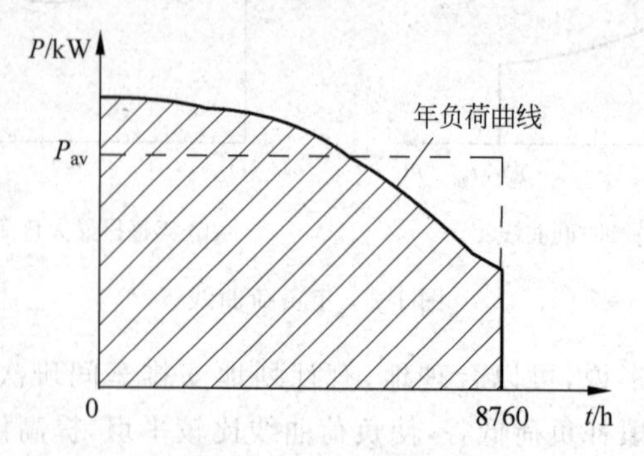

图 1-4　年平均负荷

(4) 负荷系数 K_L：指平均负荷与最大负荷的比值，即

$$K_L=P_{av}/P_{max} \tag{1-5}$$

负荷系数又称负荷率或负荷填充系数，用来表征负荷曲线不平坦的程度。此值越大，曲线越平坦，负荷波动小，反之亦然。所以对工厂来说，应尽量提高负荷系数，从而充分发挥供电设备的供电能力，提高供电效率。有时用 α 表示有功负荷系数，用 β 表示无功负荷系数。对于一般的工厂，$\alpha=0.7\sim0.75$，$\beta=0.76\sim0.82$。

二、用电设备的设备容量

负荷容量及其计算

(一) 设备容量的定义

用电设备的铭牌上都有一项“额定功率”，由于各用电设备的额定工作条件不同，如有的是长期工作制，有的是反复短时工作制，有的是断续周期工作制，因此不能简单地将铭牌上规定的额定功率直接相加作为用户的电力负荷，必须先将其换算为同一工作制下的额定功率，然后才能相加。换算至统一规定的工作制下的额定功率称为设备容量，用 P_e 表示。

(二) 设备容量的确定

1. 连续和短时工作制用电设备

对于一般的长期连续工作制和短时工作制的用电设备组来说，设备容量就是所有用电设备铭牌额定容量之和。

2. 断续周期工作制用电设备

断续周期工作制的用电设备组，其设备容量是将所有设备在不同暂载率下的铭牌额定容量统一换算到规定的暂载率下的容量之和。常用设备的换算方法如下所述。

(1) 电焊机：要求统一换算到 $\varepsilon=100\%$时的功率，即

$$P_e=P_N\sqrt{\frac{\varepsilon_N}{\varepsilon_{100\%}}}=S_N\cos\varphi_N\sqrt{\varepsilon_N} \tag{1-6}$$

式中：P_N 和 S_N 为电焊机的铭牌额定容量；ε_N 为与铭牌额定容量对应的负荷持续率(计算中用小数)；$\varepsilon_{100\%}$ 为其值是 100% 的负荷持续率(计算中用 1)；$\cos\varphi_N$ 为铭牌规定的功率

因数。

（2）吊车电动机：要求统一换算到 $\varepsilon=25\%$ 时的额定功率，即

$$P_e = P_N\sqrt{\frac{\varepsilon_N}{\varepsilon_{25\%}}} = 2P_N\sqrt{\varepsilon_N} \tag{1-7}$$

式中：P_N 为铭牌额定有功功率；$\varepsilon_{25\%}$ 为其值是25%的负荷持续率（用0.25计算）。

3. 电炉变压器组

设备容量是指在额定功率下的有功功率，即

$$P_e = S_N\cos\varphi_N \tag{1-8}$$

式中：S_N 为电炉变压器的额定容量；$\cos\varphi_N$ 为电炉变压器的额定功率因数。

4. 照明设备

（1）不用镇流器的照明设备（如白炽灯、碘钨灯）的容量就是其额定功率，即

$$P_e = P_N \tag{1-9}$$

（2）用镇流器的照明设备（如荧光灯、高压水银灯、金属卤化物灯），其设备容量包括镇流器中的功率损失，即

$$\left.\begin{aligned}&\text{荧光灯：} && P_e = 1.2P_N\\ &\text{高压水银灯、金属卤化物：} && P_e = 1.1P_N\end{aligned}\right\} \tag{1-10}$$

（3）照明设备的设备容量还可以按建筑物的单位面积容量法估算，即

$$P_e = \frac{\rho A}{1000} \tag{1-11}$$

式中：ρ 为建筑物单位面积的照明容量，单位为 W/m^2；A 为建筑物的面积，单位为 m^2。

【例1-1】 某机修车间的380V线路上接有金属切削机床共20台（其中，10.5kW的4台，7.5kW的8台，5kW的8台），电焊机2台（每台容量20kV·A，$\varepsilon_N=65\%$，$\cos\varphi=0.5$），吊车1台（11kW，$\varepsilon_N=25\%$）。试计算此车间的设备容量。

解：先求各组的设备容量，再求车间的设备容量。

（1）金属切削机床的设备容量。金属切削机床属于长期连续工作制设备，所以20台金属切削机床的总容量为

$$P_{e1} = 10.5\times4+7.5\times8 = 102(\text{kW})$$

（2）电焊机的设备容量。电焊机属于反复短时工作制设备，它的设备容量应统一换算到 $\varepsilon=100\%$。所以，2台电焊机的设备容量为

$$P_{e2} = 2S_N\cos\varphi_N\sqrt{\varepsilon_N} = 2\times20\times0.5\times\sqrt{0.65} = 16.1(\text{kW})$$

（3）吊车的设备容量。吊车属于反复短时工作制设备，它的设备容量应统一换算到 $\varepsilon=25\%$。所以，1台吊车的容量为

$$P_{e3} = 2P_N\sqrt{\varepsilon_N} = 2\times11\times\sqrt{0.25} = 11(\text{kW})$$

（4）车间的设备总容量为

$$P_e = 102+16.1+11 = 129.1(\text{kW})$$

负荷计算方法

三、用电设备组计算负荷的确定

（一）概述

计算负荷是通过统计计算求出的，用来按发热条件选择供电系统各元件的负荷值。按

计算负荷选择的电气设备和导线电缆，如以计算负荷持续运行，其发热温度不致超出允许值，因而不会影响其使用寿命。

由于导体通过电流达到稳定温升的时间为(3～4)τ，τ 为发热时间常数，而截面为16mm² 及以上的导体的 τ 为 10min 以上，故载流导体约经 30min 后达到稳定温升值。因此，计算负荷通常取半小时最大负荷。本书用半小时最大负荷 P_{30} 来表示有功计算负荷，用 Q_{30}、S_{30} 和 I_{30} 分别表示无功计算负荷、视在计算负荷和计算电流。

计算负荷是供电设计计算的基本依据。计算负荷的确定是否合理，将直接影响到电气设备和导线电缆的选择是否经济、合理。计算负荷确定过大，将增加供电设备的容量，造成投资和有色金属浪费；计算负荷确定过小，设计出的供电系统的线路和电气设备承受不了实际的负荷电流，使电能损耗增大，使用寿命降低，甚至影响到系统正常可靠地运行。因此，正确确定计算负荷具有重要的意义。但是由于负荷情况复杂，影响计算负荷的因素很多，虽然各类负荷的变化有一定规律可循，但准确确定计算负荷十分困难。实际上，负荷不可能一成不变，它与设备的性能、生产的组织以及能源供应的状况等多种因素有关，因此负荷计算只能力求接近实际。我国目前普遍采用的确定计算负荷的方法是简便、实用的需要系数法和二项式系数法。

（二）需要系数法

1. 单组用电设备组的计算负荷确定

$$P_{30} = K_d P_e \tag{1-12}$$

$$Q_{30} = P_{30} \tan\varphi \tag{1-13}$$

$$S_{30} = P_{30}/\cos\varphi = \sqrt{P_{30}^2 + Q_{30}^2} \tag{1-14}$$

$$I_{30} = \frac{S_{30}}{\sqrt{3}U_N} \tag{1-15}$$

式中：K_d 为需要系数。用电设备的设备容量是指输出容量，它与输入容量之间有一个平均效率 η_e；用电设备不一定满负荷运行，因此引入负荷系数 K_L；供电线路有功率损耗，所以引入线路平均效率 η_{WL}；用电设备组的所有设备不一定同时运行，故引入同时系数 K_Σ。因此，需要系数表达为

$$K_d = \frac{K_\Sigma K_L}{\eta_e \eta_{WL}} \tag{1-16}$$

实际上，需要系数还与操作人员的技能及生产等多种因素有关。附表 1 列出了各种用电设备的需要系数值，供计算参考。

注意：附表 1 所列需要系数值是按车间范围内设备台数较多的情况来确定的，所以需要系数值较低。因此，需要系数法较适用于确定车间计算负荷。如果采用需要系数法来计算分支干线上用电设备组的计算负荷，附表中的需要系数往往偏小，宜适当选大。只有一两台设备时，可认为 $K_d=1$，则 $P_{30}=P_e$。对于电动机，由于它本身的功率损耗较大，因此当只有一台时，其 $P_{30}=P_N/\eta$。这里 P_N 为电动机额定容量，η 为电动机效率。在 K_d 适当取大时，$\cos\varphi$ 宜适当取大。

还需指出，需要系数值与用电设备类别和工作状态关系极大，计算时首先要正确判明用电设备的类别和工作状态，否则将造成错误。例如，机修车间的金属切削机床电动机应属小

批生产的冷加工机床电动机，因为金属切削就是冷加工，而机修不可能是大批生产。又如，压塑机、拉丝机和锻锤等应属热加工机床，起重机、行车、电葫芦、卷扬机等实际上属于吊车类。

【例 1-2】 某机械加工车间有一个冷加工机床组，共有电压为 380V 的电动机 30 台。其中，10kW 的 3 台，4kW 的 5 台，3kW 的 14 台，1.5kW 的 8 台。用需要系数法求计算负荷。

解：由于该组设备均为连续工作制设备，故其设备总容量为

$$P_e = \sum P_N = 10\times3+4\times5+3\times14+1.5\times8 = 104(\text{kW})$$

查附表 1 中“大批生产的金属冷加工机床电动机”，得 $K_d=0.18\sim0.25$。取 $K_d=0.2$，$\cos\varphi=0.5$，$\tan\varphi=1.73$，则

有功计算负荷：$P_{30}=K_dP_e=0.2\times104=20.8(\text{kW})$

无功计算负荷：$Q_{30}=P_{30}\tan\varphi=20.8\times1.73=35.98(\text{kvar})$

视在计算负荷：$S_{30}=\sqrt{P_{30}^2+Q_{30}^2}=\sqrt{20.8^2+35.98^2}=41.56(\text{kV}\cdot\text{A})$

计算负荷电流：$I_{30}=\dfrac{S_{30}}{\sqrt{3}U_N}=\dfrac{41.56}{\sqrt{3}\times0.38}=63.15(\text{A})$

【例 1-3】 某装配车间的 380V 线路供电给 3 台吊车电动机。其中，1 台 7.5kW($\varepsilon=60\%$)，2 台 3kW($\varepsilon=15\%$)。试求其计算负荷。

解：根据设备容量计算要求，吊车电动机容量要统一换算到 $\varepsilon=25\%$，故换算后的容量为

$$P_e = 2P_N\sqrt{\varepsilon} = 2\times7.5\times\sqrt{0.6}+2\times2\times3\times\sqrt{0.15} = 16.3(\text{kW})$$

查附表 1，得 $K_d=0.1\sim0.15$。取 $K_d=0.15$，$\cos\varphi=0.5$，$\tan\varphi=1.73$，则

有功计算负荷：$P_{30}=K_dP_e=0.15\times16.3=2.45(\text{kW})$

无功计算负荷：$Q_{30}=P_{30}\tan\varphi=2.45\times1.73=4.2(\text{kvar})$

视在计算负荷：$S_{30}=\sqrt{P_{30}^2+Q_{30}^2}=\sqrt{2.45^2+4.2^2}=4.9(\text{kV}\cdot\text{A})$

计算负荷电流：$I_{30}=\dfrac{S_{30}}{\sqrt{3}U_N}=\dfrac{4.9}{\sqrt{3}\times0.38}=7.44(\text{A})$

2. 多组用电设备组的计算负荷确定

在计算多组用电设备的计算负荷时，应先分别求出各组用电设备的计算负荷，并且要考虑各用电设备组的最大负荷不一定同时出现的因素，计入一个同时系数 K_Σ，其取值如表 1-1 所示。

表 1-1　同时系数

应用范围		$K_{\Sigma p}$	$K_{\Sigma q}$
车间干线		0.85～0.95	0.90～0.97
低压母线	由用电设备组计算负荷直接相加	0.80～0.90	0.85～0.95
	由车间干线计算负荷直接相加	0.90～0.95	0.93～0.97

总的有功计算负荷为

$$P_{30} = K_{\Sigma p}\sum P_{30\cdot i} \tag{1-17}$$

总的无功计算负荷为

$$Q_{30} = K_{\Sigma q}\sum Q_{30\cdot i} \tag{1-18}$$

总的视在计算负荷为

$$S_{30}=\sqrt{P_{30}^2+Q_{30}^2} \tag{1-19}$$

总的计算电流为

$$I_{30}=\frac{S_{30}}{\sqrt{3}U_N} \tag{1-20}$$

式中：下标 i 为用电设备组的组数；K_Σ为同时系数，如表 1-1 所示。

注意：

(1) 由于各组的功率因数不一致，因此总的计算负荷和计算电流一般不能用各组的视在计算负荷或计算电流之和来计算。

(2) 在计算多组设备总的计算负荷时，为了简化和统一，各组的设备台数不论多少，各组的计算负荷均按附表 1 所列计算，不必考虑设备台数少而适当增大 K_d 和 $\cos\varphi$ 值的问题。

（三）二项式系数法

用二项式系数法计算负荷时，既要考虑用电设备组的平均负荷，又要考虑几台最大用电设备引起的附加负荷。

1. 单组用电设备组的计算负荷

$$P_{30}=bP_e+cP_x \tag{1-21}$$

式中：b、c 为二项式系数；bP_e 为用电设备组的平均功率，其中 P_e 是用电设备组的设备总容量；cP_x 为用电设备组中 x 台容量最大的设备投入运行时增加的附加负荷，其中 P_x 是 x 台最大容量的设备总容量。

二项式系数 b、c 及最大容量的设备台数 x 和 $\cos\varphi$、$\tan\varphi$ 等值，参见附表 1。其余的计算负荷 Q_{30}、S_{30} 和 I_{30} 的计算公式与前述需要系数法相同。

注意：按二项式系数法确定计算负荷时，如果设备总台数少于附表 1 中规定的最大容量设备台数的 2 倍，其最大容量设备台数 x 应相应地减少。建议取 $x=n/2$，并按四舍五入规则取整。例如，某机床电动机组有 7 台电动机，而附表 1 中规定 $x=5$，这里 $n=7<2x=10$，建议取 $x=7/2\approx4$ 来计算，即取其中 4 台最大容量电动机容量来计算 P_x。

只有一两台设备时，可认为 $P_{30}=P_e$。对于单台电动机，$P_{30}=P_N/\eta$。这里 P_N 为电动机额定容量，η 为电动机效率。在设备台数较少时，$\cos\varphi$ 宜适当取大。

【例 1-4】 试用二项式系数法确定例 1-2 中的计算负荷。

解：由附表 1，查得 $b=0.14$，$c=0.5$，$x=5$，$\cos\varphi=0.5$，$\tan\varphi=1.73$。

设备总容量为

$$P_e=104\text{kW}$$

x 台最大容量的设备容量为

$$P_x=P_5=10\times3+4\times2=38(\text{kW})$$

其计算负荷为

$$P_{30}=0.14\times104+0.5\times38=33.56(\text{kW})$$

$$Q_{30}=33.56\times1.73=58.1(\text{kvar})$$

$$S_{30}=\sqrt{P_{30}^2+Q_{30}^2}=\sqrt{33.56^2+58.1^2}=67.1(\text{kV}\cdot\text{A})$$

$$I_{30}=\frac{67.1}{\sqrt{3}\times 0.38}=102.7(\mathrm{A})$$

比较两例计算结果可以看出，按二项式法计算的结果比按需要系数法计算的结果稍大，特别是在设备台数较少的情况下。供电设计经验说明，选择低压分支干线或支线时，按需要系数法计算的结果往往偏小，以采用二项式法计算为宜。我国建筑行业标准 JGJ/T 16—2008《民用建筑电气设计规范》规定："用电设备台数较少，各台设备容量相差悬殊时，宜采用二项式法。"

2. 多组用电设备组的计算负荷

采用二项式系数法确定多组用电设备组的计算负荷时，同样要考虑各组用电设备的最大负荷不同时出现的因素。具体计算方法是：在各组用电设备中取一组最大的附加负荷，再加上各组平均负荷，即

$$P_{30}=\sum(bP_{\mathrm{e}})_{\mathrm{i}}+(cP_{\mathrm{x}})_{\max} \tag{1-22}$$

$$Q_{30}=\sum(bP_{\mathrm{e}}\tan\varphi)_{\mathrm{i}}+(cP_{\mathrm{x}})_{\max}\tan\varphi_{\max} \tag{1-23}$$

式中：$\sum(bP_{\mathrm{e}})_{\mathrm{i}}$ 为各组有功平均负荷之和；$\sum(bP_{\mathrm{e}}\tan\varphi)_{\mathrm{i}}$ 为各组无功平均负荷之和；$(cP_{\mathrm{x}})_{\max}$ 为各组中最大的一个有功附加负荷；$\tan\varphi_{\max}$ 为 $(cP_{\mathrm{x}})_{\max}$ 的那一组设备的正切值。

S_{30} 和 I_{30} 的计算公式与前述需要系数法相同。

任务实施

车间负荷计算可用需要系数法和二项式系数法确定。下面采用这两种方法分别计算。

一、利用需要系数法确定车间计算负荷

先求各组的计算负荷。

(1) 机床组。查附表 1，得 $K_{\mathrm{d}}=0.2$，$\cos\varphi=0.5$，$\tan\varphi=1.73$，则

$$P_{30\cdot1}=0.2\times100=20(\mathrm{kW})$$

$$Q_{30\cdot1}=20\times1.73=34.6(\mathrm{kvar})$$

(2) 通风机组。查附表 1，取 $K_{\mathrm{d}}=0.8$，$\cos\varphi=0.8$，$\tan\varphi=0.75$，则

$$P_{30\cdot2}=0.8\times5=4(\mathrm{kW})$$

$$Q_{30\cdot2}=4\times0.75=3(\mathrm{kvar})$$

(3) 电阻炉。查附表 1，取 $K_{\mathrm{d}}=0.7$，$\cos\varphi=1$，$\tan\varphi=0$，则

$$P_{30\cdot3}=0.7\times2=1.4(\mathrm{kW})$$

$$Q_{30\cdot3}=0$$

因此，总的计算负荷为（$K_{\Sigma\mathrm{p}}=0.95$，$K_{\Sigma\mathrm{q}}=0.97$）

$$P_{30}=0.95\times(20+4+1.4)=24.13(\mathrm{kW})$$

$$Q_{30}=0.97\times(34.6+3+0)=36.47(\mathrm{kvar})$$

$$S_{30}=\sqrt{24.13^2+36.47^2}=43.7(\mathrm{kV\cdot A})$$

$$I_{30}=\frac{S_{30}}{\sqrt{3}U_{\mathrm{N}}}=\frac{43.7}{\sqrt{3}\times0.38}=66.4(\mathrm{A})$$

二、利用二项式法确定车间计算负荷

先求各组的计算负荷。

(1) 机床组。查附表1,得$b=0.14$,$c=0.4$,$x=5$,$\cos=0.5$,$\tan\varphi=1.73$,则

$$(bP_e)_1=0.14\times100=14(\text{kW})$$

$$(cP_x)_1=0.4\times(11\times3+7.5\times2)=19.2(\text{kW})$$

(2) 通风机组。查附表1,得$b=0.65$,$c=0.25$,$x=5$,$\cos\varphi=0.8$,$\tan\varphi=0.75$,则

$$(bP_e)_2=0.65\times5=3.25(\text{kW})$$

$$(cP_x)_2=0.25\times5=1.25(\text{kW})$$

(3) 电阻炉。查附表1,得$b=0.7$,$c=0$,$x=1$,$\cos\varphi=1$,$\tan\varphi=0$,则

$$(bP_e)_3=0.7\times2=1.4(\text{kW})$$

$$(cP_x)_3=0$$

比较以上三组附加负荷cP_x可知,机床组$(cP_x)_1$最大。因此,总的计算负荷为

$$P_{30}=\sum(bP_e)_i+(cP_x)_{max}=(14+3.25+1.4)+19.2=37.85(\text{kW})$$

$$\begin{aligned}Q_{30}&=\sum(bP_e\tan\varphi)_i+(cP_x)_{max}\tan\varphi_{max}\\&=(14\times1.73+3.25\times0.75+1.4\times0)+19.2\times1.73\\&=59.9(\text{kvar})\end{aligned}$$

$$S_{30}=\sqrt{37.85^2+59.9^2}=70.9(\text{kV}\cdot\text{A})$$

$$I_{30}=\frac{S_{30}}{\sqrt{3}\times0.38}=\frac{70.9}{\sqrt{3}\times0.38}=108(\text{A})$$

分析、比较两种方法,用需要系数法来确定计算负荷,其特点是简单、方便,计算结果比较符合实际,而且长期以来积累了各种设备的需要系数,因此它是世界各国普遍采用的基本方法。但是,把需要系数看作与一组设备中设备的数量及容量是否相差悬殊等都无关的固定值,就不全面。实际上,只有当设备台数较多、总容量足够大、没有特大型用电设备时,表中的需要系数的值才较符合实际。所以,需要系数法普遍应用于求全厂和大型车间变电所的计算负荷。在确定设备台数较少,且容量差别很大的分支干线或支线的计算负荷时,采用另一种方法——二项式系数法。

从以上的计算结果可以看出,按二项式系数法计算的结果比按需要系数法计算的结果偏大,也更合理。

知识拓展

单相计算负荷的确定

在工厂企业中,除了广泛使用三相用电设备外,还使用少量的单相用电设备,如电炉、照明灯具和小型电动工具等。单相设备接于三相线路中时,应尽可能地均衡分配,使三相负荷尽可能平衡。

为了简化计算,在实际工程中,如果三相线路中单相设备的总容量不超过三相设备总容量的15%,则不论单相设备如何分配,可将单相设备与三相设备综合按三相负荷平衡计算。

单相设备的总容量超过三相设备总容量的15%时，应先将这部分单相设备容量换算为等效的三相设备容量，再进行负荷计算。

1. 单相设备接于相电压

等效三相设备容量 P_e 按最大负荷相所接的单相设备容量 $P_{e\cdot m\varphi}$ 的3倍计算，即

$$P_e = 3P_{e\cdot m\varphi} \quad (1\text{-}24)$$

等效三相负荷可按前述需要系数法计算。

2. 单相设备接于线电压

容量为 $P_{e\cdot\varphi}$ 的单相设备接于线电压时，其等效三相设备容量 P_e 为

$$P_e = \sqrt{3}P_{e\cdot\varphi} \quad (1\text{-}25)$$

3. 单相设备分别接在线电压和相电压

先将接在线电压上的单相设备容量换算为接于相电压上的单相设备容量，然后分相计算各相的设备容量和计算负荷，总的等效三相有功计算负荷就是最大有功计算负荷相的有功计算负荷的3倍，总的等效三相无功计算负荷就是对应最大有功负荷相的无功计算负荷的3倍，最后按式(1-14)和式(1-15)计算出 S_{30} 和 I_{30}。

自我检测

1-1-1　什么是电力负荷？电力负荷的分类有哪些？

1-1-2　电力负荷按重要程度分哪几级？各级负荷对供电电源有什么要求？

1-1-3　什么是负荷曲线？最大负荷利用小时数和负荷系数的物理意义是什么？

1-1-4　什么是用电设备的设备容量？设备容量与该台设备的额定容量有什么关系？分别就不同情况说明。

1-1-5　什么叫计算负荷？为什么计算负荷通常采用半小时最大负荷？正确确定计算负荷有何意义？

1-1-6　需要系数法和二项式系数法各有什么特点？各自适用的范围如何？

1-1-7　某车间有380V交流电焊机2台，其额定容量 $S_N=22\text{kV}\cdot\text{A}$，$\varepsilon_N=60\%$，$\cos\varphi=0.5$；吊车1台，设备铭牌额定功率 $P_N=9\text{kW}$，$\varepsilon_N=15\%$。求此车间的设备容量。

1-1-8　机修车间有冷加工机床20台，设备总容量为150kW；点焊机5台，共15.5kW($\varepsilon_N=65\%$)；通风机4台，共4.8kW。车间采用220/380V线路供电。试确定车间的计算负荷。

1-1-9　某机修车间的380V线路上接有金属切削机床电动机20台共50kW(其中，较大容量电动机有7.5kW 1台，4kW 3台，2.2kW 7台)，通风机2台共3kW，电阻炉1台2kW。试分别用需要系数法和二项式法确定机修车间380V线路的计算负荷。

任务二　全厂计算负荷的确定

任务情境

本任务将确定某涤纶厂的计算负荷。各车间设备容量和负荷情况如表1-2所示。

表 1-2 全厂计算负荷表

车间	设备容量/kW	需要系数 K_d	$\tan\varphi$	最大负荷时 $\cos\varphi$	计算负荷			
					P_{30}/kW	Q_{30}/kvar	S_{30}/(kV·A)	I_{30}/A
冷冻	448.6	0.49	0.8	0.78				
固聚	532.1	0.68	0.54	0.88				
空压	308.0	0.41	0.43	0.92				
纺丝	411.4	0.45	0.65	0.84				
长丝	885.9	0.65	0.94	0.73				
三废	489.6	0.4	0.48	0.9				
照明	110.9	0.36	0.54	0.88				
合计 3186.5kW								
合计($K_{\Sigma p}=0.9$、$K_{\Sigma q}=0.95$)								
合计全厂补偿低压电容器总容量								
全厂补偿后合计(低压侧)				0.93				
变压器损耗								
合计(高压侧)				0.91				

任务分析

全厂计算负荷的确定

要完成上述任务,需要掌握以下几个方面的知识。

✧ 每一个车间的计算负荷。

✧ 变电所变压器低压侧的计算负荷。

✧ 进行无功补偿,使功率因数达到要求。

知识准备

一、概述

全厂计算负荷是选择工厂电源进线及一、二次设备的依据,也是计算工厂功率因数和工厂用电量的依据。确定全厂计算负荷的方法有很多,如需要系数法、按年产量或年产值估算法、逐级计算法等。

(一) 按需要系数法确定全厂计算负荷

将全厂用电设备的总容量 P_e(不含备用设备的容量)乘以全厂需要系数 K_d,得到全厂有功计算负荷,即

$$P_{30} = K_d P_e \tag{1-26}$$

附表 1 列出了部分工厂的需要系数值,供参考。

全厂的无功计算负荷、视在计算负荷和计算电流分别按式(1-13)~式(1-15)计算。

(二) 按年产量或年产值估算全厂计算负荷

1. 按年产量估算

将工厂的年产量 A 乘以单位产品耗电量 a,得到工厂全年的需电量,即

$$W_a = Aa \tag{1-27}$$

对于各类工厂的单位产品耗电量 a，可查阅相关设计手册。

在求出工厂的年耗电量 W_a 后，即可得到全厂的有功计算负荷，即

$$P_{30} = \frac{W_a}{T_{max}} \tag{1-28}$$

式中：T_{max} 为全厂的年最大负荷利用小时数。Q_{30}、S_{30} 和 I_{30} 的计算，与上述需要系数法相同。

2. 按年产值估算

将工厂的年产值 B 乘以单位产值耗电量 b，得到工厂全年的需电量，即

$$W_a = Bb \tag{1-29}$$

对于各类工厂的单位产品耗电量 b，可查阅相关设计手册。在求出工厂的年耗电量 W_a 后，按前述公式计算 P_{30}、Q_{30}、S_{30} 和 I_{30}。

（三）按逐级计算法确定全厂计算负荷

确定全厂的计算负荷，采用从用电设备组开始，逐级向电源方向推算的方法。如图 1-5 所示，确定全厂计算负荷时，从用电末端开始，逐步向上推算至电源进线端。

例如，$P_{30\cdot5}$ 应为其所在出线上的计算负荷 $P_{30\cdot6}$ 之和，再乘以同时系数；$P_{30\cdot4}$ 要考虑线路的损耗，因此 $P_{30\cdot4} = P_{30\cdot5} + \Delta P_{WL_2}$；$P_{30\cdot3}$ 由 $P_{30\cdot4}$ 等几条干线上计算负荷之和乘以同时系数 K_Σ 而得到；$P_{30\cdot2}$ 还要考虑变压器的损耗，因此 $P_{30\cdot2} = P_{30\cdot3} + \Delta P_{WL_1} + \Delta P_T$；$P_{30\cdot1}$ 由 $P_{30\cdot2}$ 等几条高压配电线路上计算负荷之和乘以同时系数 K_Σ 而得到。

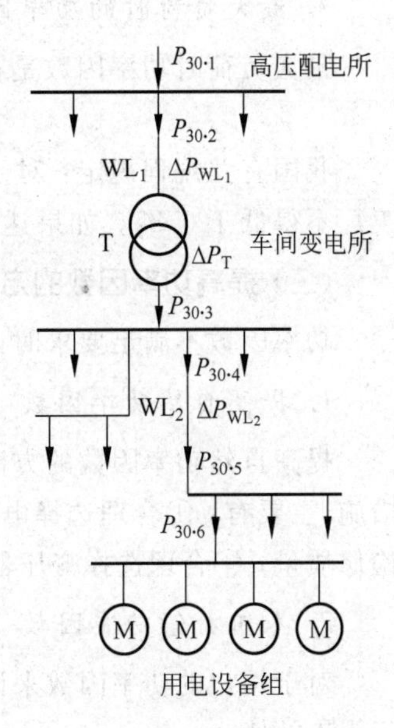

图 1-5 逐级计算法示意图

对于中小型工厂来说，厂内高、低压配电线路一般不长，其功率损耗可忽略不计。

对于 S9 等系列的低损耗配电变压器来说，可采用下列简化公式：

有功功率损耗：　$\Delta P_T \approx 0.015 S_{30}$

无功功率损耗：　$\Delta Q_T \approx 0.06 S_{30}$

式中：S_{30} 为变压器二次侧的视在计算负荷。

二、工厂的功率因数、无功补偿及补偿后的工厂计算负荷

（一）工厂的功率因数

功率因数是供用电系统的一项重要的技术经济指标，它反映供用电系统中无功功率消耗量在系统总容量中所占的比重，还反映供用电系统的供电能力。根据测量方法和用途的不同，工厂的功率因数有以下几种。

1. 瞬时功率因数

瞬时功率因数可由功率因数表直接测量，也可由功率表、电流表和电压表的读数按式(1-30)求出(间接测量)：

$$\cos\varphi = P/(\sqrt{3}UI) \tag{1-30}$$

式中：P 为功率表测出的三相功率读数，kW；I 为电流表测出的电流读数，A；U 为电压表测出的线电压读数，kV。

瞬时功率因数用于了解和分析工厂或设备在生产过程中无功功率变化的情况，以便采取适当的补偿措施。

2. 平均功率因数

平均功率因数又称加权平均功率因数，按式(1-31)计算：

$$\cos\varphi = W_p/\sqrt{W_p^2 + W_q^2} = 1/\sqrt{1 + (W_q/W_p)^2} \tag{1-31}$$

式中：W_p 为某一时间内消耗的有功电能，由有功电能表读出；W_q 为某一时间内消耗的无功电能，由无功电能表读出。

我国电业部门每月向工业用户收取电费，规定电费要按月平均功率因数的高低来调整。一般当 $\cos\varphi > 0.85$ 时，适当少收电费；当 $\cos\varphi < 0.85$ 时，适当多收电费。

3. 最大负荷时的功率因数

最大负荷时功率因数是在年最大负荷(即计算负荷)时的功率因数，按式(1-32)计算：

$$\cos\varphi = P_{30}/S_{30} \tag{1-32}$$

我国有关规程规定：对于高压供电的工厂，最大负荷时的功率因数不得低于 0.9，其他工厂不得低于 0.85。如果达不到上述要求，必须进行无功补偿。

(二) 提高功率因数的方法

功率因数不满足要求时，首先应提高自然功率因数，然后进行人工补偿。

1. 提高自然功率因数

提高自然功率因数的方法，即采用降低各用电设备所需的无功功率以改善功率因数的措施，主要有：①合理选择电动机的规格、型号；②防止电动机空载运行；③保证电动机的检修质量；④合理选择变压器的容量；⑤交流接触器节电运行。

2. 人工补偿功率因数

对于用户的功率因数来说，仅靠提高自然功率因数，一般是不能满足要求的，还必须进行人工补偿。

(1) 并联电容器人工补偿：即采用并联电力电容器的方法来补偿无功功率，从而提高功率因数。因它具有下列优点，所以是目前用户、企业内广泛采用的一种补偿装置。

① 有功损耗小，为 0.25%～0.5%，而同步调相机为 1.5%～3%。

② 无旋转部分，运行维护方便。

③ 可按系统需要，增加或减少安装容量和改变安装地点。

④ 个别电容器损坏不影响整个装置运行。

⑤ 短路时，同步调相机增加短路电流，增大了用户开关的断流容量，电容器无此缺点。

当然，该补偿方法也存在缺点，如只能有级调节，不能随无功变化平滑地自动调节；当通风不良及运行温度过高时，易发生漏油、鼓肚、爆炸等故障。

(2) 同步电动机补偿：在满足生产工艺的要求下，选用同步电动机，通过改变励磁电流来调节和改善供配电系统的功率因数。过去，由于同步电动机的励磁装置是同轴的直流电机，其价格高，维修麻烦，所以同步电动机应用不广。随着半导体变流技术的发展，励磁装置比较成熟，因此采用同步电动机补偿是一种比较经济、实用的方法。

(3) 动态无功功率补偿：在现代工业生产中，有一些容量很大的冲击性负荷（如炼钢电炉、黄磷电炉、轧钢机等），它们使电网电压严重波动，功率因数恶化。一般情况下，并联电容器的自动切换装置响应太慢，无法满足要求，因此必须采用大容量、高速的动态无功功率补偿装置，如晶闸管开关快速切换电容器、晶闸管励磁的快速响应式同步补偿机等。

目前已投入工业运行的静止动态无功功率补偿装置有可控饱和电抗器式静补装置、自饱和电抗器式静补装置、晶闸管控制电抗器式静补装置、晶闸管开关电容器式静补装置等。下面主要介绍并联电容器的接线、装设及控制等。

(三) 并联电容器的装设与控制

1. 并联电容器的接线

并联补偿的电力电容器大多采用△形接线。对于低压（0.5kV 以下）并联电容器，因为大多数是做成三相的，故其内部已接成△形。

对单相电容器，若其额定电压与电网的额定电压相同，应将其接成△形；若电容器的额定电压低于电网额定电压，应将其接成Y形。电容器采用△形接线时，任一电容器断线，三相线路仍得到无功补偿；而采用Y形接线时，一相电容器断线，断线相将失去无功补偿。

但是，当电容器采用△形接线时，任一电容器击穿短路，将造成三相线路的两相短路，短路电流很大，有可能引起电容器爆炸，这对高压电容器特别危险。电容器采用Y形接线时，其中的一相电容器发生击穿短路时，其短路电流仅为正常工作电流的 3 倍，运行比较安全。所以，GB 50053—1994《10kV 及以下变电所设计规范》规定：高压电容器组宜接成中性点不接地Y形，容量较小时（450kvar 及以下）宜接成△形；低压电容器组应接成△形。

2. 并联电容器的装设地点

按并联电力电容器在用户供配电系统中的装设位置，并联电容器的补偿方式有三种，即高压集中补偿、低压集中补偿和单独就地补偿（个别补偿），如图 1-6 所示。

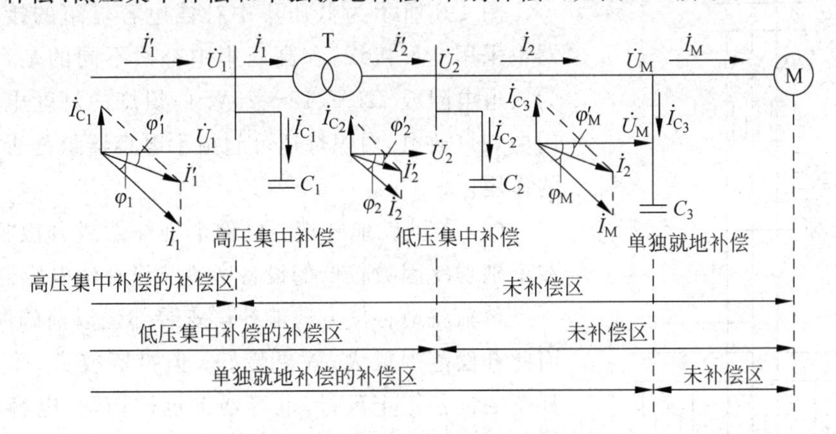

图 1-6　并联电容器在工厂供配电系统中的装设位置和补偿效果

(1) 高压集中补偿：指将高压电容器组集中装设在总降压变电所的 6～10kV 母线上。

高压集中补偿方式只能补偿总降压变电所的 6～10kV 母线之前的供配电系统中由无

功功率产生的影响，对无功功率在企业内部的供配电系统中引起的损耗无法补偿，因此补偿范围最小，经济效果较后两种补偿方式差。但由于装设集中，运行条件较好，维护管理方便，投资较少，且总降压变电所 6～10kV 母线停电机会少，因此电容器利用率高。这种方式在一些大中型企业中应用相当普遍。

图 1-7 所示为接在变配电所 6～10kV 母线上的集中补偿的并联电容器的接线图。图中采用△形接线，并选用成套的高压电容器柜。FU 是为防止电容器击穿时引起相间短路的高压熔断器。电压互感器 TV 作为电容器的放电装置。

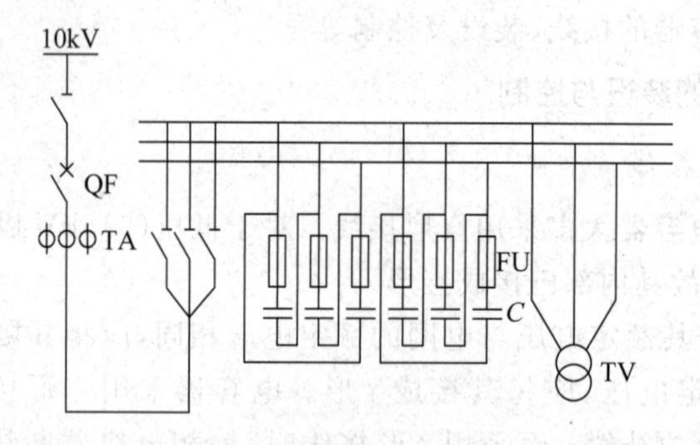

图 1-7　高压集中补偿电容器组的接线

由于电容器从电网上切除时会有残余电压，其值高达电网电压的峰值，对人身很危险，所以必须装设放电装置。为确保可靠放电，电容器组的放电回路中不得装设熔断器或开关。

(2) 低压集中补偿：指将低压电容器集中装设在车间变电所的低压母线上。

低压集中补偿方式只能补偿车间变电所低压母线前变压器和高压配电线路及电力系统的无功功率，对变电所低压母线后的设备不起补偿作用。但其补偿范围比高压集中补偿要大，而且该补偿方式能使变压器的视在功率减小，从而使变压器的容量可选得较小，因此比较经济。这种低压电容器补偿屏一般可安装在低压配电室内，运行维护安全、方便。该补偿方式应用相当普遍。

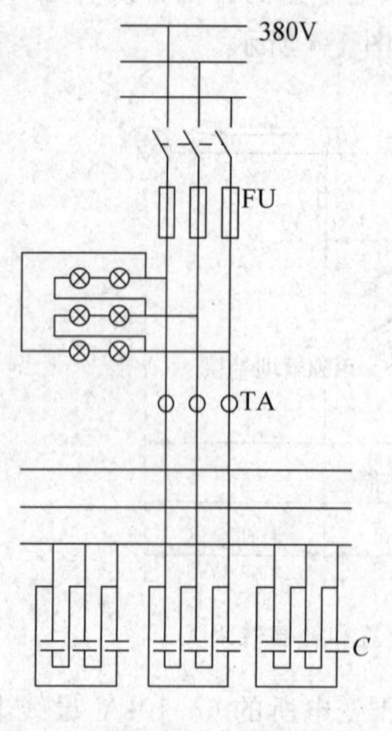

图 1-8　低压集中补偿电容器组的接线

图 1-8 所示为低压集中补偿电容器组的接线。电容器也采用△形接线，和高压集中补偿不同的是，放电装置为放电电阻或 220V、15～25W 白炽灯的灯丝电阻。如果用白炽灯放电，白炽灯还可起指示电容器组是否正常运行的作用。

(3) 单独就地补偿：也称个别补偿或分散补偿，是指在个别功率因数较低的设备旁边装设补偿电容器组。

单独就地补偿方式能补偿安装部位以前的所有设备，因此补偿范围最大，效果最好；但投资较大，而且如果被补偿的设备停止运行，电容器组也被切除，电容器的利用率较低。同时，存在小容量电容器的单位价格、电容器易受到机械振动及其他环境条件影响等缺点。所以，这种补偿方式适用于长期、稳定运行，无功功率需要较大，或距电源较远，不便于实现其他补偿的场合。

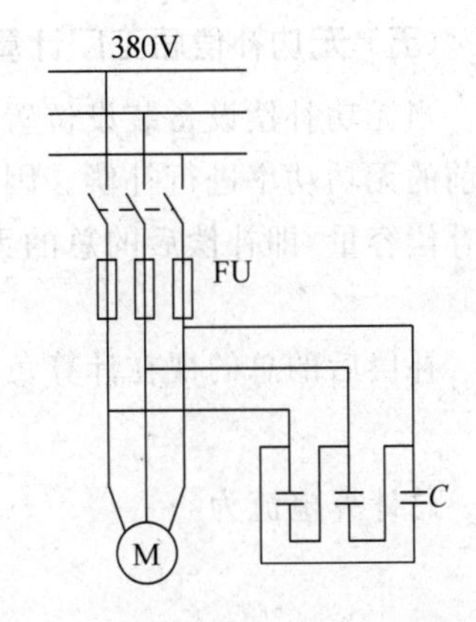

图 1-9 感应电动机旁的单独就地补偿的低压电容器组的接线

图 1-9 所示为直接接在感应电动机旁的单独就地补偿的低压电容器组的接线。其放电装置通常为用电设备本身的绕组电阻。

在供电设计中,实际上是综合采用上述补偿方式,以便经济、合理地提高功率因数。

3. 并联电容器的控制方式

并联电容器的控制方式是控制并联电容器的投切,有固定控制方式和自动控制方式两种。

固定控制方式是指并联电容器不随负荷的变化而投入或切除。自动控制方式是指并联电容器的投切随着负荷的变化而变化,且按某个参量进行分组投切控制,包括按功率因数控制、按负荷电流控制以及按受电端的无功功率控制。

4. 并联电容器的保护

并联电容器的主要故障形式是短路故障,它可造成相间短路。对于低压电容器和容量不超过 400kvar 的高压电容器,可装设熔断器来做电容器的相间保护;对于容量较大的高压电容器,需要采用高压断路器控制,装设瞬时或短延时的过电流继电保护来做相间保护。

(四) 无功功率补偿

工厂中由于有大量的感应电动机、电焊机、电弧炉及气体放电灯等感性负荷,还有感性的电力变压器,使功率因数降低。如在充分发挥设备潜力、改善设备运行性能、提高功率因数的情况下,尚达不到规定的工厂功率因数要求,则需考虑增设无功补偿装置。

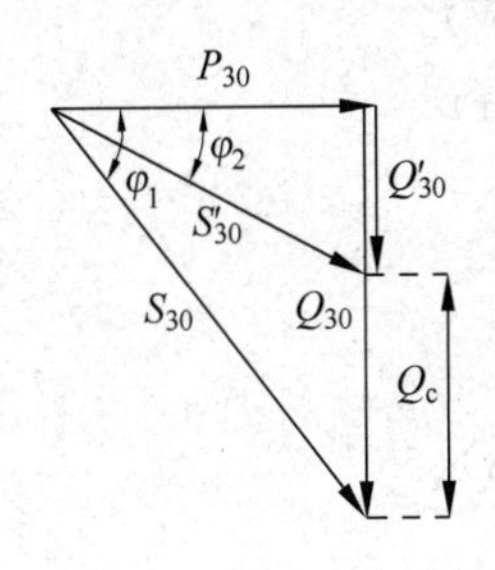

图 1-10 无功功率补偿原理图

图 1-10 所示为功率因数提高与无功功率和视在功率变化的关系。假设有功功率 P_{30} 不变,加装无功补偿装置后,功率因数由 $\cos\varphi_1$ 提高到 $\cos\varphi_2$,无功功率由 Q_{30} 减小到 Q'_{30},视在功率由 S_{30} 减小到 S'_{30},则无功功率补偿的容量 Q_c 为

$$Q_c = Q_{30} - Q'_{30} = P_{30}(\tan\varphi_1 - \tan\varphi_2) = P_{30}\Delta q_c \tag{1-33}$$

式中:$\Delta q_c = \tan\varphi_1 - \tan\varphi_2$ 为无功补偿率(或比补偿容量)。它表示使 1kW 的有功功率由 $\cos\varphi_1$ 提高到 $\cos\varphi_2$ 所需要的无功补偿容量值(kvar)。附表 2 给出了并联电容器的无功补偿率,可利用补偿前、后的功率因数直接查出。附表 3 给出了部分并联电容器的主要技术数据。

确定了总补偿容量后,可根据所选并联电容器的单个容量 q_c 来确定所需补偿电容器的个数:

$$n = \frac{Q_c}{q_c} \tag{1-34}$$

由式(1-34)计算出的电容器个数 n,对于单相电容器,应取 3 的倍数,以便三相均衡分配。

（五）无功补偿后工厂计算负荷的确定

当无功补偿设备装设位置确定后，根据无功补偿原理，无功补偿设备实际上是对装设点以前的无功功率进行补偿。因此，在确定无功补偿设备装设点以前的计算负荷时，应扣除无功补偿容量，即补偿后的总的无功计算负荷为

$$Q'_{30}=Q_{30}-Q_{c} \tag{1-35}$$

补偿后的总的视在计算负荷为

$$S'_{30}=\sqrt{P_{30}^{2}+(Q_{30}-Q_{c})^{2}} \tag{1-36}$$

总计算电流为

$$I'_{30}=\frac{S'_{30}}{\sqrt{3}U_{N}} \tag{1-37}$$

【例 1-5】 某厂拟建一座降压变电所，装设一台10/0.4kV的主变压器。已知变电所低压侧有功计算负荷为650kW，无功计算负荷为800kvar。为了使工厂变电所高压侧的功率因数不低于0.9，若在低压侧装设并联电容器进行补偿，需要装设多少补偿容量？补偿后，工厂变电所高压侧的计算负荷为多少？在变压器容量选择上有何变化？

解：(1) 补偿前变压器容量和功率因数。

变压器低压侧视在计算负荷为

$$S_{30(2)}=\sqrt{650^{2}+800^{2}}=1031(\text{kV}\cdot\text{A})$$

因此，未考虑无功补偿时，主变压器容量可选为1250kV·A。

低压侧的功率因数为

$$\cos\varphi_{2}=P_{30(2)}/S_{30(2)}=650/1031=0.63$$

变压器的功率损耗为

$$\Delta P_{T}\approx 0.015S_{30(2)}=0.015\times 1031=15.5(\text{kW})$$

$$\Delta Q_{T}\approx 0.06S_{30(2)}=0.06\times 1031=61.86(\text{kvar})$$

高压侧的计算负荷为

$$P_{30(1)}=650+15.5=665.5(\text{kW})$$

$$Q_{30(1)}=800+61.86=861.86(\text{kvar})$$

$$S_{30(1)}=\sqrt{665.5^{2}+861.86^{2}}=1088.9(\text{kV}\cdot\text{A})$$

高压侧的功率因数为

$$\cos\varphi_{1}=P_{30(1)}/S_{30(1)}=665.5/1088.9=0.61$$

(2) 无功补偿容量。

按题意，如果在变压器低压侧装设电容器进行补偿，而要求高压侧功率因数不低于0.9，低压侧功率因数一般不得低于0.92。这是因为一般情况下，变压器的无功功率损耗大于有功功率损耗，这里取$\cos\varphi'_{2}=0.92$，现低压侧功率因数$\cos\varphi_{2}=0.63$，因此要使变电所低压侧功率因数由0.63提高到0.92，需在低压侧补偿的无功容量为

$$Q_{c}=650\times[\tan(\arccos 0.63)-\tan(\arccos 0.92)]=525(\text{kvar})$$

取$Q_{c}=530\text{kvar}$。

(3) 补偿后重新选择变压器容量。

补偿后，低压侧的视在计算负荷为

$$S'_{30(2)} = \sqrt{650^2 + (800-530)^2} = 704(\text{kV}\cdot\text{A})$$

因此,无功功率补偿后的主变压器容量可选为 800kV・A。

(4) 补偿后高压侧的计算负荷和功率因数。

补偿后,变压器的功率损耗为

$$\Delta P_{\text{T}} \approx 0.015 S'_{30(2)} = 0.015 \times 704 = 10.6(\text{kW})$$

$$\Delta Q_{\text{T}} \approx 0.06 S_{30(2)} = 0.06 \times 704 = 42.2(\text{kvar})$$

补偿后,变电所高压侧的计算负荷为

$$P'_{30(1)} = 650 + 10.6 = 660.6(\text{kW})$$

$$Q'_{30(1)} = (800 - 530) + 42.2 = 312.2(\text{kvar})$$

$$S'_{30(1)} = \sqrt{660.6^2 + 312.2^2} = 731(\text{kV}\cdot\text{A})$$

补偿后,工厂变电所高压侧的功率因数为

$$\cos'\varphi_1 = P'_{30(1)}/S'_{30(1)} = 660.6/731 = 0.904 > 0.9$$

满足相关规定的要求。

(5) 无功补偿前、后的比较。

无功补偿后,主变压器的容量由 1250kV・A 减少到 800kV・A,减少了 450kV・A,不仅减少了投资,而且减少了电费支出,提高了功率因数。因为我国供电企业对工业用户实行"两部电费制":一部分叫作基本电费,按所装用的主变压器容量来计费,规定每月按 kV・A 容量大小交纳电费;另一部分叫作电能电费,按每月实际耗用的电能 kW・h 来计算电费,并且要根据月平均功率因数的高低乘以一个调整系数。

任务实施

根据表 1-2 所示全厂各车间设备容量和负荷参数,确定全厂计算负荷。

(1) 求各车间的计算负荷。

对于冷冻车间,有

$$P_{30(1)} = K_{\text{d}} P_{\text{e}} = 0.49 \times 448.6 = 219.8(\text{kW})$$

$$Q_{30(1)} = P_{30}\tan\varphi = 219.8 \times 0.8 = 175.8(\text{kvar})$$

$$S_{30(1)} = \sqrt{P_{30}^2 + Q_{30}^2} = 281.5(\text{kV}\cdot\text{A})$$

$$I_{30(1)} = \frac{S_{30}}{\sqrt{3}U_{\text{N}}} = \frac{281.5}{\sqrt{3} \times 0.38} = 427.7(\text{A})$$

对于其余车间,计算过程相同,此处从略。

(2) 补偿前变压器容量和功率因数。

考虑到全厂负荷的同时系数 $K_{\Sigma\text{p}}=0.9$,$K_{\Sigma\text{q}}=0.95$,工厂变电所变压器低压侧的计算负荷为

$$P_{30(2)} = K_{\Sigma\text{p}} \sum P_{30\cdot\text{i}} = 0.9 \times 1704.5 = 1534.05(\text{kW})$$

$$Q_{30(2)} = K_{\Sigma\text{q}} \sum Q_{30\cdot\text{i}} = 0.95 \times 1202.6 = 1142.5(\text{kvar})$$

$$S_{30(2)} = \sqrt{P_{30(2)}^2 + Q_{30(2)}^2} = 1912.8(\text{kV}\cdot\text{A})$$

$$\cos\varphi_{(2)} = \frac{P_{30(2)}}{S_{30(2)}} = \frac{1534.05}{1912.5} = 0.802$$

(3) 无功补偿容量。

欲将功率因数从 0.808 提高到 0.93,低压侧所需的补偿容量为

$$\begin{aligned}Q_c &= P_{30(2)}[\tan(\arccos 0.802) - \tan(\arccos 0.93)]\\ &= 1534.05 \times (0.745 - 0.395)\\ &= 537(\text{kvar})\end{aligned}$$

(4) 补偿后,高压侧的计算负荷和功率因数。

补偿后的计算负荷为

$$P'_{30(2)} = 1534.05\text{kW}$$

$$Q'_{30(2)} = Q_{30(2)} - Q_c = 1142.5 - 537 = 605.5(\text{kvar})$$

$$S'_{30(2)} = \sqrt{P'^2_{30(2)} + Q'^2_{30(2)}} = 1649(\text{kV} \cdot \text{A})$$

变压器的损耗为

$$\Delta P_T \approx 0.015 S'_{30(2)} = 0.015 \times 1649 = 24.74(\text{kW})$$

$$\Delta Q_T \approx 0.06 S'_{30(2)} = 0.06 \times 1649 = 98.94(\text{kvar})$$

全厂高压侧计算负荷为

$$\begin{aligned}S'_{30(1)} &= \sqrt{(P'_{30(2)} + \Delta P_T)^2 + (Q'_{30(2)} + \Delta Q_T)^2}\\ &= \sqrt{1558.8^2 + 704.4^2}\\ &= 1710(\text{kV} \cdot \text{A})\end{aligned}$$

$$I'_{30(1)} = \frac{S'_{30(1)}}{\sqrt{3}U_{1N}} = \frac{1710}{\sqrt{3} \times 10} = 98.7(\text{A})$$

补偿后工厂功率因数为

$$\cos\varphi'_{(1)} = \frac{P'_{30(1)}}{S'_{30(1)}} = \frac{1558.8}{1710} = 0.91$$

根据计算,全厂计算负荷情况如表 1-3 所示。

表 1-3 全厂计算负荷表

车间	设备容量/kW	需要系数 K_d	$\tan\varphi$	最大负荷时 $\cos\varphi$	计算负荷			
					P_{30}/kW	Q_{30}/kvar	S_{30}/(kV·A)	I_{30}/A
冷冻	448.6	0.49	0.8	0.78	219.8	175.8	281.5	427.7
固聚	532.1	0.68	0.54	0.88	361.8	195.4	411.2	624.8
空压	308.0	0.41	0.43	0.92	126.3	54.3	137.5	208.9
纺丝	411.4	0.45	0.65	0.84	185.1	120.3	220.8	335.5
长丝	885.9	0.65	0.94	0.73	575.8	541.3	790.3	1200.8
三废	489.6	0.4	0.48	0.9	195.8	94.0	217.2	330.0
照明	110.9	0.36	0.54	0.88	39.9	21.5	45.4	68.8
合计 3186.5kW					1704.5	1202.6	2103.9	
合计($K_{\Sigma p}=0.9, K_{\Sigma q}=0.95$)					1534.05	114205	1912.8	
合计全厂补偿低压电容器总容量						−537		
全厂补偿后合计(低压侧)				0.93	1534.05	605.5	1649	
变压器损耗					24.74	98.94		
合计(高压侧)				0.91	1588.8	704.4	1710	98.7

知识拓展

尖峰电流及计算

尖峰电流及计算

尖峰电流是指持续时间1～2s的短时最大负荷电流。它主要用来选择和校验熔断器和低压断路器，计算电压波动，整定继电保护装置，以及检验电动机自启动条件等。

（一）单台用电设备尖峰电流的计算

单台用电设备的尖峰电流就是其启动电流，因此尖峰电流为

$$I_{pk} = I_{st} = K_{st} I_N \tag{1-38}$$

式中：I_{st}为用电设备的启动电流；K_{st}为用电设备的启动电流倍数，笼型异步电动机为5～7，绕线型异步电动机为2～3，直流电动机为1.7，电焊变压器为3或稍大；I_N为用电设备的额定电流。

（二）多台用电设备尖峰电流的计算

多台用电设备线路上的尖峰电流按式(1-39)计算：

$$I_{pk} = K_{\Sigma} \sum_{i=1}^{n-1} I_{N\cdot i} + I_{st\cdot max} \tag{1-39}$$

或

$$I_{pk} = I_{30} + (I_{st} - I_N)_{max} \tag{1-40}$$

式中：K_{Σ}为除去$I_{st\cdot max}$那台设备的其他$n-1$台设备的同时系数，按台数多少选取，一般为0.7～1；$\sum_{i=1}^{n-1} I_{N\cdot i}$为将启动电流与额定电流之差最大的那台设备除外的$n-1$台设备的额定电流之和；$I_{st\cdot max}$为用电设备中启动电流与额定电流之差最大的那台设备的启动电流；I_{30}为全部投入运行时，线路的计算电流；$(I_{st}-I_N)_{max}$为用电设备中启动电流与额定电流之差最大的那台设备的启动电流与额定电流之差。

【例1-6】 某380V配电线路供电给表1-4所示的5台电动机。该线路的计算电流为50A，试计算尖峰电流。

表1-4　例1-6的负荷资料　　单位：A

参　数	电　动　机				
	M_1	M_2	M_3	M_4	M_5
额定电流I_N	8	18	25	10	15
启动电流I_{st}	40	65	46	58	36

解1：利用公式(1-39)计算。

由表1-4知，M_4的$I_{st}-I_N=58-10=48$(A)为最大，取$K_{\Sigma}=0.7$，该线路的尖峰电流为

$$I_{pk} = K_{\Sigma} \sum_{i=1}^{n-1} I_{N\cdot i} + I_{st\cdot max} = 0.7 \times (8+18+25+15) + 58 = 104.2(\text{A})$$

解2：利用公式(1-40)计算。

由表1-4知，M_4的$I_{st}-I_N=58-10=48$(A)为最大，该线路的尖峰电流为

$$I_{pk} = I_{30} + (I_{st} - I_N)_{max} = 50 + 48 = 98(\text{A})$$

自我检测

1-2-1　并联电容器进行无功补偿的依据是什么？提高功率因数的方法有哪些？

1-2-2　什么是尖峰电流？计算尖峰电流的目的是什么？

1-2-3　某厂拟扩建降压变电所，增设一台10/0.4kV变压器。已知低压侧有功计算负荷为700kW，无功计算负荷为850kvar。要使高压侧功率因数不低于0.9，在低压处应补偿多少无功？若采用BW0.4-12-1补偿电容器，需多少只(取2位小数)？

1-2-4　某380V配电线路接有5台电动机(见表1-5)。试计算该线路的计算电流和尖峰电流。(提示：计算电流在此可近似地按下式计算：$I_{30}=K_{\Sigma}\sum I_{N}$，式中$K_{\Sigma}$建议取0.9。)

表1-5　习题1-2-4的负荷资料　　单位：A

参　数	电动机				
	M_1	M_2	M_3	M_4	M_5
额定电流 I_N	10.2	32.4	30	6.1	20
启动电流 I_{st}	66.3	227	165	34	140

任务三　短路电流及计算

任务情境

本任务将确定某厂变电所高压10kV母线上k_1点短路和低压380V母线上k_2点短路的短路电流和短路容量。该厂供电系统如图1-11所示，已知电力系统出口断路器为SN10-10Ⅱ型，变压器连接组别为Yyn0型。

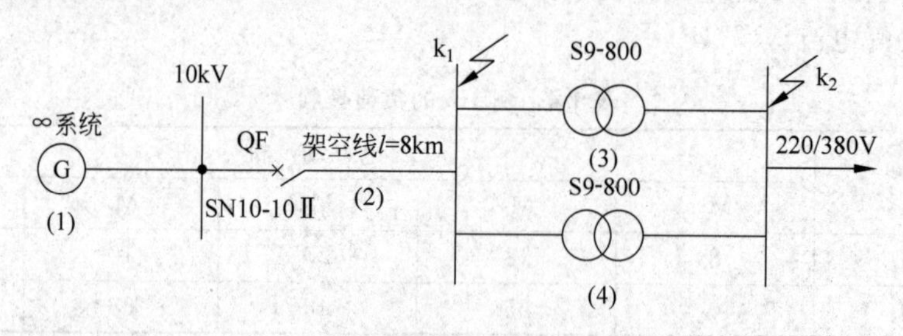

图1-11　短路电流计算图

任务分析

要完成上述任务，需要掌握以下两个方面的知识。

✧ 短路的有关概念。

✧ 短路电流的计算方法。

知识准备

一、短路概述

短路是指不同电位的导体之间的电气短接。这是电力系统中最常见，也是最严重的一种故障。为了确保电力系统安全运行，有必要研究短路及有关问题。

（一）短路的原因

造成短路的原因通常有以下几个方面。

(1) 电气绝缘损坏。这可能是由于设备或线路长期运行，其绝缘自然老化而损坏；也可能是设备或线路本身质量差，绝缘强度不够而被正常电压击穿，过负荷或过电压（内部过电压或雷电）击穿；也可能是设计、安装和运行不当而导致短路。电气绝缘损坏是造成短路的主要原因。

(2) 误操作及误接。带负荷误拉高压隔离开关，很可能造成三相弧光短路；将低电压设备接在较高电压的电路中，也可能造成设备绝缘击穿而短路。

(3) 飞禽跨接裸导体。鸟类及蛇、鼠等小动物跨接在裸露的不同电位的导体之间，或者咬坏设备和导线电缆的绝缘部分，都可能导致短路。

(4) 其他原因。如地质灾害、恶劣天气使输电线断线、倒杆，或人为盗窃、破坏等原因导致短路。

（二）短路的类型

短路的基本知识

在三相供电系统中，可能发生短路的形式如下所示。

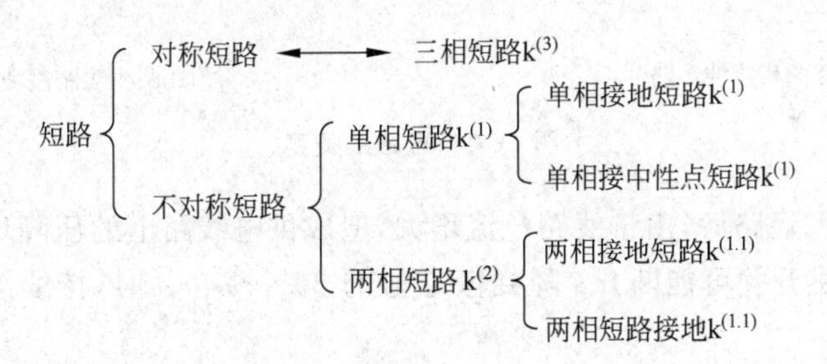

具体类型如图 1-12 所示。

在电力系统中，发生单相短路的可能性最大，三相短路的可能性最小。但一般三相短路的短路电流最大，造成的危害最严重，因此三相短路的计算至关重要。为了使电力系统中的电气设备在最严重的短路状态下也能可靠地工作，作为选择、校验电气设备的短路计算，通常以三相短路电流计算为主。

（三）短路的危害

电力系统发生短路，导致网络总阻抗减少，短路电流可能超过正常工作电流的十几倍，甚至几十倍，数值高达几万安到几十万安。而且，系统网络电压降低，将对电力系统产生极大的危害，主要表现在以下几个方面。

(1) 损坏线路或设备。短路电流会产生很大的机械力（称为电动效应）和很高的温度（称为热效应），造成线路或电气设备损坏。

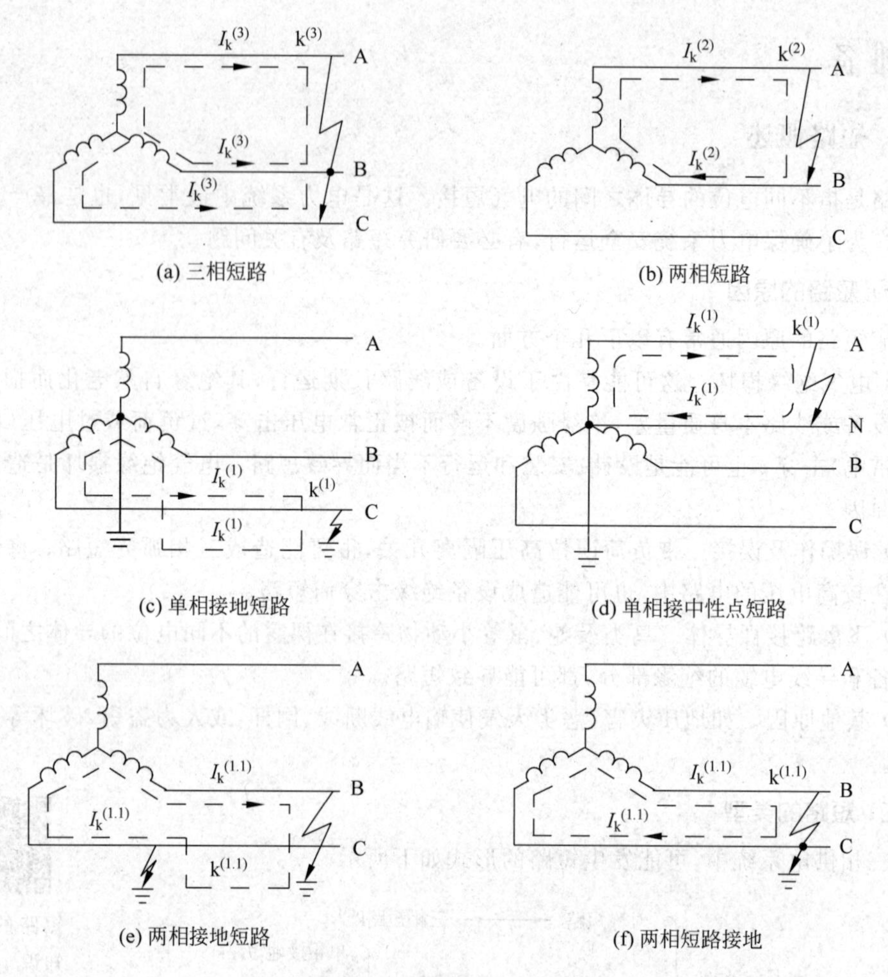

(a) 三相短路

(b) 两相短路

(c) 单相接地短路

(d) 单相接中性点短路

(e) 两相接地短路

(f) 两相短路接地

图 1-12　短路的类型

(2) 电压骤降。短路后，由于线路电流增大，造成供电线路上的压降增大。电压降到额定值的 80％时，电磁开关可能断开；降到额定值的 30％～40％时，持续 1s 以上，电动机可能停转。

(3) 造成停电事故。短路时，系统的保护装置动作，使短路电路的开关跳闸或熔断器熔断，造成停电事故。越靠近电源，短路引起的停电范围越大，造成的损失越严重。

(4) 产生电磁干扰。不对称的短路，特别是单相短路，电流将产生较强的不平衡交变磁场，对附近的通信线路、电子设备等产生电磁干扰，使之无法正常运行，甚至发生误动作。

(5) 影响电力系统运行的稳定性，造成系统瘫痪。严重的短路可使并列运行的发电机失去同步，造成电力系统的解列。

(四) 计算短路电流的目的

为了限制短路的危害和缩小故障影响的范围，在供电系统的设计和运行中，必须计算短路电流，以解决下列技术问题。

(1) 选择电气设备和载流导体，验证其热稳定性和动稳定性。

(2) 选择整定继电保护装置，使之能正确地切除短路故障。

(3) 确定限流措施。当短路电流过大,造成设备选择困难或不够经济时,可采取限制短路电流的措施。

(4) 确定合理的主接线方案和主要运行方式等。

二、无限大容量电力系统三相短路分析

无限大容量电力系统三相短路分析

(一) 无限大容量电力系统的概念

无限大容量电力系统是一个相对概念,通常是指电力系统的容量相对于用户供电系统容量大得多(一般认为系统容量大于用户电网容量 50 倍),或者电力系统的总阻抗不超过短路回路总阻抗的 5%～10%。当用户供电系统发生短路时,电力系统变电所馈电母线上的电压基本不变,可将该电力系统视为无限大容量电力系统。

对于一般的工厂供电系统来说,由于其容量远比电力系统总容量小,而阻抗较电力系统大得多,因此工厂供电系统内发生短路时,电力系统变电所馈电母线上的电压几乎维持不变,可将电力系统视为无限大容量的电源。

(二) 无限大容量电力系统发生三相短路时的物理过程

图 1-13(a)所示是一个无限大容量电力系统发生三相短路时的电路图。由于三相对称,可以用其单相等效电路图 1-13(b)来分析。图 1-13 中,R_{WL}、R_L、X_{WL}、X_L 为短路前的总电阻和电抗。

在图 1-13(b)所示电路图中,$k^{(3)}$ 点发生短路后被分成两个独立回路,其中一个回路仍与电源相连接,另一个回路变为无源回路。此无源回路中的电流由原来的数值不断衰减,一直到磁场中存储的能量全部变为其中电阻所消耗的热能为止。这个过程很短暂。对于与电源相连的回路,由于负荷阻抗和部分线路阻抗被短接,所以电路中的电流突然增大。但是,由于电路中存在电感,根据楞次定律,电流不能突变,因而引起过渡过程,即短路暂态过程,最后达到新稳定状态。

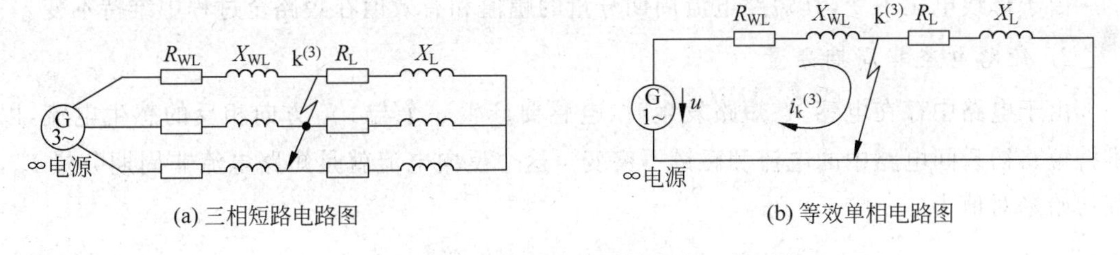

图 1-13　无限大容量电力系统发生三相短路

图 1-14 所示为无限大容量电力系统发生三相短路前、后电流、电压的变动曲线。

(1) 正常运行状态。系统在正常运行状态时,电压、电流按正弦规律变化。电路一般是电感性负载,因此电流在相位上滞后电压一定角度。

(2) 短路暂态过程。短路暂态过程包含两个分量:周期分量和非周期分量。周期分量属于强制电流,其大小取决于电源电压和短路回路的阻抗,其幅值在暂态过程中保持不变。非周期分量属于自由电流,是为了使电感回路中的磁链和电流不突变而产生的感生电流,它的值在短路瞬间最大,接着以一定的时间常数按指数规律衰减,直到衰减完毕。

(3) 短路稳定状态。一般经过 1 个周期约 0.2s 后,非周期分量衰减完毕,短路进入稳

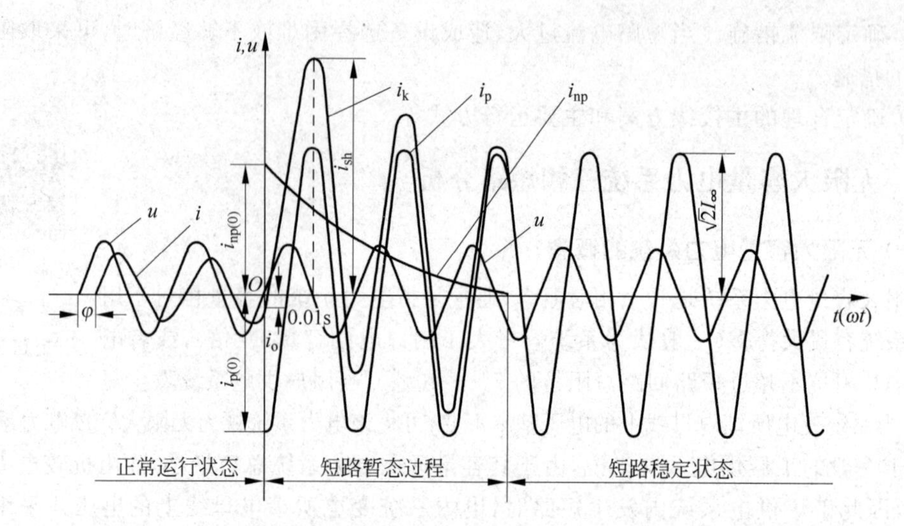

图 1-14 无限大容量电力系统发生三相短路前、后的电流、电压变化曲线图

定状态。

(三)与三相短路有关的物理量

1. 短路电流周期分量

假设短路发生在电压瞬时值为 0 时,此时负荷电流为 i_0。由于短路时,电路阻抗减小很多,电路中将出现一个短路电流周期分量 i_p;又由于短路电抗一般远大于电阻,所以 i_p 滞后电压大约 90°。因此,短路瞬间 i_p 增大到幅值,即

$$i_{p(0)}=-I_{k\cdot m}=-\sqrt{2}I'' \tag{1-41}$$

式中:I''是短路次暂态电流的有效值,它是短路后第一个周期的短路电流周期分量 i_p 的有效值。

由于母线电压不变,其短路电流周期分量的幅值和有效值在短路全过程中维持不变。

2. 短路电流非周期分量

由于电路中存在电感,在短路发生时,电感要产生一个与 $i_{p(0)}$ 方向相反的感生电流,以维持短路初瞬间电路中的电流和磁链不突变。这个反向电流就是短路电流非周期分量 i_{np},其初始绝对值为

$$i_{np(0)}\approx I_{k\cdot m}=\sqrt{2}I'' \tag{1-42}$$

非周期分量 i_{np} 是按指数函数规律衰减的,其表达式为

$$i_{np}=i_{np(0)}e^{-\frac{t}{\tau}}\approx\sqrt{2}I''e^{-\frac{t}{\tau}} \tag{1-43}$$

式中:τ 为非周期分量的衰减时间常数。

$$\tau=L_\Sigma/R_\Sigma=X_\Sigma/314R_\Sigma \tag{1-44}$$

式中:R_Σ、L_Σ和 X_Σ分别为短路电路的总电阻、总电感和总电抗。

3. 短路全电流

任一瞬间的短路全电流为周期分量与非周期分量之和,即

$$i_k=i_p+i_{np} \tag{1-45}$$

某一瞬间 t 的短路全电流有效值，是以时间 t 为中点的一个周期内的周期分量有效值 $I_{p(t)}$ 与 t 瞬间非周期分量 $i_{np(t)}$ 的方均根值，计算式为

$$I_{k(t)} = \sqrt{I_{p(t)}^2 + i_{np(t)}^2} \tag{1-46}$$

4. 短路冲击电流

短路电流瞬时值达到最大值时的瞬时电流称为短路冲击电流，用 i_{sh} 表示。短路冲击电流有效值是指短路全电流最大有效值，是短路后第一个周期的短路电流的有效值，用 I_{sh} 表示。

在高压电路中发生三相短路时，可取

$$i_{sh} = 2.25I'' \tag{1-47}$$

$$I_{sh} = 1.51I'' \tag{1-48}$$

在 1000kV・A 及以下的电力变压器及低压电路中发生三相短路时，可取

$$i_{sh} = 1.84I'' \tag{1-49}$$

$$I_{sh} = 1.09I'' \tag{1-50}$$

5. 短路稳态电流

短路电流非周期分量一般经过 0.2s 衰减完毕，短路电流达到稳定状态。这时的短路电流称为稳态电流，用 I_∞ 表示。在无限大容量电力系统中，短路电流周期分量有效值 I_k 在短路全过程中是恒定的。因此，

$$I'' = I_\infty = I_k \tag{1-51}$$

6. 三相短路容量

三相短路容量是用来校验断路器的断流容量和判断母线短路容量是否超过规定值的重要参数，也是选择限流电抗器的依据。其定义式为

$$S_k^{(3)} = \sqrt{3}U_c I_k^{(3)} \tag{1-52}$$

式中：$S_k^{(3)}$ 为三相短路容量，MV・A；U_c 为短路点所在线路的平均额定电压或短路计算电压，kV；$I_k^{(3)}$ 为三相短路电流，kA。

三、短路电流的计算

欧姆法

标幺值法

（一）概述

常用的短路电流计算方法有欧姆法和标幺制法。欧姆法是最基本的短路计算方法，适用于两个及两个以下电压等级的供电系统；标幺制法适用于多个电压等级的供电系统。

短路计算中有关的物理量一般采用以下单位：电流“kA”（千安），电压“kV”（千伏），短路容量“MV・A”（兆伏安），设备容量“kW”（千瓦）或“kV・A”（千伏安），阻抗“Ω”（欧姆）等。

（二）三相短路电流的计算

1. 欧姆法

欧姆法又称有名单位制法，它是因短路计算中的阻抗都采用有名单位“欧姆”而得名。

1）短路计算公式

无限大容量系统发生三相短路时，三相短路电流周期分量有效值为

$$I_k^{(3)} = \frac{U_c}{\sqrt{3}\,|Z_\Sigma|} = \frac{U_c}{\sqrt{3}\sqrt{R_\Sigma^2 + X_\Sigma^2}} \tag{1-53}$$

式中：U_c 为短路计算点的计算电压，比线路额定电压高 5%。按我国电压标准，U_c 有 0.4kV、0.69kV、3.15kV、6.3kV、10.5kV、37kV 等；Z_Σ、R_Σ 和 X_Σ 分别为短路电路的总阻抗、总电阻和总电抗。

对于高压供电系统，因回路中各元件的电抗占主要成分，电阻可忽略不计。在低压电路的短路计算中，只有当短路电路的电阻 $R_\Sigma > X_\Sigma/3$ 时，才需考虑电阻的影响。

若不计电阻，三相短路周期分量有效值为

$$I_k^{(3)} = \frac{U_c}{\sqrt{3}\,X_\Sigma} \tag{1-54}$$

三相短路容量为

$$S_k^{(3)} = \sqrt{3}\,U_c I_k^{(3)} \tag{1-55}$$

2）电力系统各元件阻抗的计算

(1) 电力系统的阻抗。电力系统的电阻相对于电抗来说很小，可忽略不计。其电抗可由变电站高压馈电线出口断路器的断流容量 S_{oc} 来估算。这一断流容量可看作是系统的极限断流容量 S_k，因此电力系统的电抗为

$$X_s = \frac{U_c^2}{S_{oc}} \tag{1-56}$$

式中：U_c 为高压馈电线的短路计算电压。为了便于计算短路电路总阻抗，免去阻抗换算的麻烦，U_c 可直接采用短路点的短路计算电压；S_{oc} 为系统出口断路器的断流容量，参见附表 4。

(2) 电力变压器的阻抗。电力变压器的电阻 R_T 可由变压器的短路损耗 ΔP_k 近似求出，即

$$R_T \approx \Delta P_k \left(\frac{U_c}{S_N}\right)^2 \tag{1-57}$$

式中：U_c 为短路点的短路计算电压；S_N 为变压器的额定容量；ΔP_k 为变压器的短路损耗。常用变压器技术参数参见附表 5。

电力变压器的电抗 X_T 可由变压器的短路电压 $U_k\%$ 近似求出：

$$X_T \approx \frac{U_k\% U_c^2}{100 S_N} \tag{1-58}$$

式中：$U_k\%$ 为变压器的短路电压（或阻抗电压）百分数；S_N 为变压器额定容量。

(3) 电力线路的阻抗。线路的电阻 R_{WL} 可由线路长度 l 和已知截面的导线或电缆的单位长度电阻 R_0 求得，即

$$R_{WL} = R_0 l \tag{1-59}$$

线路的电抗 X_{WL} 可由线路长度 l 和已知截面的导线或电缆的单位长度电抗 X_0 求得，即

$$X_{WL} = X_0 l \tag{1-60}$$

R_0 和 X_0 可查有关手册和产品样本(参见附表 6)。

如果线路的结构数据不祥,无法查找,可按表 1-6 所示取电抗平均值,因为同一电压的同类线路的电抗值变动振幅不大。

表 1-6　电力线路每相的单位长度电抗平均值　　单位:Ω/km

线路结构	线路电压		
	220/380V	6～10kV	35kV 及以上
架空线路	0.32	0.35	0.40
电缆线路	0.066	0.08	0.12

注意:在短路电路中若有变压器,在计算短路电路的阻抗时,应将不同电压下的各元件阻抗统一换算到短路点的短路计算电压,才能做出等效电路。阻抗换算的条件是元件的功率损耗不变。阻抗换算公式为

$$R' = R\left(\frac{U_c'}{U_c}\right)^2 \tag{1-61}$$

$$X' = X\left(\frac{U_c'}{U_c}\right)^2 \tag{1-62}$$

式中:R、X、U_c 分别为换算前元件的电阻、电抗和元件所在处的短路计算电压;R'、X' 和 U_c' 分别为换算后元件的电阻、电抗和元件所在处的短路计算电压。

短路计算中考虑的几个元件的阻抗,只有电力线路的阻抗需要换算。对于电力系统和电力变压器的阻抗,由于它们的计算公式中均含有 U_c^2,因此计算阻抗时,公式中的 U_c 直接代以短路点的计算电压,相当于阻抗已经换算到短路点一侧了。

3) 欧姆法短路计算的步骤

(1) 画出计算电路图,并标明各元件的额定参数(采用电抗的形式),确定短路计算点,对各元件编号(采用分数符号:元件编号/阻抗)。

(2) 画出相应的等效电路图。

(3) 计算电路中各主要元件的阻抗。

(4) 将等效电路化简,求系统总阻抗。

(5) 计算短路电流及短路容量。

(6) 将计算结果以表格形式表示。

短路计算的关键点是短路计算点的选择是否合理。为了使电器和导体选择得安全、可靠,作为选择、校验用的短路计算点,应选择为使电器和导体可能通过最大短路电流的地点。一般来讲,用来选择、校验高压侧设备的短路计算,应选高压母线为短路计算点;用来选择、校验低压侧设备的短路计算,应选低压母线为短路计算点。

2. 标幺制法

标幺制法又称相对单位制法,因其短路计算中的有关物理量采用标幺值而得名。

1) 标幺值

任一物理量的标幺值是它的实际值与所选定的基准值的比值。它是一个相对量,没有单位。通常,标幺值用 A_d^* 表示,基准值用 A_d 表示,实际值用 A 表示,因此

$$A_d^* = \frac{A}{A_d} \tag{1-63}$$

按标幺制法进行短路计算时，一般先选定基准容量 S_d 和基准电压 U_d。在工程计算中，一般取 $S_d=100\text{MV}\cdot\text{A}$；对于基准电压，通常取元件所在处的短路计算电压，即 $U_d=U_c$。

选定了基准容量 S_d 和基准电压 U_d 后，基准电流 I_d 按式(1-64)计算：

$$I_d = \frac{S_d}{\sqrt{3}U_d} = \frac{S_d}{\sqrt{3}U_c} \tag{1-64}$$

基准电抗 X_d 按式(1-65)计算：

$$X_d = \frac{U_d}{\sqrt{3}I_d} = \frac{U_c^2}{S_d} \tag{1-65}$$

2）电力系统中各主要元件电抗标幺值的计算

(1) 电力系统的电抗标幺值：

$$X_s^* = \frac{X_s}{X_d} = \frac{U_c^2}{S_{oc}} \bigg/ \frac{U_c^2}{S_d} = \frac{S_d}{S_{oc}} \tag{1-66}$$

式中：X_s 为电力系统的电抗值；S_{oc} 为电力系统的容量。

(2) 电力变压器的电抗标幺值：

$$X_T^* = \frac{X_T}{X_d} = \frac{U_k\% U_c^2}{100S_N} \bigg/ \frac{U_c^2}{S_d} = \frac{U_k\% S_d}{100S_N} \tag{1-67}$$

(3) 电力线路的电抗标幺值：

$$X_{WL}^* = \frac{X_{WL}}{X_d} = X_0 l \bigg/ \frac{U_c^2}{S_d} = X_0 l \frac{S_d}{U_c^2} \tag{1-68}$$

3）标幺制法短路计算公式

无限大容量电力系统三相短路电流周期分量有效值的标幺值为

$$I_k^{(3)*} = \frac{I_k^{(3)}}{I_d} = \frac{U_c}{\sqrt{3}X_\Sigma} \bigg/ \frac{S_d}{\sqrt{3}U_c} = \frac{U_c^2}{S_d X_\Sigma} = \frac{1}{X_\Sigma^*} \tag{1-69}$$

由此可得三相短路电流周期分量有效值及三相短路容量的计算公式：

$$I_k^{(3)} = I_k^{(3)*} \cdot I_d = \frac{I_d}{X_\Sigma^*} \tag{1-70}$$

$$S_k^{(3)} = \sqrt{3}U_c I_k^{(3)} = \sqrt{3}U_c \frac{I_d}{X_\Sigma^*} = \frac{S_d}{X_\Sigma^*} \tag{1-71}$$

求出 $I_k^{(3)}$ 以后，用欧姆法的公式分别求出 $I''^{(3)}$、$I_\infty^{(3)}$、$I_{sh}^{(3)}$ 和 $i_{sh}^{(3)}$。

4）标幺制法计算步骤

(1) 画出计算电路图，确定短路计算点。

(2) 确定标幺值基准。一般取 $S_d=100\text{MV}\cdot\text{A}$，$U_d=U_c$，并求出所有短路计算点电压下的 I_d。

(3) 计算各元件的电抗标幺值 X^*，绘出短路电路等效电路图，并在图上标注(采用分数符号：元件编号/标幺电抗)。

(4) 根据不同的短路计算点，分别求出总电抗标幺值 X_Σ^*，再计算各短路电流及短路容量。

（5）将计算结果列成表格形式。

任务实施

一、欧姆法求短路电流及短路容量

用欧姆法求图 1-11 所示供电系统中 k_1 和 k_2 点的短路电流及短路容量。

1. 求 k_1 点短路时的短路电流和短路容量($U_{c1}=10.5\text{kV}$)

1）计算短路电路中各元件的电抗和总电抗

（1）电力系统的电抗：由附表 4，查得 SN10-10Ⅱ型断路器的断流容量 $S_{oc}=500\text{MV}\cdot\text{A}$，因此有

$$X_1=\frac{U_{c1}^2}{S_{oc}}=\frac{10.5^2}{500}=0.22(\Omega)$$

（2）架空线路的电抗：由表 1-6 查得 $X_0=0.35\Omega/\text{km}$，因此

$$X_2=X_0 l=0.35\times 8=2.8(\Omega)$$

（3）k_1 点短路的等效电路如图 1-15(a)所示，计算其总电抗为

$$X_{\Sigma k1}=X_1+X_2=0.22+2.8=3.02(\Omega)$$

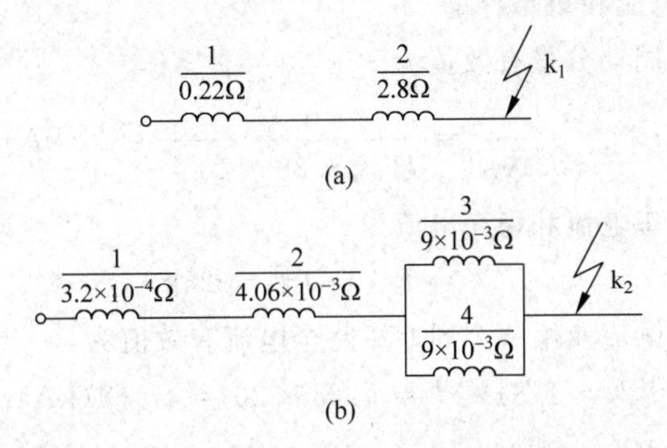

图 1-15　欧姆法计算短路电流的短路等效电路图

2）计算三相短路电流和短路容量

（1）三相短路电流周期分量有效值为

$$I_{k1}^{(3)}=\frac{U_{c1}}{\sqrt{3}X_{\Sigma 1}}=\frac{10.5}{\sqrt{3}\times 3.02}=2(\text{kA})$$

（2）三相短路次暂态电流和稳态电流为

$$I''^{(3)}=I_{\infty}^{(3)}=I_{k1}^{(3)}=2\text{kA}$$

（3）三相短路冲击电流及第一个周期短路全电流有效值为

$$i_{sh}^{(3)}=2.55I''^{(3)}=2.55\times 2=5.1(\text{kA})$$

$$I_{sh}^{(3)}=1.51I''^{(3)}=1.51\times 2=3.02(\text{kA})$$

（4）三相短路容量为

$$S_{k1}^{(3)}=\sqrt{3}U_{c1}I_{k1}^{(3)}=\sqrt{3}\times 10.5\times 2=36.4(\text{MV}\cdot\text{A})$$

2. 求 k_2 点短路时的短路电流和短路容量($U_{c2}=0.4\text{kV}$)

1) 计算短路电路中各元件的电抗和总电抗

(1) 电力系统的电抗为

$$X_1'=\frac{U_{c2}^2}{S_{oc}}=\frac{0.4^2}{500}=3.2\times10^{-4}(\Omega)$$

(2) 架空线路的电抗为

$$X_2'=X_0 l\left(\frac{U_{c2}}{U_{c1}}\right)^2=0.35\times8\times\left(\frac{0.4}{10.5}\right)^2=4.06\times10^{-3}(\Omega)$$

(3) 电力变压器的电抗为

$$X_3=X_4\approx\frac{U_k\%U_c^2}{100S_N}=\frac{4.5\times(0.4)^2}{100\times800}=9\times10^{-3}(\Omega)$$

(4) k_2 点短路的等效电路如图 1-15(b)所示,计算其总电抗为

$$\begin{aligned}X_{\Sigma k2}&=X_1'+X_2'+X_3'\,/\!/\,X_4'\\&=3.2\times10^{-4}+4.06\times10^{-3}+\frac{9\times10^{-3}}{2}\\&=8.88\times10^{-3}(\Omega)\end{aligned}$$

2) 计算三相短路电流和短路容量

(1) 三相短路电流周期分量有效值为

$$I_{k2}^{(3)}=\frac{U_{c1}}{\sqrt{3}X_{\Sigma2}}=\frac{0.4}{\sqrt{3}\times8.88\times10^{-3}}=26(\text{kA})$$

(2) 三相短路次暂态电流和稳态电流为

$$I''^{(3)}=I_\infty^{(3)}=I_{k2}^{(3)}=26\text{kA}$$

(3) 三相短路冲击电流及第一个周期短路全电流有效值为

$$i_{sh}^{(3)}=1.84I''^{(3)}=1.84\times26=47.84(\text{kA})$$

$$I_{sh}^{(3)}=1.09I''^{(3)}=1.09\times26=28.34(\text{kA})$$

(4) 三相短路容量为

$$S_{k2}^{(3)}=\sqrt{3}U_{c2}I_{k2}^{(3)}=\sqrt{3}\times0.4\times26=18.01(\text{MV}\cdot\text{A})$$

在实际工程中,通常列出短路计算表,如表 1-7 所示。

表 1-7 欧姆法短路计算表

短路计算点	三相短路电流/kA					三相短路容量/(MV·A)
	$I_k^{(3)}$	$I''^{(3)}$	$I_\infty^{(3)}$	$i_{sh}^{(3)}$	$I_{sh}^{(3)}$	$S_k^{(3)}$
k_1	2	2	2	5.1	3.02	36.4
k_2	26	26	26	47.84	28.34	18.01

二、标幺制法求短路电流及短路容量

用标幺值法求图 1-11 所示供电系统中 k_1 和 k_2 点的短路电流及短路容量。

1）选取基准值

取

$$S_d = 100\text{MV}\cdot\text{A},\quad U_{c1} = 10.5\text{kV},\quad U_{c2} = 0.4\text{kV}$$

则基准电流为

$$I_{d1} = \frac{S_d}{\sqrt{3}U_{c1}} = \frac{100}{\sqrt{3}\times 10.5} = 5.5(\text{kA})$$

$$I_{d2} = \frac{S_d}{\sqrt{3}U_{c2}} = \frac{100}{\sqrt{3}\times 0.4} = 144(\text{kA})$$

2）计算各元件的电抗标幺值

（1）电力系统的电抗标幺值为

$$X_s^* = X_1^* = \frac{S_d}{S_{oc}} = \frac{100}{500} = 0.2$$

（2）电力线路的电抗标幺值为

$$X_{WL}^* = X_2^* = X_0 l \frac{S_d}{U_{c1}^2} = 0.35\times 8\times \frac{100}{10.5^2} = 2.54$$

（3）电力变压器的电抗标幺值

$$X_T^* = X_3^* = X_4^* = \frac{U_k\% S_d}{100 S_N} = \frac{4.5\times 100\times 1000}{100\times 800} = 5.6$$

3）作图

画出等效电路图，如图 1-16 所示。

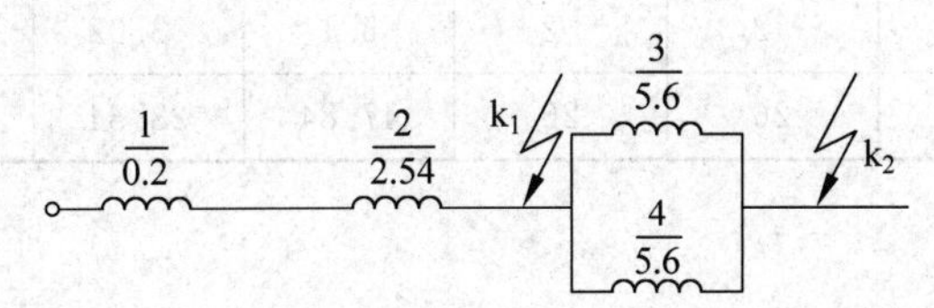

图 1-16　标幺值法计算短路电流的短路等效电路图

4）求 k_1 点的总电抗标幺值及短路电流和短路容量

（1）总电抗标幺值为

$$X_{\Sigma k1}^* = X_1^* + X_2^* = 0.2 + 2.54 = 2.74$$

（2）三相短路电流周期分量有效值为

$$I_{k1}^{(3)} = \frac{I_{d1}}{X_{\Sigma k1}^*} = \frac{5.5}{2.74} = 2(\text{kA})$$

（3）其他各三相短路电流为

$$I''^{(3)} = I_\infty^{(3)} = I_{k1}^{(3)} = 2\text{kA}$$

$$i_{sh}^{(3)} = 2.55 I''^{(3)} = 2.55\times 2 = 5.1(\text{kA})$$

$$I_{sh}^{(3)} = 1.51 I''^{(3)} = 1.51\times 2 = 3.02(\text{kA})$$

（4）三相短路容量为

$$S_{k1}^{(3)} = \frac{S_d}{X_{\Sigma k1}^*} = \frac{100}{2.74} = 36.5(\text{MV}\cdot\text{A})$$

5）求 k_2 点的总电抗标幺值及短路电流和短路容量

（1）总电抗标幺值为

$$X_{\Sigma k2}^{*}=X_1^{*}+X_2^{*}+X_2^{*}\ /\!/\ X_2^{*}=0.2+2.54+\frac{5.6}{2}=5.54$$

（2）三相短路电流周期分量有效值为

$$I_{k2}^{(3)}=\frac{I_{d2}}{X_{\Sigma k2}^{*}}=\frac{144}{5.54}=26(\mathrm{kA})$$

（3）其他各三相短路电流为

$$I''^{(3)}=I_{\infty}^{(3)}=I_{k2}^{(3)}=26\mathrm{kA}$$

$$i_{sh}^{(3)}=1.84I''^{(3)}=1.84\times26=47.84(\mathrm{kA})$$

$$I_{sh}^{(3)}=1.09I''^{(3)}=1.09\times26=28.34(\mathrm{kA})$$

（4）三相短路容量为

$$S_{k2}^{(3)}=\frac{S_d}{X_{\Sigma k2}^{*}}=\frac{100}{5.54}=18.05(\mathrm{MV\cdot A})$$

6）列表

将计算结果列成表格形式，如表1-8所示。

表1-8　标幺值短路计算表

短路计算点	三相短路电流/kA					三相短路容量/(MV·A)
	$I_k^{(3)}$	$I''^{(3)}$	$I_{\infty}^{(3)}$	$i_{sh}^{(3)}$	$I_{sh}^{(3)}$	$S_k^{(3)}$
k_1	2	2	2	5.1	3.02	36.5
k_2	26	26	26	47.84	28.34	18.05

知识拓展

一、两相短路电流的计算

两相短路电流主要用于相间短路保护的灵敏度校验。

无限大容量电力系统发生两相短路时，其短路电流由式(1-72)求得：

$$I_k^{(2)}=\frac{U_c}{2\mid Z_{\Sigma}\mid} \tag{1-72}$$

如果只计电抗，则短路电流为

$$I_k^{(2)}=\frac{U_c}{2Z_{\Sigma}}=\frac{U_c}{2X_{\Sigma}} \tag{1-73}$$

将式(1-73)与三相短路电流的计算式(1-54)对照，得两相短路电流的计算式为

$$I_k^{(2)}=\frac{\sqrt{3}}{2}I_k^{(3)}=0.866I_k^{(3)} \tag{1-74}$$

式(1-74)说明，在无限大容量电力系统中，同一地点的两相短路电流为三相短路电流的0.866倍。其他两相短路电流 $I''^{(2)}$、$I_{\infty}^{(2)}$、$i_{sh}^{(2)}$、$I_{sh}^{(2)}$ 均可按三相短路电流计算公式求得。

二、单相短路电流的计算

单相短路电流主要用于单相短路保护的整定及单相短路热稳定度的校验。

在中性点接地系统或三相四线制系统中发生单相短路时，根据对称分量法，得其单相短路电流为

$$\dot{I}_k^{(1)} = \frac{3\dot{U}_\varphi}{Z_{1\Sigma} + Z_{2\Sigma} + Z_{0\Sigma}} \tag{1-75}$$

式中：$\dot{U}_\varphi$ 为电源相电压；$Z_{1\Sigma}$、$Z_{2\Sigma}$和 $Z_{0\Sigma}$分别为单相短路回路的正序、负序和零序阻抗。

在工程设计中，经常用来计算低压配电系统单相短路电流的公式为

$$I_k^{(1)} = \frac{U_\varphi}{|Z_{\varphi\text{-}0}|} \tag{1-76}$$

$$I_k^{(1)} = \frac{U_\varphi}{|Z_{\varphi\text{-PE}}|} \tag{1-77}$$

$$I_k^{(1)} = \frac{U_\varphi}{|Z_{\varphi\text{-PEN}}|} \tag{1-78}$$

式中：U_φ 为电源的相电压；$Z_{\varphi\text{-}0}$为相线与 N 线短路回路的阻抗；$Z_{\varphi\text{-PE}}$为相线与 PE 线短路回路的阻抗；$Z_{\varphi\text{-PEN}}$为相线与 PEN 线短路回路的阻抗。

三、大容量电机短路电流的计算

当短路点附近接有大容量电动机时，应把电动机作为附加电源考虑，电动机会向短路点反馈短路电流。短路时，电动机受到迅速制动，反馈电流衰减得非常快，因此反馈电流仅影响短路冲击电流，仅当单台电动机或电动机组容量大于 100kW 时才考虑其影响。当大容量交流电动机与短路点之间相隔有变压器，以及在计算不对称短路时，可不考虑电动机反馈电流的影响。

由电动机提供的短路冲击电流可按式(1-79)计算：

$$i_{sh\cdot M} = CK_{sh\cdot M}I_{N\cdot M} \tag{1-79}$$

式中：C 为电动机反馈冲击倍数（感应电动机取 6.5，同步电动机取 7.8，同步补偿机取 10.6，综合性负荷取 3.2）；$K_{sh\cdot M}$为电动机短路电流冲击系数（对于 3～10kV 的电动机，取 1.4～1.7；对于 380V 的电动机，取 1）；$I_{N\cdot M}$为电动机额定电流。

计入电动机反馈冲击的影响后，短路点总短路冲击电流为

$$i_{sh\Sigma} = i_{sh}^{(3)} + i_{sh\cdot M} \tag{1-80}$$

自我检测

1-3-1　什么是短路？短路故障产生的原因有哪些？短路对电力系统有哪些危害？

1-3-2　短路有哪些形式？哪种形式的短路发生的可能性最大？哪种形式的短路危害最严重？

1-3-3　短路计算的目的是什么？

1-3-4　何谓无限大容量电力系统？无限大容量电力系统的特点是什么？

1-3-5　短路计算的欧姆法和标幺制法各有哪些特点？

1-3-6 某一区域变电站通过一条长4km的10kV电缆线路供电给某企业，该企业的变电所装有两台并列运行的Yyn0连接的S9-1000型变压器。区域变电站出口断路器为SN10-10Ⅱ型。试分别用欧姆法和标幺制法求该企业变电所10kV母线和380V母线的短路电流$I_k^{(3)}$、$I_\infty^{(3)}$、$I_{sh}^{(3)}$、$I''^{(3)}$、$i_{sh}^{(3)}$及短路容量$S_k^{(3)}$，并列出短路计算表。

任务四 短路电流效应

任务情境

本任务将校验母线的热稳定度和动稳定度。已知某车间变电所380V侧采用LMY-100×10的硬铝母线，其三相短路稳态电流为34.57kA，母线的短路保护实际动作时间为0.6s，低压断路器的断路时间为0.1s。母线水平平放，相邻两条母线间的轴线距离a=0.16m，档距l=0.9m，档数大于2，其上接有一台250kW的同步电动机，$\cos\varphi$=0.7，效率η=0.75，母线的三相短路冲击电流为63.6kA。试校验此母线的动、热稳定度。

任务分析

要完成上述任务，需要掌握以下几方面的知识。

✧ 短路电流热效应的有关概念。

✧ 短路热稳定度的校验。

✧ 短路电流电动效应的有关概念。

✧ 短路动稳定度的校验。

知识准备

短路电流的效应

通过短路计算可知，供电系统发生短路时，短路电流是相当大的。如此大的短路电流通过电器和导体时，一方面要产生很高的温度，即热效应；另一方面要产生很大的电动力，即电动效应。这两类短路效应对电器和导体的安全运行威胁很大，必须充分注意。

一、短路电流的热效应

（一）短路时导体的发热过程与发热计算

电力系统正常运行时，额定电流在导体中发热产生的热量一方面被导体吸收并使导体温度升高；另一方面通过各种方式传入周围介质。当导体产生的热量等于散发的热量时，导体达到热平衡状态。当电力线路发生短路时，由于短路电流大，发热量大，时间短，热量来不及传入周围介质，可以认为全部热量都用来升高导体温度。

根据导体允许发热的条件，导体在正常负荷和短路时允许的最高温度如附表7所示。如果导体在短路时的发热温度不超过允许温度，认为其短路热稳定度满足要求。

一般采用短路稳态电流来等效计算实际短路电流产生的热量。由于通过导体的实际短路电流并不是短路稳态电流，因此需要假定一个时间。在此时间内，假定导体通过短路稳态电流时产生的热量恰好等于实际短路电流在实际短路时间内产生的热量。这一假想时间称为短路发热的假想时间，用 t_{ima} 表示，由式(1-81)近似求得：

$$t_{ima} = t_k + 0.05 \tag{1-81}$$

当 $t_k > 1s$，可以认为 $t_{ima} = t_k$。

短路时间 t_k 为短路保护装置实际最长的动作时间 t_{op} 与断路器的断路时间 t_{oc} 之和，即 $t_k = t_{op} + t_{oc}$。

对于一般高压油断路器，可取 $t_{oc} = 0.2s$；对于高速断路器，则取 $t_{oc} = 0.1 \sim 0.15s$。实际短路电流通过导体时，在短路时间内产生的热量为

$$Q_k = I_\infty^2 R t_{ima} \tag{1-82}$$

（二）短路热稳定度的校验

(1) 对于一般电器，有

$$I_t^2 t \geqslant I_\infty^{(3)^2} t_{ima} \tag{1-83}$$

式中：I_t 为电器的热稳定试验电流（有效值）；t 为电器的热稳定试验时间。I_t 和 t 可从产品样本中查得。常用高压断路器的 I_t 和 t 可查阅附表 4。

(2) 对于母线及绝缘导线和电缆等导体，有

$$A \geqslant A_{min} = I_\infty^{(3)} \frac{\sqrt{t_{ima}}}{C} \tag{1-84}$$

式中：C 为导体短路热稳定系数，可查阅附表 7；A_{min} 为导体的最小热稳定截面积，mm^2。

二、短路电流的电动效应

供电系统短路时，短路电流，特别是短路冲击电流将使相邻导体之间产生很大的电动力，有可能使电器和载流导体遭受严重破坏。为此，要使电路元件承受短路时最大电动力的作用，它必须具有足够的电动稳定度。

（一）短路时最大电动力

在短路电流中，三相短路冲击电流 $i_{sh}^{(3)}$ 最大，它在导体中间相产生的电动力最大。电动力 $F^{(3)}$ 可用式(1-85)计算：

$$F^{(3)} = \sqrt{3}\, i_{sh}^{(3)2} \cdot \frac{l}{a} \times 10^{-7}\,(\mathrm{N}) \tag{1-85}$$

校验电器和载流导体动稳定度时，通常采用 $i_{sh}^{(3)}$ 和 $F^{(3)}$。

（二）短路动稳定度的校验

对于电器和导体的动稳定度校验，需根据校验对象的不同而采用不同的校验条件。

(1) 对于一般电器，有

$$i_{max} \geqslant i_{sh}^{(3)}$$

或

$$I_{max} \geqslant I_{sh}^{(3)} \tag{1-86}$$

式中：i_{max} 和 I_{max} 分别是电器的极限通过电流（又称动稳定电流）的峰值和有效值，可从有关手册或产品样本中查得。附表 5 列出了部分高压断路器的主要技术数据。

(2) 对于绝缘子，要求其最大允许抗弯载荷大于等于最大计算载荷，即

$$F_{al} \geqslant F_c^{(3)} \tag{1-87}$$

式中：F_{al}为绝缘子的最大允许抗弯载荷；$F_c^{(3)}$ 为短路时作用于绝缘子的计算力。如图 1-17 所示，母线在绝缘子上平放，则 $F_c^{(3)}=F^{(3)}$；母线在绝缘子上竖放，则 $F_c^{(3)}=1.4F^{(3)}$。

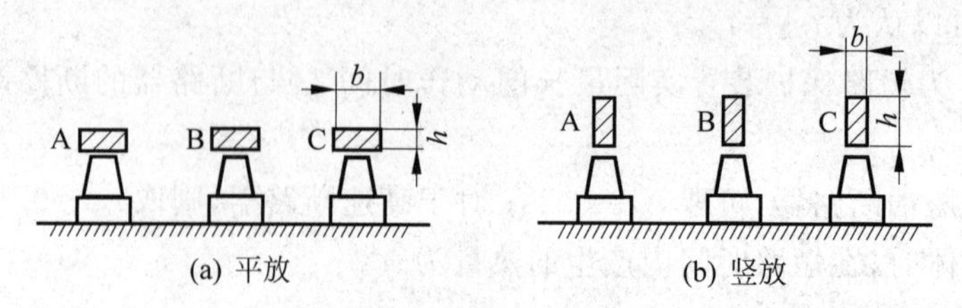

图 1-17　母线的放置方式

(3) 对于母线等硬导体，有

$$\sigma_{al} \geqslant \sigma_c \tag{1-88}$$

式中：σ_{al}为母线材料的最大允许力，Pa。硬铜母线(TMY)为 140MPa，硬铝母线(LMY)为 70MPa。σ_c 为母线通过 $i_{sh}^{(3)}$ 时所受的最大计算应力，即 $\sigma_c=M/W$。其中，M 为母线通过三相短路冲击电流时受到的弯曲力矩，N·m。母线的档数≤2 时，$M=F^{(3)}l/8$；档数>2 时，$M=F^{(3)}l/10$。l 为母线的档距，m；W 为母线截面系数，m^3，计算式为 $W=b^2h/6$，b 为母线截面的水平宽度，h 为母线截面的垂直高度。

电缆的机械强度很好，无须校验其短路动稳定度。

任务实施

一、任务情境所述母线的热稳定度校验

查附表 7，得 $C=87$。因为

$$t_{ima}=t_k+0.05=t_{op}+t_{oc}+0.05=0.6+0.1+0.05=0.75(s)$$

所以

$$A_{min}=I_{\infty}^{(3)}\frac{\sqrt{t_{ima}}}{C}=\frac{34.57\times10^3}{87}\times\sqrt{0.75}=344(mm^2)$$

由于母线实际接面积 $A=100\times10=1000(mm^2)>A_{min}$，因此该母线满足断路热稳定度的要求。

二、任务情境所述母线的动稳定度校验

(1) 计算母线短路时所承受的最大电动力。

同步电动机的额定电流为

$$I_{N\cdot M}=\frac{250}{\sqrt{3}\times380\times0.7\times0.75}=0.723(kA)$$

由于 $I_{N\cdot M}>0.01I_k^{(3)}$，故需计入感应电动机反馈电流的影响。计算电动机的反馈冲击电流 $C=7.8$，$K_{sh\cdot M}=1$，则

$$i_{sh\cdot M}=CK_{sh\cdot M}I_{N\cdot M}=7.8\times1\times0.723=5.6(kA)$$

母线三相短路时承受的最大电动力为

$$F^{(3)}=\sqrt{3}\times(i_{sh}^{(3)}+i_{sh\cdot M})^2\times\frac{l}{a}\times10^{-7}$$
$$=\sqrt{3}\times(63.6\times10^3+5.6\times10^3)^2\times\frac{0.9}{0.16}\times10^{-7}$$
$$=4665(\mathrm{N})$$

(2) 校验母线短路时的动稳定度。

母线在 $F^{(3)}$ 作用下的弯曲力矩为

$$M=\frac{F^{(3)}l}{10}=\frac{4665\times0.9}{10}=420(\mathrm{N\cdot m})$$

母线的截面系数为

$$W=\frac{b^2h}{6}=\frac{0.1^2\times0.01}{6}=1.667\times10^{-5}(\mathrm{m}^3)$$

计算应力为

$$\sigma_c=\frac{M}{W}=\frac{420}{1.667\times10^{-5}}=25.2(\mathrm{MPa})$$

而硬铝母线(LMY)的允许应力 $\sigma_{al}=70\mathrm{MPa}>\sigma_c$,所以该母线满足动稳定度的要求。

自我检测

1-4-1　什么是短路电流的热效应?校验一般电器和导体的动稳定性应采用哪种短路电流?

1-4-2　什么是短路电流的电动效应?校验一般电器和导体的热稳定性应采用哪种短路电流?

1-4-3　设某企业变电所380V母线上的三相短路稳态电流为 $I_k^{(3)}=36.5\mathrm{kA}$,三相短路冲击电流为 $i_{sh}^{(3)}=67.2\mathrm{kA}$。三相母线采用LMY-80×10,平放,两条相邻母线的轴线距离为200mm,档距为900mm,档数大于2。该母线上接有一台500kW同步电动机,且 $\cos\varphi=1$, $\eta=0.94$。试校验该母线的动稳定性。

1-4-4　设1-4-3题中380V母线的保护装置动作时间为0.5s,低压断路器的断路时间为0.05s。试校验该母线的热稳定度。

项目二

供配电系统一次设备选择与安装

本项目依据巨化集团公司某厂供配电系统的主接线图和供配电设备装置平面布置图，阐述电力变压器的选择与安装、高低压一次设备的选择与安装、高低压配电室的布置、母线的选择与安装、电力线路的选择与敷设等工作过程，并指出工作中易出现的问题和解决方案。从工作中导出变压器、断路器、隔离开关、熔断器、电流互感器、电压互感器等一次设备的工作原理和相关知识。

- 熟悉一次设备的文字符号、图形符号及功能。
- 选择、安装与布置电力变压器。
- 掌握一次设备选型的相关理论和计算知识。
- 熟悉一次设备的安装过程。
- 掌握电压互感器和电流互感器的作用和工作原理。
- 能够对供配电系统的主接线图和装置平面布置图进行读图。
- 熟悉主接线和供配电平面布置图设计的理论依据。

任务一　变压器的选择与安装

任务情境

在某机械厂 10/0.4kV 降压变电所的电气设计中，总计算负荷 $P_{30}=900\text{kW}$，$Q_{30}=610\text{kvar}$。其中，一、二级负荷 $P_{30(\text{Ⅰ}+\text{Ⅱ})}=500\text{kW}$，$Q_{30(\text{Ⅰ}+\text{Ⅱ})}=310\text{kvar}$。①试初步确定该车间变电所的主变压器台数和容量；②对选择的变压器进行安装。

任务分析

要完成车间变电所主变压器的选择及安装，需要从以下几个方面来考虑。

✧ 了解变压器的基本概念。

✧ 根据实际情况选择变压器的台数和容量。

✧ 熟悉变压器安装要求。

知识准备

一、电力变压器概述

电力变压器的主要功能是升高或降低电压，是工厂供电系统中实现电能输送、电压变换，满足不同电压等级负荷要求的重要设备，其文字符号为T，图形符号为—○○—。

（一）电力变压器的结构和型号

电力变压器主要有铁心和绕组两大基本组成部分。绕组又分为高压和低压或一次和二次绕组。图2-1所示为普通三相油浸式电力变压器的结构图，图2-2所示为环氧树脂浇注绝缘的三相干式变压器的结构图。

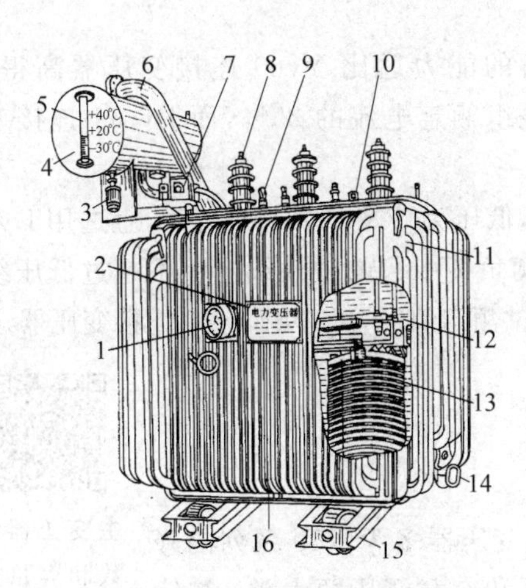

图2-1　三相油浸式电力变压器

1—信号温度计；2—铭牌；3—吸湿器；4—油枕；5—油标；6—防爆管；7—气体继电器；8—高压套管和接线端子；9—低压套管和接线端子；10—分接开关；11—油箱及散热油管；12—铁心；13—绕组及绝缘；14—放油阀；15—小车；16—接地端子

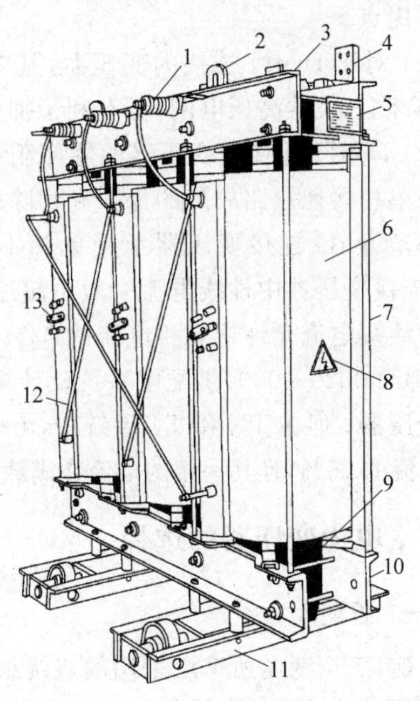

图2-2　环氧树脂浇注绝缘的三相干式变压器

1—高压出线套管；2—吊环；3—上夹件；4—低压出线接线端子；5—铭牌；6—环氧树脂浇注绝缘绕组；7—上下夹件拉杆；8—警示标牌；9—铁心；10—下夹件；11—小车；12—高压绕组相间连接导杆；13—高压分接头连接片

变压器型号表示及含义如图 2-3 所示。例如，S9-1000/10 表示三相铜绕组油浸式（自冷式）变压器，设计序号为 9，容量为 1000kV·A，高压绕组额定电压为 10kV。有关变压器的技术数据参见附表 5。

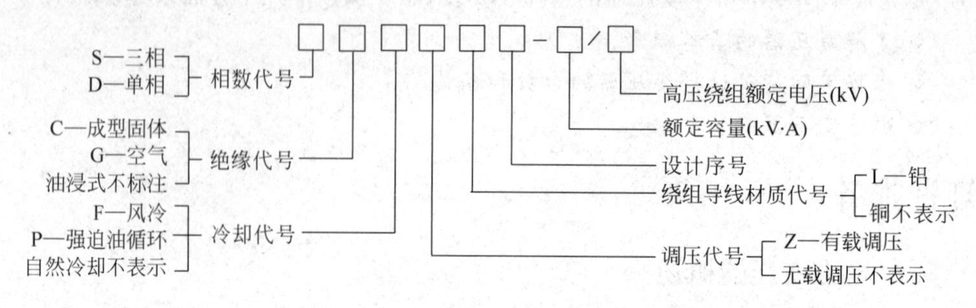

图 2-3 变压器型号的表示和含义

（二）电力变压器的连接组别

电力变压器的连接组别是指变压器一、二次绕组因采取不同的连接方式而形成变压器一、二次侧对应的线电压之间的不同相位关系。6～10kV 配电变压器（二次侧电压为 220/380V）有 Yyn0（即Y/Y_0-12）和 Dyn11（即△/Y_0-11）两种常见的连接方式。

近年来，Dyn11 连接的配电变压器得到推广、应用。与 Yyn0 连接的电力变压器相比，有如下优点。

(1) 对于 Dyn11 连接的变压器，其 $3n$ 次谐波电流在三角形接线的一次绕组内形成环流，不会注入公共高压电网，更有利于抑制高次谐波电流。

(2) Dyn11 连接的变压器的零序阻抗比 Yyn0 连接变压器的零序阻抗小得多，更有利于低压单相接地短路故障的保护和切除。

(3) Dyn11 连接变压器承受单相不平衡负荷的能力远比 Yyn0 连接变压器高得多。Yyn0 连接变压器中性线电流一般不超过其二次绕组额定电流的 25%，而 Dyn11 连接变压器的中性线电流允许达到相电流的 75%以上。

GB 50052—2009《供配电系统设计规范》规定，低压为 TN 及 TT 系统时，宜选用 Dyn11 连接变压器；但在 TN 和 TT 系统中，由单相不平衡负荷引起的中性线电流不超过低压绕组额定电流的 25%，且其一相的电流在满载时不致超过额定值时，可选用 Yyn0 连接变压器。

二、电力变压器的选择

（一）概述

主变压器台数和容量的选择

目前，工厂变电所广泛采用的双绕组三相电力变压器多为 R10 系列的降压变压器。这种变压器按调压方式，分为无载调压和有载调压两大类；按绕组绝缘及冷却方式，分为油浸式、干式和充气式等，其中油浸式变压器又分为油浸自冷式、油浸风冷式、油浸水冷式和强迫油循环冷却式等。现场使用的 6～10kV 配电变压器多为油浸式无载调压变压器。

在选择变压器时，应选用低损耗节能型变压器，如 S9 系列或 S10 系列。高损耗变压器已被淘汰，不再采用。在多尘或有腐蚀性气体严重影响变压器安全的场所，应选择密闭型变压器或防腐型变压器；供电系统中没有特殊要求和民用建筑独立变电所常采用三相油浸式自冷电力变压器(S9、S10-M、S11、S11-M 等)；对于高层建筑、地下建筑、发电厂、化工等单位对消防要求较高的场所，宜采用干式电力变压器(SC、SCZ、SG3、SG10、SC6 等)；电网电压波动较大的，为改善电能质量，应采用有载调压电力变压器(SZ7、SFSZ、SGZ3 等)。

(二) 电力变压器的实际容量和过负荷能力

1. 变压器的实际容量

电力变压器的额定容量是指它在规定的环境温度条件下，室外安装时，在规定的使用年限内(一般规定为 20 年)连续输出的最大视在功率。一般规定，如果变压器安装地点的年平均气温 $\theta_{0\cdot av} \neq 20℃$，则年平均气温每升高 1℃，变压器的容量相应地减小 1%。因此，变压器的实际容量(出力)应计入一个温度校正系数 K_θ。

对于室外变压器，其实际容量为

$$S_T = K_\theta S_{N\cdot T} = \left(1 - \frac{\theta_{0\cdot av} - 20}{100}\right) S_{N\cdot T} \tag{2-1}$$

式中：$S_{N\cdot T}$为变压器的额定容量。

对于室内变压器，由于散热条件较差，变压器进风口和出风口间大概有 15℃温差，处在室中间的变压器环境温度比户外温度大约高 8℃，因此其容量要减小 8%，即

$$S_T = K_\theta S_{N\cdot T} = \left(0.92 - \frac{\theta_{0\cdot av} - 20}{100}\right) S_{N\cdot T} \tag{2-2}$$

2. 变压器的正常过负荷能力

变压器容量是按最大负荷选择的。大部分时间的负荷都低于最大负荷，没有充分发挥其负荷能力。从维持变压器规定的使用年限考虑，变压器在必要时完全可以过负荷运行。变压器的过负荷能力，是指它在较短时间内所能输出的最大容量。

对于油浸式变压器，其允许过负荷包括以下两个部分。

(1) 由于昼夜负荷不均匀而考虑的过负荷，如果变压器的日负荷率小于 1，则由日负荷率和最大负荷持续时间确定允许过负荷能力。

(2) 由于夏季欠负荷而在冬季考虑的过负荷，夏季每低 1%，可在冬季过负荷 1%，但不得超过 15%。

以上两部分过负荷需同时考虑，室外变压器过负荷不得超过 30%，室内变压器过负荷不得超过 20%。干式变压器一般不考虑正常过负荷。

3. 变压器的事故过负荷能力

一般来讲，变压器在运行时最好不要过负荷。但是，在事故情况下，可以允许短时间较大幅度地过负荷运行，但运行时间不得超过表 2-1 中所示规定的时间。

表 2-1　电力变压器事故过负荷允许值

油浸自冷式变压器	过负荷百分数/%	30	60	75	100	200
	允许过负荷时间/min	120	45	20	10	1.5
干式变压器	过负荷百分数/%	10	20	40	50	60
	允许过负荷时间/min	75	60	32	16	5

（三）变电所主变压器台数和容量的选择

1. 主变压器台数的选择

(1) 应满足用电负荷对供电可靠性的要求。对供有大量一、二级负荷的变电所，应选用两台变压器。对只有少量二级而无一级负荷的变电所，如低压侧有与其他变电所相连的联络线作为备用电源，也可只采用一台变压器。

(2) 季节性负荷变化较大而宜于采用经济运行方式的变电所，可选用两台变压器。

(3) 一般供三级负荷的变电所，可只采用一台变压器。但集中负荷较大者，虽为三级负荷，也可选用两台变压器。

(4) 在确定变电所主变压器的台数时，应适当考虑负荷的发展，留有一定的余地。

2. 主变压器容量的选择

1) 只装有一台主变压器的变电所

主变压器的额定容量 $S_{N\cdot T}$ 应满足全部用电设备总计算负荷 S_{30} 的需要，即

$$S_{N\cdot T} \geqslant S_{30} \tag{2-3}$$

2) 装有两台主变压器的变电所

每台主变压器的额定容量 $S_{N\cdot T}$ 应同时满足以下两个条件。

(1) 任一台变压器单独运行时，应能满足总计算负荷 S_{30} 60%～70%的需要，即

$$S_{N\cdot T} = (0.6 \sim 0.7)S_{30} \tag{2-4}$$

(2) 任一台变压器单独运行时，应能满足全部一、二级负荷 $S_{30(\mathrm{I}+\mathrm{II})}$ 的需要，即

$$S_{N\cdot T} \geqslant S_{30(\mathrm{I}+\mathrm{II})} \tag{2-5}$$

3) 车间变电所主变压器的单台容量上限

车间变电所主变压器的单台容量一般不宜大于 1000kV·A（或 1250kV·A）。这一方面是受以往低压开关电器断流能力和短路稳定度要求的限制；另一方面，考虑到可以使变压器更接近车间负荷中心，以减少低压配电线路的电能损耗、电压损耗和有色金属消耗量。现在我国已能生产一些断流能力更大和短路稳定度更好的新型低压开关电器，如 DW15、ME 等型低压断路器及其他电器，因此若车间负荷容量较大、负荷集中且运行合理，也可以选用 1250(或 1600)～2000kV·A 的配电变压器，减少主变压器台数及高压开关电器和电缆等。

对装设在二层以上的电力变压器，应考虑其垂直与水平运输对通道及楼板荷载的影响。如采用干式变压器时，其容量不宜大于 630kV·A。

对于居住小区变电所内的油浸式变压器，单台容量不宜大于 630kV·A。这是因为油浸式变压器容量大于 630kV·A 时，按规定应装设瓦斯保护，而这些变压器电源侧的断路器往往不在变压器附近，因此瓦斯保护很难实施；而且如果变压器容量增大，供电半径相应增大，将造成供配电线路末端的电压偏低，给居民生活带来不便，例如荧光灯启燃困难、电冰箱不能启动等。

4) 适当考虑负荷的发展

应适当考虑未来 5～10 年电力负荷的增长，留有一定的余地。干式变压器的过负荷能力较小，更宜留有较大的裕量。

任务实施

一、变压器的选择

车间总计算负荷为

$$S_{30}=\sqrt{P_{30}^{2}+Q_{30}^{2}}=\sqrt{900^{2}+610^{2}}\approx 1087(\text{kV}\cdot\text{A})$$

一、二级负荷总计算负荷为

$$S_{30(\mathrm{I}+\mathrm{II})}=\sqrt{P_{30(\mathrm{I}+\mathrm{II})}^{2}+Q_{30(\mathrm{I}+\mathrm{II})}^{2}}=\sqrt{500^{2}+310^{2}}\approx 588(\text{kV}\cdot\text{A})$$

根据车间变电所变压器台数及容量选择要求，该车间变电所有一、二级负荷，宜选择两台变压器。

任一台变压器单独运行时，要满足60%～70%的负荷，即

$$S_{\text{N}\cdot\text{T}}=(0.6\sim 0.7)S_{30}=(0.6\sim 0.7)\times 1087\approx 652\sim 761(\text{kV}\cdot\text{A})$$

且任一台变压器应满足 $S_{\text{N}\cdot\text{T}}\geqslant 588\text{kV}\cdot\text{A}$。因此，可选两台容量均为800kV·A的低损耗配电变压器，型号为S9-800/10。主变压器的连接组别均采用Yyn0。工厂二级负荷的备用电源由与邻近单位相连的高压联络线来承担。

二、变压器的安装

变压器到达现场后，在安装过程中，应充分做好各项准备工作，如准备好安装图纸、变压器随机的说明书、滚杠、吊葫芦、千斤顶、撬杠、吊车或其他机具等。安装前应及时进行外观检查和相关试验；安装过程严格执行国家标准和规范，注意工艺流程，遵守安全作业规程；安装后应及时进行分段验收。工作内容概括为以下几点。

1. 电力变压器安装前的外观检查项目

电力变压器在安装前应完成如下外观检查项目。

(1) 变压器油箱及其所有附件应齐全，无锈蚀或机械损伤。

(2) 油箱箱盖或钟罩法兰连接螺栓齐全，密封良好，无渗漏油现象；浸入油中运输的附件，其油箱也应无渗油现象。

(3) 充油套管的油位应正常，无渗油。

(4) 充氮运输的变压器，器身内应为正压，压力不应低于 0.1kgf/cm^2。

2. 电力变压器器身检查

变压器到达现场后，应进行器身检查，可以是吊罩(或吊器身)或不吊罩直接进入油箱检查。吊心检查一般在变压器安装就位以后进行，其程序是放油、吊铁心、检查铁心。

(1) 当满足下列条件之一时，可不必进行器身检查。

① 现代制造技术比较发达，有的制造厂生产的产品是免维护的，规定可不做器身检查。

② 容量为1000kV·A及以下，运输过程中无异常，而且在试验中无可疑情况。

③ 就地产品仅做短途运输的变压器，如果事先参加了制造厂的器身总装，质量符合要求，且在运输过程中执行了有效监督，无紧急制动、剧烈振动、冲撞或严重颠簸等异常情况者。

(2) 器身检查时,应遵守下列规定。

① 周围空气温度不宜低于0℃,变压器器身温度不宜低于周围空气温度。当器身温度低于周围空气温度时,宜将变压器加热,使器身温度高于周围空气温度10℃。

② 器身暴露在空气中的时间,规定如下:带油运输的变压器由开始放油时算起;不带油运输的变压器,由揭开顶盖或打开任一堵塞算起,至注油开始为止。空气相对湿度不超过65%时,16h;空气相对湿度不超过75%时,12h。

③ 器身检查时,场地四周应清洁,并应有防尘措施;雨雪天或雾天,应在室内进行;钟罩起吊前,应拆除所有与其相连的部件;器身或钟罩起吊时,吊索的夹角不宜大于60°,必要时可采用控制吊梁。起吊过程中,器身与箱壁不得有碰撞现象。

(3) 器身检查的项目和要求如下所述。

① 所有螺栓应紧固,并有防松措施;绝缘螺栓应无损坏,防松绑扎完好;铁心应无变形;铁轭与夹件间的绝缘垫应完好。

② 打开夹件与铁轭接地片后,铁轭螺杆与铁心、铁轭与夹件、螺杆与夹件间的绝缘应良好;如铁轭采用钢带绑带,应检查钢带对铁轭的绝缘是否良好。铁心应无多点接地现象;对于铁心与油箱绝缘的变压器,接地点应直接引至接地小套管,铁心与油箱绝缘应良好。

③ 线圈绝缘层应完整,无缺损、变位现象;各组线圈应排列整齐,间隙均匀,油路无堵塞;线圈的压钉应紧固,止回螺母应拧紧。

④ 绝缘围屏绑扎牢固,围屏上所有线圈引出处的密封应良好。

⑤ 引出线绝缘包扎紧固,无破损、拧弯现象;引出线固定牢靠,其固定支架应坚固;引出线的裸露部分应无毛刺或尖角,其焊接应良好;引出线与套管的连接应牢靠,接线正确。

⑥ 电压切换装置各分接点与线圈的连接应紧固正确;各分接头应清洁,且接触紧密,弹力良好;所有接触到的部分,用0.05mm×10mm塞尺检查,应塞不进去;转动接点应正确地停留在各个位置上,且与指示器所指位置一致;切换装置的拉杆、分接头凸轮、小轴、销子等应完整无损;转动盘应动作灵活,密封良好。

3. 电力变压器附件与绝缘油的保管

对于大型电力变压器,需要将变压器本体附件运到现场后进行组装和绝缘油现场注油。因此,在变压器到达现场后,应按下列要求妥善保管(附件与变压器本身连在一起者,不必拆下)附件和绝缘油。

(1) 风扇、潜油泵、气体继电器、气道隔板、温度计以及绝缘材料等,应放置于干燥的室内保管。

(2) 短尾式套管应置于干燥的室内保管,充油式套管卧放时应有适当坡度。

(3) 散热器(冷却器)和连通管、安全气道等应加密封。

(4) 对于变压器本体、冷却装置等,其底部应垫高、垫平,防止水淹;干式变压器应置于干燥的室内保管。

(5) 浸油运输的附件应保持浸油保管,其油箱应密封。

(6) 应按下列要求保管绝缘油:绝缘油应贮藏在密封的专用油罐或清洁容器内;每批运达现场的绝缘油均应有试验记录,并应取样进行简化分析,必要时进行全分析;不同牌号的绝缘油应分别贮存,并有明显的牌号标志。

(7) 变压器到达现场后,如三个月内不能安装,应在一个月内进行下列工作:对于带油运输的变压器，检查油箱密封情况，确定变压器内油的绝缘强度，测量绕组的绝缘电阻值（运输时不装套管的变压器可以不测）；对于充氮运输的变压器，如不能及时注油，可继续充入干燥、洁净的氮气保管，但必须有压力监视装置，压力保持为不小于 0.1kgf/cm^2。

(8) 变压器在保管期间，应每三个月至少检查一次。检查变压器有无渗油，油位是否正常，外表有无锈蚀，并应每六个月检查一次油的绝缘强度。对于充氮保管的变压器，应经常检查氮气压力，并做好记录。

4. 电力变压器的干燥

变压器是否需要干燥，应根据新装电力变压器不需干燥的条件，进行综合分析、判断后确定。电力变压器的绝缘干燥系统通常分成三个部分，即加热装置、排潮装置以及控制和保护装置。变压器干燥时，应注意以下几个方面的问题。

(1) 变压器干燥时，必须监视各部分温度。当为不带油干燥、利用油箱加热时，箱壁温度一般不得超过 125℃，箱底温度不得超过 115℃，线圈温度不应超过 95℃；带油干燥时，上层油温不得超过 85℃；热风干燥时，进风温度不得超过 100℃。干式变压器干燥时，线圈温度应根据其绝缘等级而定。

(2) 变压器采用真空干燥时，应先预热，待箱壁温度达 85～110℃时，将箱内抽成 150mmHg，然后每小时均匀增高 50mmHg 至极限允许值为止。220kV 级及以上的变压器，其真空度不得超过 600mmHg；60～110kV 级者，其真空度不得超过 500mmHg；35kV 级者，其真空度不得超过 380mmHg。抽真空时，应监视箱壁的弹性形变，其最大值不得超过壁厚的 2 倍。

(3) 在保持温度不变的情况下，线圈的绝缘电阻下降后再回升。35kV 及以下的变压器持续 6h，60kV 及以上的变压器持续 12h。保持稳定，且无凝结水产生时，可认为干燥完毕。

(4) 变压器经干燥后应进行器身检查，所有螺栓压紧部分应无松动，绝缘表面应无过热等异常情况。如不能及时检查，应先注入合格的油，油温可预热至 50～60℃。

5. 电力变压器的本体就位及附体安装

变压器就位安装应按图纸设计要求进行，其方位和距墙尺寸应与图纸相符。变压器基础的轨道应水平，轨距与轮距应配合；装有气体继电器的变压器，应使其顶盖沿气体继电器气流方向有 1%～1.5%的升高坡度（制造厂规定不需安装坡度者除外）；若变压器须与封闭母线连接，其低压套管中心线应与封闭母线安装中心线相符；装有滚轮的变压器，滚轮应能转动灵活，变压器就位后，应将滚轮用能拆卸的制动装置加以固定。

变压器的密封处理指所有法兰连接处应用耐油橡胶密封垫（圈）密封；密封垫（圈）应无扭曲、变形、裂纹、毛刺；密封垫（圈）应与法兰面的尺寸相配合；法兰连接面应平整、清洁；密封垫应擦拭干净，安放位置准确；其搭接处的厚度应与其原厚度相同，压缩量不宜超其厚度的三分之一。

大型变压器的附件安装主要包括以下几个方面。

1) 有载调压切换装置的安装

(1) 传动机构（包括操动机构、电动机、传动齿轮和杠杆）应固定牢靠，且操作灵活，无卡阻现象；传动机构的摩擦部分应涂以适合当地气候条件的润滑脂。

(2) 调换开关的触头及铜编织线应完整无损，且接触良好；其限流电阻应完整，无断裂现象。

(3) 切换装置的工作顺序应符合产品出厂记录；切换装置在极限位置时，其机械联锁与极限开关的电气联锁动作应正确。

(4) 位置指示器应动作正常，指示正确。

(5) 调换开关油箱内应清洁，油箱密封良好；对于注入油箱的绝缘油，其绝缘强度应符合产品的要求。

2) 冷却装置的安装

(1) 冷却装置在安装前应按下列要求进行密封检查。

① 散热器可用 0.5kgf/cm² 表压力的压缩空气检查，应无漏气；或用 0.7kgf/cm² 表压力的变压器油进行检查，持续 30min，应无渗油现象。

② 强迫油循环风冷却器可用 2.5kgf/cm² 表压力的气压或油压，持续 30min 检查，应无渗漏现象。

③ 强迫油循环水冷却器用 2.5kgf/cm² 表压力的气压或油压进行检查，持续 1h 无渗漏；水、油系统应分别检查有无渗漏。

(2) 冷却装置安装前，应用合格的变压器油进行循环冲洗，去除杂质。

(3) 冷却装置安装完毕，应立即注油，以免由于阀门渗漏造成变压器本体油位降低，使变压器绝缘部分露出油面。

(4) 风扇电动机及叶片应安装牢固，转动灵活，无卡阻现象；试转时，应无振动、过热或与风筒碰擦等情况，转向应正确；电动机的电源配线应采用具有耐油性能的绝缘导线，靠近箱壁的绝缘导线应用金属软管保护；导线排列应整齐，接线盒应密封良好。

(5) 管路中的阀门应操作灵活，开闭位置正确；阀门及法兰连接处应密封良好；外接油管在安装前，应彻底除锈并清洗干净；管道安装后，油管应涂黄漆，水管应涂黑漆，并应有流向标志；潜油泵转向应正确，转动时应无异常噪声、振动和过热现象；其密封应良好，无渗油或进气现象；差压继电器、流动继电器应经校验合格，且密封良好，动作可靠；水冷却装置停用时，应将存水放尽，以防天寒冻裂。

3) 储油柜的安装

(1) 储油柜安装前，应清洗干净。

(2) 胶囊式(或隔膜式)储油柜中的胶囊(或隔膜)应完整，无破损；胶囊在缓慢充气张开后检查，应无漏气现象。

(3) 胶囊沿长度方向应与储油柜的长轴保持平行，不应扭偏；胶囊口的密封应良好，呼吸应畅通。

4) 套管的安装

(1) 套管安装前应进行下列检查。

① 瓷套表面应无裂缝、伤痕；套管、法兰颈部及均压球内壁应擦拭干净。

② 套管应经试验合格；充油套管的油位指示正常，无渗油现象。

(2) 当充油套管介质损失角正切值 $\tan\delta$(%)超过标准，且确认其内部绝缘受潮时，应予干燥处理；110kV 及以上的套管应真空注油。

(3) 高压套管穿缆的应力锥应进入套管的均压罩，其引出端头与套管顶部接线柱连接处应擦拭干净，接触紧密。

(4) 套管顶部结构的密封垫应安装正确，密封应良好；连接引线时，不应使顶部结构松扣。

5) 气体继电器的安装

(1) 气体继电器安装前应经检验整定；气体继电器应水平安装，其顶盖上标志的箭头应指向储油柜，与连通管的连接应密封良好。

(2) 浮子式气体继电器接线时，应将电源的正极接至水银侧的接点，负极接于非水银侧的接点。

6) 安全气道的安装

安全气道安装前，内壁应擦拭干净；隔膜应完整，其材料和规格应符合产品规定，不得任意代用。

7) 吸湿器的安装

吸湿器与储油柜间的连接管的密封应良好；吸湿剂应干燥；油封油位应在油面线上；净油器内部应擦拭干净，吸湿剂应干燥；其滤网的安装位置应正确(应装于出口侧)；所有导气管均须擦拭干净，其连接处应密封良好。

8) 温度计的安装

(1) 温度计安装前均应进行校验，信号接点应动作正确，导通良好；变压器顶盖上的温度计座内应注以变压器油，密封应良好，无渗油现象。

(2) 膨胀式信号温度计的细金属软管，其弯曲半径不得小于 50mm，且不得有压扁或急剧的扭曲。

9) 变压器控制箱的安装

如瓦斯继电器端子箱、有载调压开关等，应符合国家标准《配电盘、成套柜及二次回路接线篇》的有关规定。

知识拓展

干式变压器的特点、应用场合及发展前景

对于高层建筑、防火条件要求较高的场所，宜采用干式变压器。由于材料的耐热性能的局限，干式变压器的容量受到限制，一般在 30kV・A 到几千千伏安，最高可达上万千伏安；高压侧电压有 6kV、10kV、35kV，低压侧电压为 230/400V。目前，我国生产的干式变压器有 SC 系列和 SG 系列等；国际上正在研究超大容量的干式变压器。下面介绍环氧树脂浇注的三相干式变压器的结构特点和应用情况。

图 2-2 所示为环氧树脂浇注绝缘的三相干式电力变压器的结构图，其结构有以下特点。

(1) 高、低压绕组各自用环氧树脂浇注，并同轴套在铁心柱上。

(2) 高、低压绕组间有冷却气道，使绕组散热。

(3) 三相绕组间的连线也由环氧树脂浇注而成，使所有带电部分都不暴露在外。

当前，有以欧洲为代表的树脂浇注干式变压器(CRDT)及以美国为代表的浸漆型干式变压器(OVDT)两种类型。我国及一些新兴工业国家(如日、韩等国)与欧洲相似，由早期采用浸漆型干式变压器发展到采用树脂真空浇注干式变压器。该项技术在我国飞速发展。

环氧树脂浇注的干式变压器机械强度高，耐受短路能力强，防潮及耐腐蚀性能特别好，

运行寿命长，损耗低，过负荷能力强，企业设计、制造经验丰富，因此产品具备高安全可靠性及良好的环保特性。

H级绝缘与F级绝缘的环氧树脂浇注干式变压器，在外形及基本结构方面极为相近，不同之处主要在于：前者采用H级绝缘环氧树脂，导线匝绝缘要用MOMEX纸包绕，部分线圈绝缘件要用NOMEX纸板制造。近年来，为长江三峡水利枢纽生产的700MW发电机组励磁变压器（单相容量3MV·A、2.2MV·A）就是H级绝缘环氧树脂浇注的。由于采用H级绝缘，按F级进行温升考核，变压器不但具有环氧树脂浇注式结构的优点——抗短路能力强、免维护、难燃阻燃等，而且具有更高的超铭牌运动能力。相对于其他类型H级绝缘的干式变压器，环氧树脂浇注式技术更为成熟、可靠。

自我检测

2-1-1　变压器在配电系统中起什么作用？在什么情况下宜选用Yyn0连接变压器？在什么情况下宜选择Dyn11连接变压器？

2-1-2　变压器的实际容量和过负荷能力是如何定义的？

2-1-3　主变压器的台数如何选择？

2-1-4　某车间总计算负荷 $P_{30}=1150\text{kW}$，$Q_{30}=810\text{kvar}$。其中，一、二级负荷为628kV·A。试初步确定此车间变电所的主变压器台数和容量。

2-1-5　变压器安装前应做哪些检查和准备工作？

2-1-6　安装变压器时，主要看什么图纸？

任务二　低压一次设备的选择与安装

任务情境

在某机械厂10/0.4kV降压变电所的电气设计中，低压一次设备安装地点的电气条件如表2-2所示。任务一选择及安装了变压器，本任务将选择及安装低压一次设备。

表2-2　某机械厂低压一次设备安装地点的电气条件

选择校验项目		电压	电流	断流能力	动稳定度	热稳定度	其他
装置地点条件	参数	U_N	I_{30}	$I_k^{(3)}$	$i_{sh}^{(3)}$	$I_\infty^{(3)2}t_{ima}$	
	数据	380V	总1320A	19.7kA	36.2kA	$19.7^2\times0.7=272$	
一次设备型号规格	额定参数	U_N	I_N	I_{oc}	i_{max}	I_t^2t	

任务分析

要完成车间变电所低压设备的选择及安装，需要从以下几个方面来考虑。

✧ 了解常用低压一次设备的基本概念。

✧ 掌握常用低压一次设备的选择方法。

✧ 掌握常用低压一次设备的安装方法。

知识准备

变配电所中承担输送和分配电能任务的电路，称为一次电路，或称主电路、主接线(主结线)。一次电路中所有的电气设备，称为一次设备或一次元件。

低压一次设备，是指供电系统中 1000V(或略高)及以下的电气设备。本任务将介绍常用的低压熔断器、低压开关和低压成套配电装置等。

一、低压一次设备

(一) 熔断器

熔断器是当流过其熔体电流超过一定数值时，熔体自身产生的热量自动地将熔体熔断而断开电路的一种保护设备。其功能主要是对电路及其设备进行短路保护，有的也具有过负荷保护的功能。

熔断器的表示形式：文字符号为 FU，图形符号为—□—。

按限流作用，熔断器分为限流式和非限流式两种；按电压，有高压熔断器和低压熔断器两种。工厂供电系统中常用的高压熔断器有户内型(RN 系列)和户外型(RW 等)两种。常用的低压熔断器有 RT0 系列、RL 系列、RM 系列以及 NT 系列等。

低压熔断器类型比较多，大致分为表 2-3 所示的几种。

表 2-3　低压熔断器的分类及用途

主要类型	主要型号	用　途
无填料密封管式	RM10、RM7 系列(无限流特性)	用于低压电网和配电设备中，做短路保护和过载保护
有填料密封管式	RT 系列，如 RT0、RT11、RT14(有限流特性)	用于要求较高的导线和电缆及电气设备的过载和短路保护
	RL 系列，如 RL6、RL7、RLS2 系列(有限流特性)	用于 500V 以下导线和电缆及电动机控制线路。RLS2 为快速式
	RS0、RS3 系列快速熔断器(有较强的限流特性)	RS0 用于 750V、480A 以下线路晶闸管元件及成套配电装置的短路保护 RS3 用于 1000V、700A 以下线路晶闸管元件及成套配电装置的短路保护
自复式	RZ1 型	只能限制短路和过载电流，不能真正分断电路，一般与断路器配合使用

低压熔断器型号的表示和含义如图 2-4 所示。

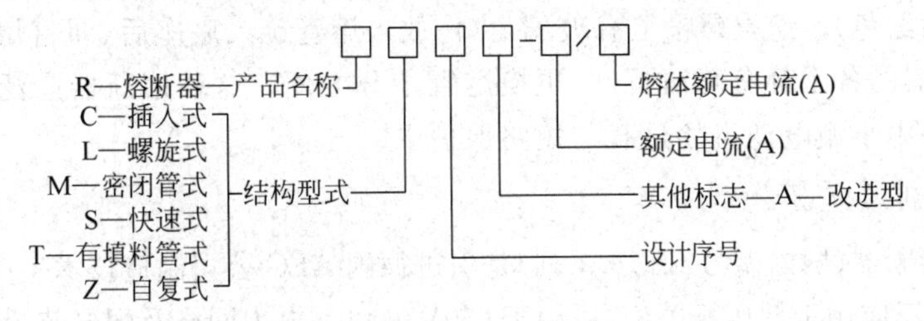

图 2-4　低压熔断器型号的表示和含义

下面简单介绍供电系统中常用的RT0、RL1、NT以及RZ1等系列低压熔断器的结构和原理。

1. RT0型低压有填料密封管式熔断器

RT0型低压有填料密封管式熔断器主要由瓷熔管、栅状铜熔体、触刀和底座等部分组成，如图2-5所示。RT0型熔断器属于限流式熔断器，其保护性能好，断流能力大，广泛应用于低压配电装置中，但其熔体不可拆卸，因此熔体熔断后，整个熔断器报废，不够经济。附表8列出了RT0型低压熔断器的主要技术数据。

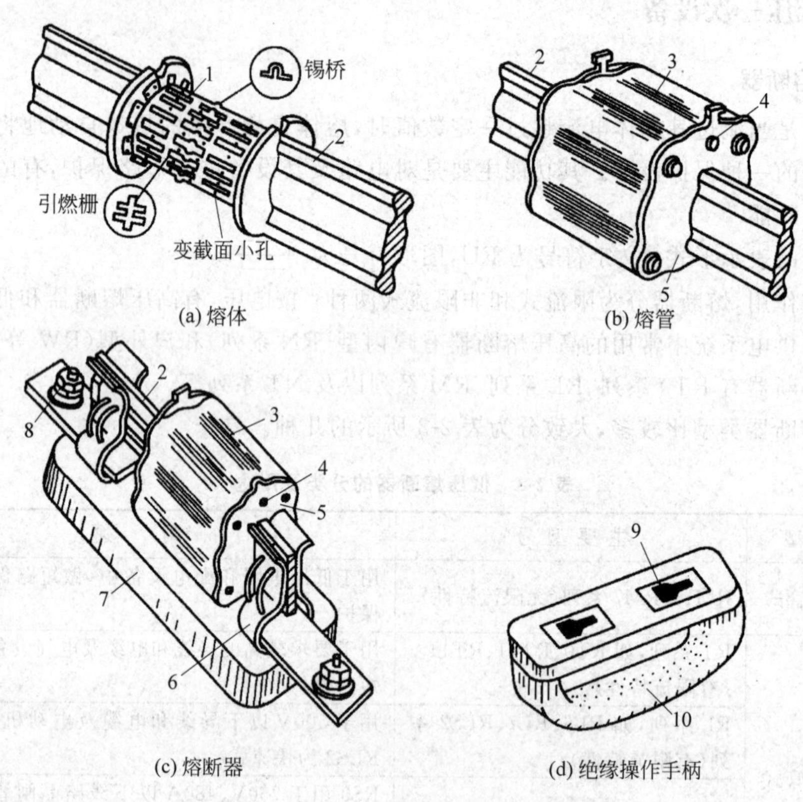

图2-5 RT0型低压熔断器结构图

1—栅状铜熔体；2—触刀；3—瓷熔管；4—熔断指示器；5—盖板；6—弹性触座；7—瓷质底座；8—接线端子；9—扣眼；10—绝缘拉手手柄

2. RL1型螺旋管式熔断器

RL1型螺旋管式熔断器结构如图2-6所示，它由瓷帽、熔管、底座组成。上接线端与下接线端通过螺丝固定在底座上；熔管由瓷质外套管、熔体和石英砂填料密封构成，一端由熔断器指示(多为红色)；瓷质螺帽上有玻璃窗口，放入熔管旋入底座后，即将熔管串接在电路中。由于熔断器的各个部分均可拆卸，更换熔管十分方便。这种熔断器广泛应用于低压供电系统，特别是中小型电动机的过载与短路保护中。

3. NT系列熔断器

NT系列熔断器(国内型号RT16系列)是引进德国AEG公司制造技术生产的一种高分断能力熔断器，广泛应用于低压开关柜，适用于660V及以下电力网络及配电装置的过载和保护。

该系列熔断器由熔管、熔体和底座组成，外形结构与RT0相似。其熔管为高强度陶瓷管，内装优质石英砂，熔体采用优质材料制成，主要特点是体积小、重量轻、功耗小、分断能力高。

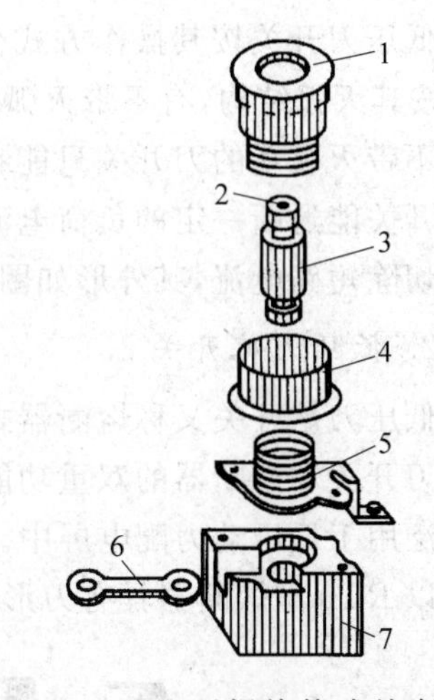

图 2-6 RL1 型螺旋管式熔断器结构

1—瓷帽；2—熔断指示器；3—熔体管；4—瓷套；5—上接线端；6—下接线触头；7—底座

4. RZ1 型熔断器

一般熔断器在熔体熔断后，必须更换熔体，甚至整个熔管，才能恢复供电，使用上不够经济。我国设计生产的RZ1系列自复式熔断器弥补了这一缺点。它既能切断短路电流，又能在故障消除后自动恢复供电，无须更换熔体，其结构如图 2-7 所示。

RZ1 型自复式熔断器采用钠作为熔体。常温下，钠的阻值很小，正常负荷电流可以顺利通过；短路时，钠受热迅速气化，阻值变得很大，起到限制短路电流的作用。在这一过程中，装在熔断器一端的活塞将被挤压而迅速后退，降低了因钠气化而产生的压力，保护熔管不致破裂。限流结束后，钠蒸气冷却恢复为固态钠，活塞迅速将钠推回原位，使之恢复常态。这就是自复式熔断器能自动限流和自动复原的基本原理。

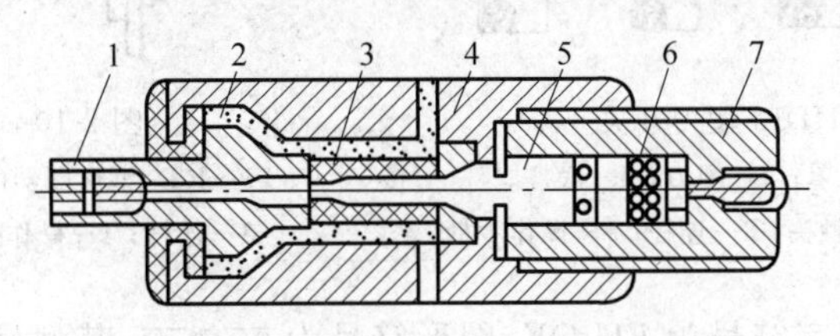

图 2-7 RZ1 型自复式熔断器

1—接线端子；2—云母玻璃；3—瓷管；4—不锈钢外壳；5—钠熔体；6—氩气；7—接线端子

自复式熔断器可与低压断路器配合使用，甚至组合为一种电器。国产的 DZ10-100R 型低压断路器就是 DZ10-100 型低压断路器和 RZ1-100 型自复式熔断器的组合。利用自复式熔断器来切断短路电流，利用低压断路器来通断电路和实现过负荷保护。

（二）低压刀开关和低压刀熔开关

1. 低压刀开关

低压刀开关文字符号为 QK，图形符号为一╱一，其型号表示的含义如图 2-8 所示。

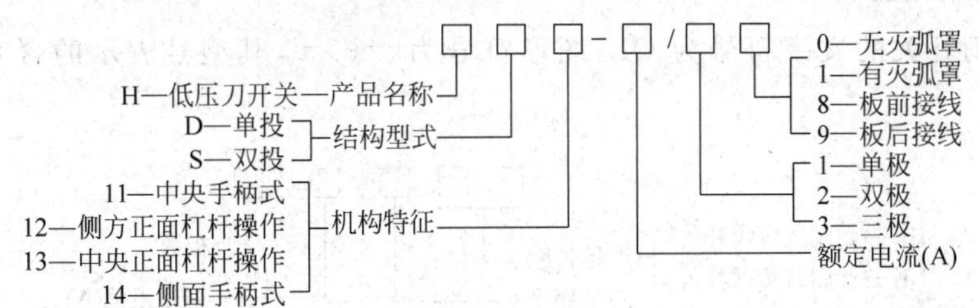

图 2-8 低压刀开关型号的表示和含义

低压刀开关按其操作方式分为单投和双投两种；按其极数，分为单极、双极和三极三种；按其灭弧结构，有不带灭弧罩和带灭弧罩两种。

不带灭弧罩的刀开关只能在无负荷下操作，仅作为隔离开关使用；带灭弧罩的 HD13 型刀开关能通断一定的负荷电流，其钢栅片灭弧罩能使负荷电流产生的电弧有效地熄灭，但不能切除短路电流，其外形如图 2-9 所示。

2. 低压刀熔开关

低压刀熔开关又称熔断器式刀开关，是低压刀开关与低压熔断器组合而成的开关电器，具有刀开关和熔断器的双重功能。采用这种组合型开关电器，可以简化配电装置的结构，目前广泛用于低压动力配电屏中。图 2-10 所示为 HR3 型刀开关，就是将 HD 型刀开关的闸刀换以 RT0 型熔断器具有刀形触头的熔管。

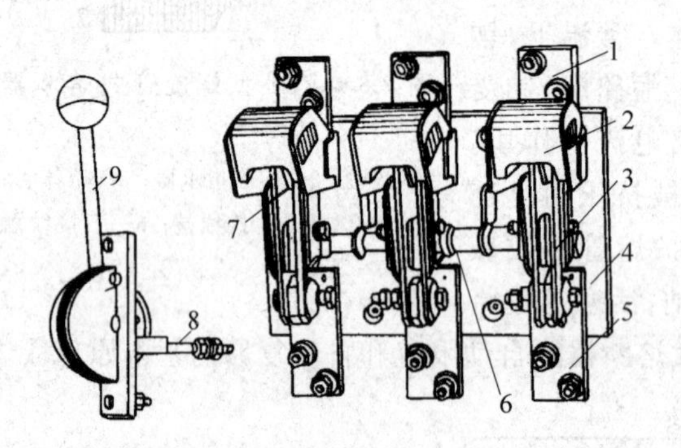

图 2-9 HD13 型刀开关

1—上接线端子；2—灭弧罩；3—闸刀；4—底座；5—下接线端子；6—主轴；7—静触头；8—连杆；9—操作手柄

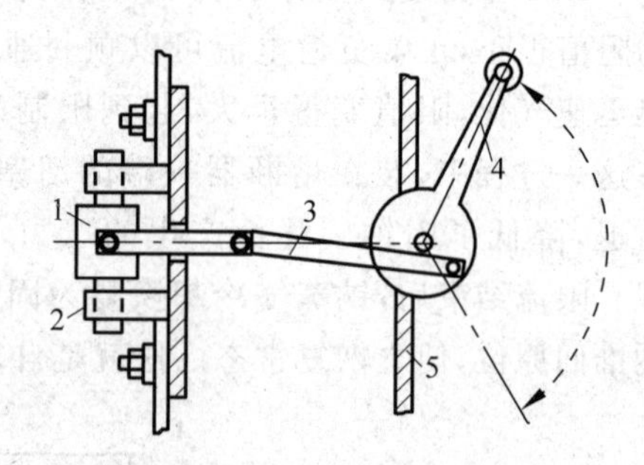

图 2-10 HR3 型刀开关

1—RT0 型熔断器的熔断体；2—弹性触座；3—连杆；4—操作手柄；5—配电屏面板

低压刀熔开关的文字符号为 FU-QK，图形符号为 ，其型号表示的含义如图 2-11 所示。

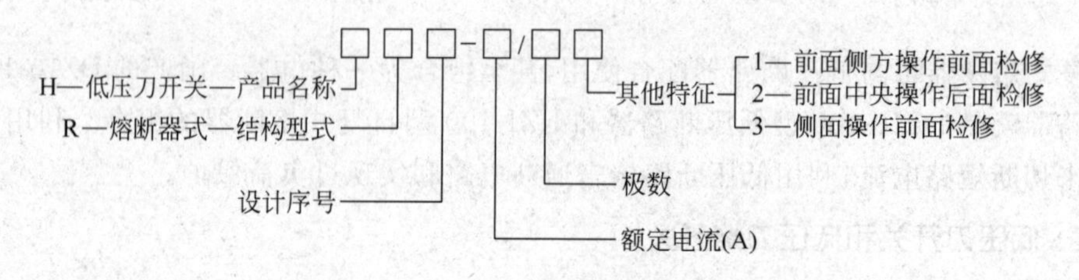

图 2-11 低压刀熔开关型号的表示和含义

(三) 低压负荷开关

低压负荷开关的文字符号为 QL，图形符号为 ，其型号表示的含义如图 2-12 所示。

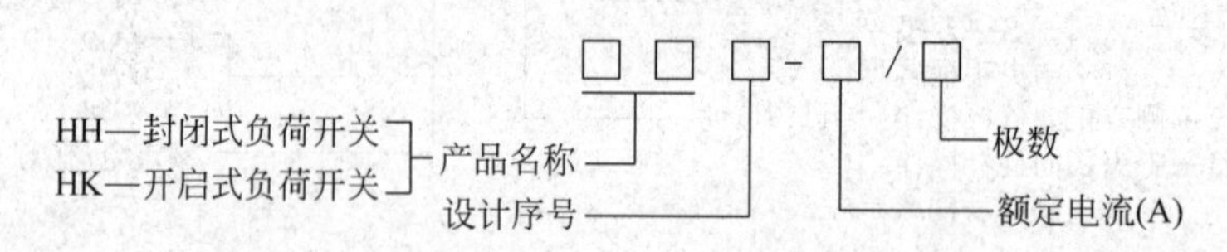

图 2-12 低压负荷开关型号的表示和含义

低压负荷开关由带灭弧装置的刀开关与熔断器串联组合而成，外装封闭式铁壳或开启式胶盖，具有带灭弧罩的刀开关和熔断器的双重功能；既可带负荷操作，又能进行短路保护；熔体熔断后，更换熔体即可恢复供电。

（四）低压断路器

低压断路器又称低压自动空气开关，是一种能带负荷通断电路，又能在短路、过负荷、欠压或失压的情况下自动跳闸的一种开关设备，其原理示意图如图 2-13 所示。它由触头、灭弧装置、转动机构和脱扣器等部分组成。

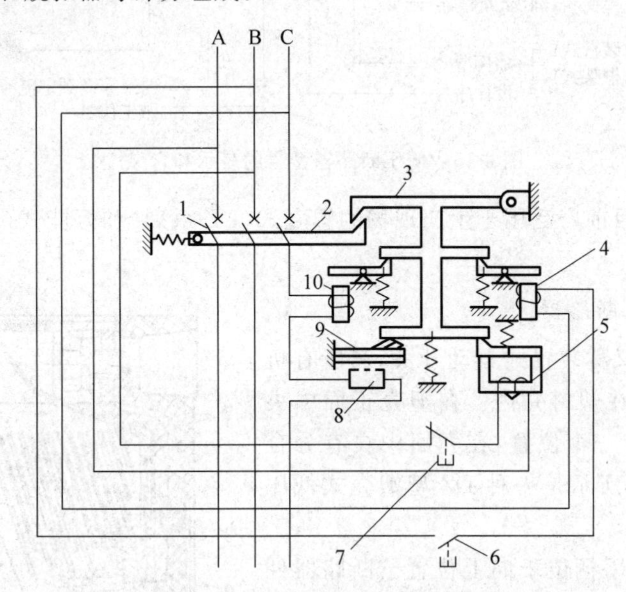

图 2-13　低压断路器原理结构接线

1—主触头；2—跳钩；3—锁扣；4—分励脱扣器；5—失励脱扣器；6、7—脱扣按钮；8—加热电阻丝；9—热脱扣器；10—过流脱扣器

低压断路器脱扣器主要有以下几种。

（1）热脱扣器：用于线路或设备长时间过载保护。当线路电流出现较长时间过载时，金属片受热变形，使断路器跳闸。

（2）过流脱扣器：用于短路、过负荷保护。当电流大于动作电流时，自动断开断路器。过流脱扣器的动作特性有瞬时、短延时和长延时三种。其中，瞬时和短延时适用于短路保护，长延时适用于过负荷保护。保护特性曲线如图 2-14 所示。

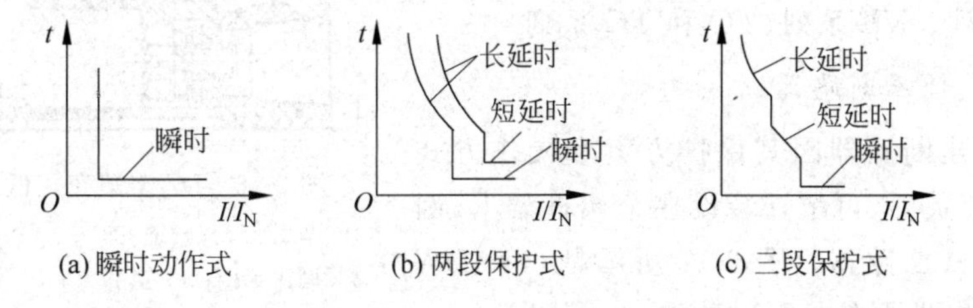

图 2-14　低压断路器保护特性曲线

（3）分励脱扣器：用于远距离跳闸。远距离合闸操作可采用电磁铁或电动储能合闸。

（4）欠压或失压脱扣器：用于欠压或失压（零压）保护。当电源电压低于定值时，自动断开断路器。

断路器的种类很多。按灭弧介质,分为空气断路器和真空断路器;按用途,分为配电、电动机保护、照明、漏电保护等几类;按结构型式,分为万能式(DW 系列)和塑壳式(DZ 系列)两大类;按保护性能,分为非选择型和选择型两种。

低压断路器型号的表示和含义如图 2-15 所示。

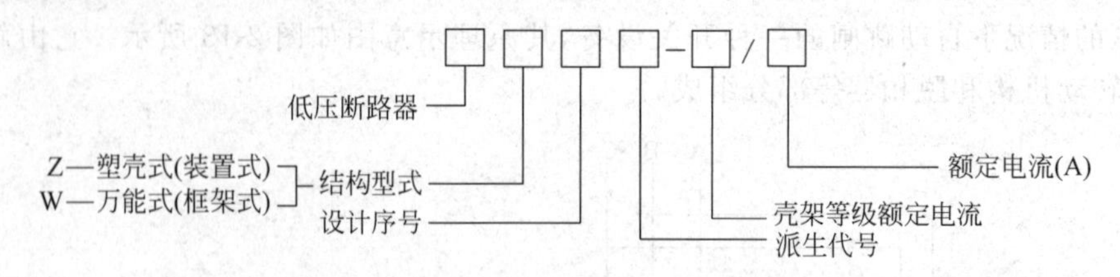

图 2-15 低压断路器型号的表示和含义

下面重点介绍目前广泛用于生产现场的塑壳式(DZ 系列)和万能式(DW 系列)低压断路器。

1. 塑壳式低压断路器

塑壳式断路器又称装置式自动开关,其所有机构及导电部分都装在塑料壳内。在塑壳正面中央有操作手柄,手柄有三个位置,在壳面中央有分合位置指示。图 2-16 所示是一种 DZ 型塑壳式低压断路器的剖面图。

(1) 合闸位置,手柄位于向上位置。断路器处于合闸状态。

(2) 自由脱扣位置,位于中间位置。只有断路器因故障跳闸后,手柄才会置于中间位置。

(3) 分闸和再扣位置,位于向下位置。当分闸操作时,手柄被扳到分闸位置。如果断路器因故障使手柄置于中间位置,需将手柄扳到分闸位置(这时叫再扣位置)时,断路器才能进行合闸操作。

目前常用的塑壳式低压断路器主要有 DZ20、DZ15、DZX10 系列,以及引进国外技术生产的 H 系列、S060 系列、3VE 系列、TO 和 TG 系列。

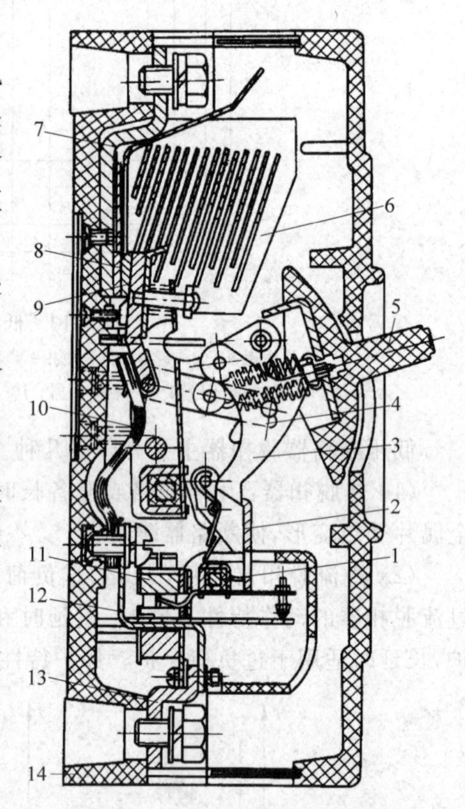

图 2-16 DZ 型塑壳式低压断路器

1—牵引杆;2—锁扣;3—跳钩;4—连杆;5—操作手柄;6—灭弧室;7—引入线和接线端子;8—静触头;9—动触头;10—可挠连接条;11—电磁脱扣器;12—热脱扣器;13—引出线和接线端子;14—塑料底座

2. 万能式低压断路器

万能式低压断路器因其保护方案和操作方式较多,装设地点灵活,可敞开装设在金属框架上,因此又称为框架式断路器。图 2-17 所示是一种 DW 型万能式低压断路器的外形结构图。

正常情况下,可通过手柄操作、杠杆操作、电磁操作等合闸。当电路发生短路故障时,过流脱扣器动作，使开关跳闸；当电路停电时，失压脱扣器动作，使开关跳闸，不致因停电后工作人员离开而造成不必要的经济损失。

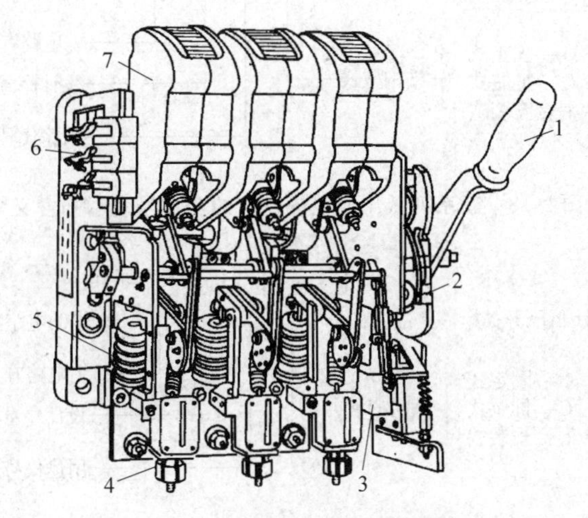

图 2-17　DW 型万能式低压断路器

1—操作手柄；2—自由脱扣机构；3—失压脱扣器；4—过流脱扣器电流调节螺母；5—过电流脱扣器；6—辅助触点(联锁触点)；7—灭弧罩

目前推广应用的万能式低压断路器主要有 DW15、DW16、DW18、DW40、CB11(DW48)、DW914 系列，以及引进国外技术生产的 ME 系列、AH 系列、AE 系列。其中，DW40、CB11 系列采用智能脱扣器，能够实现微机保护。

附表 9 列出了部分常用低压断路器的主要技术数据。

(五) 低压成套配电装置

所谓低压成套配电装置，是按一定的线路方案将有关的低压一、二次设备组装在一起的一种成套配电装置，在低压配电系统中作控制、保护和计量之用，包括安装在低压配电室的低压配电屏(柜)和各种场所的配电箱。

1. 低压成套配电装置的类型及型号含义

1) 低压成套配电装置的类型

(1) 低压配电屏(柜)的类型

常见低压配电屏(柜)的类型有以下几种。

① 抽屉式：电气元件安装在各个抽屉内，再按一、二次线路方案将有关功能单元的抽屉叠装在封闭的金属柜体内，按需要推入或抽出。

② 固定式：所有电气元件都为固定安装、固定接线。

③ 混合式：安装方式为固定和插入混合安装。

(2) 低压配电箱的类型

低压配电箱主要包括两种类型：动力配电箱和照明配电箱。

2) 低压成套配电装置的型号表示和含义

(1) 新系列低压配电屏(柜)的全型号表示和含义如图 2-18 所示。

(2) 低压配电箱的型号表示和含义如图 2-19 所示。

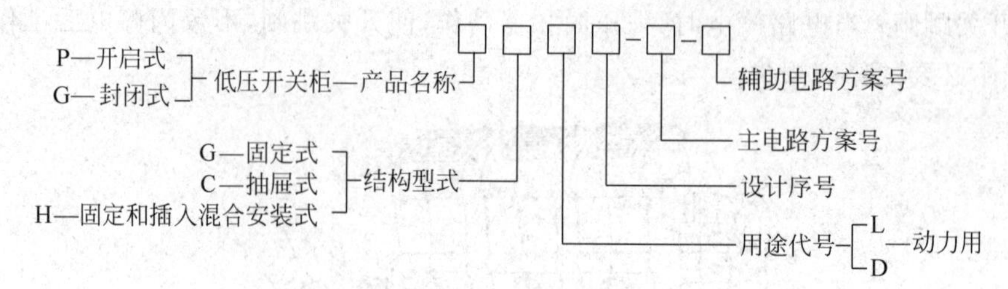

图 2-18　新系列低压配电屏(柜)的全型号表示和含义

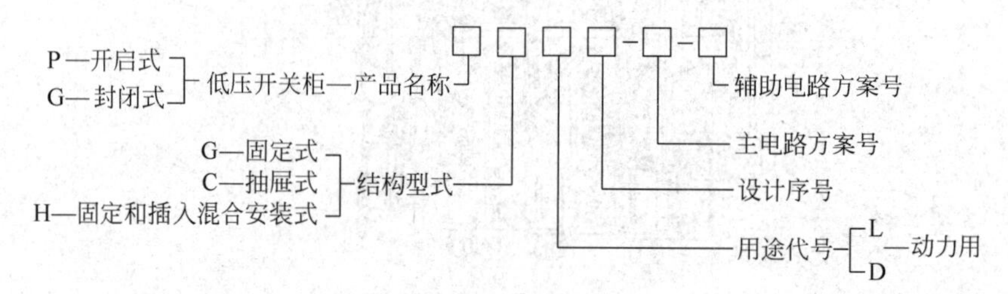

图 2-19　低压配电箱的型号表示和含义

2. 几种低压配电屏(柜)产品特点介绍

1) 固定式低压配电屏

固定式低压配电屏结构简单,价格低廉,故应用广泛。目前使用较广的有 PGL、GGL、GGD 等系列,适合发电厂、变电所和工矿企业等电力用户作动力和照明配电用。

(1) PGL1、PGL2 型固定式低压配电屏:这种低压配电屏结构合理,安装方便,互换性好,性能可靠,使用广泛。由于它是开启式的结构,在正常工作条件下的带电部件,如母线、各种电器、接线端子和导线,从各个方面都可被触及,所以只允许安装在封闭的工作室内(不准外人随便打开的地方)。该类型产品目前被更新型的 GGL、GGD 和 MSG 等系列取代。

(2) GGL 系列固定式低压配电屏:该类型产品技术先进,符合 IEC 标准,其内部采用 ME 型低压断路器和 NT 型高分断能力熔断器。它的封闭式结构排除了在正常工作条件下带电部件被触及的可能性,因此安全性能好,可安装在有人员出入的工作场所。

(3) GGD 系列交流固定式低压配电屏:该类型产品是以安全、可靠、经济、合理为原则开发、研制的,和 GGL 一样,都属于封闭式结构。它的热稳定性好,分断能力高,接线方案灵活,结构新颖,组合方便,外壳防护等级高,系列性、实用性强,是一种国家推广使用的更新换代产品,适用于发电厂、变电所、厂矿企业和高层建筑等电力用户的低压配电系统中,作动力、照明以及配电设备的电能转换和分配控制用。

2) 抽屉式低压配电屏(柜)

国外的低压配电屏几乎都为抽屉式,尤其是大容量的,还做成手车式。近年来,我国通过引进技术生产、制造的各类抽屉式配电屏逐步增多。抽屉式低压配电屏(柜)具有体积小、结构新颖、通用性好、安装维护方便、安全可靠的特点,广泛应用于工矿企业和高层建筑的低压配电系统中,作受电、馈电、照明、电动机控制及功率补偿之用。

目前,常用的抽屉式配电屏有 BFC、GCL、GCK 等系列,它们一般用作三相交流系统中的动力中心(PC)以及电动机控制中心(MCC)的配电和控制装置。

(1) GCK 型抽屉式低压配电柜:这是一种用标准模件组合成的低压成套开关设备,分动力配电中心(PC)柜、电动机控制中心(MCC)柜和功率因数自动补偿柜。柜体采用拼装式结构,开关柜各功能室严格分开,主要隔室有功能单元室、母线室、电缆室等。一个抽屉为一个独立功能单元,各单元的作用相对独立,且每个抽屉单元均装有可靠的机械联锁装置,只有在开关分断的状态下才能被打开。

GCK系列抽屉式低压配电柜的使用特点是分断能力高,热稳定性好,结构先进、合理,系列性、通用性强,防护等级高,安全可靠,维护方便,占地少等。该系列产品适用于厂矿企业及建筑物的动力配电、电动机控制、照明等配电设备的电能转换分配控制及冶金、化工、轻工业生产的集中控制。

(2) 多米诺(DOMINO)组合式低压动力配电屏:这是一种引进国外先进技术生产的组合式低压动力配电屏。它采用组合式柜架结构,是一种只用很少的柜架组件就可按需要组装成多种尺寸、多种类型的柜体的配电屏。与传统的配电屏相比,它的主要特点是:屏内有电缆通道,顶部和底部均有电缆进出口;各回路采用间隔式布置,有故障时互不影响;配电屏的门上有机械联锁和电气联锁;具有自动排气防爆功能;抽屉有互换性,并有工作、试验、断离和抽出四个不同位置;断流能力大;屏的两端可扩展。该类型在低压供配电系统中作动力供配电、电动机控制和照明配电用。

(3) 混合式低压配电屏(柜):其安装方式既有固定式的,又有插入式的,类型有ZH1、GHL等,兼有固定式和抽屉式的优点。其中,GHK-1型配电屏内采用NT系列熔断器、ME系列断路器等先进、新型的电气设备,可取代PGL型低压配电屏、BFC抽屉式配电屏和XL型动力配电箱。

3. 动力和照明配电箱的作用和产品介绍

配电箱是从低压配电屏引出的低压配电线路接至各用电设备的装置,是车间和民用建筑的供配电系统中对用电设备的最后一级控制和保护设备。配电箱的安装方式主要有靠墙落地安装(靠墙式)、挂在墙壁上明装(悬挂式)和嵌在墙壁里暗装(嵌入式)三种。

配电箱的类型和常见型号如下所述。

1) 动力配电箱

动力配电箱通常具有配电和控制两种功能,主要用于动力配电和控制,也可用于照明的配电与控制。

常用的动力配电箱有XL、XLL2、XF-10、BGL、BGM型等。其中,BGL和BGM型多用于高层建筑的动力和照明配电。

2) 照明配电箱

照明配电箱主要用于照明和小型动力线路的控制、过负荷和短路保护。照明配电箱的种类和组合方案繁多。其中,XXM和XRM系列适用于工业和民用建筑的照明配电,也可用于小容量动力线路的漏电、过负荷和短路保护。

二、低压一次设备的选择与校验

电气设备的选择应遵循以下三个原则。

(1) 按工作环境及正常工作条件选择电气设备。

① 根据电气装置所处的位置(户内或户外)、使用环境和工作条件,选择电气设备型号。

② 按工作电压选择电气设备的额定电压。额定电压U_N应不低于其所在线路的额定电压$U_{N \cdot WL}$。

③ 按最大负荷电流选择电气设备的额定电流。额定电流应不小于实际通过它的最大负荷电流I_{Lmax}(或计算电流I_{30})，即

$$I_N \geqslant I_{Lmax} \quad 或 \quad I_N \geqslant I_{30} \tag{2-6}$$

(2) 按短路条件校验电气设备的动稳定和热稳定。

为了保证电气设备在短路故障时不致损坏，必须按最大可能的短路电流校验电气设备的动稳定度和热稳定度。按式(1-83)和式(1-86)校验。

(3) 开关电器断流能力校验。

对于具有断流能力的高压开关设备，需校验其断流能力，按式(2-7)校验：

$$I_{oc} \geqslant I_k^{(3)} \quad 或 \quad I_{oc} \geqslant I_{sh}^{(3)} \tag{2-7}$$

表 2-4 所示为低压电器的选择校验项目和条件。

表 2-4　低压电器的选择校验项目和条件

电气设备名称	电压/kV	电流/A	断流能力/kA	短路电流校验	
				动稳定度	热稳定度
熔断器	√	√	√	—	—
低压刀开关	√	√	√	≯	≯
低压负荷开关	√	√	√	≯	≯
低压断路器	√	√	√	≯	≯
电流互感器	√	√	—	√	√
电压互感器	√	—	—	—	—
并联电容器	√	—	—	—	—

注：表中“√”表示必须校验，“≯”表示一般可不校验，“—”表示不要校验。

低压一次设备的选择，必须满足在正常条件下和短路故障条件下工作的要求，同时设备应工作安全、可靠，运行维护方便，投资经济、合理。

低压一次设备的选择校验项目如表 2-4 所示。下面将具体介绍低压熔断器和低压断路器的选择与校验。

(一) 熔断器的选择与校验

1. 熔体电流的选择

1) 保护电力线路的熔断器熔体电流的选择

(1) 熔体额定电流$I_{N \cdot FE}$应不小于线路的计算电流I_{30}，使熔体在线路正常最大负荷下运行也不致熔断，即

$$I_{N \cdot FE} \geqslant I_{30} \tag{2-8}$$

(2) 熔体额定电流$I_{N \cdot FE}$还应躲过线路的尖峰电流I_{pk}，使熔体在线路出现尖峰电流时也不致熔断。由于尖峰电流为短时最大工作电流，而熔体熔断需经一定时间，因此应满足条件：

$$I_{N \cdot FE} \geqslant KI_{pk} \tag{2-9}$$

式中：K 为小于 1 的计算系数。

对于单台电动机的线路，当电动机启动时间在 3s 以下（轻载启动）时，取 $K=0.25\sim0.35$；启动时间在 3～8s（重载启动）时，取 $K=0.35\sim0.5$；启动时间超过 8s 或频繁启动、反接制动时，取 $K=0.5\sim0.8$。对于多台电动机的线路，取 $K=0.5\sim1$。

(3) 熔体额定电流还应与被保护线路相配合，使得不会发生因线路出现过负荷或短路引起绝缘导线或电缆过热，甚至起燃，而熔体不熔断的事故，因此还应满足以下条件：

$$I_{N\cdot FE} \leqslant K_{OL} I_{al} \tag{2-10}$$

式中：I_{al}为绝缘导线和电缆的允许载流量；K_{OL}为绝缘导线和电缆的允许短时过负荷系数。

若熔断器仅作为短路保护，对电缆和穿管绝缘导线取 $K_{OL}=2.5$，对明敷绝缘导线取 1.5；若熔断器除作短路保护外，还兼作过负荷保护，则取 1；对于有爆炸性气体的区域内的线路，应取 0.8。

若按式(2-8)和式(2-9)选择的熔体电流不满足式(2-10)的配合要求，可依据具体情况改选熔断器的型号规格，或适当加大绝缘导线和电缆的截面。

2) 保护电力变压器的熔断器熔体电流的选择

对于 6～10kV 的电力变压器，容量在 1000kV・A 及以下者，均可在高压侧装设熔断器作为短路及过负荷保护，其熔体额定电流应满足条件：

$$I_{N\cdot FE} = (1.5 \sim 2) I_{1N\cdot T} \tag{2-11}$$

式中：$I_{1N\cdot T}$为电力变压器的额定一次电流。

式(2-11)综合考虑了以下三个方面的因素。

(1) 熔体额定电流应躲过变压器允许的正常过负荷电流。

(2) 熔体额定电流应躲过来自变压器低压侧电动机自启动引起的尖峰电流。

(3) 熔体额定电流应躲过变压器空载投入时的励磁涌流。

3) 保护电压互感器的熔断器熔体电流的选择

由于电压互感器二次侧的负荷很小，因此保护电压互感器的熔断器熔体电流一般为 0.5A。

2. 熔断器的选择和校验

(1) 熔断器的额定电压应不低于安装处线路的额定电压。

(2) 熔断器的额定电流应不低于它所安装熔体的额定电流。

(3) 熔断器的类型应与实际安装地点的工作条件及环境条件相适应。

(4) 熔断器应满足安装处对断流能力的要求，因此熔断器应进行断流能力的校验。

对于限流式熔断器（如 RN1、RT0），按式(2-12)进行校验：

$$I_{oc} \geqslant I''^{(3)} \tag{2-12}$$

式中：I_{oc}为熔断器最大分断电流；$I''^{(3)}$为熔断器安装处三相次暂态短路电流有效值。

对于非限流式熔断器（如 RW4、RM10），按式(2-13)进行校验：

$$I_{oc} \geqslant I_{sh}^{(3)} \tag{2-13}$$

式中：$I_{sh}^{(3)}$为熔断器安装处三相短路冲击电流有效值。

对于具有断流能力上、下限的熔断器（如 RW4 跌开式熔断器），按式(2-14)进行校验：

$$I_{oc\cdot max} \geqslant I_{sh}^{(3)} \tag{2-14}$$

$$I_{oc \cdot min} \leqslant I_k^{(2)} \tag{2-15}$$

式中：$I_{oc \cdot min}$为熔断器安装处最小分断电流；$I_k^{(2)}$为保护线路末端的两相短路电流(对中性点不接地的电力系统)。

(5) 熔断器保护灵敏度的校验，以保证在保护区内发生短路故障时能可靠地熔断，其灵敏度按下式进行校验：

$$S_p = \frac{I_{k \cdot min}}{I_{N \cdot FE}} \geqslant K \tag{2-16}$$

式中：S_p为灵敏度。$I_{k \cdot min}$为被保护线路末端在系统最小运行方式下的最小短路电流，对TT和TN系统取单相短路电流或单相接地故障电流；对IT系统和中性点不接地系统，取两相短路电流；对安装在变压器高压侧的熔断器，取低压侧母线的两相短路电流折算到高压侧的值。K为灵敏度的最小比值，如表2-5所示。

表 2-5　检验熔断器保护灵敏度的最小比值 K

熔体额定电流/A		4～10	16～32	40～63	80～200	250～500
熔断时间/s	5	4.5	5	5	6	7
	0.4	8	9	10	11	—

注：表中 K 值适用于符合 IEC 标准的一些新型熔断器，如 RT12、RT14、RT15、NT 等类型。对于老型熔断器，取 $K=4\sim7$。

(6) 前、后级熔断器之间的选择性配合要求：即线路发生故障时，靠近故障点的熔断器首先熔断，切除故障，使系统的其他部分迅速恢复正常运行。

【例 2-1】 有一台电动机，$U_N=380V$，$P_N=17kW$，$I_{30}=42.3A$，属重载启动，启动电流为188A，启动时间为3～8s。采用BLV型导线穿钢管敷设线路，导线截面为$10mm^2$。该电机采用RT0型熔断器做短路保护，线路最大短路电流为21kA。选择熔断器及熔体的额定电流，并进行校验(环境温度25℃)。

解：(1) 选择熔体及熔断器额定电流。

① $I_{N \cdot FE} \geqslant I_{30} = 42.3A$

② $I_{N \cdot FE} \geqslant K I_{pk} = 0.4 \times 188 = 75.2(A)$

通过查附表8，选择RT0-100型熔断器，其$I_{N \cdot FE}=80A$，$I_{N \cdot FU}=100A$。

(2) 校验熔断器断流能力。

$$I_{oc} = 50kA \geqslant I''^{(3)} = 21kA$$

断流能力满足要求。

(3) 导线与熔断器的保护配合校验。

设熔断器只做短路保护，导线与熔断器的配合条件为绝缘导线时应满足

$$I_{N \cdot FE} \leqslant 2.5 I_{al}$$

通过查附表10，可选$A=10mm^2$的导线，穿SC 20mm，其$I_{al}=44A$，则

$$I_{N \cdot FE} = 80A \leqslant 2.5 I_{al} = 2.5 \times 44 = 110(A)$$

满足要求。

(二) 低压开关设备的选择与校验

低压开关设备的选择与校验，主要指低压断路器、低压刀开关、低压刀熔开关和低压负

荷开关的选择与校验。下面重点介绍低压断路器的选择、整定和校验。其他低压开关设备的选择比较简单，参照表2-4的要求，此处不再赘述。

1. 低压断路器过电流脱扣器的选择与整定

1）低压断路器过电流脱扣器额定电流的选择

过电流脱扣器的额定电流 $I_{N\cdot OR}$ 应大于等于线路的计算电流，即

$$I_{N\cdot OR} \geqslant I_{30} \tag{2-17}$$

2）低压断路器过电流脱扣器动作电流的整定

（1）瞬时过电流脱扣器动作电流的整定：瞬时过电流脱扣器动作电流 $I_{op(0)}$ 应躲过线路的尖峰电流 I_{pk}，即

$$I_{op(0)} \geqslant K_{rel} I_{pk} \tag{2-18}$$

式中：K_{rel} 为可靠系数，对动作时间在0.02s以上的DW型断路器，取1.35；对动作时间在0.02s及以下的DZ型断路器，宜取2～2.5。

（2）短延时过电流脱扣器动作电流和时间的整定：短延时过电流脱扣器动作电流 $I_{op(s)}$ 应躲过线路的尖峰电流 I_{pk}，即

$$I_{op(s)} \geqslant K_{rel} I_{pk} \tag{2-19}$$

式中：K_{rel} 为可靠系数，取1.2。

短延时过流脱扣器的动作时间分为0.2s、0.4s及0.6s三级，通常要求前一级保护的动作时间比后一级保护的动作时间长一个时间级差0.2s。

（3）长延时过电流脱扣器动作电流和时间的整定：长延时过电流脱扣器一般用于过负荷保护，动作电流 $I_{op(1)}$ 仅需躲过线路的计算电流，即

$$I_{op(1)} \geqslant K_{rel} I_{30} \tag{2-20}$$

式中：K_{rel} 为可靠系数，取1.1。

动作时间应躲过线路允许过负荷的持续时间，其动作特性通常为反时限，即过负荷电流越大，动作时间越短。一般动作时间1～2h。

（4）过电流脱扣器与被保护线路的配合：当线路过负荷或短路时，为保证绝缘导线或电缆不致因过热烧毁而使低压断路器的过电流脱扣器拒动的事故发生，要求

$$I_{op} \leqslant K_{OL} I_{al} \tag{2-21}$$

式中：I_{al} 为绝缘导线或电缆的允许载流量；K_{OL} 为绝缘导线或电缆的允许短时过负荷系数。对于瞬时和短延时过电流脱扣器，取4.5；对于长延时过电流脱扣器，取1；对于保护有爆炸性气体区域内的线路，取0.8。

如果不满足上述配合要求，应改选过电流脱扣器的动作电流，或者适当加大绝缘导线或电缆的截面。

2. 低压断路器热脱扣器的选择和整定

1）低压断路器热脱扣器额定电流的选择

热脱扣器的额定电流应大于等于线路的计算电流，即

$$I_{N\cdot TR} \geqslant I_{30} \tag{2-22}$$

2）低压断路器热脱扣器的整定

热脱扣器用于过负荷保护，其动作电流 $I_{op\cdot TR}$ 需躲过线路的计算电流，即

$$I_{op\cdot TR} \geqslant K_{rel} I_{30} \tag{2-23}$$

式中：K_{rel}为可靠系数，通常取1.1，但一般应通过实际测试进行调整。

3. 低压断路器型号规格的选择与校验

低压断路器型号规格的选择与校验应满足下述条件。

(1) 断路器额定电压应大于或等于安装处的额定电压。

(2) 断路器的额定电流应大于或等于其所安装过电流脱扣器与热脱扣器的额定电流。

(3) 断路器应满足安装处对断流能力的要求。

对于动作时间在0.02s以上的DW型断路器，应满足

$$I_{oc} \geqslant I_k^{(3)} \tag{2-24}$$

对于动作时间在0.02s及以下的DZ型断路器，应满足

$$I_{oc} \geqslant I_{sh}^{(3)} \quad 或 \quad i_{oc} \geqslant i_{sh}^{(3)} \tag{2-25}$$

4. 低压断路器还应满足保护区对灵敏度的要求

保证在保护区内发生短路故障时能可靠动作，切除故障。保护灵敏度应满足

$$S_p = \frac{I_{k\cdot min}}{I_{op}} \geqslant K \tag{2-26}$$

式中：I_{op}为瞬时或短延时过电流脱扣器的动作电流；$I_{k.min}$为被保护线路末端在系统最小运行方式下的单相短路电流(对TT和TN系统)或两相短路电流(对IT系统)；K为保护最小灵敏度，一般取1.3。

【例2-2】 380V三相四线制线路供电给一台电动机。已知电动机的额定电流为70A，尖峰电流为240A，线路首端三相短路电流为20kA，线路末端的单相短路电流为10kA。拟采用DW16型低压断路器进行瞬时过电流保护，环境温度为25℃，线路允许载流量为120A(BX-500型导线穿塑料管暗敷)。试选择、整定低压断路器。

解：(1) 选择断路器。

查附表9，得DW16-630型低压断路器的过流脱扣器额定电流为

$$I_{N\cdot OR} = 100A \geqslant I_{30} = 70A$$

初步选择DW16-630/100型低压断路器。

由式(2-18)，知

$$I_{op(0)} \geqslant K_{rel} I_{pk} = 1.35 \times 240 = 324(A)$$

因此，过流脱扣器的动作电流可整定为4倍的脱扣器额定电流，即

$$I_{op(0)} = 4 \times 100 = 400(A)$$

满足躲过尖峰电流的要求。

(2) 校验断流能力。

查附表9，可知DW16-630型低压断路器的I_{oc}=30kA≥20kA，满足要求。

(3) 与被保护线路配合。

断路器仅作短路保护，则

$$I_{op} = 400A \leqslant 4.5 I_{al} = 4.5 \times 120 = 540(A)$$

满足配合要求。

任务实施

一、低压一次设备的选择

低压一次设备的选择与校验,结果如表 2-6 所示。表中所选设备均满足要求。

表 2-6　低压一次设备的选择校验

选择校验项目		电压	电流	断流能力	动稳定度	热稳定度	其他
装置地点条件	参数	U_N	I_{30}	$I_k^{(3)}$	$i_{sh}^{(3)}$	$I_\infty^{(3)2} t_{ima}$	
	数据	380V	总 1320A	19.7kA	36.2kA	$19.7^2 \times 0.7 = 272$	
一次设备型号规格	额定参数	U_N	I_N	I_{OC}	i_{max}	$I_t^2 t$	
	低压断路器 DW15-1500/3 电动	380V	1500A	40kA			
	低压断路器 DZ20-630	380V	630A（大于 I_{30}）	一般 30kA			
	低压断路器 DZ20-200	380V	200A（大于 I_{30}）	一般 25kA			
	低压刀开关 HD13-1500/30	380V	1500A	—			
	电流互感器 LMZ1-0.5	500V	1500/5A	—			
	电流互感器 LMZ-0.5	500V	160/5A 100/5A	—			

二、低压一次设备的安装

（一）低压电器的安装和使用一般应遵循的原则

(1) 低压电器应对地垂直安装；低压电器应使用螺栓固定在支持物上,不得焊接。

(2) 安装位置应便于操作；电器的操作手柄与建筑物之间应保持一定的距离,以便操作。低压电器应装在无强烈振动的地点,离地面应有适当的高度。

(3) 有易燃、易爆气体或粉尘的车间,电器应密闭安装在车间外；室外装设的电器应有防雨装置；室外有爆炸危险的场所,应安装防爆电器。

(4) 对于新安装的低压电器,使用前应清除各接触面上的保护油层；正式投入运行前,应进行几次合、分闸实验。

（二）电柜中标记系统的作用与要求

1. 电柜中标记系统的作用

电柜中的标记系统犹如城市交通道路的指示牌。标记系统主要由标签、标志、标牌等组成。电柜中标记系统的完整性和统一性将影响使用者对整个供电系统的理解；而标记系统本身的标识明显与否,直接影响到工作人员对供电系统操作和维护的方便性。

2. 电柜中标记系统的要求

(1) 柜内元件标签均为黄色；元件标签按照材料清单统计；元件项目字母和元件项目序号中间用空格符隔开。柜内元件标签的张贴位置,应满足无论在运行状态还是维修状态以及被拆卸后，仍能起到标记作用，同时不能使柜内的标签看起来非常烦琐。

(2) 字母、数字均用 SWIS BT 字体，线槽标签以英文大写 SWIS BT 字体打印；柜内中文标签均用隶书，柜内中文标签标准尺寸为 30mm×12mm，端子标签尺寸为 35mm×7mm。

(3) 标牌应正确、清晰，易于识别，安装牢固；额定电压超过 500V 的配电板应设置警告标志。

(4) 盘、柜的正面及背面各电器、端子牌等应标明编号、名称、用途及操作位置，字迹应清晰、工整，不易褪色；在每个电气元件上和近旁，应有与原理线路图一致的元件代号，各对熔断器的近旁应有熔片额定电流的标牌。

(5) 柜内元件安装完毕，应立即按照材料表和原理图正确地粘贴标签；标签粘贴在元件附近的底板和元件本体上，位置要明显，易于发现，以尽量不遮盖元件主要型号为准，且不靠近人员操作位置。面板元件附近要贴上与板前铭牌一致的中文标签。

(6) 熔断器应具有标明其熔芯额定电压、额定电流、额定分断能力的耐久标志；安装具有几种电压和电流规格的熔断器时，应在底座旁详细标明其规格。

(7) 集中在一起安装的按钮应有编号或不同的识别标志。“紧急”按钮应有明显标志，并设保护罩。

(8) 对于组合式元件，要在其安装座和元件主体都贴上标签，使其在任何状态下都能起到标示作用；回路电压超过 400V 的，端子板应有足够的绝缘，并涂以红色标志。

(9) 在柜内熔断器位置附近贴上柜内熔断器的相关信息表格，包括熔断器标号、熔断器的电压等级、熔断器所使用熔芯的规格和所通断回路的中文定义等。

(10) 柜门贴上每一电柜的排版图、端子的接线表，包括进线电缆的编号等信息。

(11) 380V 或 220V 面板指示灯旁均贴警示标志。

（三）配电柜内元件布置和安装的要求

电柜的元件布置首先应考虑到对线路走向和合理性的影响。考虑大截面导线转弯半径、强弱电元件之间的距离放置、发热元件的方向布置等综合性问题。

1. 基本元素的间隔距离

为使柜内结构布置有统一性，明确规定基本元素的间隔距离是有必要的。这样，无论图纸怎样不同，其基本排版结构将是统一的。

(1) 电气设备应有足够的电气间隙及爬电距离，以保证设备安全、可靠地工作；电气元件及其组装板的安装结构应尽量考虑实施正面拆装。

(2) 如有可能，元件的安装紧固件应做成能在正面紧固及松脱的；各电气元件应能单独拆装、更换，而不影响其他元件及导线束的固定。

(3) 发热元件宜安装在散热良好的地方，两个发热元件之间的连线应采用耐热导线或裸铜线套瓷管。

(4) 使用中易于损坏，偶尔需要调整及复位的元件，应不需拆卸其他部件便可以更换及调整。

(5) 熔断器安装位置及相互间距离应便于更换熔体；不同电压等级的熔断器要分开布置，不能交错混合排列；有熔断指示器的熔断器，其指示器应装在便于观察的一侧；瓷质熔断器在金属底板上安装时，其底座应垫上软绝缘衬垫；低压断路器与熔断器配合使用时，熔断器应安装在电源侧。

(6) 强、弱电端子应分开布置。当分开布置有困难时，应有明显标志，并设空端子隔开，或设加强绝缘的隔板。端子应有序号，端子排应便于更换且接线方便，离地高度宜大于350mm。有防振要求的电器应增加减振装置，其紧固螺栓应采取防松措施。

(7) 紧固件应采用镀锌制品，螺栓规格应选配适当，电器的固定应牢固、平稳；新落料的导轨端头处均需剪斜口，以防工作时发生意外。

(8) 线槽应平整，无扭曲变形，内壁应光滑、无毛刺；线槽的连接应连续，无间断。每节线槽的固定点不应少于两个。在转角、分支处和端部均应有固定点，并紧贴墙面固定；线槽接口应平直、严密，槽盖应齐全、平整、无翘角；对于固定或连接线槽的螺钉或其他紧固件，紧固后，其端部应与线槽内表面光滑相接；线槽敷设应平直、整齐，水平或垂直允许偏差为其长度的2‰，全长允许偏差为20mm。并列安装时，槽盖应便于开启；线槽的出线口应位置正确、光滑、无毛刺；断路器和漏电断路器等元件的接线端子与线槽直线距离30mm。

(9) 连接元件的铜接头过长时，应适当放宽元件与线槽间的距离。

(10) 用于连接电柜进线的开关或熔座的排版位置要考虑进线的转弯半径距离。

(11) 接触器和热继电器的接线端子与线槽直线距离为30mm；其他载流元件与线槽直线距离为30mm；控制端子与线槽直线距离为20mm；动力端子与线槽直线距离为30mm；中间继电器和其他控制元件与线槽直线距离为20mm。

2. 电气元件的安装要求

安装电气元件时有如下要求。

(1) 电气元件的安装应符合产品使用说明书的规定。固定低压电器时，不得使电器内部受额外应力；低压断路器的安装应符合产品技术文件的规定，无明确规定时，宜垂直安装，其倾斜度不应大于5°。

(2) 具有电磁式活动部件或借重力复位的电气元件，如各种接触器及继电器，安装方式应严格按照产品说明书的规定，以免影响其动作的可靠性。根据不同的结构，低压电器可采用支架、金属板、绝缘板固定在墙、柱或其他建筑构件上，金属板、绝缘板应平整。当采用卡轨支撑安装时，卡轨应与低压电器匹配，并用固定夹或固定螺栓与壁板紧密固定，严禁使用变形或不合格的卡轨。

(3) 元件附件应齐全、完好；电气元件的安装、紧固应牢固，固定方法应是可拆卸的；紧固件应有镀锌或其他可靠的金属防蚀层；电气元件的紧固应设有防松装置，一般应放置弹簧垫圈及平垫圈。弹簧垫圈应放置于螺母一侧，平垫圈应放于紧固螺钉的两侧。如采用双螺母锁紧或其他锁紧装置时，可不设弹簧垫圈。

(4) 采用在金属底板上搭牙紧固时，螺栓旋紧后，其搭牙部分的长度应不小于螺栓直径的0.8倍，以保证强度；设备安装用的紧固件应用镀锌制品，并应采用标准件。

(5) 当铝合金部件与非铝合金部件连接时，应使用绝缘衬垫隔开，防止电解腐蚀的影响；铝制构件与钢制件连接时，应采取适当措施，避免直接接触，防止产生电解腐蚀。

(6) 电源侧进线应接在进线端，即固定触头接线端；负荷侧出线应接在出线端，即可动触头接线端。面板上安装元件按钮时，为了提高效率和减少错误，应先用铅笔直接在门后写出代号，再在相应位置贴上标签，最后安装器件并贴上标签。

(7) 按钮之间的距离宜为50～80mm；按钮箱之间的距离宜为50～100mm；当倾斜安

装时，其与水平线的倾角不宜小于30°；按钮操作应灵活、可靠，无卡阻；集中在一起安装的按钮应有编号或不同的识别标志；“紧急”按钮应有明显标志，并设保护罩。

(8) 电器接线应采用铜质或有电镀金属防锈层的螺栓和螺钉，连接时应拧紧，且应有防松装置；当元件本身预制导线时，应用转接端子与柜内导线连接，尽量不使用对接方法；设备的外壳应设有防止工作人员偶然触电的措施。

3. 盘柜的导线处理

要对盘柜的导线进行如下处理。

(1) 柜门面板控制线完成后，必须放置至少20%备用线，最少三根。备用线的柜内长度应以能连接柜内最远元件为准。

(2) 如果面板无线槽，把备用线卷成100mm直径的线卷，并用扎带可靠固定。

(3) 盘、柜的电缆芯线应垂直或水平有规律地配置，不得任意歪斜交叉连接。备用芯长度应留有适当余量。

(4) 避免将几根导线接到同一个接线柱上，一般元件上的接头不宜超过2个。当几个导线接头接到同一个接线柱上时，接触应平贴、良好。

(5) 端子等集中布置元件的短接线不应进入线槽，以方便检查和节省线槽排线空间。

(6) 带有接线标志的熔断器，电源线应按标志接线；安装螺旋式熔断器时，其底座严禁松动，电源应接在熔芯引出的端子上。

(7) 面板和柜体的接地跨接导线不应缠入线束；外露在线槽外的柜内照明用线必须用缠绕管保护；面板接线的外露部分应该用缠绕管保护。

(8) 橡胶绝缘的芯线应有外套绝缘管保护；导线应严格按照图纸正确地接到指定的接线柱上。

(9) 接线应排列整齐、清晰、美观，导线绝缘良好、无损伤；外部接线不得使电器内部受到额外应力；接线应按接线端头标志进行。

(10) 主电路导线头、尾端部及中间一律用彩色塑套管标示(黄、绿、红)；电柜内所有接地线线端处理后，不得使用绝缘套管遮盖端部。

(11) 连接导线端部一般应采用专用电线接头。当设备接线柱结构为压板插入式时，使用扁针铜接头压接后再接入。当导线为单芯硬线时，不能使用电线接头，而是将线端做成环形接头后再接入。

知识拓展

智能型低压开关

一、智能型低压开关的定义、特点

智能化可通信低压电器是对当今用于配网自动化及其他对自动化要求较高的领域的一类低压电器的总称，其主要特点如下所述。

(1) 产品自身带有集控制、保护、测量功能于一体的微处理器。

(2) 产品带有通信接口，能与现场总线连接。

(3) 产品采用标准化结构，具有互换性，内部可更换部件采用项目化结构，如触头灭弧

系统、操作系统、脱扣器、框架和抽屉等，每个部分都成为一个完整的部件。

随着城乡电网改造的进一步深入，特别是随着企业信息化的发展，智能化可通信低压电器近两年发展很快，不仅在工业用场所，而且在民用场所、民居场所也用得越来越多。它是低压电器的发展方向。

二、NAK1 系列智能型低压真空断路器介绍

1. 适用范围

NAK1 系列智能型低压真空断路器（以下简称断路器）的额定电压为 380～1140V，额定电流为 630～2500A。

该断路器采用 ST30 型智能控制器，具有多种保护功能，可实现选择性保护，动作准确；还可以根据用户需要带通信接口，在 1km 范围内对断路器实现遥控、遥调和遥测。

与空气断路器相比，该断路器使用寿命长，短路分断次数多，灭弧能力强，真正实现零飞弧，可用于目前空气断路器无法或不适宜使用的场所（如要求供电可靠性高，不允许经常停电检修，操作频繁，易发生火灾、爆炸危险等环境条件恶劣的场所）。NAK1 智能型低压真空断路器符合当今的环保要求。

2. 型号及其含义

智能开关型号 NAK1-{1}～{2}表达的含义如下：N 表示企业特征代号；A 表示万能式断路器；K 表示真空型；1 表示设计代号；{1}表示断路器壳架等级额定电流；{2}表示断路器极数（3 表示极可省略）。

3. 分类方法

(1) 按极数，分为三极和四极。

(2) 按传动方式，分为电动机传动和手柄直接传动（检修、维护用）。

(3) 按操作形式及安装方式，分有预储能、无预储能、抽屉式和固定式。

4. 主要参数

NAK1 系列智能低压真空断路器主要技术参数如表 2-7 所示。

表 2-7　NAK1 系列智能低压真空断路器技术参数

断路器的额定电流/A		断路器的额定电压/V	
壳架等级额定电流	额定电流	额定绝缘电压	额定工作电压
1600	630、800、1000、1250、1600	1140	400、690、1140

5. 结构特点

断路器由框架、操作机构、触头灭弧系统、智能控制器、面板、抽屉座等几个部分组成。操作机构安装在断路器右前方，通过主轴与触头系统相连，包括电动操作和手动储能操作，两者互不干扰。触头包含在真空灭弧室中，真正实现了零飞弧。

面板上有显示断路器工作状态的“I”“O”“储能”和“释能”指示牌，有合、分断路器的按钮“I”和“O”、ST30 控制器及手动合闸手柄。

ST30 控制器为电子式智能脱扣器，有过载长延时、短路延时、短路瞬时、接地漏电等四

段保护功能，还具有电流显示、整定、试验、故障检查、负载监控及自诊断功能，并且可以根据用户需要带通信接口，在1km内对断路器实现遥控、遥调、遥测和遥信。

自我检测

2-2-1 熔断器的主要功能是什么？什么叫限流式熔断器？

2-2-2 低压断路器有哪些功能？按结构型式，分为哪两大类？分别列举其中几个。

2-2-3 选择低压断路器时，其过流脱扣器的动作电流与被保护的线路如何配合？

2-2-4 低压断路器的选择应满足哪些条件？

2-2-5 某10kV线路计算电流为160A，三相短路电流为9.5kA，冲击短路电流为24kA，假想时间为1.5s。试选择断路器，并校验其动稳定和热稳定。

2-2-6 一条380V线路供电给一台额定电流为60A的电动机。电动机启动电流为320A，线路最大三相短路电流为18kA。拟采用RT0型熔断器进行过电流保护，环境温度为30℃。试选择BLV型穿钢管暗敷的导线截面；选择熔断器和熔体的额定电流并校验。

2-2-7 低压电器的安装和使用一般应遵循哪些原则？

任务三 高压一次设备的选择与安装

任务情境

前面介绍了变压器和低压一次设备的选择及安装，若某机械厂10kV侧电气条件如表2-8所示，接下来需要对高压一次设备进行选择与安装。

表2-8 某机械厂10kV侧电气条件

选择校验项目		电压	电流	断流能力	动稳定度	热稳定度	其他
装置地点条件	参数	U_N	I_{30}	$I_k^{(3)}$	$I_{sh}^{(3)}$	$I_\infty^{(3)2} t_{ima}$	
	数据	10kV	57.7A	1.96kA	5.0kA	$1.96^2 \times 1.9 = 7.3$	
一次设备型号规格	额定参数	U_N	I_N	I_{oc}	i_{max}	$I_t^2 t$	

任务分析

要完成车间变电所高压侧设备的选择及安装，需要从以下几个方面来考虑。

✧ 了解高压一次设备的基本知识。

✧ 掌握常用高压一次设备的选择方法。

✧ 掌握常用高压一次设备的安装。

知识准备

一、高压一次设备

（一）高压熔断器

工厂供电系统中，室内广泛采用RN1、RN2等型高压管式熔断器，室外广泛采用RW4-

10、RW10(F)-10 等型高压跌开式熔断器和 RW10-35 等高压限流熔断器。

高压熔断器型号的表示和含义如图 2-20 所示。

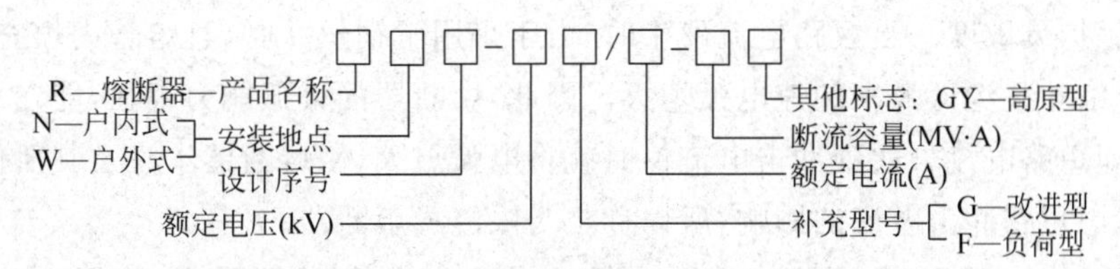

图 2-20　高压熔断器型号的表示和含义

1. RN 系列高压熔断器

RN 系列高压熔断器主要用于 3～35kV 电力系统的短路保护和过负荷保护。其中，RN1 型主要用于电力变压器和电力线路的短路和过载保护，熔体要通过主电路的短路电流，因此额定电流可达 100A。RN2 型主要用于电压互感器一次侧的短路保护，因电压互感器一次电流很小，所以 RN2 型熔断器熔体电流一般为 0.5A。

RN1、RN2 型熔断器的结构基本相同，都是瓷质熔管内填充石英砂的密闭管式熔断器。其外形如图 2-21 所示，内部结构如图 2-22 所示。

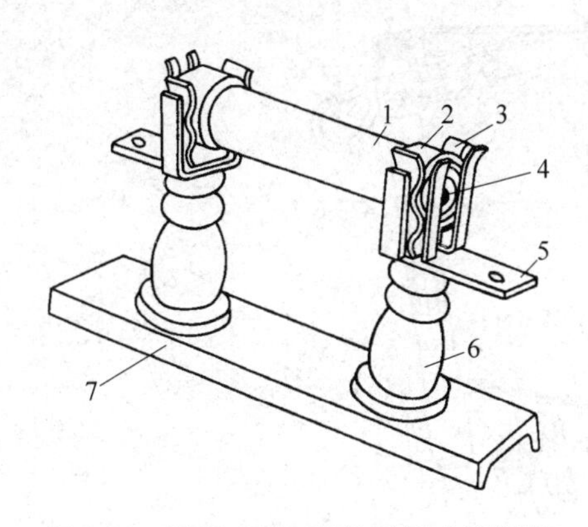

图 2-21　RN1、RN2 型高压管式熔断器外形图

1—瓷熔管；2—金属管帽；3—弹性触座；4—熔断指示器；5—接线端子；6—瓷绝缘子；7—底座

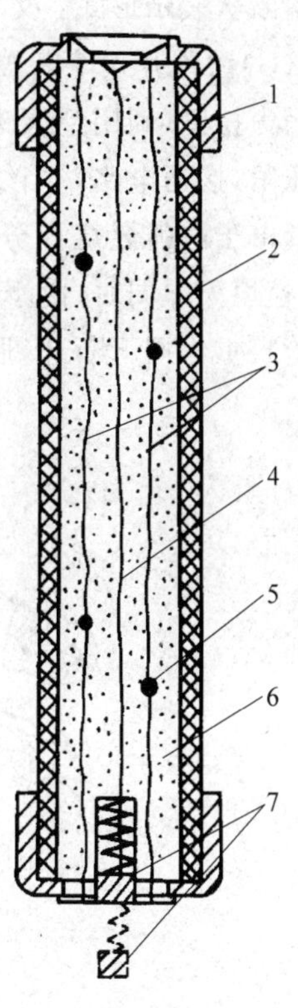

图 2-22　RN1、RN2 型高压熔断器内部结构图

1—金属管帽；2—瓷熔管；3—工作熔体；4—指示熔体；5—锡球；6—石英砂填料；7—熔断指示器

熔断器的工作熔体(铜熔丝)焊有小锡球。锡是低熔点金属,过负荷时,锡球受热首先熔化,铜锡分子相互渗透,形成熔点较低的铜锡合金(冶金效应),使铜熔丝能在较低的温度下熔断,提高保护灵敏度。当短路电流发生时,由于采用了铜丝并联,且熔管内填充了石英砂,利用粗弧分细和狭沟灭弧来加速电弧熄灭。因此,熔断器的灭弧能力很强,能在短路后不到半个周期,即短路电流未达到冲击电流值时就将电弧熄灭,使熔断器本身及其所保护的电气设备不必考虑短路冲击电流的影响,所以称之为限流式熔断器。

在工作熔体熔断后,指示熔体相继熔断,红色的熔断指示器弹出,如图 2-22 中虚线所示,给出熔断的指示信号。

2. RW 系列户外高压跌开式熔断器

跌开式熔断器又称跌落式熔断器,广泛用于环境正常的室外场所,既可作 6~10kV 线路和设备的短路保护,又可在一定条件下,直接用高压绝缘钩棒(俗称令克棒)来操作熔管的分合,起到高压隔离开关的作用。一般情况下,RW4-10(G)型等熔断器只能无负荷操作,或通断小容量的空载变压器和线路等;负荷型跌开式熔断器 RW10-10(F)型因为在其静触头上加装了简单的灭弧室,能带负荷操作。

跌开式熔断器表示形式:文字符号一般为 FD,图形符号为—⊘—。

RW4-10(G)型跌开式熔断器结构如图 2-23 所示。正常工作时,熔管上端的动触头借助管内熔丝张力拉紧,利用绝缘钩棒将此动触头推入上静触头内锁紧,同时将下动触头与下静触头相互压紧,接通电路。当线路上发生短路时,短路电流使熔丝熔断而形成电弧,熔管(消弧管)内壁由于电弧燃烧而分解出大量的气体,使管内压力剧增,并沿管道向下纵吹电弧,使电弧迅速熄灭。同时,由于熔丝熔断使上动触头失去了张力,锁紧机构释放熔管,在触头弹力及熔管自重作用下断开,形成明显可见的断开间隙。

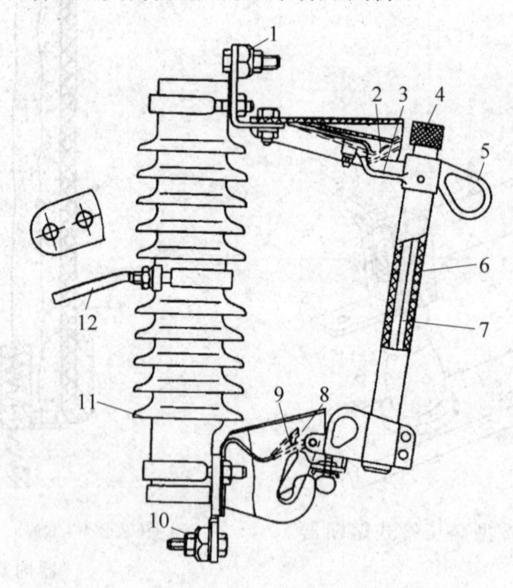

图 2-23　RW4-10(G)型跌开式熔断器

1—上接线端子;2—上静触头;3—上动触头;4—管帽;5—操作环;6—熔管;7—铜熔丝;8—下动触头;9—下静触头;10—下接线端子;11—绝缘瓷瓶;12—固定安装板

这种熔断器采用逐级排气结构,熔体上端封闭,可防雨水。当分断小的短路电流时,由于上端封闭而形成单端排气,使管内保持足够大的气压,有利于熄灭小的短路电流产生的电弧。分断大的短路电流时,管内气体压力较大,使上端封闭薄膜冲开,形成两端排气,有助于防止分断大的短路电流时熔管爆裂的可能性。

跌开式熔断器依靠电弧燃烧产生气体来熄灭电弧,灭弧性能不高,灭弧速度不快,不能在短路电流达到冲击值之前熄灭电弧,称为非限流式熔断器。

附表 11 列出了 1000kV·A 及以下电力变压器配用的 RN1 和 RW4 型高压熔断器的规格。

(二) 高压隔离开关

高压隔离开关的主要功能是隔离高压电源,以保证其他设备和线路的安全检修及人身安全。隔离开关断开后,有明显可见的断开间隙,绝缘可靠。隔离开关没有灭弧装置,不能带负荷拉、合闸,但可用来通断一定的小电流,如励磁电流不超过 2A 的空载变压器、电容电流不超过 5A 的空载线路及电压互感器和避雷器电路等。

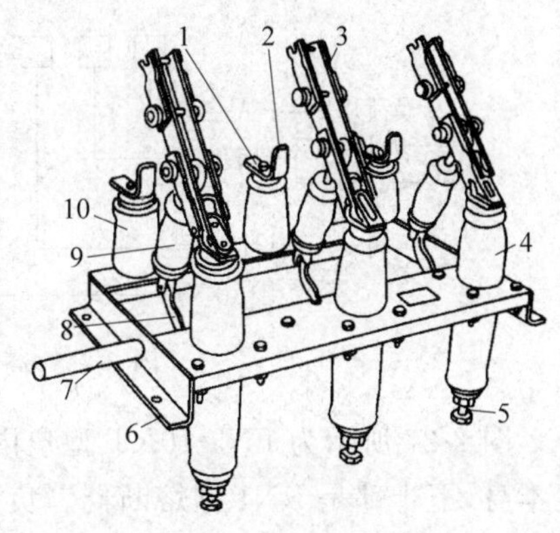

图 2-24　GN8-10 型户内高压隔离开关

1—上接线端子; 2—静触头; 3—闸刀; 4—套管绝缘子; 5—下接线端子; 6—框架; 7—转轴; 8—拐臂; 9—升降绝缘子; 10—支柱绝缘子

高压隔离开关按安装地点,分为户内式和户外式两大类。10kV 高压隔离开关型号较多,常用的有 GN8、GN19、GN24、GN28、GN30 等系列。图 2-24 所示为 GN8-10 型户内高压隔离开关的外形图。

高压隔离开关的文字符号为 QS,图形符号为 ─/─,其型号表示及含义如图 2-25 所示。

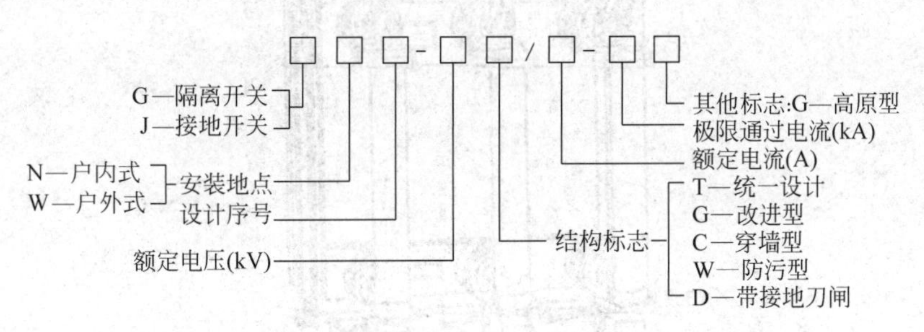

图 2-25　高压隔离开关型号的表示和含义

(三) 高压负荷开关

高压负荷开关具有简单的灭弧装置,断开后有明显的断开点,可通断一定的负荷电流和过负荷电流,有隔离开关的作用,但不能断开短路电流。高压负荷开关常与高压熔断器一起使用,借助熔断器来切除故障电流,广泛应用于城网和农村电网改造。

高压负荷开关按安装地点,分为户内式和户外式两类; 按灭弧介质,分为产气式、压气式、真空式、SF_6、油负荷开关等结构类型,具体情况如表 2-9 所示。

表 2-9 高压负荷开关

高压负荷开关类型	灭 弧 特 点
油负荷开关	变压器油作为灭弧介质
产气式负荷开关	利用固体产气材料，在电弧作用下产气吹弧
压气式负荷开关	利用活塞压缩空气吹弧
真空式负荷开关	真空灭弧室
SF_6 负荷开关	利用 SF_6 作为绝缘和灭弧介质

高压负荷开关文字符号为 QL，图形符号为 —⌐╱—，型号的含义如图 2-26 表示。

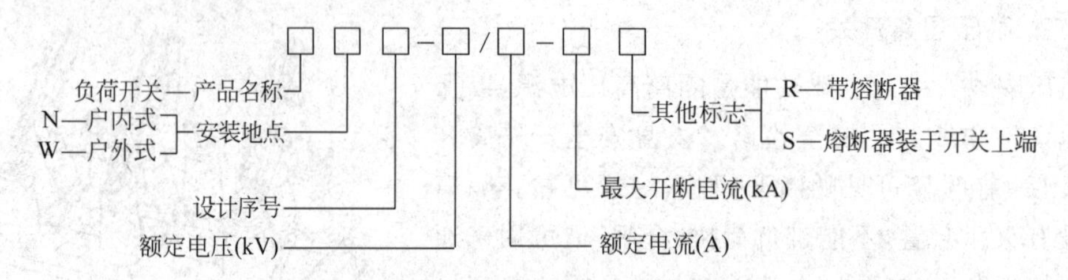

图 2-26 高压负荷开关型号的表示和含义

图 2-27 所示为 FN3-10RT 型户内压气式高压负荷开关外形结构图。上半部是负荷开关本身，下半部是 RN1 型熔断器。负荷开关的上绝缘子是一个压气式灭弧室。

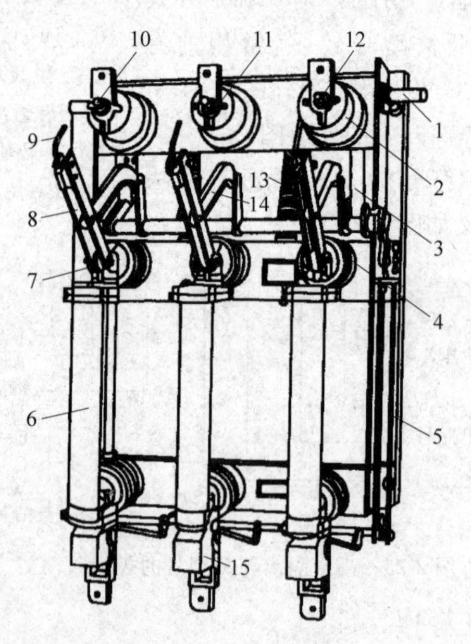

图 2-27 FN3-10RT 型户内压气式高压负荷开关

1—主轴；2—上绝缘子兼气缸；3—连杆；4—下绝缘子；5—框架；6—RN1 型高压熔断器；7—下触座；8—闸刀；9—弧动触头；10—绝缘喷嘴；11—主静触头；12—上触座；13—断路弹簧；14—绝缘拉杆；15—热脱扣器

高压负荷开关适用于无油化、不检修、要求频繁操作的场所，可配用 CS6-1 操动机构，也可配用 CJ 系列电动操动机构。

（四）高压断路器

高压断路器具有完善的灭弧装置，因此，不仅能通断正常的负荷电流，而且能接通和承担一定时间的短路电流，并能在保护装置作用下自动跳闸，切除短路故障。

高压断路器的文字符号为 QF，图形符号为—×—，其型号表示的含义如图 2-28 所示。

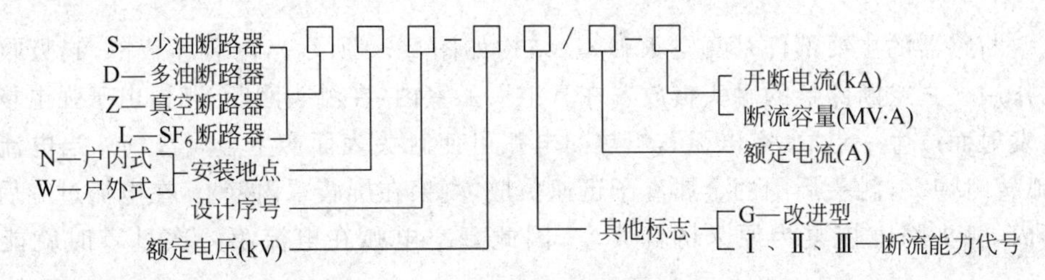

图 2-28　高压断路器型号的表示和含义

1. 油断路器

油断路器按其油量多少，分为多油断路器和少油断路器。多油断路器的油起着绝缘和灭弧的双重作用，少油断路器的油只起灭弧作用。下面主要介绍 SN10-10 型高压少油断路器。图 2-29 所示为 SN10-10 型高压少油断路器。

SN10-10 型高压少油断路器按断流容量分Ⅰ、Ⅱ、Ⅲ型。其中，Ⅰ型断流容量 $S_{\infty}=300\text{MV}\cdot\text{A}$，Ⅱ型断流容量 $S_{\infty}=500\text{MV}\cdot\text{A}$，Ⅲ型断流容量 $S_{\infty}=750\text{MV}\cdot\text{A}$。

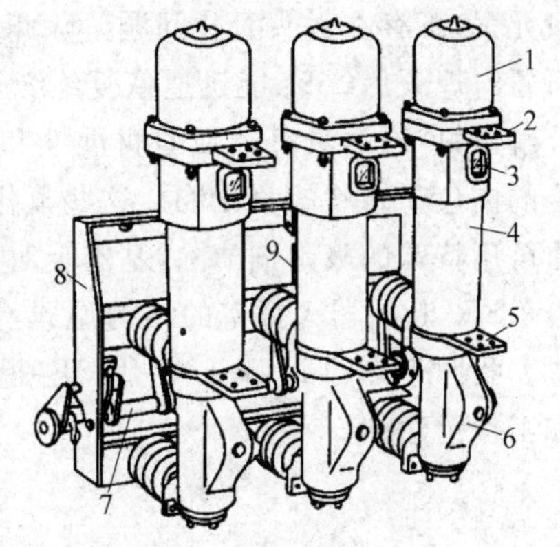

图 2-29　SN10-10 型高压少油断路器

1—铝帽；2—上接线端子；3—油标；4—绝缘筒；5—下接线端子；6—基座；7—主轴；8—框架；9—断路弹簧

油断路器主要由油箱、传动机构和框架三部分组成。油箱是断路器的核心部分，油箱的上部设有油气分离室，其作用是将灭弧过程中产生的油气混合物旋转分离，气体从顶部排气孔排出，油则沿内壁流回灭弧室。

当断路器跳闸时，产生电弧，在油气流的横吹、纵吹及机械运动引起的油吹的综合作用下，使电弧迅速熄灭。

SN10-10 型少油断路器可以与 CS2 等型手动操作机构、CD10 等型电磁操作机构或 CT7 等型弹簧储能操作机构配合使用。这些操动机构内部都有跳闸和合闸线圈，通过断路器的传动机构使断路器动作。电磁操动机构需用直流电源操作，可以手动和远距离跳、合闸。弹簧储能操动机构有交、直流操作电源两种，可以手动，也可以远距离跳、合闸。

少油断路器具有重量轻、体积小、节约油和钢材、价格低等优点，但不能频繁操作，用于 6～35kV 的室内配电装置。

2. 真空断路器

利用“真空”（气压为 10^{-2}～10^{-6} Pa）作为绝缘和灭弧介质的断路器称为高压真空断路器，其触头装在真空灭弧室内。由于真空中不存在气体游离的问题，所以这种断路器在触头断开时很难发生电弧。但在感性电路中，灭弧速度过快，瞬间切断电流将使 $\mathrm{d}i/\mathrm{d}t$ 极大，从而使电路出现过电压（$u_L = L\mathrm{d}i/\mathrm{d}t$），这对供电系统是很不利的。实际上，真空断路器的灭弧室并非绝对的“真空”，在触头断开时，因强电场的发射和热电发射而产生一点“真空电弧”，它能在电流第一次过零时熄灭。这样，燃弧时间既短（至多半个周期），又不致产生很高的过电压。

真空断路器的主要部件是真空灭弧室（结构如图 2-30 所示），内装屏蔽罩，起吸收金属蒸气的作用。真空断路器的触头被放置在真空灭弧室内，在触头刚断开时，由于强电场发射和热电发射而产生一点“真空电弧”，炽热的电弧可使触头表面产生金属蒸气。当电流过零时，电弧暂时熄灭，触头周围的金属离子迅速扩散，凝聚在屏蔽罩内壁上，在电流过零后的极短时间内，触头间隙恢复为原来的高真空，因此真空电弧在电流第一次过零时就能完全熄灭。

真空断路器具有不爆炸、噪声低、体积小、重量轻、动作快、寿命长、安全可靠、便于维护检修等优点，但价格较贵，主要适用于频繁操作、安全要求较高的场所。

3. SF_6 断路器

利用 SF_6 气体作为灭弧和绝缘介质的断路器称为 SF_6 断路器。SF_6 是一种无色、无味、无毒且不易燃烧的惰性气体，温度在 150℃以下时，其化学性能相当稳定，而且因 SF_6 不含氧元素，不存在触头氧化问题。除此之外，SF_6 还具有优良的电绝缘性能，在电流过零时，电弧暂时熄灭后，SF_6 能迅速恢复绝缘强度，使电弧很快熄灭；但在电弧的高温作用下，SF_6 会分解出氟（F_2），具有较强的腐蚀性和毒性，且能与触头的金属蒸气化合为一种具有绝缘性能的白色粉末状的氟化物。这些氟化物在电弧熄灭后的极短时间内能自动还原。对残余杂质可用特殊的吸附剂清除，基本上对人体和设备没有什么危害。

SF_6 断路器灭弧室的结构型式有压气式、自能灭弧式（旋弧式、热膨胀式）和混合灭弧式。我国生产的 LN1、LN2 型 SF_6 断路器为压气式灭弧结构。图 2-31 所示为灭弧室结构和工作示意图。

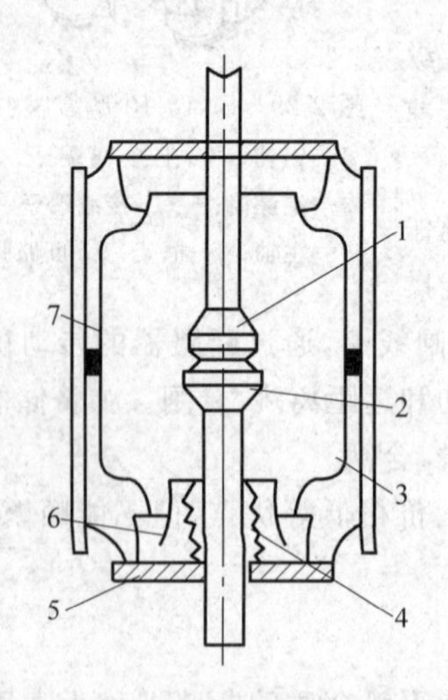

图 2-30 真空断路器灭弧室的结构

1—静触头；2—动触头；3—屏蔽罩；4—波纹管；5—与外壳接地的金属法兰盘；6—波纹管屏蔽罩；7—玻壳

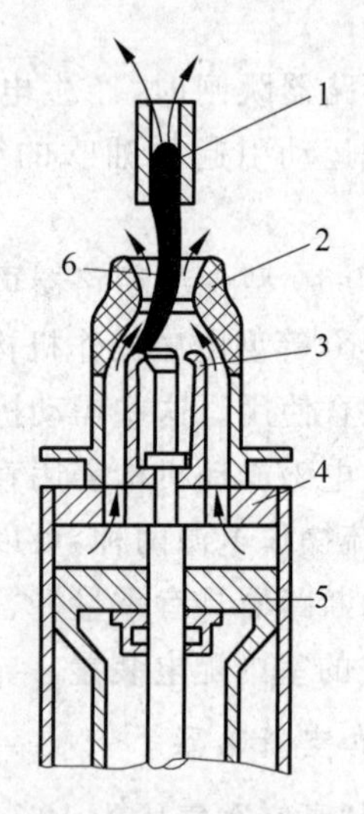

图 2-31 SF_6 断路器灭弧室工作示意图

1—静触头；2—绝缘喷嘴；3—动触头；4—气缸；5—压气活塞；6—电弧

SF_6 断路器可配用 CD10 等型电磁操动机构或 CT17 等型弹簧操动机构。

SF_6 断路器具有断流能力强、灭弧速度快、电绝缘性能好、检修周期长等优点，适用于需频繁操作及有易燃易爆危险的场所，但要求加工精度高，对其密封性能要求更严，价格昂贵。

附表 4 列出了部分高压断路器的主要技术数据。

（五）电流互感器和电压互感器

电流互感器和电压互感器统称互感器，其实质是一种特殊的变压器，其基本结构和工作原理与变压器基本相同。

互感器主要有以下三个功能。

(1) 隔离高压电路。互感器的两边没有电的联系，只有磁的联系，可使测量仪表、继电器等二次设备与一次主电路隔离，保证测量仪表、继电器和工作人员的安全。

(2) 扩大仪表、继电器等二次设备的应用范围。通过电流互感器，可用小量程(5A 或 1A)的电流表测量很大的电流；通过电压互感器，可用小量程(100V)的电压表测量很高的电压。

(3) 使测量仪表和继电器小型化、标准化，并可简化结构，降低成本，有利于批量生产。

电流互感器简称 CT，其文字符号为 TA，单二次绕组电流互感器图形符号为；电压互感器简称 PT，其文字符号为 TV，单相式电压互感器图形符号为。

1. 电流互感器

1) 工作原理

电流互感器的基本结构原理如图 2-32 所示。它的一次绕组匝数少且粗，通常是一匝或几匝，有的利用穿过其铁心的一次电路作为一次绕组(相当于 1 匝)；二次绕组匝数很多，导体较细。电流互感器的一次绕组串接在一次电路中，二次绕组与仪表、继电器电流线圈串联，形成闭合回路，由于这些电流线圈阻抗很小，工作时电流互感器二次回路接近短路状态。

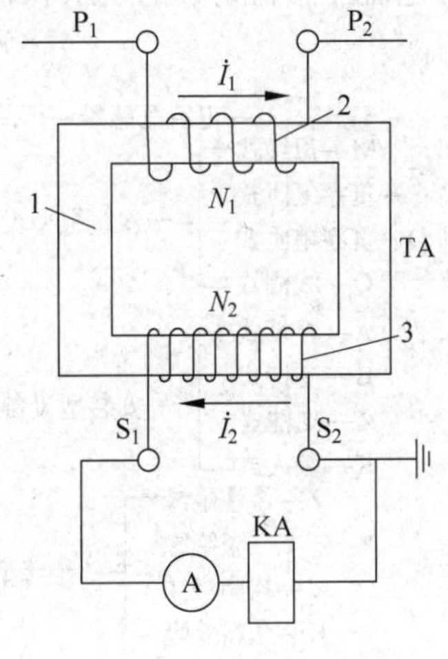

图 2-32　电流互感器的基本结构原理

1—铁心；2—一次绕组；3—二次绕组

电流互感器的电流比称为电流互感器的变比，用 K_i 表示，即

$$K_i = \frac{I_{1N}}{I_{2N}} \approx \frac{N_2}{N_1} \tag{2-27}$$

式中：I_{1N} 和 I_{2N} 分别为电流互感器一次侧和二次侧的额定电流值。I_{2N} 一般为 5A 或 1A；N_1 和 N_2 为其一次和二次绕组匝数。

2) 电流互感器种类和型号

电流互感器的种类很多，按一次电压，分为高压和低压两大类；按一次绕组匝数，分为单匝式(包括母线式、芯柱式、套管式)和多匝式(包括线圈式、线环式、串级式)；按用途，分为测量用和保护用两大类；按准确度级，测量用电流互感器有 0.1、0.2、0.5、1、3 和 5 等级，保护用电流互感器有 5P 和 10P 两级；按绝缘介质类型，分为油浸式、环氧树脂浇注式、干式、SF_6 气体绝缘式等。在高压系统中还采用电压电流组合式互感器。

图 2-33 和图 2-34 所示分别为户内高压 LQJ-10 型和户内低压 LMZJ1-0.5 型电流互感器外形图。高压电流互感器多制成不同准确度级的两个铁心和两个二次绕组，准确度级有 0.5 级和 3 级，分别接测量仪表和继电器，以满足测量和保护的不同要求。

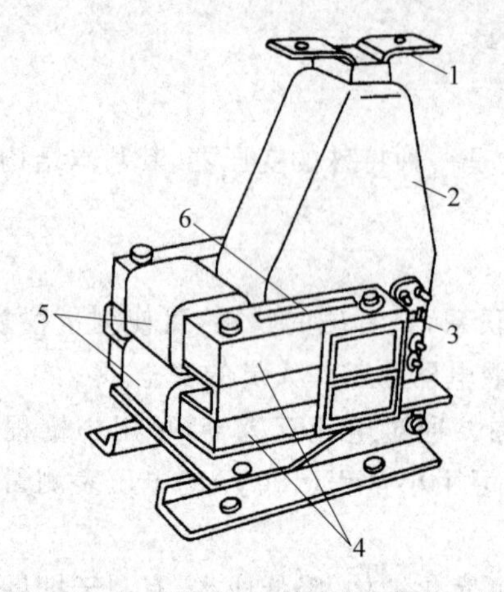

图 2-33 户内高压 LQJ-10 型电流互感器

1——一次接线端子；2——一次绕组(树脂浇注)；3—二次接线端子；4—铁心；5—二次绕组；6—警示牌

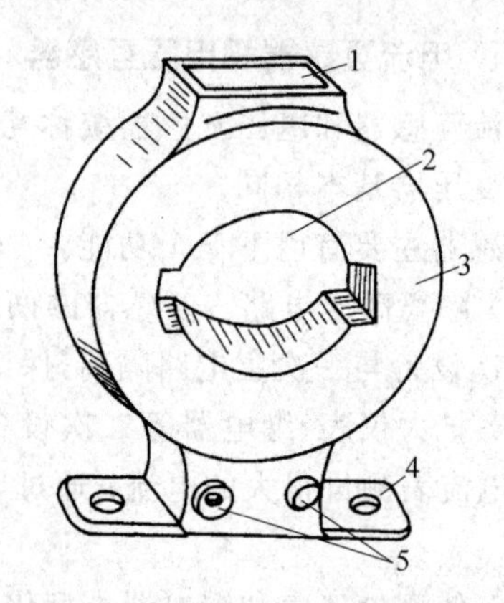

图 2-34 户内低压 LMZJ1-0.5 型电流互感器

1—铭牌；2——一次母线穿孔；3—铁心，外绕二次绕组；4—安装板；5—二次接线端子

电流互感器型号的表示和含义如图 2-35 所示。

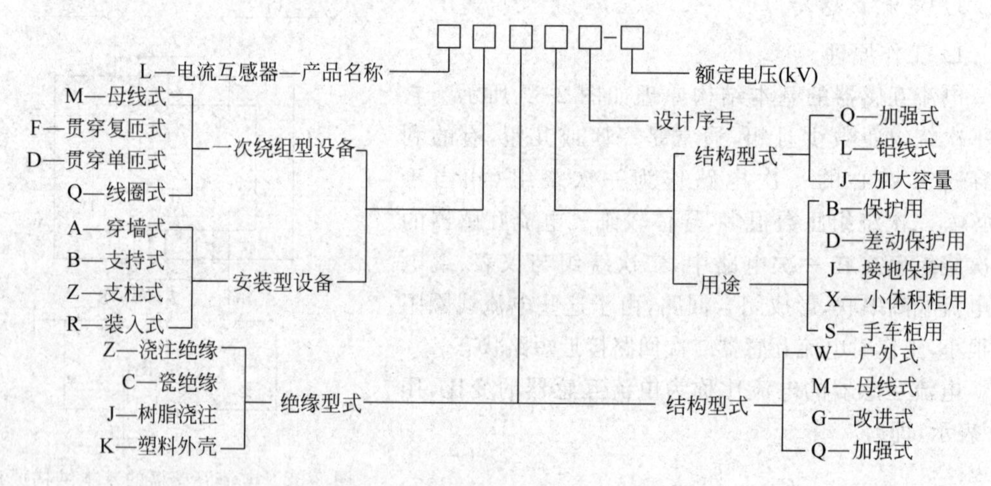

图 2-35 电流互感器型号的表示和含义

3）电流互感器接线方式

电流互感器的接线方式如图 2-36 所示。

(1) 一相式接线。通常在 B 相装一只电流互感器，可以测量一相电流，用于三相负荷平衡系统，供测量电流或过负荷保护用，如图 2-36(a)所示。

(2) 两相式接线，也叫不完全星形接线，如图 2-36(b)所示。它能测量 3 个相电流，公共线上的电流为$\dot{I}_a+\dot{I}_c=-\dot{I}_b$，广泛用于中性点不接地系统，测量三相电流、电能及供过电流保护之用。

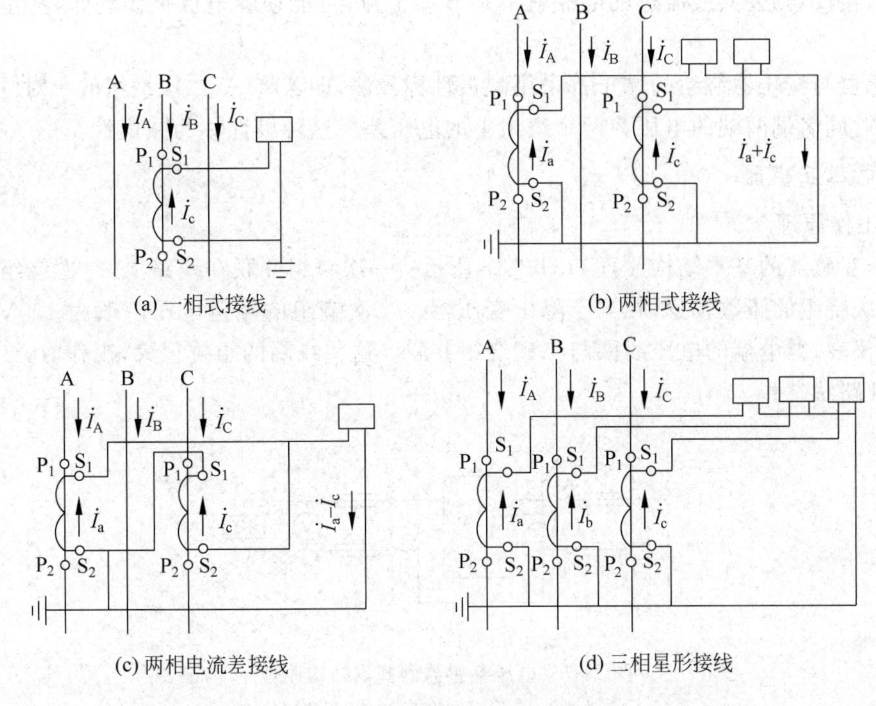

(a) 一相式接线

(b) 两相式接线

(c) 两相电流差接线

(d) 三相星形接线

图 2-36　电流互感器的接线方式

(3) 两相电流差接线，又叫两相一继电器式接线，如图 2-36(c)所示。流过电流继电器线圈的电流为两相电流之差$\dot{I}_a-\dot{I}_c$，其量值是相电流的$\sqrt{3}$倍。这种接线适用于中性点不接地系统，供过电流保护之用。

(4) 三相星形接线，由于每相均装有互感器，故能反映各相电流，广泛用于三相不平衡高压或低压系统中，供三相电流、电能测量及过电流保护之用，如图 2-36(d)所示。

4) 电流互感器使用注意事项

(1) 电流互感器在工作时，二次侧不得开路。由于电流互感器二次阻抗很小，正常工作时，二次侧接近于短路状态。根据磁势平衡方程式$\dot{I}_1N_1-\dot{I}_2N_2=\dot{I}_0N_1$，励磁电流的值很小，即$I_0N_1$很小。当二次侧开路时，$I_2=0$，迫使$I_0=I_1$，使$I_0$突然增大几十倍，将产生以下两种严重后果。

① 互感器铁心由于磁通剧增而产生过热，产生剩磁，降低铁心的准确度。

② 由于互感器二次侧匝数较多，可能感应出较高的电压，危及人身和设备安全。

因此，电流互感器二次侧不允许开路，二次回路接线必须可靠、牢固，不允许在二次回路中接入开关或熔断器。

(2) 电流互感器二次侧有一端必须接地。为防止一、二次绕组间绝缘击穿时，一次侧高压窜入二次侧，危及二次设备和人身安全，通常二次侧有一端必须接地。

(3) 电流互感器在接线时，必须注意其端子的极性。按规定，电流互感器一次绕组的P_1端与二次绕组的S_1端是同名端。在由两个或三个电流互感器组成的接线方案中，如两相“V”形接线，通常使一次电流从P_1端流向P_2端，则二次电流从S_2端流向S_1端，电流互感器的S_2端做公共端连接。如果二次侧的接线没有按接线的要求连接，如将其中一个互感器的二次绕组接反，则公共线流过的电流就不是B相电流，可能使继电保护误动作，甚至使电流表烧坏。

互感器与变压器绕组的端子都采用减极性标号法，即若将一、二次绕组的一对同名端短接，另一对同名端两端的电压为两个绕组上的电压差。这种极性称为减极性。

2. 电压互感器

1）工作原理

电压互感器的基本结构原理如图2-37所示。一次绕组并联在线路上，一次绕组的匝数较多，二次绕组的匝数较少，相当于降压变压器。二次绕组的额定电压一般为100V。二次回路中，仪表、继电器的电压线圈与二次绕组并联。这些线圈的阻抗很大，工作时，二次绕组近似于开路状态。

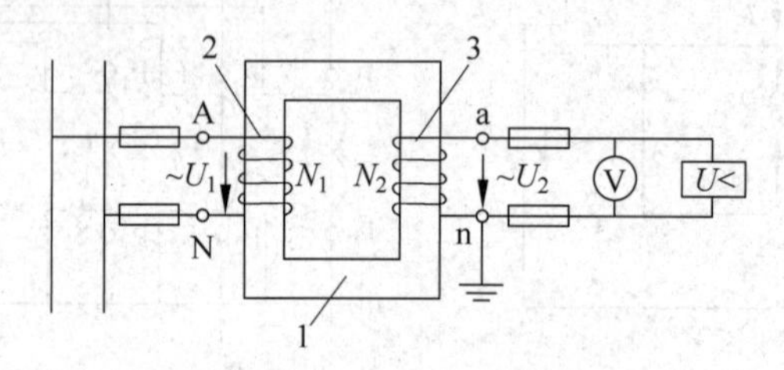

图2-37 电压互感器的基本结构原理

1—铁心；2—一次绕组；3—二次绕组

电压互感器的变比用 K_u 表示为

$$K_u = \frac{U_{1N}}{U_{2N}} \approx \frac{N_1}{N_2} \tag{2-28}$$

式中：U_{1N} 和 U_{2N} 分别为电压互感器一次绕组和二次绕组的额定电压；N_1 和 N_2 为一次绕组和二次绕组的匝数。

2）电压互感器的种类和型号

电压互感器按绝缘介质，分为油浸式和环氧树脂浇注式两大主要类型；按使用场所，分为户内式和户外式；按相数，分为三相和单相两类；按绕组，分为双绕组式和三绕组式。

电压互感器型号的表示和含义如图2-38所示。

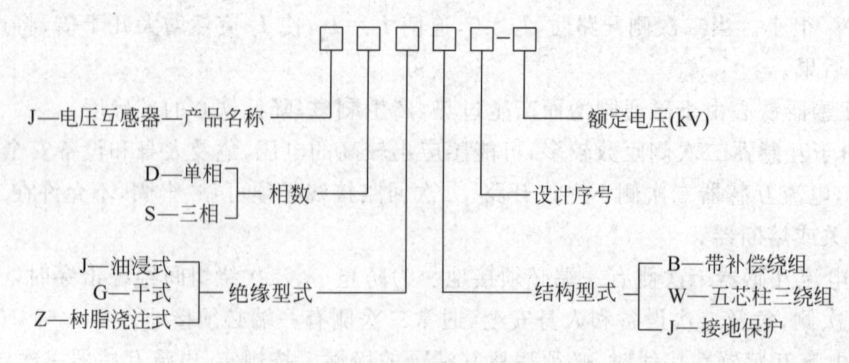

图2-38 电压互感器型号的表示和含义

图2-39所示是应用广泛的单相三绕组、户内JDZJ-10型电压互感器的外形图，若将其接成图2-40(d)所示的$\text{Y}_0/\text{Y}_0/\triangle$接线形式，可供小电流接地系统中作为电压、电能测量及

绝缘监察之用。

3) 电压互感器的接线方式

(1) 一个单相电压互感器的接线如图 2-40(a)所示，供仪表和继电器测量一个线电压。

(2) 两个单相电压互感器接成V/V形，如图 2-40(b)所示，供仪表和继电器测量三个线电压。

(3) 三个单相电压互感器接成Y_0/Y_0形，如图 2-40(c)所示，供仪表和继电器测量三个线电压和相电压。在小电流接地系统中，采用这种接线方式测量相电压的电压表应按线电压选择。

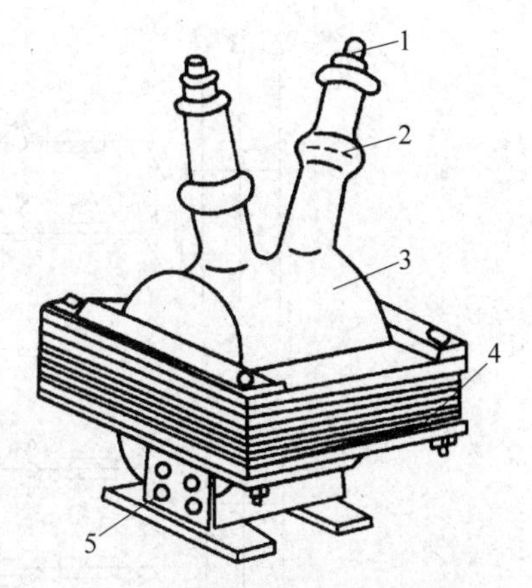

图 2-39　JDZJ-10 型电压互感器

1—一次接线端子；2—高压绝缘套管；3—一、二次绕组，环氧树脂浇注；4—铁心(壳式)；5—二次接线端子

(4) 三个单相三绕组电压互感器或一个三相五芯柱式电压互感器接成$Y_0/Y_0/\triangle$形，如图 2-40(d)所示。其中一组二次绕组接成Y_0，供测量三个线电压和三个相电压；另一组绕组(零序绕组)接成开口三角形，测量零序电压，接电压继电器。当线路正常工作时，开口三角两端的零序电压接近于零；而当线路上发生单相接地故障时，开口三角两端的零序电压接近100V，使电压继电器动作，发出信号。

4) 电压互感器使用注意事项

(1) 电压互感器在工作时，其一、二次侧不得短路。电压互感器一次侧短路时，会造成供电线路短路；二次回路中，由于阻抗较大，近于开路状态，发生短路时，有可能造成电压互感器烧毁。因此，电压互感器一、二次侧都必须装设熔断器用于短路保护。

(2) 电压互感器二次侧有一端必须接地。这是为了防止一、二次绕组的绝缘击穿时，一次侧的高压窜入二次回路，危及设备及人身安全。

(3) 电压互感器在接线时，必须注意其端子的极性。电压互感器一次绕组(三相)两端分别标成 A、B、C、N，对应的二次绕组同名端分别为 a、b、c、n；单相电压互感器只标 A、N 和 a、n。在接线时，若将其中的一相绕组接反，二次回路中的线电压将发生变化，会造成测量误差和保护的动作(或误信号)。

(六) 高压开关柜

高压开关柜是一种高压成套设备，它按一定的线路方案将有关一次设备和二次设备组装在柜内，从而节约空间，方便安装，可靠供电，美化环境。

高压开关柜按结构，分为固定式和移开式(手车式)两大类型。固定式开关柜中，GG-1A 型已基本淘汰，新产品有 KGN、XGN 系列箱型固定式金属封闭开关柜；移开式开关柜主要新产品有 JYN 系列、KYN 系列。移开式开关柜中没有隔离开关，因为断路器在移开后能形成断开点，故不需要隔离开关。

按功能作用划分，主要有馈线柜、电压互感器柜、高压电容器柜(GR-1 型)、电能计量柜(PJ 系列)、高压环网柜(HXGN)等。

高压开关柜型号及含义如表 2-10 所示。

开关柜在结构设计上都具有“五防”措施，即防止误跳、合断路器，防止带负荷拉、合隔离开关，防止带电挂接地线，防止带接地线合隔离开关，防止人员误入带电间隔。

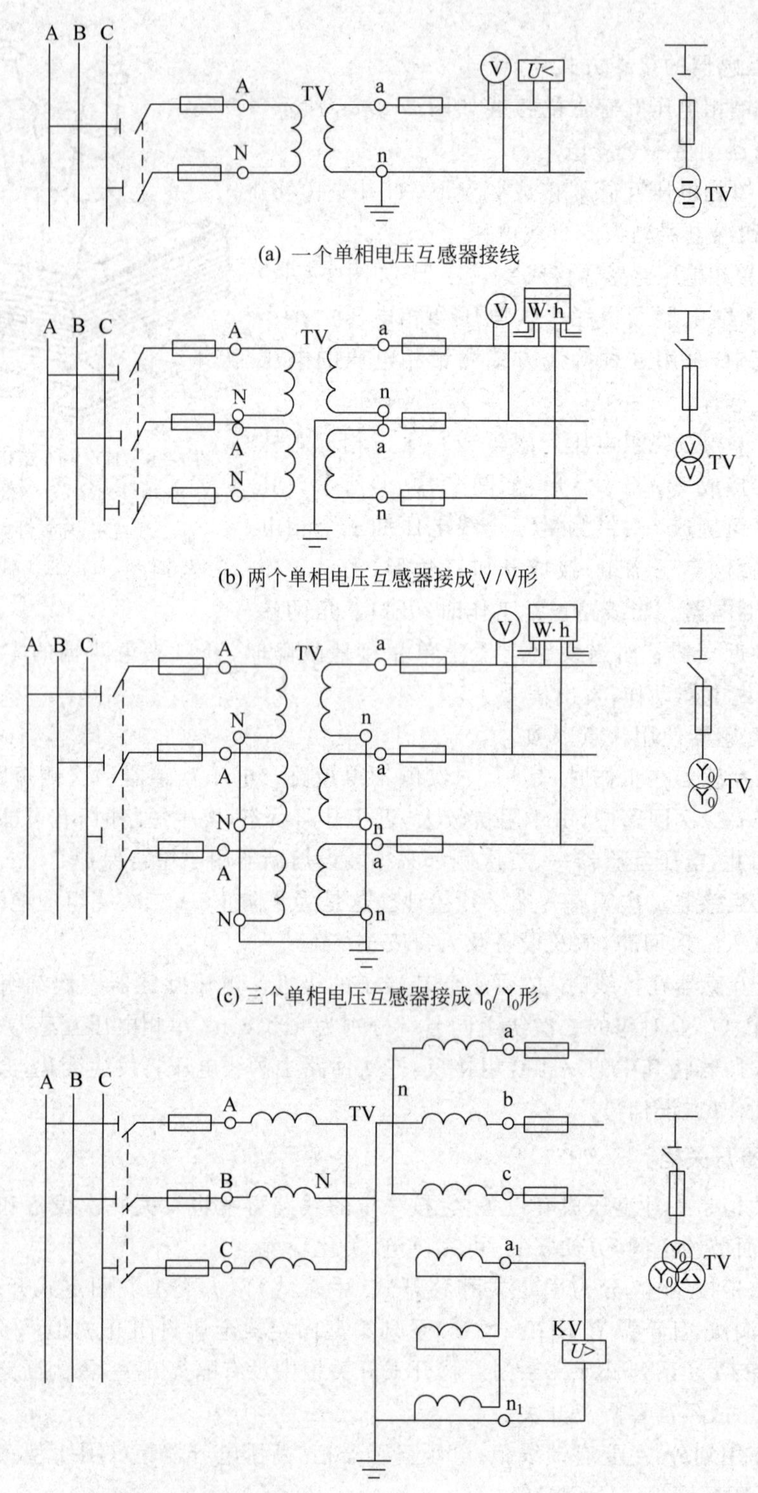

(a) 一个单相电压互感器接线

(b) 两个单相电压互感器接成V/V形

(c) 三个单相电压互感器接成Y_0/Y_0形

(d) 三个单相三绕组电压互感器或一个三相五芯柱式电压互感器接成$Y_0/Y_0/\triangle$形

图 2-40 电压互感器接线方式

表 2-10　主要高压开关柜型号及含义

型　号	含　义
JYN2-10,35	J—"间"隔式金属封闭；Y—"移"开式；N—户"内"；2—设计序号；10,35—额定电压(kV)
GFC-7B(F)	G—"固"定式；F—"封"闭式；C—手"车"式；7B—设计序号；(F)—防误型
KYN□-10,35	K—金属"铠"装；Y—"移"开式；N—户"内"；□—(内填)设计序号(下同)
KGN-10	K—金属"铠"装；G—"固"定式；其他同上
XGN2-10	X—"箱"型开关柜；G—"固"定式
HXGN□-12Z	H—"环"网柜；其他含义同上；12—表示最高工作电压为12kV；Z—带真空负荷开关
GR-1	G—高压"固"定式开关柜；R—电"容"器；1—设计序号
PJ1	PJ—电能计量柜(全国统一设计)；1—(整体式)仪表安装方式

1. KYN 系列高压开关柜

KYN 系列金属铠装移开式开关柜是消化吸收国内外先进技术，根据国内特点自行设计研制的新一代开关设备。KYN-10 型开关柜由前柜、后柜、继电仪表室、泄压装置四部分组成。这四部分均为独立组装后栓接而成。开关柜被分隔成手车室、母线室、电缆式和继电仪表室。

因为有"五防"联锁，只有当断路器处分闸位置时，手车才能抽出或插入。手车在工作位置时，一次、二次回路都接通；手车在试验位置时，一次回路断开，二次回路仍接通；手车在断开位置时，一次、二次回路都断开。断路器与接地开关有机械联锁，只有断路器处在跳闸位置时，手车抽出，接地开关才能合闸。当接地开关在合闸位置时，手车只能推到试验位置，有效防止带接地线合闸。当设备损坏或检修时，可以随时拉出手车，再推入同类型备用手车，即恢复供电，因此具有检修方便、安全、供电可靠性高等优点。

2. XGN2-10 型开关柜

XGN2-10 型箱型固定式金属封闭开关柜是一种新型产品，它采用 ZN28A-10 系列真空断路器，也可以采用少油断路器，并采用 GN30-10 型旋转式隔离开关，技术性能高，设计新颖。柜内仪表室、母线室、断路器室、电缆室分隔封闭，使其结构更加合理、安全，可靠性高，运行操作及检修维护方便。在柜与柜之间加装了母线隔离套管，避免了"一柜故障，波及邻柜"。

二、高压一次设备的选择

高压一次设备的选择，与低压一次设备一样，必须满足在正常条件下和短路故障条件下工作的要求；同时，设备应工作安全、可靠，运行、维护方便，投资经济、合理。

高压一次设备的选择校验项目和条件如表 2-11 所示。

表 2-11　高压一次设备的选择校验项目和条件

电气设备名称	电压/kV	电流/A	断流能力/kA	短路电流校验	
				动稳定度	热稳定度
熔断器	√	√	√	—	—
高压隔离开关	√	√	—	√	√
高压负荷开关	√	√	√	√	√
高压断路器	√	√	√	√	√

续表

电气设备名称	电压/kV	电流/A	断流能力/kA	短路电流校验	
				动稳定度	热稳定度
电流互感器	√	√	—	√	√
电压互感器	√	—	—	—	—

注：表中"√"表示必须校验，"—"表示不需要校验。

（一）高压开关设备的选择

高压开关设备主要指高压断路器、高压隔离开关和高压负荷开关。高压电气设备的选择和校验项目如表 2-11 所示。下面主要介绍高压断路器的选择、检验，其余高压开关设备的选择和校验可参照高压断路器的方法。

【例 2-3】 试选择某 10kV 高压配电所进线侧的高压户内少油断路器的型号规格。已知配电室 10kV 母线短路时的 $I_k^{(3)}=3$kA，线路的计算电流为 320A，继电保护动作时间为 1s，断路器断路时间为 0.1s。

解：根据我国生产的高压户内少油断路器型式，初步选用 SN10-10 型，再根据计算电流，试选 SN10-10I 型断路器进行校验，如表 2-12 所示。

表 2-12 例 2-3 所述高压断路器的选择校验表

序号	安装地点的电气条件		SN10-10 Ⅰ/630-300 型断路器		
	项 目	数 据	项 目	数 据	结论
1	U_N	10kV	$U_{N\cdot QF}$	10kV	合格
2	I_{30}	320A	$I_{N\cdot QF}$	630A	合格
3	$I_k^{(3)}$	3kA	I_{oc}	16kA	合格
4	$i_{sh}^{(3)}$	$2.55\times3=7.65$(kA)	i_{max}	40kA	合格
5	$I_\infty^{(3)2}t_{ima}$	$3^2\times(1+0.1)=9.9$	I_t^2t	$16^2\times4=1024$	合格

由表 2-12 可以看出，校验项目全部合格，因此选择 SN10-10 Ⅰ/630-300 型断路器是正确的。

（二）电流互感器选择与校验

1. 电流互感器型号的选择

根据安装地点和工作要求选择电流互感器的型号。

2. 电流互感器额定电压的选择

电流互感器额定电压应不低于装设点线路的额定电压。

3. 电流互感器变比的选择

电流互感器一次侧额定电流有 20、30、40、50、75、100、150、200、300、400、600、800、1000、1200、1500、2000(A)等多种规格，二次侧额定电流均为 5A。一般情况下，计量用的电流互感器变比应使其一次额定电流 I_{1N}不小于线路中的计算电流 I_{30}。保护用的电流互感器为保证其准确度要求，可以将变比选得大一些。

4. 电流互感器准确度的选择及校验

为了保证准确度误差不超过规定值，互感器二次侧负荷 S_2 应不大于二次侧额定负荷 S_{2N}，所选准确度才能得到保证。准确度校验公式为

$$S_2 \leqslant S_{2N} \tag{2-29}$$

二次回路的负荷 S_2 取决于二次回路的阻抗 Z_2 的值，即

$$S_2 = I_{2N}^2 \mid Z_2 \mid \approx I_{2N}^2 (\sum \mid Z_i \mid + R_{WL} + R_{XC})$$

或

$$S_2 \approx \sum S_i + I_{2N}^2 (R_{WL} + R_{XC}) \tag{2-30}$$

式中：S_i 和 Z_i 为二次回路中的仪表、继电器线圈的额定负荷（V·A）和阻抗（Ω）；R_{XC}为二次回路中所有接头、触点的接触电阻，一般取 0.1Ω；R_{WL}为二次回路导线电阻，计算公式为

$$R_{WL} = \frac{l}{\gamma A} \tag{2-31}$$

式中：γ 为导线的导电率，铜线 $\gamma=53\text{m}/(\Omega\cdot\text{mm}^2)$，铝线 $\gamma=32\text{m}/(\Omega\cdot\text{mm}^2)$；$A$ 为导线截面积（mm^2）；l 为导线的计算长度（m）。设电流互感器到仪表的单向长度为 l_1，则

$$l = \begin{cases} l_1 & \text{星形接线} \\ \sqrt{3} l_1 & \text{两相V形接线} \\ 2l_1 & \text{一相式接线} \end{cases} \tag{2-32}$$

如果电流互感器不满足准确度要求，应改选较大变流比或较大二次容量的互感器，也可加大二次接线的截面。按规定，电流互感器二次接线一般采用电压不低于 500V、截面不小于 2.5mm^2 的铜芯绝缘线。

5. 电流互感器的动稳定和热稳定校验

关于电流互感器短路稳定度的校验，有的新产品，如 LZZB6-10 型等直接给出了动稳定电流峰值和 1s 热稳定电流有效值，因此动稳定度前面式（1-86）校验，其热稳定度可按前面式（1-83）校验，但电流互感器的大多数产品给出动稳定倍数和热稳定倍数。

动稳定校验条件为

$$K_{es} \times \sqrt{2} I_{1N} \geqslant i_{sh}^{(3)} \tag{2-33}$$

热稳定校验条件为

$$(K_t I_{1N})^2 t \geqslant I_{\infty}^{(3)2} t_{ima} \tag{2-34}$$

有关电流互感器的参数，可查阅附表 12 或其他产品手册。

【例 2-4】 按例 2-3 中的电气条件，选择柜内电流互感器。已知电流互感器采用两相V形接线，如图 2-41 所示。其中，0.5 级二次绕组用于测量，接有三相有功电度表和三相无功电度表各一只，每一个电流线圈消耗功率 0.5V·A，电流表一只，消耗功率 2V·A。电流互感器二次回路采用 BV-500-1×2.5mm² 的铜芯塑料线，互感器距仪表的单向长度为 1m，$t_K=1.2\text{s}$。

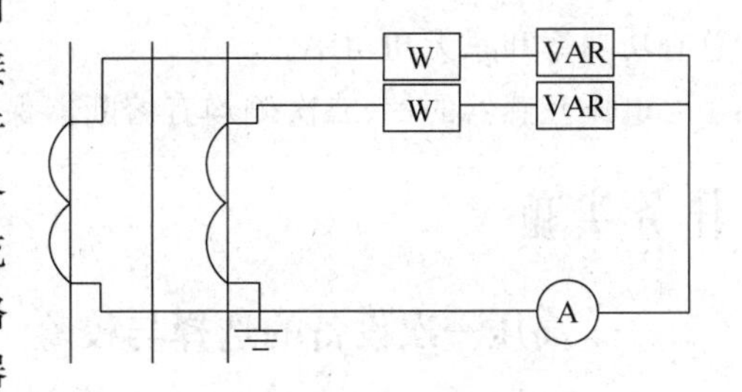

图 2-41　电流互感器和测量仪器的接线图

解：根据变压器二次侧额定电压 10kV，额定电流 320A，查附表 12，选变比为 400/5A 的 LQJ-10 型电流互感器，$K_{es}=160$，$K_t=75$，$t=1s$，0.5 级二次绕组的 $S_{2N}=10V\cdot A$。

（1）准确度校验

$$S_2\approx \sum S_i+I_{2N}^2(R_{WL}+R_{XC})$$
$$=(0.5+0.5+1)+5^2\times[\sqrt{3}\times 1/(53\times 2.5)+0.1]$$
$$=2+2.83=4.83(V\cdot A)<10V\cdot A$$

满足准确度要求。

（2）动稳定校验

$$K_{es}\times\sqrt{2}I_{1N}=\sqrt{2}\times 160\times 140=90.5(kA)>i_{sh}^{(3)}=7.65kA$$

满足动稳定要求。

（3）热稳定校验

$$K_tI_{1N}=75\times 0.4=30(kA)\geqslant I_{\infty}^{(3)}\sqrt{\frac{t_{ima}}{t}}$$
$$=3\times\sqrt{1.2}=3.285(kA)$$

满足热稳定要求。

所以，选择 LQJ-10 400/5A 型电流互感器满足要求。

（三）电压互感器选择

电压互感器的二次绕组的准确级规定为 0.1、0.2、0.5、1、3 五个级别，保护用的电压互感器规定为 3P 级和 6P 级，用于小电流接地系统电压互感器（如三相五芯柱式）的零序绕组准确级规定为 6P 级。

电压互感器的选择原则如下所述。

（1）按装设点环境及工作要求选择电压互感器型号。

（2）电压互感器的额定电压应不低于装设点线路额定电压。

（3）按测量仪表对电压互感器准确度要求选择并校验准确度。

为了保证准确度的误差在规定的范围内，二次侧负荷 S_2 应不大于电压互感器二次侧额定容量 S_{2N}，即

$$S_2\leqslant S_{2N} \tag{2-35}$$

$$S_2=\sqrt{\left(\sum P_u\right)^2+\left(\sum Q_u\right)^2} \tag{2-36}$$

式中：$\sum P_u=\sum(S_u\cos\varphi_u)$，$\sum Q_u=\sum(S_u\sin\varphi_u)$ 分别为仪表、继电器电压线圈消耗的总有功功率和总无功功率。

电压互感器的一、二次侧均有熔断器保护，所以不需要校验短路动稳定度和热稳定度。

任务实施

一、高压一次设备的选择与校验

10kV 侧一次设备的选择校验结果如表 2-13 所示。表中所选设备均满足要求。

表 2-13　10kV 侧一次设备的选择校验

<table>
<tr><th colspan="2">选择校验项目</th><th>电压</th><th>电流</th><th>断流能力</th><th>动稳定度</th><th>热稳定度</th><th>其他</th></tr>
<tr><td rowspan="2">装置地点条件</td><td>参数</td><td>U_N</td><td>I_{30}</td><td>$I_k^{(3)}$</td><td>$I_{sh}^{(3)}$</td><td>$I_\infty^{(3)2}t_{ima}$</td><td></td></tr>
<tr><td>数据</td><td>10kV</td><td>57.7A</td><td>1.96kA</td><td>5.0kA</td><td>$1.96^2\times1.9=7.3$</td><td></td></tr>
<tr><td rowspan="10">一次设备型号规格</td><td>额定参数</td><td>U_N</td><td>I_N</td><td>I_{oc}</td><td>i_{max}</td><td>I_t^2t</td><td></td></tr>
<tr><td>高压少油断路器 SN-10 Ⅰ/630</td><td>10kV</td><td>630A</td><td>16kA</td><td>40kA</td><td>$16^2\times2=512$</td><td></td></tr>
<tr><td>高压隔离开关 GN_8^6-10/200</td><td>10kV</td><td>200A</td><td>—</td><td>25.5kA</td><td>$10^2\times5=500$</td><td></td></tr>
<tr><td>高压熔断器 RN2-10</td><td>10kV</td><td>0.5A</td><td>50kA</td><td>—</td><td>—</td><td></td></tr>
<tr><td>电压互感器 JDJ-10</td><td>10/0.1kV</td><td>—</td><td>—</td><td>—</td><td>—</td><td></td></tr>
<tr><td>电压互感器 JDZJ-10</td><td>$\frac{10}{\sqrt{3}}\Big/\frac{0.1}{\sqrt{3}}\Big/\frac{0.1}{3}$kV</td><td>—</td><td>—</td><td>—</td><td>—</td><td></td></tr>
<tr><td>电流互感器 LQJ-10</td><td>10kV</td><td>100/5A</td><td>—</td><td>$225\times\sqrt{2}\times0.1=31.8$(kA)</td><td>$(90\times0.1)^2\times1=81$</td><td>二次负荷 0.6Ω</td></tr>
<tr><td>避雷器 FS4-10</td><td>10kV</td><td>—</td><td>—</td><td>—</td><td>—</td><td></td></tr>
<tr><td>户外式高压隔离开关 GW4-15G/200</td><td>15kV</td><td>200A</td><td>—</td><td></td><td></td><td></td></tr>
</table>

二、隔离开关、负荷开关及高压熔断器安装注意事项

隔离开关、负荷开关及高压熔断器的结构比较简单，安装作业比较方便，在安装调试时应注意以下几个问题。

(1) 组装隔离开关时，应注意隔离开关相间距离的误差，110kV 及以下不应大于 10mm；110kV 以上不应大于 20mm。相间连杆应在同一水平线上。

(2) 隔离开关合闸时，触刀合足；分闸时，触头断开的净距或角度要足够，其数值不应小于表 2-14 所列要求。

表 2-14　各种隔离开关断开的角度与净距要求

型　　号	拉开角度/(°)	拉开距离/mm
GW1-6	35	＞150
GW1-0/400～600	35	＞180
GN1-6～10	75	100
GN2-10/2000	37	1584±4
GN2-35/400	46	370
GN2-10～10T	65	160

(3) 隔离开关三相触头与固定触头合闸的同期性调整相差值为 10～35kV 时，不应大于 5mm；为 60～110kV 时，不应大于 10mm；为 220～330kV 时，不应大于 20mm。

(4) 隔离开关触刀两边弹簧的压力调整合适，接触紧密，接触情况用 0.05mm×10mm 的塞尺检查。对于线接触，应塞不进去；对于面接触，其塞入深度的标准：①在接触表面宽度为 50mm 及以下时，不应超过 4mm；②接触表面宽度为 60mm 及以上时，不应超过 6mm。

(5) 安装拉杆式手动操动机构时，不要忽视手柄的最终位置，特别是在合闸时，机构手柄应处于正确的操作位置上。

(6) 拉杆与带电部分的距离应符合规范要求。拉杆的内径与操动机构轴的直径间的间隙不应大于 1mm，以防由于松动而影响操作，连接部分的销子不应松动。

(7) 对于水平分、合闸式的隔离开关(如 GW4-110G)，特别要注意连接导线不应对开关拉力过大，以免破坏可挠连接处的接触面，或使开关转动不灵活。

(8) 具有引弧触头的隔离开关由分到合时，在主触头接触前，引弧触头应先接触；从合到分时，触头的断开顺序应相反。

(9) 隔离开关和负荷开关操动机构的调整，应无卡阻、无冲击等异常情况。限位装置到达规定的分、合闸极限位置时，应可靠地切除电源或气源。

(10) 跌开式熔断器熔管的有机绝缘物应无变形、无裂纹；熔管轴线与铅垂线的夹角应为 15°～30°；跌开时，不应碰及其他物体而损坏熔管，掉管无卡涩。

(11) 跌开式熔断器相间距离：6～10kV，室外 700mm；6～10kV，室内 600mm；35kV，室内、室外都不得小于 1000mm。对地距离：室外以 4500mm 为宜；室内以 3000mm 为宜，但不应过低。

三、断路器安装注意事项

(一) 断路器装卸与运输问题

(1) 多油断路器出厂时一般都不注绝缘油，因其拉杆较长，为防止拉杆受振变形，运输时要求断路器不能处于分闸位置，而应处于合闸状态。

(2) 少油断路器的灭弧室均带油运输，这是为了确保灭弧室绝缘部件不致受潮。因此，要求装卸、运输过程中注意防止渗漏现象发生。

(3) 断路器在装卸运输过程中，不得倒置、碰撞、剧烈振动，包装箱上的标志符号要求有上部位置、防潮、防雨、防振、起吊位置、质量等。

(二) 断路器运抵现场时的检查

断路器零部件数量多，且受碰撞而剧烈振动后，易损的瓷件较多，因此忌漏气、漏油的要求比较严格。为了及时发现出厂质量及装卸运输过程中发生的问题，以利于设备安装，设备运抵现场后，不要忽视及时检查的工作，具体要求参见各制造厂的有关规定。这里就一般情况简述如下。

(1) 断路器的所有部件、备件及专用工具应齐全、无锈蚀、无机械损伤，瓷、铁件应粘合牢固；绝缘零部件应不受潮、不变形、无裂纹、无剥落。

(2) 充油运输的部件不应渗油，油箱焊缝不应渗油，油漆完整；充有气体的部件，其气体压力值应符合制造厂产品技术规定。

(3) 支柱瓷套外观不应有裂纹、损伤。包装无残损，出厂证件及技术资料齐全。有疑问时，应进一步通过探伤试验查明。

（三）断路器现场保管禁忌

断路器运抵现场后至开始安装，其间有一段不太短的时间，少则几个月，多则几年，因此科学保管极为重要。

(1) 户外型断路器可存放在料棚内，但须上苫下垫，下垫高度为300～500mm。其余类型者，应存放于平整、通风、干燥、防尘、无腐蚀性物质和飞扬性物质的库房中。环境湿度不大于80%。

(2) 断路器在存放时不应倒置，开箱保管时不得重叠放置。尤其是瓷件、胶木件，应稳妥安置，以防损坏。

(3) 空气断路器的灭弧室、储气筒等应密封良好，导气管、绝缘拉杆应在室内保管，不得变形。

(4) 少油断路器的灭弧室内应充满合格的绝缘油；多油断路器在存放时应处于合闸位置；提升装置的钢丝绳等应有防锈措施。

(5) 充有六氟化硫等气体的灭弧室和罐体及其绝缘支柱，应定期检查其预充压力值，并做好记录，有异常时，应及时采取措施。

(6) 严禁抛掷溜放六氟化硫气瓶，应将其存放在防晒、防潮和通风良好的场所；不得靠近热源和油污，也不得与其他气瓶混放。

(7) 对于真空断路器，开箱后不要忽视按制造厂要求定期检查灭弧室的真空度。

(8) 所有金属零件表面及导电接触面，均应涂防锈油脂，并用清洁的油纸包好。

(9) 多油断路器内部需要干燥时，应使其处于合闸状态，并将拉杆的防松螺帽拧紧，以防拉杆变形脱落。另外，从安全角度考虑，干燥时，最高温度不应超过85℃；任何情况下，绝缘层不得发生局部过热现象。

（四）六氟化硫断路器安装注意事项

(1) 六氟化硫断路器的安装应在无风沙、无雨雪的天气下进行。灭弧室检查、组装应在空气相对湿度小于80%的条件下进行，以防潮气、尘埃的不良影响。

(2) 六氟化硫断路器组装禁忌包括以下四个方面。

① 严格按制造厂的部件编号和顺序组装，不可混装；支架与基础的垫片不宜超过三片，总厚度不应大于10mm，片间必须焊牢。

② 同相各支柱瓷套的法兰面应在同一水平面上，各支柱中心线间距离的误差不应大于5mm，相间中心距离的误差不应大于5mm。

③ 密封槽面清洁，无伤痕，已用过的密封垫(圈)不得再使用；涂密封脂时，不得使其流入密封垫(圈)内侧而与六氟化硫气体接触。

④ 接线端子镀银部分不得锉磨；载流部分可挠连接不得有折损、表面凹陷及锈蚀。

（五）断路器调整时分、合闸禁忌

断路器安装完毕，分、合闸调试时，应先以手动缓慢、平稳地进行慢分、慢合操作，检查其动作是否正常，安装是否正确，没有问题后再进行电动快速分、合闸。若一开始就快速分、合闸，则不易检查、发现和处理问题，更可能发生意外而损伤设备。

四、互感器安装的检查与要求

互感器安装时，按标准要求进行检查，主要是为了判定互感器的基本技术质量状况，确定可否安装。检查的主要要求如下所述。

(1) 应有铭牌和合格证件；外观完整，附件齐全；无锈蚀，无机械损伤；互感器的变比分接头的位置和极性都应符合规定。

(2) 二次接线板应完整，引线端子连接不松脱，绝缘良好，标志清晰。

(3) 油位指示器、瓷套法兰连接处、放油阀均应无渗漏现象，油位正常；隔膜式储油柜的隔膜和金属膨胀器应完整无损，顶盖螺栓不松动。

(4) 互感器安装时，不要忽视安装面的水平。互感器的型号、样式、规格较多，布置方式也不相同，因此，对安装水平误差无法做出具体规定，使得人们往往忽视这个问题。实际上，对于油浸式互感器，如安装面不水平，就不能正确观察油位，而且影响美观。

自我检测

2-3-1　高压隔离开关有哪些功能？它为何能隔离电源，保证安全检修？为什么不能带负荷操作？

2-3-2　高压负荷开关有哪些功能？在什么情况下可自动跳闸？在采用负荷开关的高压电路中，采取什么措施来做短路保护？

2-3-3　高压断路器有哪些功能？按灭弧介质，分为哪几种形式？各有何特点？

2-3-4　试画出高压断路器、高压隔离开关、高压负荷开关的图形和文字符号。

2-3-5　互感器的作用是什么？使用时有哪些注意事项？

2-3-6　电流互感器和电压互感器的接线方案有哪几种？分别适用于什么场合？

2-3-7　试查阅相关资料或上网查询，了解国内外开关设备的发展情况。

任务四　电力线路的选择与敷设

任务情境

在某机械厂 10/0.4kV 降压变电所的电气设计中，假设当地室外环境温度 33℃，土壤温度 25℃，变电所至 1 号车间距离约 100m，10kV 侧计算电流为 57.7A，380V 侧总计算电流为 1656A，1 号厂房(铸造车间)进线电流为 201A。前面完成了变压器、低压一次设备、高压一次设备等的选择，现在将要进行电力线路的选择及敷设。

任务分析

要完成电力线路的选择及敷设，需要从以下几个方面来考虑。

✧ 了解电力线路的基本概念。

✧ 掌握电力线路的选择依据和方法。

✧ 掌握电力线路的敷设。

知识准备

工厂电力线路及其接线方式

一、工厂电力线路概述

（一）电力线路的任务和类别

电力线路是电力系统的重要组成部分，担负着输送和分配电能的重要任务。

电力线路按电压高低，分为高压线路，即1kV以上线路，以及低压线路，即1kV及以下线路；也有的分为低压（1kV及以下）、中压（1kV以上～35kV）、高压（35kV以上～220kV）、超高压（220kV及以上）等线路，但电压划分不十分统一和明确。

电力线路按结构，分为架空线路、电缆线路和车间（室内）线路。

（二）高压线路的接线方式

1. 单电源供电方式

单电源供电有放射式和树干式两种。这两种接线方式各有优、缺点，对比情况如表2-15所示。

表2-15　放射式接线和树干式接线对比

项　目	放射式接线	树干式接线
接线图	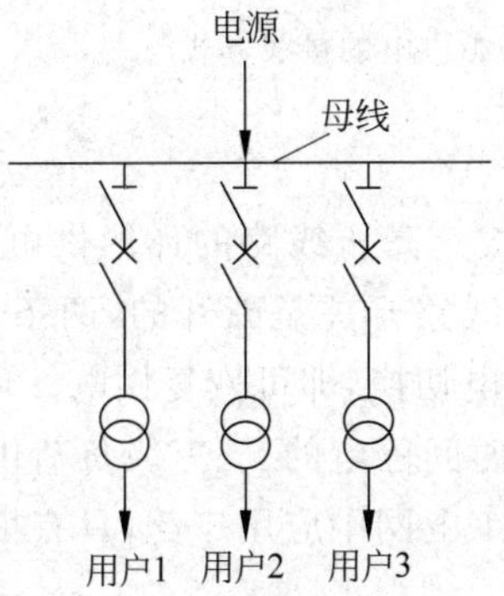 电源 母线 用户1　用户2　用户3	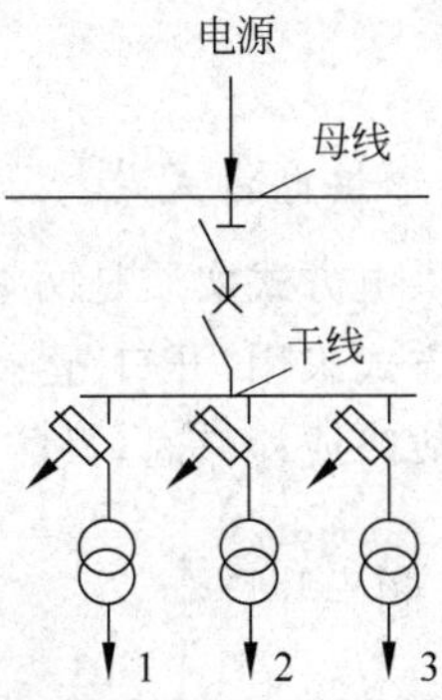 电源 母线 干线 1　2　3
特点	每个用户由独立线路供电	多个用户由一条干线供电
优点	可靠性高，线路故障时只影响一个用户；操作、控制灵活	高压开关设备少，耗用导线也较少，投资省；易于适应发展，增加用户时，不必另增线路
缺点	高压开关设备多，耗用导线也较多，投资大；不适应发展，增加用户时，需增加较多线路和设备	可靠性低，干线故障时，全部用户停电；操作、控制不够灵活
适用范围	离供电点较近的大容量用户；供电可靠性要求高的重要用户	离供电点较远的小容量用户；不太重要的用户
提高可靠性措施	改为双放射式接线，每个用户由两条独立线路供电；或增设公共备用干线	改为双树干式接线，重要用户由两路干线供电；或改为环形供电

2. 双电源供电方式

双电源供电方式有双放射式、双树干式和公共备用干线式等。这种接线方式是对单电源供电方式的补充。

(1) 双放射式：一个用户由两条线路供电，如图 2-42(a)所示。当一条线路故障或失电时，由另一条线路保持供电，多用于容量大的重要负荷。

(2) 双树干式：一个用户由两条不同电源的树干式线路供电，如图 2-42 (b)所示。其供电可靠性高于单电源供电的树干式，投资低于双电源供电的放射式，多用于容量不太大、离供电点较远的重要负荷。

(3) 公共备用干线式：各用户由单放射式线路供电，同时从公共备用干线上取得备用电源，如图 2-42(c)所示。在这种方式下，每个用户都是双电源，又能节约投资和有色金属，可用于容量不太大的多个重要负荷。

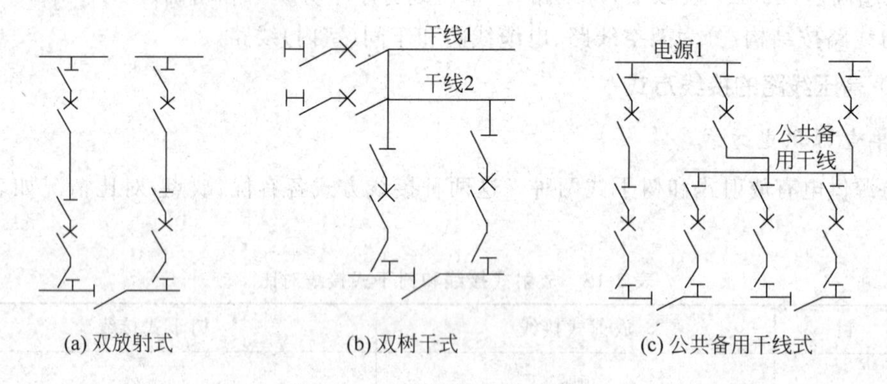

图 2-42 双电源供电的接线方式

3. 环形供电方式

环形供电方式实质是两端供电的树干式。高压线路的环形供电如图 2-43 所示。多数环形供电方式采用“开口”运行方式，即环形线路开关是断开的，两条干线分开运行，当任何一段线路故障或检修时，只需经短时间的停电切换，即可恢复供电。环形供电线路适用于允许短时间停电的二、三级负荷供电。环网供电技术在各城市电网中应用广泛，具有很好的经济效益和技术指标。

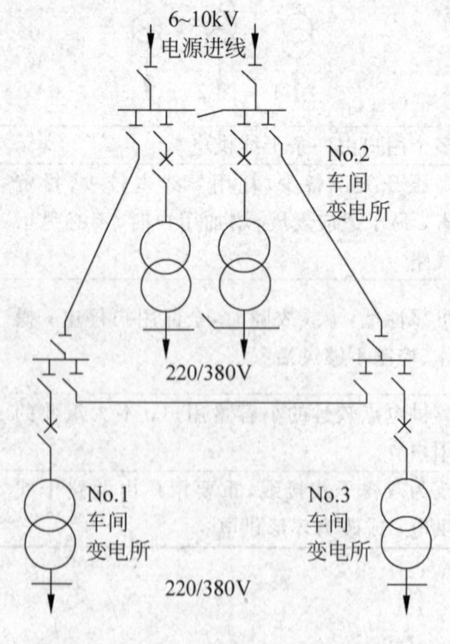

图 2-43 双电源的环形供电方式

总的来说，工厂高压线路的接线应力求简单、可靠。运行经验证明，供电线路如果接线复杂，层次过多，因误操作和设备故障而产生的事故随之增多，处理事故和恢复供电的操作也比较麻烦，从而延长了停电时间。同时，由于环节较多，继电保护装置相应复杂，动作时限相应延长，对供电系统的继电保护十分不利。

此外，高压配电线路应尽可能深入负荷中心，以减少电能损耗和有色金属的消耗量；同时，尽量采用架空线路，以节约投资。

(三) 低压线路的接线方式

工厂低压线路也有放射式、树干式和环形等几种基本接线方式。

1. 放射式

图 2-44 所示为低压放射式接线。它的特点是：发生故障时互不影响，供电可靠性较高，但在一般情况下，其有色金属消耗较多，采用开关设备也较多，且系统灵活性较差。这种线路多用于供电可靠性要求较高的车间，特别适用于对大型设备供电。

2. 树干式

图 2-45 所示为低压树干式接线。树干式接线的特点正好与放射式相反，其系统灵活性好，采用开关设备少，有色金属消耗也少；但干线发生故障时，影响范围大，所以供电可靠性较低。低压树干式接线在工厂的机械加工车间、机修车间和工具车间中应用相当普遍，因为它比较适用于供电容量小，且分布较均匀的用电设备组，如机床、小型加热炉等，如图 2-45(a)所示。

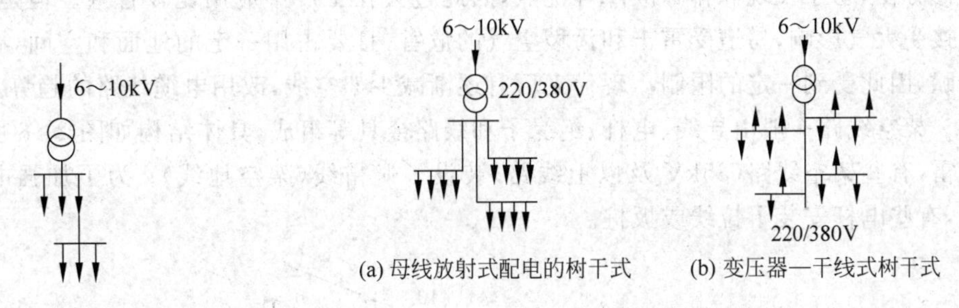

图 2-44　低压放射式接线图　　图 2-45　低压树干式接线

图 2-45(b)所示为变压器—干线式。这种接线省去了整套低压配电装置，使变电所结构简化，投资降低。

图 2-46 所示为一种变形的树干式接线，即链式接线。其特点与树干式接线相同，适用于用电设备距供电点较远而彼此相距很近，容量很小的次要用电设备。但链式相连的用电设备，一般不宜超过 5 台，总容量不超过 10kW。

3. 环形供电

图 2-47 所示为一台变压器供电的低压环形接线。一个工厂内所有车间变电所的低压侧，可以通过低压联络线互相接成环形。

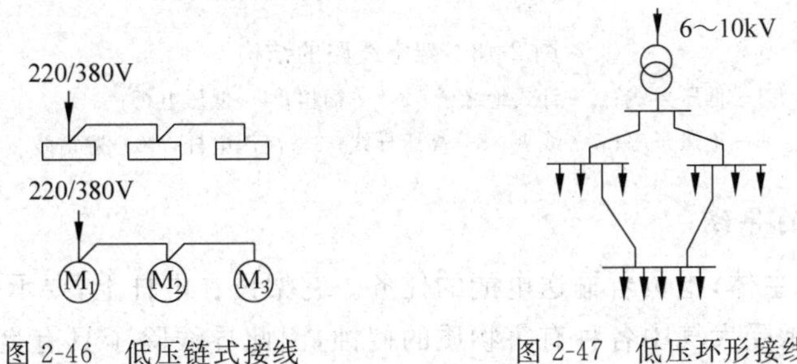

图 2-46　低压链式接线　　图 2-47　低压环形接线

环形接线供电可靠性高，任一段线路发生故障或检修时，都不至于造成供电中断，或者只是暂时中断供电，只要完成切换电源的操作，就能恢复供电。环形供电可使电能损耗和电压损耗减少，既能节约电能，又容易保证电压质量；但其保护装置及其整体配合相当复杂，如配合不当，易发生误动作，扩大故障范围。实际上，低压环形接线通常采取“开口”运行方式。

在工厂的低压配电系统中，往往是几种接线方式有机组合，依具体情况而定。不过在正常环境的车间或建筑内，当大部分用电设备容量不大且无特殊要求时，宜采用树干式配电，这主要是因为树干式配电较放射式配电经济，且有成熟的运行经验。实践证明，低压树干式配电在正常情况下能够满足生产要求。

二、工厂电力线路的结构

（一）架空线路的结构

架空线路是利用电杆架空敷设裸导线的户外线路。其特点是投资少，易于架设，维护和检修方便，易于发现和排除故障等优点，因此过去在工厂中应用比较普遍。但是，架空线路直接受大气影响，易遭受雷击和污秽空气的危害，且要占用一定的地面和空间，有碍交通和观瞻，因此受到一定的限制。现代工厂有逐渐减少架空线，改用电缆线路的趋势。

架空线路一般由导线、电杆、绝缘子和线路金具等组成，具体结构如图 2-48 所示。为了防雷，有些架空线路(35kV 及以上线路)装设了避雷线(架空地线)；为了加强电杆的稳固性，有些电杆安装了拉线或扳桩。

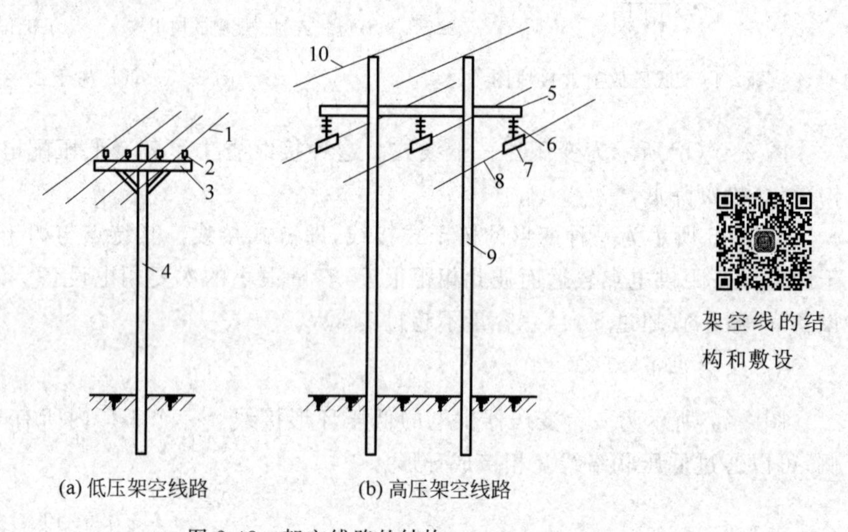

(a) 低压架空线路　　(b) 高压架空线路

图 2-48　架空线路的结构

1—低压导线；2—针式绝缘子；3、5—横担；4—低压电杆；
6—绝缘子串；7—线夹；8—高压导线；9—高压电杆；10—避雷线

1. 架空线路的导线

导线是线路的主体，担负着输送电能的任务。它架设在电杆上，要承受自身重量和各种外力的作用，且要承受大气中各种有害物质的侵蚀，因此导线除了具有良好的导电性，还要具有一定的机械强度和耐腐蚀性，尽可能质轻而价廉。

架空导线一般采用裸导线。截面 $10mm^2$ 以上的导线都是多股绞合的，称为绞线。工厂里最常用的是 LJ 型铝绞线。在机械强度要求较高的和 35kV 及以上的架空线路上，多采用

LGJ 型钢芯铝绞线，其断面如图 2-49 所示。其中的钢芯主要承受机械载荷，外围铝线部分用于载流。其型号中的截面积只表示铝线部分的截面，例如 LGJ-120 中的“120”表示铝线部分截面积为 $120mm^2$。

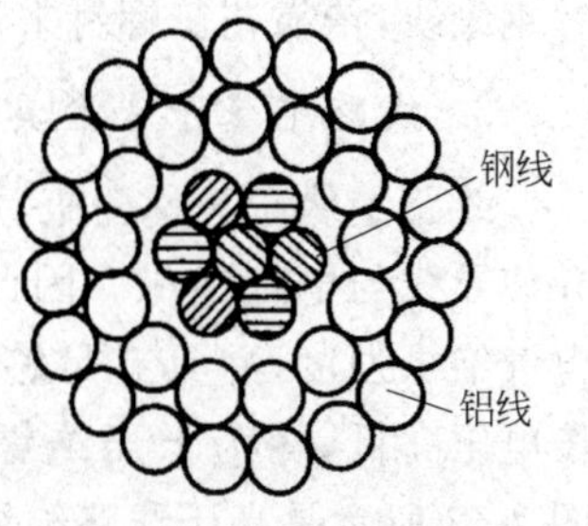

图 2-49　钢芯铝绞线截面

根据机械强度的要求，架空裸导线的最小截面如附表 13 所示。

对于工厂和城市中 10kV 及以下的架空线路，当安全距离难以满足要求、邻近高层建筑及在繁华街道或人口密集地区、空气严重污秽地段和建筑施工现场，按 GB 50061—2010《66kV 及以下架空电力线路设计规范》规定，可采用绝缘导线，绝缘导线的最小截面如附表 14 所示。

2. 电杆、横担和拉线

电杆是支持导线的支柱，是架空线路的重要组成部分。因此，电杆要有足够的机械强度，尽可能经久耐用、价廉，便于搬运和安装。

电杆按材料分为木杆、水泥杆（钢筋混凝土杆）和铁塔。对于工厂来说，水泥杆应用最普遍，因为采用水泥杆可以节约大量的木材和钢材，而且它经久耐用，维护简单，也比较经济。

电杆按其在架空线路中的地位和功能，分为直线杆、分段杆、转角杆、终端杆、跨越杆和分支杆等类型。图 2-50 所示为各种杆型在低压架空线上的应用示意图。

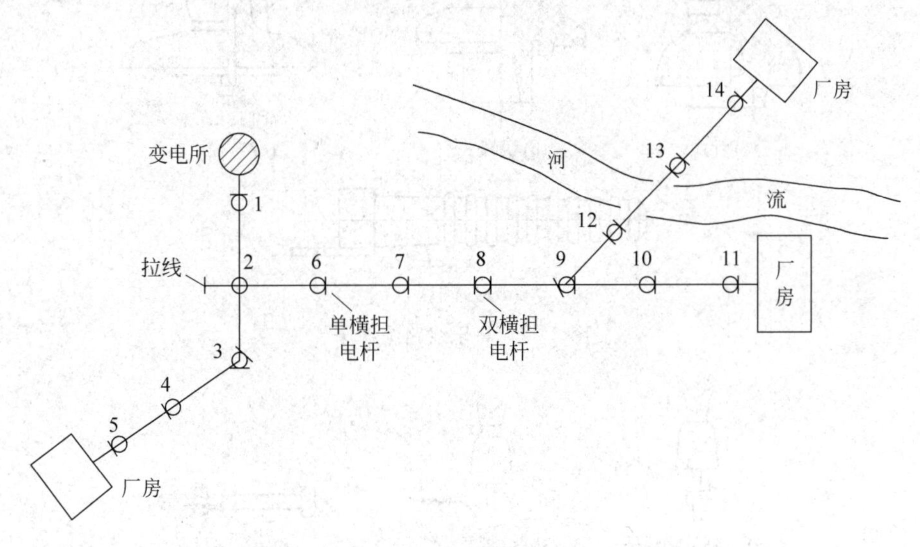

图 2-50　各种杆型在低压架空线上的应用

1、5、11、14—终端杆；2、9—分支杆；3—转角杆；4、6、7、10—直线杆；8—分段杆；12、13—跨越杆

横担安装在电杆的上部，用来安装绝缘子以架设导线。现在工厂里普遍采用的是铁横担和瓷横担。铁横担由角钢制成，10kV 线路多用∟ 63×6 的角钢，380V 多用∟ 50×5 的角钢。铁横担的机械强度高，应用广泛。瓷横担是我国独创的产品，具有良好的电气绝缘性能，兼有绝缘子和横担的双重功能，能节约大量的木材和钢材，有效地利用电杆高度，降低线路造价；但机械强度较低，一般仅用于较小截面导线的架空敷设。图 2-51 所示是高压电杆上安装的瓷横担。

有些电杆上还有拉线，目的是平衡电杆各方面的作用力，并抵抗风压，防止电杆倾倒。拉线一般采用镀锌钢绞线，依靠花篮螺钉来调节拉力。

3. 线路绝缘子和金具

线路绝缘子又称瓷瓶，用于将导线固定在电杆上，并使导线与电杆绝缘。因此，要求绝缘子具有一定的电气绝缘强度，并具有足够的机械强度。线路绝缘子按电压高低，分为低压绝缘子和高压绝缘子两大类。图 2-52 所示是高压线路绝缘子的外形结构。

线路金具是用来连接导线、安装横担和绝缘子等的金属附件，包括安装针式绝缘子的直脚和弯脚，安装蝴蝶式绝缘子的穿芯螺钉，将横担或拉线固定在电杆上的 U 形抱箍，调节拉线松紧的花篮螺钉，以及悬式绝缘子串的挂环、挂板和线夹等。具体外形如图 2-53 所示。

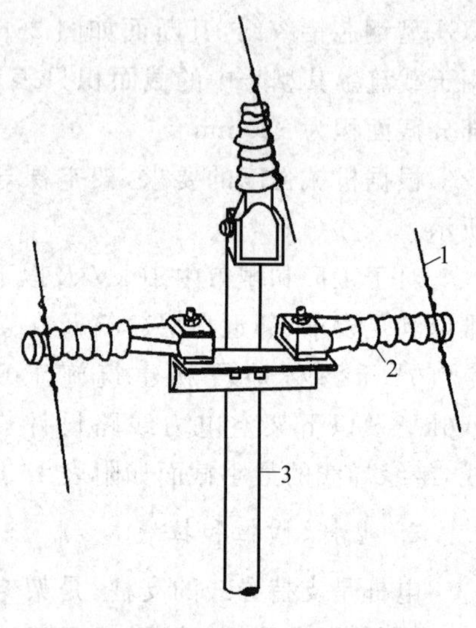

图 2-51 高压电杆上安装的瓷横担

1—高压导线；2—瓷横担；3—电杆

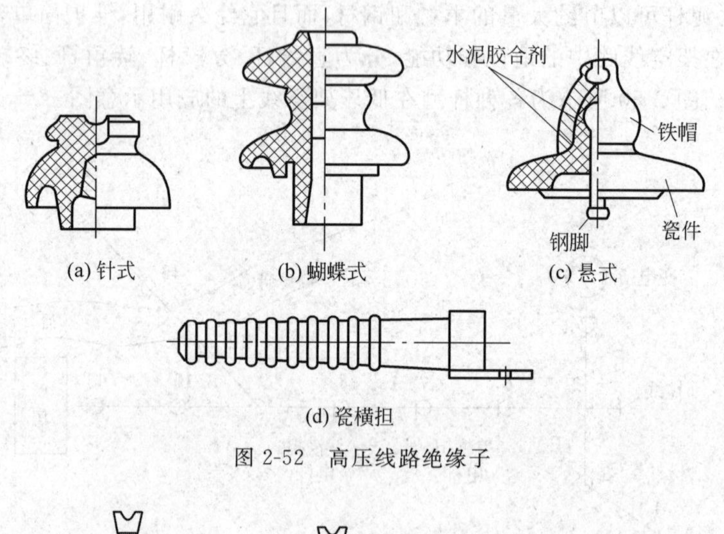

图 2-52 高压线路绝缘子

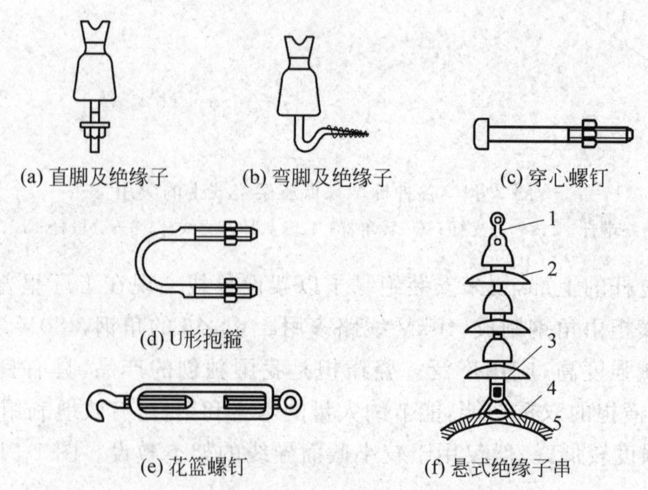

图 2-53 架空线路用金具

1—球形挂环；2—悬式绝缘子；3—碗头挂板；4—悬垂线夹；5—架空导线

（二）电缆的结构

电缆线路是利用电力电缆敷设的线路。与架空线路相比，电缆线路具有成本高、投资大、不便维修、不易发现和排除故障等缺点，但是电缆线路具有运行可靠、不易受外界影响、不需架设电杆、不占地面、不碍观瞻等优点，特别是在有腐蚀性气体和易燃易爆场所，不宜架设架空线路时，只有敷设电缆线路。在现代化工厂和城市中，电缆线路应用广泛。

1. 电缆和电缆头

电缆是一种特殊结构的导线，主要由线芯、绝缘层和保护层三部分组成。

线芯导体要有好的导电性，一般由多根铜线或铝线绞合而成。

绝缘层作为相间及对地的绝缘，其材料随电缆种类不同而异。例如，油浸纸绝缘电缆以油浸纸作为绝缘层，塑料电缆以聚氯乙烯或交联聚乙烯作为绝缘层。

保护层又分为内护层和外护层两部分。内护层直接用来保护绝缘层，常用的材料有铅、铝和塑料等。外护层用于防止内护层免受机械损伤和腐蚀，通常为钢丝或钢带构成的钢铠，外覆沥青、麻被或塑料护套。

电缆头包括电缆中间接头和电缆终端头。按使用的绝缘材料或填充材料，分为填充电缆胶的、环氧树脂浇注的、缠包式和热缩材料电缆头等。由于热缩材料电缆头具有施工简便、价格低廉和性能良好等优点，在现代电缆工程中得到推广应用。电缆头是电缆线路的薄弱环节，电缆线路的大部分故障发生在电缆接头处。若电缆头本身缺陷或安装质量有问题，容易造成短路故障，因此在施工和运行中要由专业人员操作。

2. 电缆的种类

电缆的种类很多，按缆芯材料，分为铜芯电缆和铝芯电缆；按绝缘材料，分为油浸纸绝缘电缆（见图 2-54）和塑料绝缘电缆，塑料绝缘电缆包括聚氯乙烯绝缘及护套电缆和交联聚乙烯绝缘聚氯乙烯护套电缆（见图 2-55）；还有正在发展中的低温电缆和超导电缆。

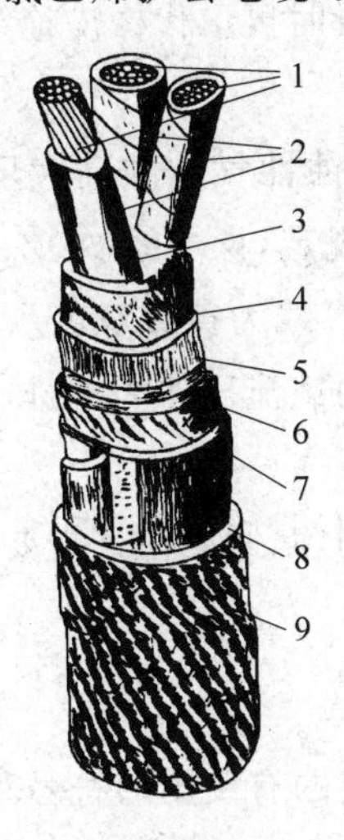

图 2-54　油浸纸绝缘电缆

1—缆芯；2—油浸纸绝缘层；3—麻筋（填料）；4—油浸纸（统包绝缘）；5—铅包；6—涂沥青的纸带（内护层）；7—浸沥青的麻被（内护层）；8—钢铠（外护层）；9—麻被（外护层）

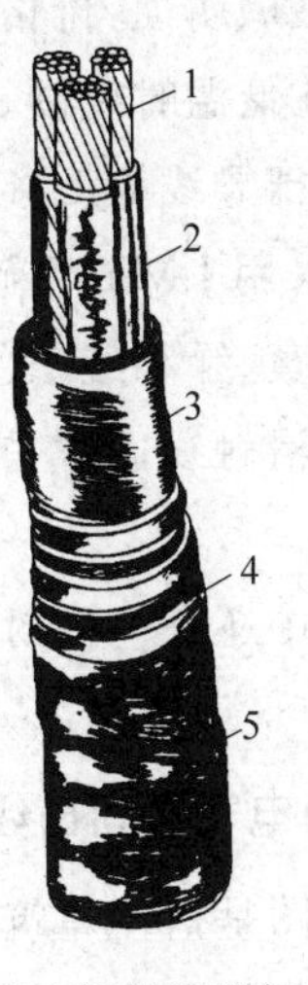

图 2-55　交联聚乙烯绝缘聚氯乙烯护套电缆

1—缆芯；2—交联聚乙烯绝缘层；3—聚氯乙烯护套（内护层）；4—钢铠或铅铠（外护层）；5—聚氯乙烯外套（外护层）

电缆的结构和敷设

油浸纸绝缘电缆具有耐压强度高、耐热性能好和使用方便等优点，但因为其内部有油，所以其两端安装的高度差有一定的限制。塑料绝缘电缆具有结构简单、制造加工方便、重量较轻、敷设安装方便、不受敷设高度限制以及能抵抗酸碱腐蚀等优点。交联聚乙烯绝缘电缆电气性能更优异，因此在工厂供电系统中有逐步取代油浸纸绝缘电缆的趋势。

电缆型号的表示及含义如图 2-56 所示。

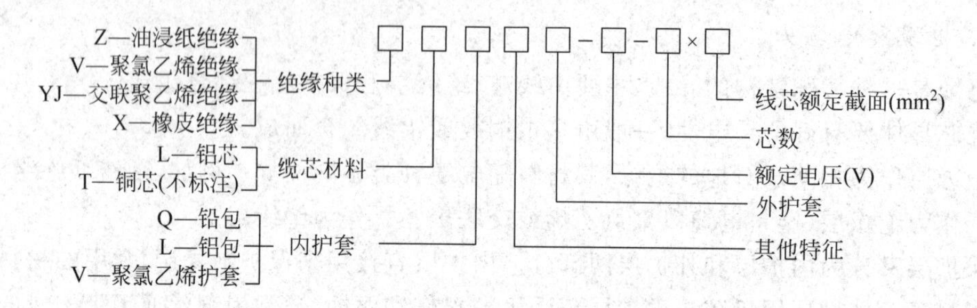

图 2-56 电缆型号的表示及含义

（三）车间线路的结构

车间供电线路一般采用交流 220/380V、中性点直接接地的三相四线制供电系统，包括室内配电线路和室外配电线路。室内（即车间内）配电线路的干线采用裸导线或绝缘导线，特殊情况采用电缆；室外配电线路指沿车间外墙或屋檐敷设的低压配电线路，均采用绝缘导线，也包括车间之间短距离的低压架空线路。

绝缘导线按线芯材料，分为铜芯和铝芯两种。根据“节约用铜，以铝代铜”的原则，一般优先选用铝芯导线；但在易燃、易爆或其他特殊要求的场所，应采用铜芯绝缘导线。

绝缘导线按外皮的绝缘材料，分为橡皮绝缘和塑料绝缘两种。塑料绝缘导线的绝缘性能良好，耐油和抗酸碱腐蚀，价格较低，在户内明敷或穿管敷设时可取代橡皮绝缘导线，但其在高温时易软化，在低温时变硬、变脆，不宜在户外使用。

车间内常用的裸导线为 LMY 型硬铝母线，在干燥、无腐蚀性气体的高大厂房内，当工作电流较大时，可采用 LMY 型硬铝母线作为载流干线。按规定，裸导线 A、B、C 三相涂漆的颜色分别对应为黄、绿和红三色，N 线、PEN 线为淡蓝色，PE 线为黄绿双色。

车间内的吊车滑触线通常采用角钢，但新型安全滑触线的载流导体为铜排，且外面有保护罩。

车间配电线路中还有一种封闭型母线，适用于设备布置均匀、紧凑而又需要经常调整位置的场合。

（四）车间动力电气平面布线图

电气平面布线图是指在建筑平面图上，应用国家标准规定的有关图形符号和文字符号，按照电气设备的安装位置及电气线路的敷设方式、部位和路径绘制的电气布置图。车间动力电气平面布线图是表示供电系统对车间动力设备配电的电气平面布线图。

图 2-57 所示是某机械加工车间局部动力电气平面布线图。

由图 2-57 可以看出，平面布线图上须表示所有用电设备的位置，依次对设备编号，并注

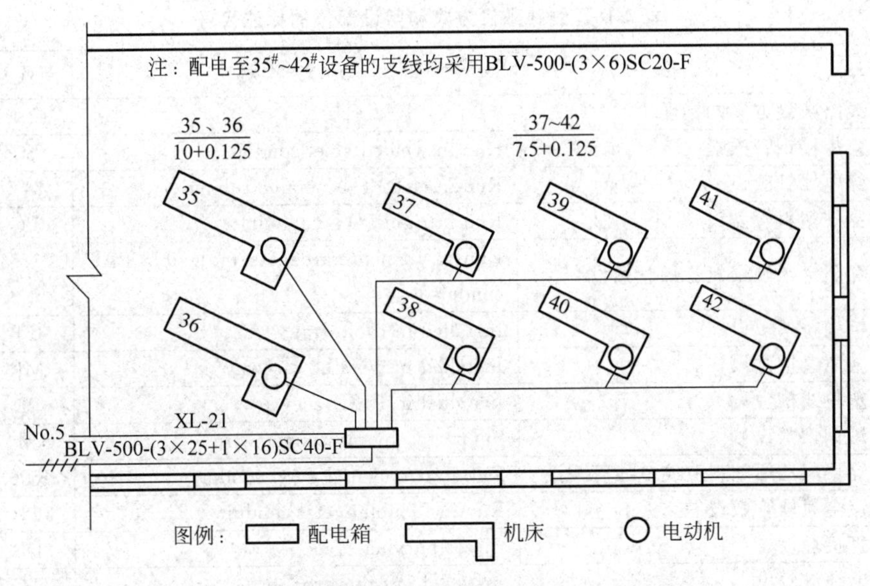

图 2-57　某机械加工车间局部动力电气平面布线图

明设备的容量。按照建设部 2001 年批准施行的 00DX001 号国家建筑标准设计图集《建筑电气工程设计常用图形和文字符号》的规定,用电设备标注的格式为

$$\frac{a}{b} \tag{2-37}$$

式中：a 为设备编号或设备位置号；b 为设备的额定容量(kW 或 kV・A)。

在电气平面布线图上,还须表示出所有配电设备的位置,同样要依次编号,并标注其型号规格。按上述 00DX001 号标准图集的规定,电气箱(柜、屏)标注的格式为

$$-a + b/c \tag{2-38}$$

式中：a 为设备种类代号；b 为设备安装位置的位置代号；c 为设备型号。例如,-AP1＋1・B6/XL21-15,表示动力配电箱种类代号-AP1,位置代号＋1・B6,即安装位置在一层 B、6 轴线,型号为 XL21-15。

配电线路标注的格式为

$$a\ b\text{-}c(d \times e + f \times g + PEh)i\text{-}jk \tag{2-39}$$

式中：a 为线缆编号；b 为线缆型号；c 为并联电缆或线管根数(若是单根电缆或单根线管,则省略)；d 为相线根数；e 为相线截面(mm^2)；f 为 N 线或 PEN 线根数；g 为 N 线或 PEN 线截面(mm^2)；h 为 PE 线截面(mm^2,无单独 PE 线,则省略)；i 为线缆敷设方式代号(见表 2-16)；j 为线缆敷设部位代号(见表 2-16)；k 为线缆敷设高度(m)。例如：

WP301VV-0.6/1kV-2(3×150＋1×70＋PE70)SC80-WS3.5

表示电缆线路编号为 WP301；电缆型号为 VV-0.6/1kV；2 根电缆并联；每根电缆有3 根相线芯,截面为 150mm^2,有 1 根中性线芯,截面为 70mm^2,另有 1 根保护线芯,截面也为 70mm^2；敷设方式为穿焊接钢管,管内径为 80mm,沿墙面明敷,电缆敷设高度离地 3.5m。

表 2-16　线路敷设方式和敷设部位的标注代号

序号	名　称	英文名称	新代号	旧代号
1	线路敷设方式的标注			
1.1	穿焊接钢管敷设	Run in welded steel conduit	SC	G
1.2	穿电线管敷设	Run in electrical metallic tubing	MT	DG
1.3	穿硬塑料管敷设	Run in rigid PAC conduit	PC	VG
1.4	穿阻燃半硬聚氯乙烯管敷设	Run in flame retardant semiflexible PAC conduit	FPC	—
1.5	电缆桥架敷设	Installed in cable tray	CT	QJ
1.6	金属线槽敷设	Installed in metallic raceway	MR	JC
1.7	塑料线槽敷设	Installed in PAC raceway	PR	VC
1.8	用钢索敷设	Supported by messenger wire	M	S
1.9	穿聚氯乙烯塑料波纹电线管敷设	Run in corrugated PAC conduit	KPC	—
1.10	穿金属软管敷设	Run in flexible metal conduit	CP	JR
1.11	直接埋设	Direct burying	DB	—
1.12	电缆沟敷设	Installed in cable trough	TC	LG
1.13	混凝土排管敷设	Installed in concrete encasement	CE	PG
2	导线敷设部分的标注			
2.1	沿或跨梁(屋架)敷设	Along or across beam	AB	LM
2.2	暗敷在梁内	Concealed in beam	BC	LA
2.3	沿或跨柱敷设	Along or across column	AC	ZM
2.4	暗敷在柱内	Concealed in column	CLC	ZA
2.5	沿墙面敷设	On wall surface	WS	QM
2.6	暗敷在墙内	Concealed in wall	WC	QA
2.7	沿天棚或顶板面敷设	Along ceiling or slab surface	CE	PM
2.8	暗敷在屋面或顶板内	Concealed in ceiling or slab	CC	PA
2.9	吊顶内敷设	Recessed in ceiling	SCE	DD
2.10	地板或地面下敷设	In floor or ground	F	DA

说明：旧代号主要是 GB 313—1964《电力及照明平面图图形符号》规定的文字符号，全为汉语拼音缩写。

三、导线和电缆截面的选择

导线和电缆截面的选择与计算

(一) 导线和电缆截面的选择原则

为了保证供电系统安全、可靠、优质、经济地运行，电力线路的导线和电缆截面的选择必须满足下列条件。

(1) 发热条件：导线和电缆(包括母线)在通过计算电流时产生的发热温度，不应超过其正常运行时的最高允许温度。

(2) 电压损耗条件：导线和电缆在通过计算电流时产生的电压损耗，不应超过其正常运行时允许的电压损耗值。对于工厂内较短的高压线路，可不进行电压损耗的校验。

(3) 经济电流密度：35kV 及以上的高压线路及 35kV 以下的长距离、大电流线路，其导线(含电缆)截面宜按经济电流密度选择，使线路的年运行费用支出最小。按经济电流密度选择的导线截面，称为经济截面。工厂内的 10kV 及以下线路，通常不按经济电流密度选择。

(4) 机械强度：导线(包括裸线和绝缘导线)截面不应小于其最小允许截面，如附表13和附表14所示。对于电缆，不必校验其机械强度，但需校验其短路热稳定度。对于母线，应校验其短路的动稳定度和热稳定度。

对于绝缘导线和电缆，还应满足工作电压的要求。

根据工程设计经验，一般对于10kV及以下高压线路和低压动力线路，通常先按发热条件来选择导线和电缆截面，再校验电压损耗和机械强度。对于低压照明线路，因其对电压水平要求较高，通常先按允许电压损耗进行选择，再校验发热条件和机械强度。对于长距离、大电流线路和35kV及以上的高压线路，可先按经济电流密度确定经济截面，再校验其他条件。按上述经验来选择计算，通常容易满足要求，较少返工。

(二) 按发热条件选择导线和电缆的截面

1. 三相系统相线截面的选择

电流通过导线(包括电缆、母线，下同)时，要产生电能损耗，使导线发热。裸导线的温度过高时，会使接头处的氧化加剧，增大接触电阻，使之进一步氧化，如此恶性循环，最终可发展到断线。绝缘导线和电缆温度过高时，可使其绝缘加剧老化，甚至烧毁，或引起火灾事故。因此，导线和电缆的正常发热温度一般不得超过附表7所列的额定负荷时的最高允许温度。

按发热条件选择三相系统中的相线截面时，应使其允许载流量I_{al}不小于通过相线的计算电流I_{30}，即

$$I_{al} \geqslant I_{30} \tag{2-40}$$

所谓导线的允许载流量，就是在规定的环境温度条件下，导线能连续承受而不致使其稳定温度超过允许值的最大电流。如果导线敷设地点的环境温度与导线允许载流量所采用的环境温度不同，导线的允许载流量应乘以以下温度校正系数：

$$K_{\theta} = \sqrt{\frac{\theta_{al} - \theta_0'}{\theta_{al} - \theta_0}} \tag{2-41}$$

式中：θ_{al}为导线额定负荷时的最高允许温度；θ_0为导线允许载流量所采用的环境温度；θ_0'为导线敷设地点实际的环境温度。

这里所说的环境温度，是按发热条件选择导线和电缆的特定温度。在室外，环境温度一般取当地最热月平均最高气温。在室内，取当地最热月平均最高气温加5℃。对于土中直埋的电缆，取当地最热月地下0.8～1m的土壤平均温度，亦可近似取当地最热月平均气温。

附表15列出了LJ型铝绞线和LGJ型钢芯铝绞线的允许载流量；附表16列出了LMY型矩形硬铝母线的允许载流量；附表17列出了10kV常用三相电缆的允许载流量；附表10列出了绝缘导线明敷、穿钢管和穿硬塑料管时的允许载流量。

按发热条件选择导线所用的计算电流I_{30}，对于降压变压器高压侧的导线，应取为变压器额定一次电流$I_{1N\cdot T}$。对于电容器的引入线，由于电容器充电时有较大涌流，因此选择高压电容器的引入线时，取电容器额定电流$I_{N\cdot c}$的1.35倍；选择低压电容器的引入线时，应为电容器额定电流$I_{N\cdot c}$的1.5倍。

必须注意：按发热条件选择的导线和电缆截面，还必须用式(2-10)或式(2-21)来校验它与其相应的保护装置(熔断器或低压断路器的过流脱扣器)是否配合得当。如果配合不当，

可能发生导线或电缆因过电流而发热起燃，但保护装置不动作的情况。这当然是不允许的。

2. 中性线和保护线截面的选择

1）中性线（N线）截面的选择

三相四线制系统中的中性线，要通过系统的不平衡电流和零序电流，因此中性线的允许载流量不应小于三相系统的最大不平衡电流，同时应考虑谐波电流的影响。

（1）一般三相四线制线路中的中性线截面 A_0：应不小于相线截面 A_φ 的50%，即

$$A_0 \geqslant 0.5A_\varphi \tag{2-42}$$

（2）两相三线线路及单相线路的中性线截面 A_0：由于中性线电流与相线电流相等，因此其中性线截面 A_0 与相线截面 A_φ 相同，即

$$A_0 = A_\varphi \tag{2-43}$$

（3）三次谐波电流突出的三相四线制线路的中性线截面 A_0：由于各相的三次谐波电流都通过中性线，使得中性线电流可能等于甚至超过相线电流，因此中性线截面 A_0 宜等于或大于相线截面 A_φ，即

$$A_0 \geqslant A_\varphi \tag{2-44}$$

2）保护线（PE线）截面的选择

保护线要考虑三相系统发生单相短路故障时，单相短路电流通过时的短路热稳定度。

根据短路热稳定度的要求，对于保护线（PE线）截面 A_{PE}，按照GB 50054—2011《低压配电设计规范》的规定，当其材料与相线相同时，其最小截面应满足表2-17所列的要求。

表2-17 PE线的最小截面

相线芯线截面	$A_\varphi \leqslant 16mm^2$	$16mm^2 < A_\varphi \leqslant 35mm^2$	$A_\varphi > 35mm^2$
PE线最小截面	$A_{PE}=A_\varphi$	$A_{PE}=16mm^2$	$A_{PE}=0.5A_\varphi$

3）保护中性线（PEN线）截面的选择

因为保护中性线兼有PE线和N线的双重功能，因此选择截面时，应同时满足上述PE线和N线的要求，取其中的最大截面。

（三）按经济电流密度选择导线和电缆的截面

导线的截面越大，电能损耗越小，但线路投资、有色金属消耗量及维修管理费用越高；导线的截面选择得小，线路投资、有色金属消耗量及维修管理费用低，但电能损耗大。因此从经济方面考虑，可选择一个比较合理的导线截面，既使电能损耗小，又不致过分增加线路投资、维修管理费用和有色金属消耗量。

经济电流密度就是能使线路的年运行费用接近于最小，又适当考虑节约有色金属条件的导线和电缆的电流密度值，用符号 j_{ec} 表示。我国规定的经济电流密度如表2-18所示。

按经济电流密度选择的导线和电缆的截面。称为经济截面，用符号 A_{ec} 表示，且

$$A_{ec} = \frac{I_{30}}{j_{ec}} \tag{2-45}$$

式中：I_{30} 为线路的计算电流。

按式（2-45）计算出 A_{ec} 后，应选择最接近的标准截面（可取较小的标准截面），然后校验其他条件。

表 2-18　导线和电缆的经济电流密度　　单位：A/mm²

线路类别	导线材质	年最大有功负荷利用小时		
		3000h 以下	3000～5000h	5000h 以上
架空线路	铜	3.00	2.25	1.75
	铝	1.65	1.15	0.90
电缆线路	铜	2.50	2.25	2.00
	铝	1.92	1.73	1.54

【例 2-5】 有一条采用 LGJ 型钢芯铝绞线架设的 35kV 架空线路供电给某厂。该厂有功计算负荷为 3800kW，无功计算负荷为 2100kvar，$T_{max}=5100$h。试选择其经济截面，并校验其发热条件和机械强度。

解：1）选择经济截面

$$S_{30}=\sqrt{P_{30}^2+Q_{30}^2}=\sqrt{3800^2+2100^2}\approx 4342(\text{kV}\cdot\text{A})$$

$$I_{30}=\frac{S_{30}}{\sqrt{3}U_N}=\frac{4342}{\sqrt{3}\times 35}\approx 71.6(\text{A})$$

由表 2-18 查得 $j_{ec}=0.9\text{A/mm}^2$，故

$$A_{ec}=\frac{I_{30}}{j_{ec}}=\frac{71.6}{0.9}=79.6(\text{mm}^2)$$

选标准截面 70mm²，即选 LGJ-70 型钢芯铝绞线。

2）校验发热条件

查附表 15，得 LGJ-70 的允许载流量（假设环境温度为 30℃）$I_{al}=259\text{A}>I_{30}=79.6\text{A}$，因此满足发热条件。

3）校验机械强度

查附表 13，得 35kV 架空钢芯铝绞线的最小截面 $A_{min}=35\text{mm}^2<A_{min}=70\text{mm}^2$，因此所选 LGJ-70 型钢芯铝绞线满足机械强度要求。

（四）线路电压损耗的计算

1. 线路的允许电压损耗

由于线路存在阻抗，所以通过负荷电流时会产生电压损耗。一般线路的允许电压损耗不超过 5%（对线路额定电压）。如果线路的电压损耗值超过允许值，应适当加大导线截面，使之满足允许电压损耗的要求。

2. 集中负荷的三相线路电压损耗的计算

以图 2-58(a)所示带两个集中负荷的三相线路为例，线路图中的负荷电流都用 i 表示，各线段电流都用 I 表示。各线段的长度、每相电阻和电抗都用 l、r 和 x 表示，线路首端至各负荷点的长度、每相电阻和电抗分别用 L、R 和 X 表示。

线路电压降的定义为：线路首端电压与末端电压的相量差。

线路电压损耗的定义为：线路首端电压与末端电压的代数差。

电压降在参考轴（纵轴）上的投影（如图 2-58(b)上的$\overline{ag'}$所示）称为电压降的纵分量，用 ΔU_{φ} 表示。在地方电网和工厂供电系统中，由于线路的电压降相对于线路电压来说很小（图 2-58(b)中所示的电压降是放大了的），因此可近似地认为电压降纵分量 ΔU_{φ} 就是电压损耗。

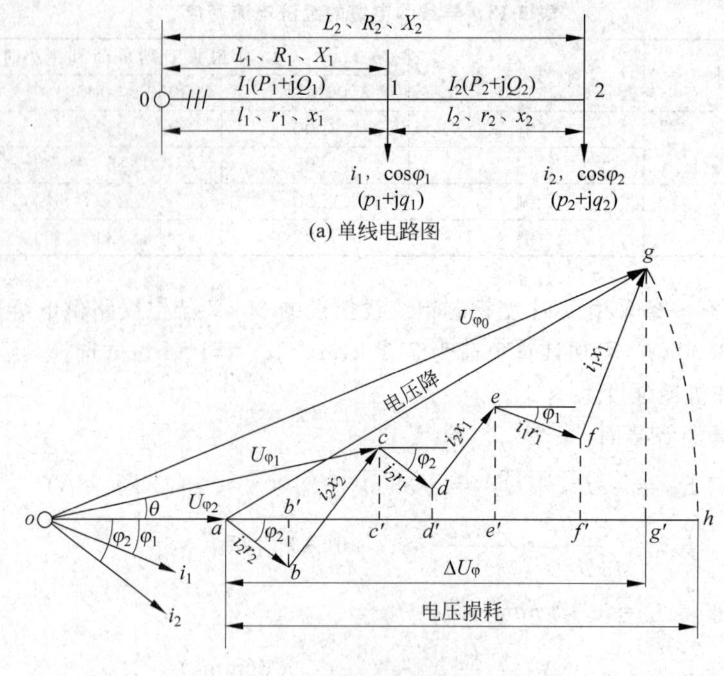

(a) 单线电路图

(b) 线路电压降相量图

图 2-58　带有两个集中负荷的三相线路

图 2-58(b)所示线路的相电压损耗可按下式近似计算：

$$
\begin{aligned}
\Delta U_\varphi &= \overline{ab'} + \overline{b'c'} + \overline{c'd'} + \overline{d'e'} + \overline{e'f'} + \overline{f'g'} \\
&= i_2 r_2 \cos\varphi_2 + i_2 x_2 \sin\varphi_2 + i_2 r_1 \cos\varphi_2 + i_2 x_1 \sin\varphi_2 + i_1 r_1 \cos\varphi_1 + i_1 x_1 \sin\varphi_1 \\
&= i_2 (r_1 + r_2) \cos\varphi_2 + i_2 (x_1 + x_2) \sin\varphi_2 + i_1 r_1 \cos\varphi_1 + i_1 x_1 \sin\varphi_1 \\
&= i_2 R_2 \cos\varphi_2 + i_2 X_2 \sin\varphi_2 + i_1 R_1 \cos\varphi_1 + i_1 X_1 \sin\varphi_1
\end{aligned}
$$

将上式中的相电压损耗 ΔU_φ 换算为线电压损耗 ΔU，并以带任意个集中负荷的一般公式来表示，即得电压损耗计算公式为

$$
\Delta U = \sqrt{3} \sum (iR\cos\varphi + iX\sin\varphi) = \sqrt{3} \sum (i_a R + i_r X) \tag{2-46}
$$

式中：i_a 为负荷电流的有功分量；i_r 为负荷电流的无功分量。

如果用各线段中的负荷电流来计算，则电压损耗计算公式为

$$
\Delta U = \sqrt{3} \sum (Ir\cos\varphi + Ix\sin\varphi) = \sqrt{3} \sum (I_a r + I_r x) \tag{2-47}
$$

式中：I_a 为线段电流的有功分量；I_r 为线段电流的无功分量。

如果用负荷功率 p、q 来计算，将 $i = p/(\sqrt{3}U_N\cos\varphi) = q/(\sqrt{3}U_N\sin\varphi)$ 代入式(2-46)，可得电压损耗计算公式

$$
\Delta U = \frac{\sum (pR + qX)}{U_N} \tag{2-48}
$$

如果用线段功率 P、Q 来计算，将 $I = P/(\sqrt{3}U_N\cos\varphi) = Q/(\sqrt{3}U_N\sin\varphi)$ 代入式(2-47)，可得电压损耗计算公式

$$\Delta U=\frac{\sum(Pr+Qx)}{U_{\mathrm{N}}} \tag{2-49}$$

对于“无感”线路，即线路感抗可略去不计，或负荷 $\cos\varphi\approx 1$ 的线路，其电压损耗为

$$\Delta U=\sqrt{3}\sum(iR)=\sqrt{3}\sum(Ir)=\frac{\sum(pR)}{U_{\mathrm{N}}}=\frac{\sum(Pr)}{U_{\mathrm{N}}} \tag{2-50}$$

对于“均一无感”线路，即全线的导线型号、规格一致，且可不计感抗或负荷 $\cos\varphi\approx 1$ 的线路，其电压损耗为

$$\Delta U=\frac{\sum(pL)}{\gamma A U_{\mathrm{N}}}=\frac{\sum(Pl)}{\gamma A U_{\mathrm{N}}}=\frac{\sum M}{\gamma A U_{\mathrm{N}}} \tag{2-51}$$

式中：γ 为导线的电导率；A 为导线的截面；$\sum M$ 为线路的所有功率矩之和；U_{N} 为线路的额定电压。

线路电压损耗的百分值为

$$\Delta U\%=\frac{\Delta U}{U_{\mathrm{N}}}\times 100\% \tag{2-52}$$

“均一无感”的三相线路电压损耗的百分值为

$$\Delta U\%=\frac{100\sum M}{\gamma A U_{\mathrm{N}}^{2}}=\frac{\sum M}{CA} \tag{2-53}$$

“均一无感”单相线路及直流线路电压损耗的百分值为

$$\Delta U\%=\frac{200\sum M}{\gamma A U_{\mathrm{N}}^{2}}=\frac{\sum M}{CA} \tag{2-54}$$

对于“均一无感”的两相三线线路，经过推证，可得电压损耗的百分值为

$$\Delta U\%=\frac{225\sum M}{\gamma A U_{\mathrm{N}}^{2}}=\frac{\sum M}{CA} \tag{2-55}$$

式(2-53)、式(2-54)和式(2-55)中的 C 为计算系数，如表 2-19 所示。

表 2-19　公式 $\Delta U\%=\dfrac{\sum M}{CA}$ 中的计算系数值

线路额定电压/V	线路类别	C 的计算式	计算系数 $C/(\mathrm{kW\cdot m\cdot mm^{-2}})$	
			铜线	铝线
220/380	三相四线	$\gamma U_{\mathrm{N}}^{2}/100$	76.5	46.2
	两相三线	$\gamma U_{\mathrm{N}}^{2}/225$	34.0	20.5
220	单相及直流	$\gamma U_{\mathrm{N}}^{2}/200$	12.8	7.74
110			3.21	1.94

注：表中 C 值是导线工作温度为 50℃、功率矩 M 的单位为 kW・m、导线截面 A 的单位为 mm^2 时的数值。

根据式(2-53)、式(2-54)和式(2-55)可得均一无感线路按允许电压损耗选择导线截面的公式为

$$A=\frac{\sum M}{C\Delta U_{\mathrm{al}}\%} \tag{2-56}$$

式(2-56)常用于照明线路导线截面的选择。

【例 2-6】 试验算例 2-5 所选 LGJ-70 型钢芯铝线是否满足允许电压损耗 5%的要求。

已知该线路导线为水平等距排列，相邻线距1.6m，线路长4km。

解：由 $A=70\text{mm}^2$(LGJ)和 $a_{av}=1.26\times1.6\approx2(\text{m})$，查附表6，得 $R_0=0.48\Omega/\text{km}$，$X_0=0.38\Omega/\text{km}$，故线路的电压损耗为

$$\Delta U=\frac{3800\times(0.48\times4)+2100\times(0.38\times4)}{35}=299.7(\text{V})$$

线路的电压损耗百分值为

$$\Delta U\%=\frac{299.7}{35000}\times100\%=0.856\%$$

因此，所选LGJ-70型钢芯铝绞线满足电压损耗要求。

任务实施

在某机械厂10/0.4kV降压变电所的电气设计中，变电所进、出线和与邻近单位联络线的选择情况如下所述。

一、10kV高压进线和引入电缆的选择

（一）10kV高压进线的选择与校验

采用LJ型铝绞线架空敷设接往10kV公用干线。

(1) 按发热条件选择。由 $I_{30}=I_{1N\cdot T}=57.7\text{A}$ 及室外环境温度33℃，查附表15，初选LJ-16，其35℃时的 $I_{al}\approx95\text{A}>I_{30}$，满足发热条件。

(2) 校验机械强度。查附表13，最小允许截面 $A_{min}=35\text{mm}^2$，因此LJ-16不满足机械强度要求，故改选LJ-35。

由于此线路很短，不需校验电压损耗。

（二）由高压配电室至主变的一段引入电缆的选择与校验

采用YJL22-10000型交联聚乙烯绝缘的铝芯电缆直接埋地敷设。

(1) 按发热条件选择。由 $I_{30}=I_{1N\cdot T}=57.7\text{A}$ 及土壤温度25℃，查附表17，初选缆芯为 25mm^2 的交联电缆，其 $I_{al}=90\text{A}>I_{30}$，满足发热条件。

(2) 校验短路热稳定。按式(4-44)计算满足短路热稳定的最小截面

$$A_{min}=I_{\infty}^{(3)}\frac{\sqrt{t_{ima}}}{C}=1960\times\frac{\sqrt{0.75}}{84}=20(\text{mm}^2)<A=25\text{mm}^2$$

式中的 C 值由附表7查得。

因此，YJL22-10000-3×25电缆满足要求。

二、380V低压出线的选择

馈电给1号厂房（铸造车间）的线路采用VLV22-1000型聚氯乙烯绝缘铝芯电缆直接埋地敷设。

(1) 按发热条件选择。由 $I_{30}=201\text{A}$ 及地下0.8m土壤温度为25℃，查相关技术手册，初选 120mm^2，其 $I_{al}=212\text{A}>I_{30}$，满足发热条件。注意：若当地土壤温度不为25℃，其 I_{al} 应乘以修正系数。

(2) 校验电压损耗。因变电所至1号厂房距离约100m,从附表6查得120mm² 的铝芯电缆的 $R_0=0.31\Omega/km$(按缆芯工作温度75℃计),$X_0=0.07\Omega/km$;又1号厂房的 $P_{30}=94.8kW$,$Q_{30}=91.8kvar$,因此得

$$\Delta U=\frac{94.8\times(0.31\times0.1)+91.8\times(0.07\times0.1)}{0.38}=9.4(V)$$

$$\Delta U\%=\frac{9.4}{380}\times100\%=2.5\%<\Delta U_{al}\%=5\%$$

满足允许电压损耗5%的要求。

(3) 短路热稳定度校验。按式(1-84)求满足短路热稳定度的最小截面,得

$$A_{min}=I_{\infty}^{(3)}\frac{\sqrt{t_{ima}}}{C}=19700\times\frac{\sqrt{0.5}}{65}=214(mm^2)$$

式中:t_{ima} 是变电所高压侧过电流保护动作时间按0.5s整定(终端变电所),因此改选缆芯240mm² 的聚氯乙烯电缆,即VLV22-1000-3×240+1×120的四芯电缆(中性线芯按不小于相线芯一半选择)。

综合以上所选变电所进、出线和联络线的导线和电缆型号规格,如表2-20所示。

表2-20　变电所进、出线和联络线的导线和电缆型号规格

线路名称		导线或电缆的型号规格
10kV电源进线		LJ-35铝绞线(三相三线架空)
主变引入电缆		YJL22-10000-3×25交联电缆(直埋)
380V低压出线	至1号厂房	VLV22-1000-3×240+1×120四芯塑料电缆(直埋)

三、电力线路的敷设

对选择的电力线路进行敷设时,需要注意以下几个方面的问题。

1. 架空线路的敷设

敷设架空线路,要严格遵守有关技术规程的规定。在整个施工过程中,要重视安全教育,采取有效的安全措施,特别是立杆、组装和架线时,更要注意人身安全,防止发生事故。竣工后,要按照规定的手续和要求检查和验收,确保工程质量。

选择架空线路路径时,应考虑以下原则。

(1) 路径要短,转角尽量少。尽量减少与其他设施交叉,当与其他架空线路或弱电线路交叉时,其间距及交叉点或交叉角应符合GB 50061—2010《66kV及以下架空电力线路设计规范》的规定。

(2) 尽量避开河洼和雨水冲刷地带、不良地质地区及易燃、易爆等危险场所。

(3) 不应引起机耕、交通和人行困难。

(4) 不宜跨越房屋,应与建筑物保持一定的安全距离。

(5) 应与工厂和城镇的总体规划协调配合,并适当考虑今后的发展。

导线在电杆上的排列方式如图2-59所示,有水平排列(a)和(f)、三角形排列(b)和(c),也可水平、三角混合排列(d)及双回路垂直排列(e)。对于三相四线制低压架空线路的导线,一般采用水平排列。由于中性线电位在三相均衡时为零,且其截面一般较小,机械强度较差,所以中性线通常架设在靠近电杆的位置。电压不同的线路同杆架设时,电压较高的线路

应架设在上边，电压较低的线路架设在下边。

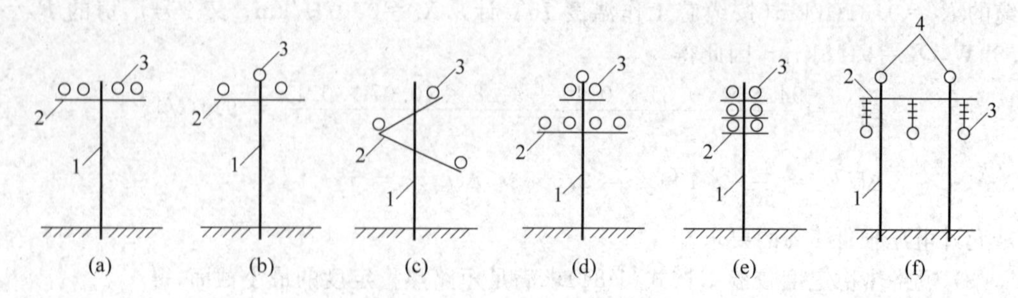

图 2-59　导线在电杆上的排列方式

1—电杆；2—横担；3—导线；4—避雷线

架空线路的档距又称跨距，是指同一线路上相邻两根电杆之间的水平距离；架空线路的弧垂又称弛垂，指一个档距内导线最低点与两端电杆上导线悬挂点之间的垂直距离，具体情况如图 2-60 所示。

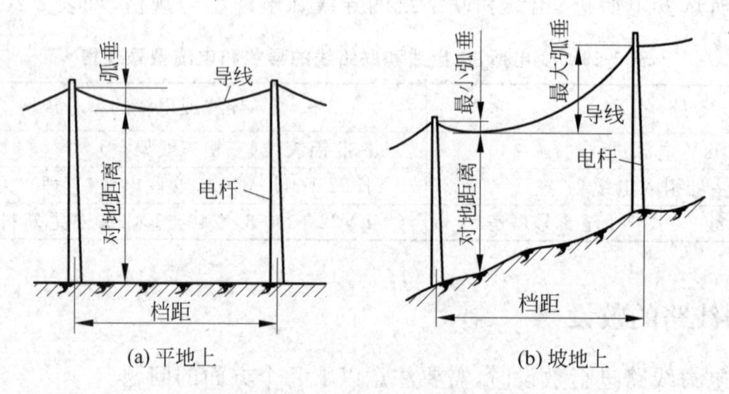

(a) 平地上　　(b) 坡地上

图 2-60　架空线路的档距和弧垂

导线的弧垂是由于导线存在荷重而形成的。弧垂不宜过大，也不宜过小。弧垂过大，导线摆动时易引起相间短路，而且造成导线对地或对其他物体的安全距离不够；弧垂过小，使导线内应力增大，天冷时可能使导线收缩绷断。

对于架空线路的线间距离、档距、导线对地面和水面的最小距离、架空线路与各种设施接近和交叉的最小距离等，在设计和安装时，必须遵循 GB 50061—2010 等规程的规定。

2. 电缆的敷设

选择电缆敷设路径时，应遵循以下原则。

(1) 避免电缆遭受机械外力、过热、腐蚀等的危害。

(2) 在满足安全要求的条件下，应使电缆较短。

(3) 便于敷设和维护。

(4) 避开将要挖掘、施工的地方。

工厂中常用的电缆敷设方式有直接埋地(见图 2-61)、电缆沟(见图 2-62)和电缆桥架(见图 2-63)方式。在发电厂、大型工厂和现代化城市中，还可采用电缆排管(见图 2-64)和电缆隧道(见图 2-65)等敷设方式。

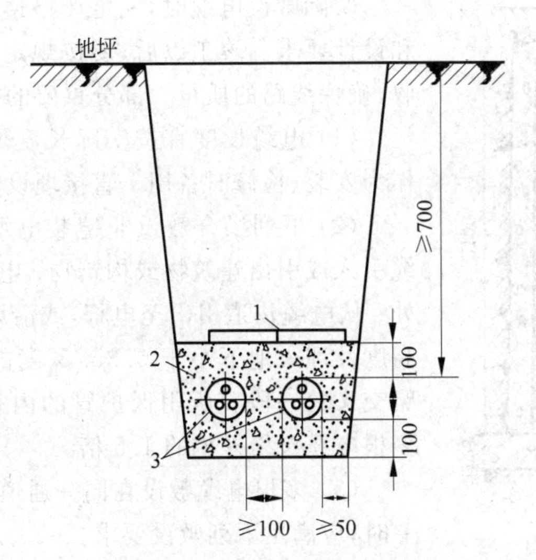

图 2-61　电缆直接埋地敷设

1—保护盖板；2—砂；3—电力电缆

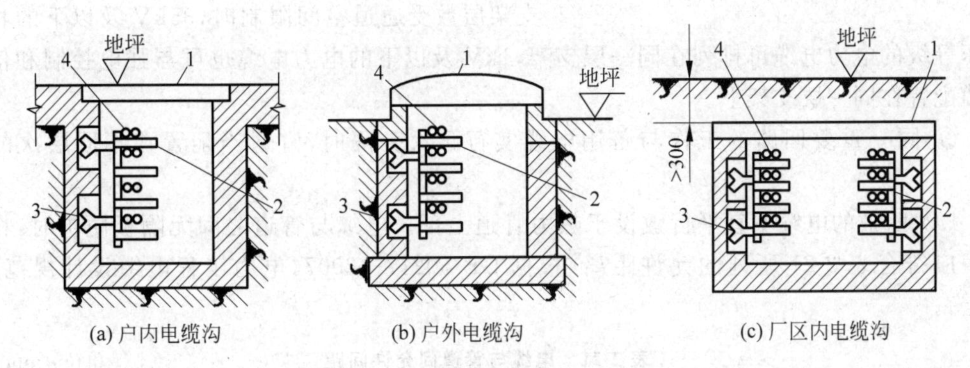

(a) 户内电缆沟　(b) 户外电缆沟　(c) 厂区内电缆沟

图 2-62　电缆在电缆沟内敷设

1—盖板；2—电缆支架；3—预埋铁件；4—电缆

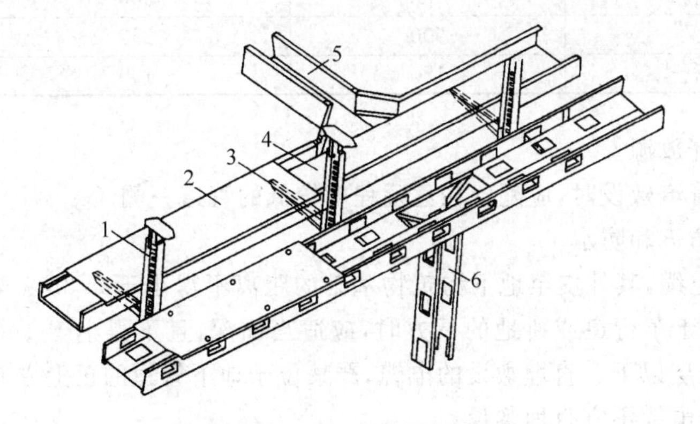

图 2-63　电缆桥架

1—支架；2—盖板；3—支臂；4—线槽；

5—水平分支线槽；6—垂直分支线槽

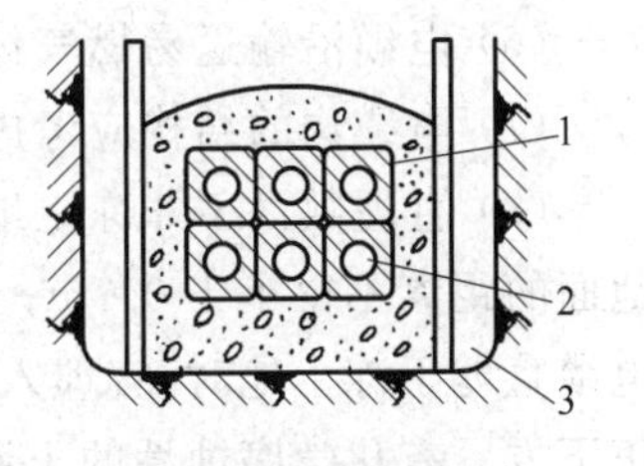

图 2-64　电缆排管

1—水泥排管；2—电缆孔；

3—电缆沟

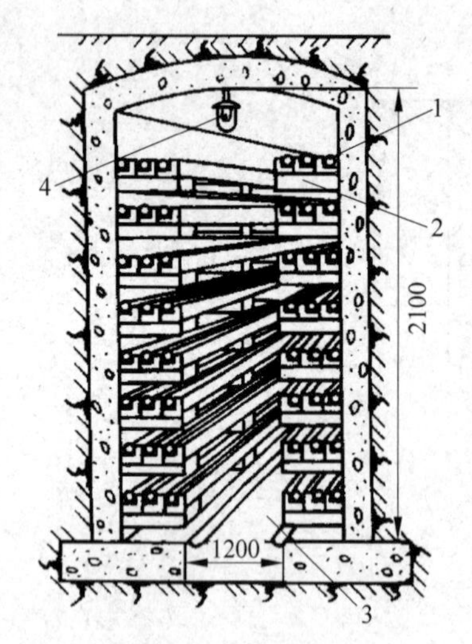

图 2-65 电缆隧道

1—电缆；2—支架；3—维护走廊；4—照明灯具

实际敷设电缆时，一定严格遵守有关技术规程的规定和设计要求。竣工以后，要按规定的手续和要求检查和验收，确保线路的质量。部分重要的技术要求如下所述。

(1) 电缆长度宜按实际长度增加 5%～10%的裕量，作为安装、检修时备用。直接埋设电缆应做波浪形埋设。

(2) 下列场合敷设非铠装电缆，应采取穿管保护：电缆引入或引出建筑物或构筑物；电缆穿过楼板及主要墙壁处；从电缆沟道引出至电杆，或沿墙敷设的电缆距地面 2m 高度及埋入地下小于 0.3m 深度的一段；电缆与道路、铁路交叉的一段。所用保护管的内径不得小于电缆外径或多根电缆包络外径的 1.5 倍。

(3) 多根电缆敷设在同一通道中位于同侧的多层支架上时，应满足下列敷设要求。

① 按电压等级由高至低的电力电缆、强电至弱电的控制和信号电缆、通信电缆的顺序排列。

② 支架层数受通道空间限制时，35kV 及以下的相邻电压等级的电力电缆可排列在同一层支架，1kV 及以下的电力电缆也可与强电控制和信号电缆配置在同一层支架上。

③ 同一重要回路的工作与备用电缆实行耐火分隔时，宜适当配置在不同层次的支架上。

(4) 明敷的电缆不宜平行敷设于热力管道上部。电缆与管道之间无隔板防护时，相互间距应符合表 2-21 所列的允许距离(根据 GB 50217—2007《电力工程电缆设计规范》的规定)。

表 2-21 电缆与管道间允许间距 单位：mm

电缆和管道之间走向		电力电缆	控制和信号电缆
热力管道	平行	1000	500
	交叉	500	250
其他管道	平行	150	100

(5) 电缆应远离爆炸性气体释放源。

(6) 电缆沿输送易燃气体的管道敷设时，应配置在危险程度较低的管道一侧。

(7) 电缆沟的结构应考虑到防火和防水。

(8) 直埋敷设于非冻土地的电缆，其外皮至地下构筑物基础的距离不得小于 0.3m；至地面的距离不得小于 0.7m；当位于车行道或耕地的下方时，应适当加深，且不得小于 1m。电缆直埋于冻土地时，宜埋入冻土层以下。直埋敷设的电缆，严禁位于地下管道的正上方或正下方。有化学腐蚀性的土壤中，电缆不宜直埋敷设。

(9) 电缆的金属外皮、金属电缆头及保护钢管和金属支架等，均应可靠接地。

3. 车间线路的敷设

车间常用电力线路敷设方式如图 2-66 所示。

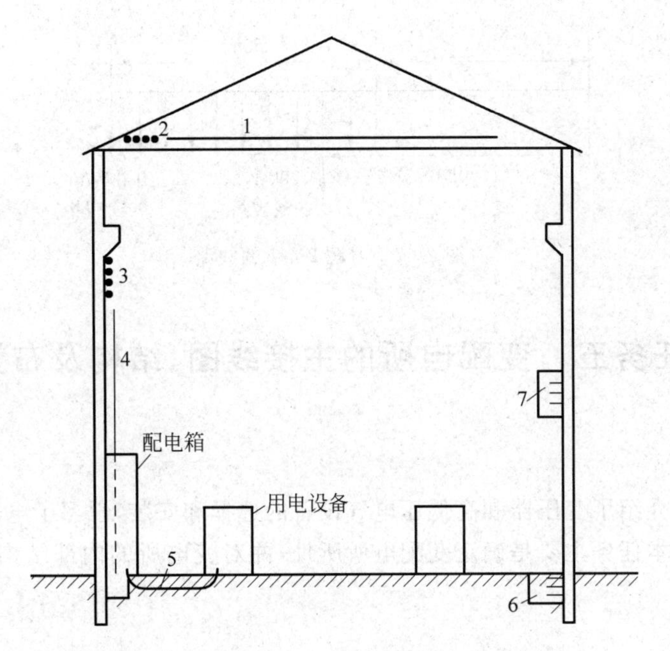

图 2-66　车间常用电力线路敷设方式示意图

1—沿屋架横向明敷；2—跨屋架纵向明敷；3—沿墙或沿柱明敷；4—穿管明敷；5—地下穿管暗敷；6—地沟内敷设；7—封闭型母线(插接式母线)

车间电力线路在敷设过程中还要满足下述安全要求。

(1) 离地面 3.5m 以下的电力线路应采用绝缘导线，离地面 3.5m 以上允许采用裸导线。

(2) 离地面 2m 以下的导线必须加机械保护，例如穿钢管或穿硬塑料管保护。

(3) 根据机械强度的要求，绝缘导线的芯线截面应不小于附表 14 所列数值。

(4) 车间电力线路的敷设方式应根据环境条件和敷设要求确定。

自我检测

2-4-1　工厂高压供电线路有何功能？按结构分为哪几类？各有何特点？

2-4-2　电力电缆的敷设方式有哪些？各适用于什么场合？

2-4-3　试比较架空线路和电缆线路的优、缺点及适用范围。

2-4-4　车间供电线路有哪几种敷设方式？

2-4-5　有一条采用 BV 型铜芯塑料线穿钢管(SC)埋地敷设的 220/380V TN-S 线路。线路计算电流 128A，当地最热月平均最高气温为＋35℃。试按发热条件选择此线路的导线截面。

2-4-6　有一条用 LJ 型铝绞线架设的 3km 长的 35kV 架空线路，有功计算负荷为 3200kW，$\cos\varphi=0.85$，$T_{max}=4500$h。试选择其经济截面，并校验其发热条件和机械强度。

2-4-7　某 220/380V TN-C 线路如图 2-67 所示。线路采用 BX-500 型铜芯橡皮绝缘线户内明敷，环境温度为 30℃，允许电压损耗为 5%。试选择该线路的导线截面。

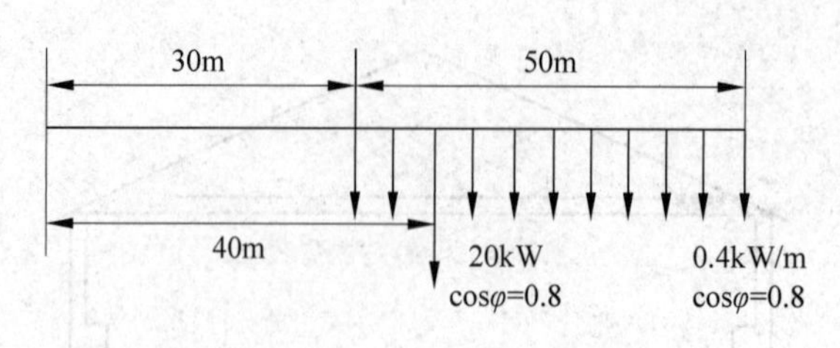

图 2-67 习题 2-4-7 的线路

任务五 变配电所的主接线图、结构及布置

任务情境

前面的任务介绍了变压器和高低压电气设备的选择和安装，学习了电力线路的选择、校验和敷设方法。本任务主要是确定变配电所所址，并对变电所的内部结构进行合理的安排和布置。

任务分析

要完成电力线路的选择及敷设，需要从以下几个方面来考虑。

✧ 掌握变配电所主接线方案。

✧ 了解变配电所所址的选择。

✧ 了解变配电所的总体布置情况。

✧ 了解变配电所的结构。

知识准备

一、变配电所的主接线图

工厂变配电所的电路图，按功能可分为以下两种：一种是表示变配电所的电能输送和分配路线的电路图，称为主电路图或一次电路图；另一种是表示控制、指示、测量和保护一次电路及其设备运行的电路图，称为二次电路图或二次回路图。二次回路是通过互感器与主电路相联系的。

对工厂变配电所主接线有下列基本要求。

(1) 安全性：要符合国家标准和有关技术规范的要求，能充分保证人身和设备的安全。例如，在高压断路器的电源侧及可能反馈电能的负荷侧，必须装设高压隔离开关等。

(2) 可靠性：要满足各级电力负荷对供电可靠性的要求。

(3) 灵活性：能适应系统所需要的各种运行方式，便于操作维护，并能适应负荷的发展，有扩充、改建的可能性。

(4) 经济性：在满足以上要求的前提下，尽量使主接线简单，投资少，运行费用低，并节约电能和有色金属消耗量。例如，选用技术先进、经济适用的节能产品等。

（一）车间（或小型工厂）变电所的主接线方案

车间（或小型工厂）变电所是将高压 6～10kV 降为一般用电设备所需低压（如 220/380V）的终端变电所。该类变电所主接线比较简单，高压侧主接线方案分两种情况：一种是有工厂总降压变电所或高压配电所的车间变电所，其高压侧的开关电器、保护装置和测量仪表等通常安装在高压配电线路的首端，即总降压变电所或高压配电所的 6～10kV 配电室内，车间变电所的高压侧可不装开关设备，或只装简单的隔离开关、熔断器或避雷器等，如图 2-68 所示。从图中可以看出，凡是高压架空进线，均需装设避雷器，以防雷电波沿架空线侵入变电所，毁坏变压器及其他设备的绝缘。

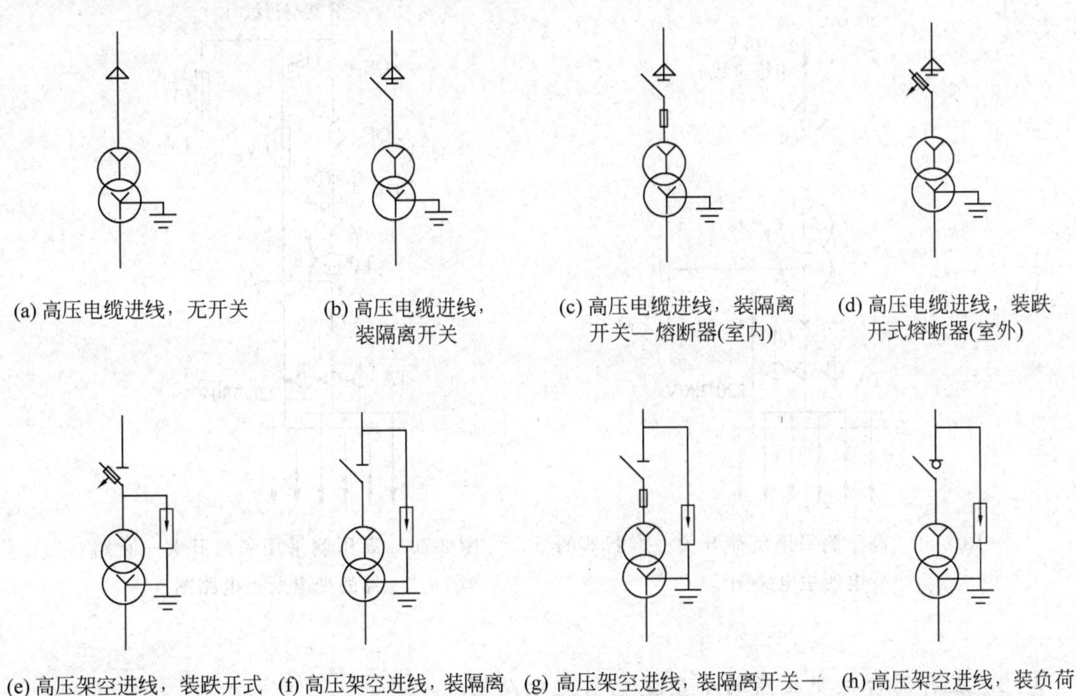

(a) 高压电缆进线，无开关　(b) 高压电缆进线，装隔离开关　(c) 高压电缆进线，装隔离开关—熔断器(室内)　(d) 高压电缆进线，装跌开式熔断器(室外)

(e) 高压架空进线，装跌开式熔断器和避雷器(室外)　(f) 高压架空进线，装隔离开关和避雷器(室内)　(g) 高压架空进线，装隔离开关—熔断器和避雷器(室内)　(h) 高压架空进线，装负荷开关和避雷器(室内)

图 2-68　车间变电所高压侧主接线方案

另一种情况为工厂内无总降压变电所或配电所，车间变电所即工厂降压变电所。此时，高压侧必须配置足够的开关设备。

电力变压器发生故障时，需要迅速切断电源，应采用快速切断电源的保护装置。对于较小容量的变压器，只要运行操作符合要求，可以优先采用简单、经济的熔断器保护。

下面介绍小型工厂变电所的几种常用的主接线方案（注意：未绘出计量柜主电路）。

1. 只装有一台主变压器的小型变电所

根据其高压侧所用开关电器的不同，有以下三种典型的主接线方案。

（1）高压侧采用隔离开关—熔断器或跌开式熔断器的变电所主电路图（见图 2-68（c）、（d）、（e）、（g）），它们均采用熔断器来保护变电所的短路故障。由于隔离开关和跌开式熔断器切断空载变压器容量的限制，一般只用于 500kV·A 及以下容量的变压器。这类主接线都简单、经济，但供电可靠性不高，适用于供三级负荷的小容量变电所。

(2) 高压侧采用负荷开关—熔断器的变电所主电路图(见图 2-69):由于负荷开关能带负荷操作,使变电所停电和送电的操作较为灵活、简便。现在有一种环网柜,内装新型高压熔断器和负荷开关,能可靠地保护变压器,并能方便地实现环形接线,大大提高了供电的可靠性。

(3) 高压侧采用隔离开关—断路器的变电所主电路图(见图 2-70):由于采用了高压断路器,使变压器的切换操作非常灵活、方便。在短路和过负荷时,继电保护装置能实现自动跳闸;在短路故障和过负荷情况消除后,可直接迅速合闸,使恢复供电的时间大大缩短。

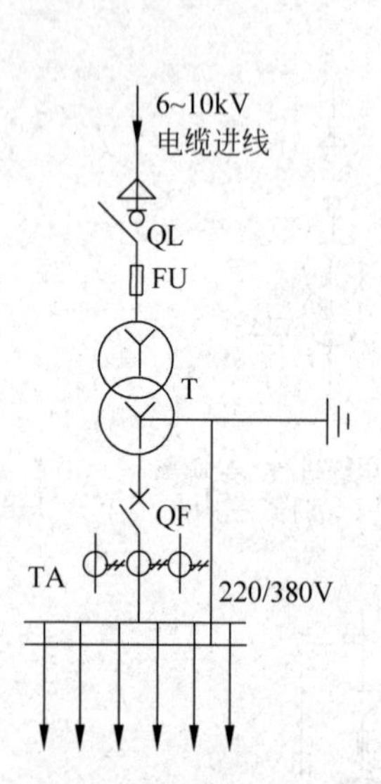

图 2-69 高压侧采用负荷开关—熔断器的变电所主电路图

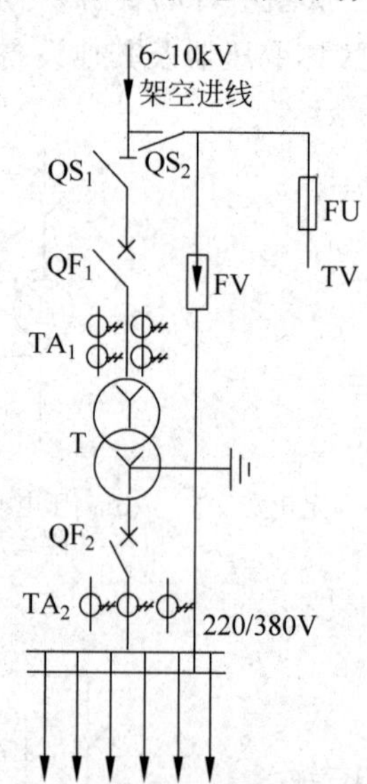

图 2-70 高压侧采用隔离开关—断路器的变电所主电路图

2. 装有两台主变压器的小型变电所主电路图

(1) 高压侧无母线、低压单母线分段的变电所主电路图(见图 2-71):当任一主变压器或任一电源线停电检修或发生故障时,通过倒闸操作闭合低压母线分段开关 QF_5,即可恢复供电,因而具有较高的供电可靠性。

(2) 高压采用单母线、低压单母线分段的变电所主电路图(见图 2-72):这种主接线适用于装有两台及以上主变压器或具有多路高压出线的变电所。当任一台变压器检修或发生故障时,通过切换操作,能很快恢复供电。

(3) 高低压侧均为单母线分段的变电所主电路图(见图 2-73):这种主电路的两段高压母线在正常时可以接通运行,也可以分段运行。当发生故障时,通过切换,可切除故障部分,恢复对整个变电所供电,因此供电可靠性很高,可供一、二级负荷。

(二) 工厂总降压变电所的主接线图

对于电源进线电压为 35kV 及以上的大中型工厂,一般需两级降压,即先经总降压变电所将电压降为 6~10kV 的高压配电电压,然后经车间变电所降为一般低压用电设备所需的电压(如 220/380V)。

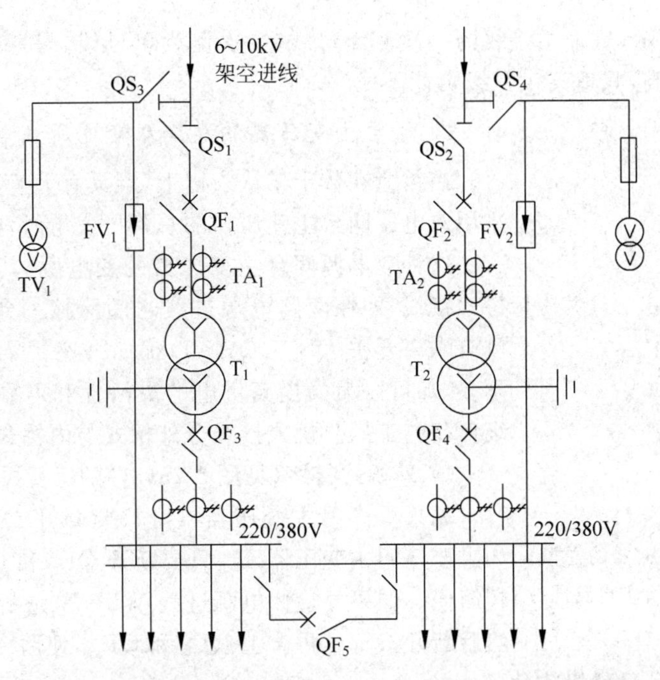

图 2-71 高压侧无母线、低压单母线分段的变电所主电路图

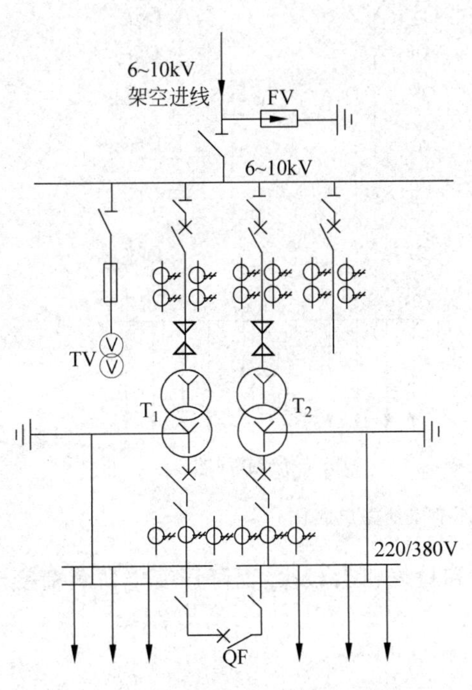

图 2-72 高压采用单母线、低压单母线分段的变电所主电路图

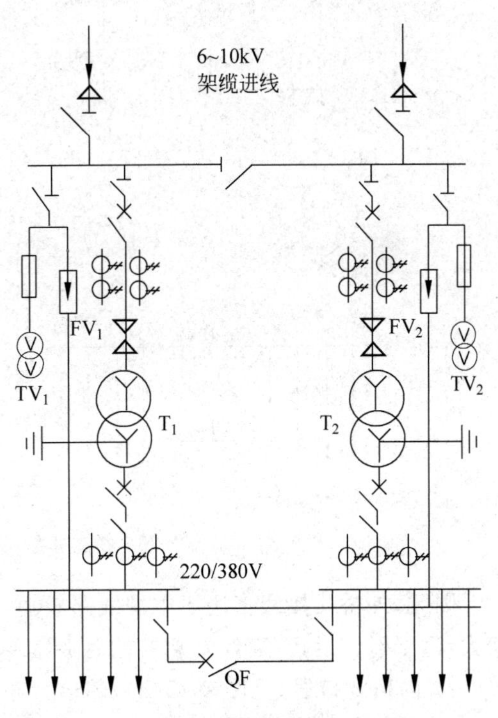

图 2-73 高低压侧均为单母线分段的变电所主电路图

1. 单台变压器的总降压变电所主电路图

如图 2-74 所示，这种主接线的一次侧无母线，二次侧为单母线。其特点是简单、经济，但供电可靠性不高，只适于供三级负荷。

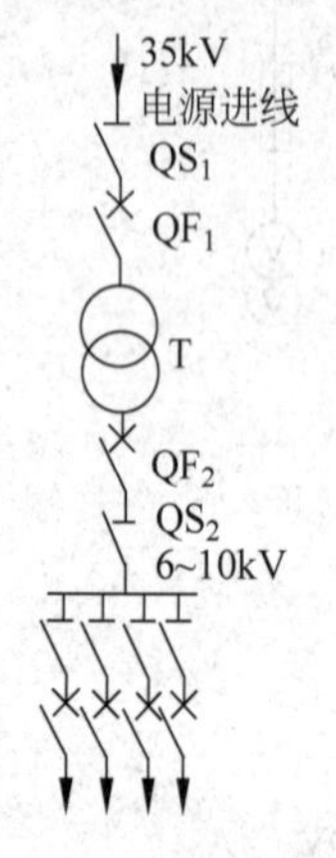

图 2-74 单台变压器的总降压变电所主电路图

2. 两台主变压器的总降压变电所主电路图

当负荷在数千千伏安以上，且具有大量重要负荷时，通常采用双电源两台主变压器的总降压变电所，如图 2-75 所示。

这种双电源两台主变压器的变电所，其电源侧通常采用桥式接线，即在两路电源进线之间跨接一台开关 QF_{10}（其两侧有隔离开关 QS_{101}、QS_{102}），犹如一座桥梁。这样增加投资不多，却可以大大提高供电的灵活性和可靠性，适用于一、二级负荷的工厂。桥式接线分外桥式与内桥式两种。

1）外桥式接线（见图 2-75(a)）的运行操作

如果要停用主变压器 T_1，只要断开 QF_{11} 和 QF_{21} 即可。如果要停用主变压器 T_2，只要断开 QF_{12} 和 QF_{22} 即可，操作均较简便。如果要检修电源进线 WL_1，需先断开 QF_{11} 和 QF_{10}，然后断开 QS_{111}，再合上 QF_{11} 和 QF_{10}，使两台主变压器均由电源进线 WL_2 供电，显然操作比较麻烦。

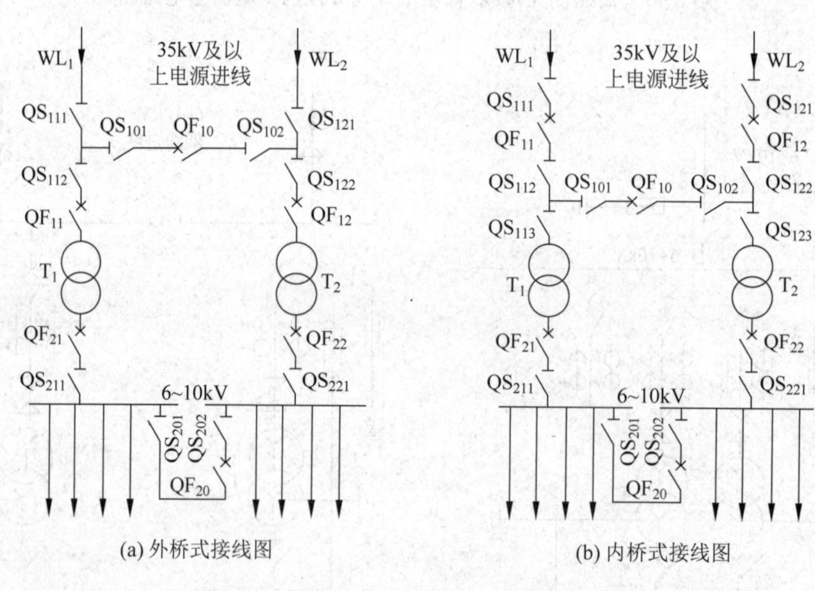

(a) 外桥式接线图 (b) 内桥式接线图

图 2-75 桥式接线的总降压变电所主电路图

因此，外桥式接线多用于电源线路较短，故障和检修机会较少，而降压变电所负荷变动较大，适于经济运行、需经常切换的总降压变电所。

2）内桥式接线（见图 2-75(b)）的运行操作

如果电源进线 WL_2 失电或检修，只要断开 QF_{12} 和 QS_{122}、QS_{121}，然后合上 QF_{10}（其两侧的 QS 应先合上），即可使两台主变压器均由电源进线 WL_1 供电，操作比较简便。如果要停用变压器 T_2，需先断开 QF_{12} 和 QF_{22} 及 QF_{10}，然后断开 QS_{123}、QS_{221}，再合上 QF_{12} 和 QF_{10}，使

变压器 T_1 仍可由两路电源进线供电，显然操作比较麻烦。

因此，内桥式接线多用于电源线路较长，故障和检修机会较多，而主变压器不需经常切换的总降压变电所。

（三）电气主接线典型实例

高压配电所担负着从电力系统受电，并向各车间变电所及某些高压用电设备配电的任务。

图 2-76 所示是工厂供电系统中高压配电所及其附设 2 号车间变电所的主接线图。下面对此图进行分析、介绍。

1. 电源进线

该配电所有两路 10kV 电源进线：一路架空进线 WL_1，另一路电缆进线 WL_2。最常见的进线方案是一路电源来自发电厂或电力系统变电站，作为正常工作电源；另一路电源来自邻近单位的高压联络线，作为备用电源。

根据国家有关规定，在电源进线处各装设一台 GG-1A-J 型电能计量柜(No. 101 和 No. 112)，其中的电压互感器和电流互感器只用来连接计费的电度表。

装设进线断路器高压开关柜(No. 102 和 No. 111)，因需与计量柜相连，因此采用 GG-1A(F)-11 型。由于进线采用高压断路器控制，便于切换操作，并可配以继电保护和自动装置，使供电可靠性大大提高。

2. 母线

母线又名汇流排，是配电装置中用来汇集和分配电能的导体。

高压配电所的母线通常采用单母线制。如果是两路或以上电源进线，采用单母线分段制。这里，高、低压侧母线都采用单母线分段制。高压母线采用隔离开关分段。分段隔离开关可安装在墙上，也可采用专门的分段柜(亦称联络柜)。

图 2-76 中所示高压配电所通常采用一路电源工作，另一路电源备用的运行方式，即母线分段开关通常闭合，两段母线并列运行。当工作电源失电时，可手动或自动地投入备用电源，恢复整个变电所的供电。如果装设备用电源投入装置(APD)，供电可靠性更高。为了测量、监视、保护和控制主电路设备的需要，每段母线上接有电压互感器，进线和出线上均串接有电流互感器。图 2-76 中所示高压电流互感器均有两个二次绕组，其中一个接测量仪表，另一个接继电保护装置。为了防止雷电过电压侵入变配电所时击毁其中的电气设备，各段母线上都装有避雷器。避雷器和电压互感器同装在一个高压柜内，且共用一组高压隔离开关。

3. 高压配电出线

该配电所共有六路高压出线。其中，至 2 号车间变电所的两条出线分别来自两段母线。由于配电出线为高压母线侧来电，因此需在断路器的母线侧装设隔离开关，相应高压柜的型号为 GG-1A(F)-03(电缆出线)。

4. 车间配电

该 2 号车间变电所是由 10kV 降至 220/380V 的终端变电所，采用两个电源、两台变压器供电，说明其一、二级负荷较多。低压侧母线采用单母线分段接线，并装有中性线。对于 220/380V 母线后的低压配电，采用五只 PGL2 型低压配电屏分别配电给动力和照明。

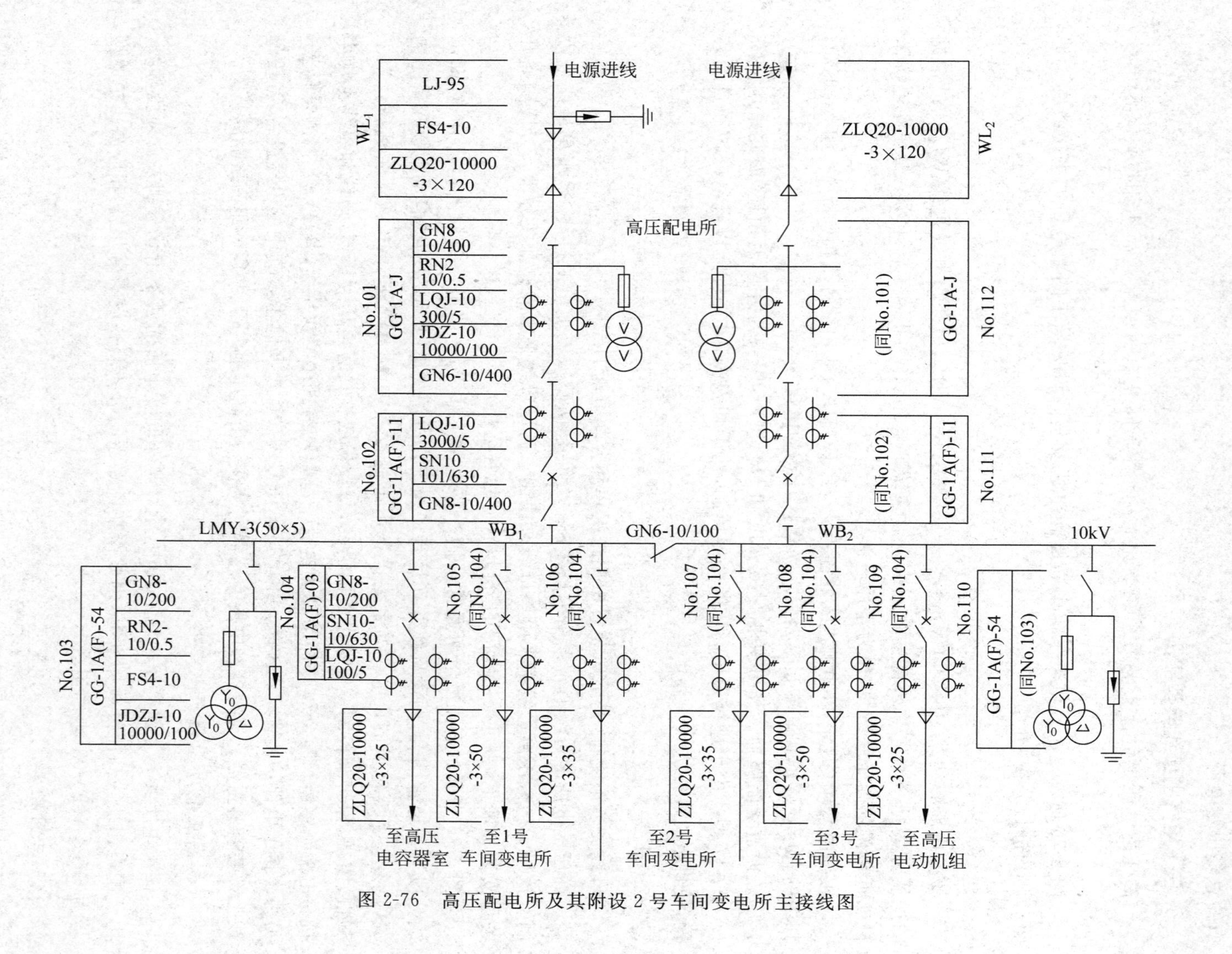

图 2-76　高压配电所及其附设 2 号车间变电所主接线图

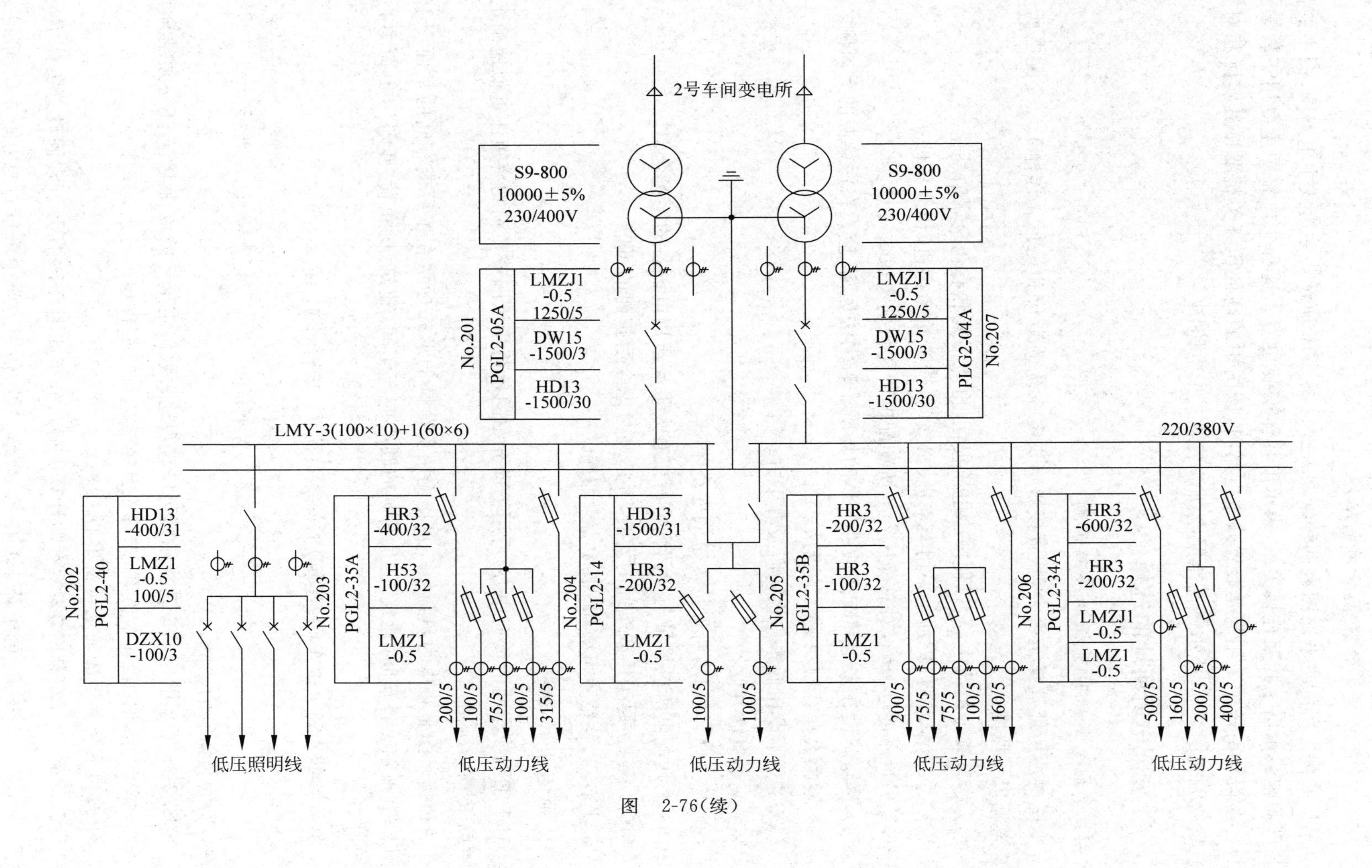
2号车间变电所
S9-800
10000±5%
230/400V
S9-800
10000±5%
230/400V
No.201
PGL2-05A
LMZJ1
-0.5
1250/5
DW15
-1500/3
HD13
-1500/30
LMZJ1
-0.5
1250/5
DW15
-1500/3
HD13
-1500/30
PLG2-04A
No.207
LMY-3(100×10)+1(60×6)
220/380V
No.202
PGL2-40
HD13
-400/31
LMZ1
-0.5
100/5
DZX10
-100/3
No.203
PGL2-35A
HR3
-400/32
H53
-100/32
LMZ1
-0.5
200/5
100/5
75/5
100/5
315/5
No.204
PGL2-14
HD13
-1500/31
HR3
-200/32
LMZ1
-0.5
100/5
100/5
No.205
PGL2-35B
HR3
-200/32
HR3
-100/32
LMZ1
-0.5
200/5
75/5
75/5
100/5
160/5
No.206
PGL2-34A
HR3
-600/32
HR3
-200/32
LMZJ1
-0.5
LMZ1
-0.5
500/5
160/5
200/5
400/5
低压照明线
低压动力线
低压动力线
低压动力线
低压动力线

图　2-76（续）

5. 工厂变配电所的装置式主电路图

工厂变配电所的主电路图有两种绘制方式。图 2-76 所示为系统式主电路图,图中的高低压开关柜只示出了相互连接关系,未示出具体安装位置。这种主电路图主要用于教学和运行。在设计图样中采用的是装置式主电路图,该图中的高低压开关柜要按其实际相对排列位置绘制。图 2-77 所示是高压配电所的装置式主电路图。

二、变配电所所址的选择

1. 变配电所所址选择的一般原则

变配电所所址选择是否合理,直接影响供电系统的造价和运行。选择工厂变配电所所址应遵循以下原则。

(1) 尽量靠近负荷中心,以便减少电压损耗、电能损耗和有色金属消耗量。

(2) 进、出线方便,特别是采用架空进、出线时,应着重考虑进、出线条件。

(3) 尽量靠近电源侧,对总降压变电所和配电所要特别考虑这一点。

(4) 尽量不设在多尘和有腐蚀性气体的场所。若无法远离,应设在污染源的上风侧。

(5) 避免设在有剧烈振动的场所。

(6) 尽量不设在低洼积水场所及其下方。

(7) 交通运输方便。

(8) 与易燃、易爆场所保持规定的安全距离。

(9) 高压配电所应尽量与车间变电所或有大量高压用电设备的厂房合建。

(10) 不应妨碍工厂或车间的发展,并适当考虑今后扩建的可能。

以上各点,往往不可兼得,但应力求兼顾。

2. 负荷中心确定

对于工厂或车间的负荷中心,可用下面介绍的负荷指示图或负荷功率矩法近似地确定。

1) 负荷指示图

负荷指示图是将电力负荷按一定比例用负荷圆的形式标示在工厂或车间的平面图上,如图 2-78 所示。各车间(建筑)的负荷圆的圆心应与车间(建筑)的负荷“重心”(负荷中心)大致相符。

负荷圆的半径 r 由车间(建筑)的计算负荷 P_{30} 求得,即

$$r = \sqrt{\frac{P_{30}}{K\pi}} \tag{2-57}$$

式中: K 为负荷圆的比例,$\mathrm{kW/mm^2}$。

由图 2-78 所示的工厂负荷指示图可以直观地大致确定工厂的负荷中心,还必须结合其他条件,综合分析、比较几个方案,选择最佳方案来确定变配电所的所址。

2) 按负荷功率矩法确定负荷中心

设有负荷 P_1、P_2、P_3(均表示有功计算负荷),分布如图 2-79 所示。现假设总负荷 $P = \sum P_i = P_1 + P_2 + P_3$ 的负荷中心位于 $P(x,y)$处,仿照力学中求重心的力矩方程,可得

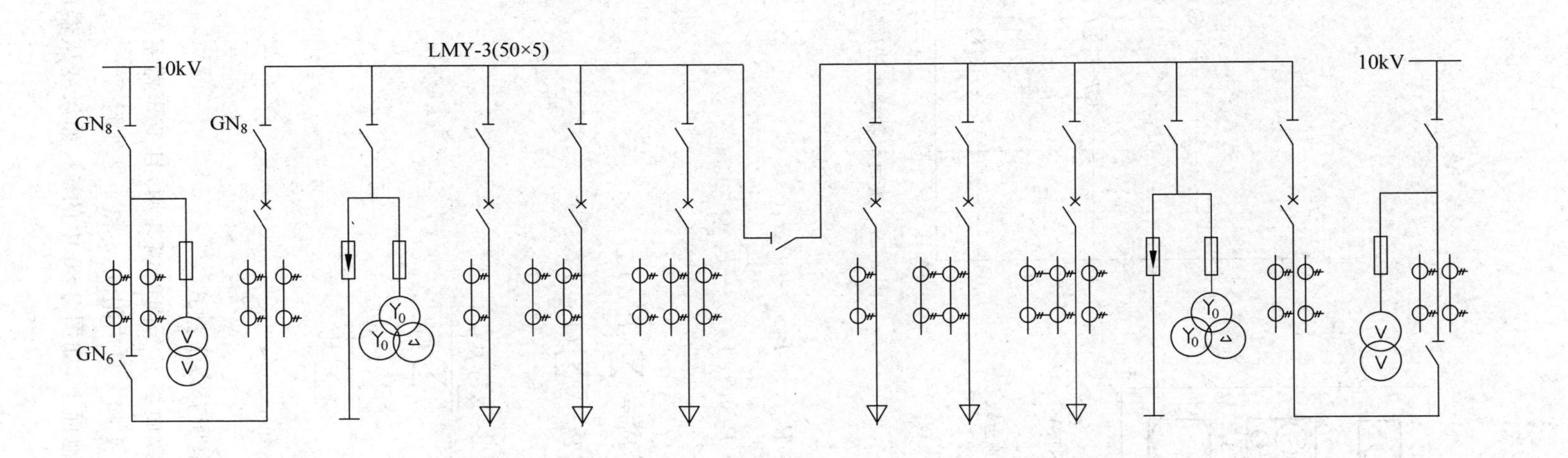

No.101	No.102	No.103	No.104	No.105	No.106		No.107	No.108	No.109	No.110	No.111	No.112
电能计量柜	1号进线开关柜	避雷器及电压互感器	出线柜	出线柜	出线柜	GN6-10/400	出线柜	出线柜	出线柜	避雷器及电压互感器	2号进线开关柜	电能计量柜
GG-1A-J	GG-1A (F)-11	GG-1A (F)-54	GG-1A (F)-03	GG-1A (F)-03	GG-1A (F)-03		GG-1A (F)-03	GG-1A (F)-03	GG-1A (F)-03	GG-1A (F)-54	GG-1A (F)-11	GG-1A-J

图 2-77 高压配电所的装置式主电路图

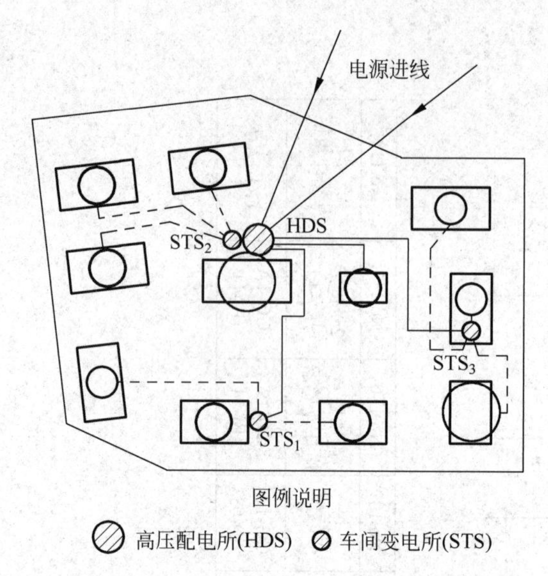

图 2-78　工厂负荷指示图

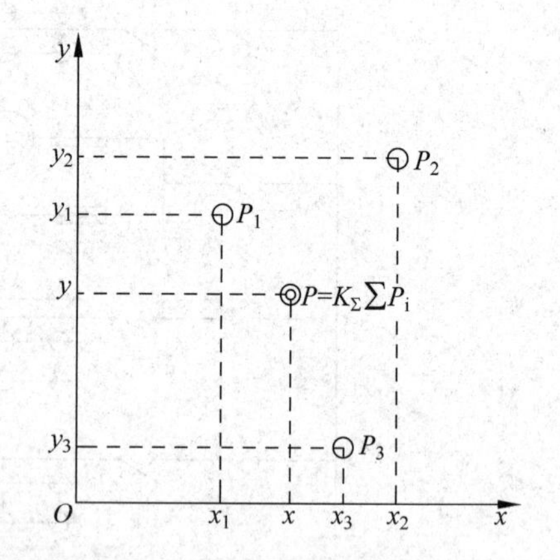

图 2-79　按负荷功率矩法确定负荷中心

$$x\sum P_{\mathrm{i}} = P_1x_1 + P_2x_2 + P_3x_3$$

$$y\sum P_{\mathrm{i}} = P_1y_1 + P_2y_2 + P_3y_3$$

写成一般式为

工厂变配电所及变压器

$$x\sum P_{\mathrm{i}} = \sum(P_{\mathrm{i}}x_{\mathrm{i}})$$

$$y\sum P_{\mathrm{i}} = \sum(P_{\mathrm{i}}y_{\mathrm{i}})$$

求得负荷中心的坐标为

$$x = \frac{\sum(P_{\mathrm{i}}x_{\mathrm{i}})}{\sum P_{\mathrm{i}}}$$

$$y = \frac{\sum(P_{\mathrm{i}}y_{\mathrm{i}})}{\sum P_{\mathrm{i}}} \tag{2-58}$$

三、车间变电所类型

按变压器的安装地点分类，车间变电所有以下型式。

(1) 附设变电所：变电所的一面或数面墙与车间的墙共用，且变压器室的门和通风窗向车间外开，如图 2-80 中的 1～4。图中 1 和 2 是内附式，3 和 4 是外附式。

(2) 露天变电所：变压器位于露天地面上，如图 2-80 中的 5。如果变压器的上方设有顶板或挑檐，则称为半露天变电所。

(3) 独立变电所：变电所为一栋独立建筑物，如图 2-80 中的 6。

(4) 车间内变电所：位于车间内部的变电所，且变压器室的门向车间内开，如图 2-80 中的 7。

(5) 杆上变电站：变压器装在室外的电杆上面。

(6) 地下变电所：整个变电所装设在地下设施内。

(7) 楼上变电所：整个变电所装设在楼上。

(8) 成套变电所：由电器制造厂按一定接线方案成套制造、现场装配的变电所。

(9) 移动式变电所：整个变电所装设在可移动的车上。

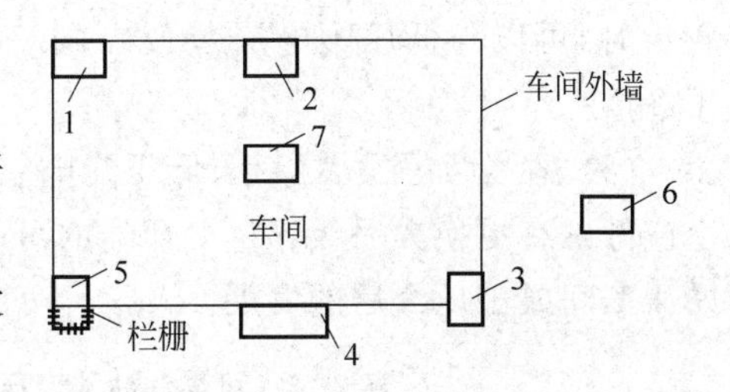

图 2-80　车间变电所类型

1、2—内附式；3、4—外附式；5—露天式；6—独立式；7—车间内变电所

上述附设变电所、独立变电所、车间内变电所及地下变电所，统称为室内型变电所；露天、半露天变电所及杆上变电站，统称为室外型变电所。

车间变电所的类型，应根据用电负荷的状况和周围环境的具体情况来确定。

在负荷大而集中，且设备布置比较稳定的大型生产厂房内，可以考虑采用车间内变电所，以便尽量靠近车间的负荷中心。

对于生产面积较紧或生产流程要经常调整的车间，宜采用附设变电所的型式。

露天变电所简单、经济，可用于周围环境条件正常的场合。

独立变电所一般只用于负荷小而分散的情况，或者需远离易燃、易爆和有腐蚀性物质的情况。

杆上变电站一般只用于容量在 315kV·A 及以下的变压器，且多用于生活区供电。

地下变电所的建筑费用较高，但不占地面，不碍观瞻，一般只用于有特殊需要的情况。

楼上变电所适用于高层建筑。这种变电所要求结构尽可能轻型、安全，主要采用无油干式变压器，不少采用成套变电所。

移动式变电所主要用于坑道作业及临时施工现场供电。

四、变配电所的总体布置

1. 变配电所总体布置的要求

变配电所的总体布置应满足以下要求。

(1) 便于运行维护。有人值班的变配电所，一般应设置值班室。值班室应尽量靠近高、低压配电室，且有门直通。

(2) 保证运行的安全。值班室内不得有高压设备。高压电容器组一般应装设在单独的房间内。变配电所各室的大门都应朝外开。所有带电部分离墙和离地的尺寸以及各室的维护操作通道的宽度，均应符合有关规程要求，以确保安全(参见表 2-22～表 2-24)。长度大于 7m 的配电室应设两个出口，并尽量布置在配电室的两端。低压配电屏的长度大于 6m 时，其屏后通道应设两个出口。

(3) 便于进出线。高压架空进线时，高压配电室宜位于进线侧，低压配电室宜靠近变压器室。开关柜下面一般要设置电缆沟。

(4) 节约土地与建筑费用。高压配电所应尽量与车间变电所合建。高压开关柜数量较少时，可以与低压配电屏装设在同一配电室内，但其裸露带电导体之间的净距不应小于2m。

(5) 适当考虑发展。高、低压配电室内均应留有适当数量开关柜的备用位置。变压器室应考虑有更换大一级容量变压器的可能。既要考虑到变配电所留有扩建的余地，又要不妨碍车间或工厂今后的发展。

表 2-22　可燃油油浸变压器外廓与变压器墙壁和门的最小净距

变压器容量/(kV·A)	100～1000	1250及以上
变压器外壳与后壁、侧壁净距/mm	600	800
变压器外壳与门净距/mm	800	1000

表 2-23　高压配电室内各种通道最小宽度　　单位：mm

开关柜布置方式	柜后维护通道	柜前操作通道	
		固定式	手车式
单排布置	800	1500	单车长度＋1200
双排面对面布置	800	2000	双车长度＋900
双排背对背布置	1000	1500	单车长度＋1200

注：1. 固定式开关柜靠墙布置时，柜后与墙净距应大于50mm，侧面与墙净距应大于200mm。
2. 在建筑物的墙面遇有柱类局部凸出时，凸出部位的通道宽度可减少200mm。

表 2-24　配电屏前、后通道最小宽度　　单位：mm

型　式	布置方式	屏前通道	屏后通道
固定式	单排布置	1500	1000
	双排面对面布置	2000	1000
	双排背对背布置	1500	1500
抽屉式	单排布置	1800	1000
	双排面对面布置	2300	1000
	双排背对背布置	1800	1000

2. 变配电所总体布置的方案

变配电所总体布置的方案应因地制宜，合理设计，拟出几种可行的方案进行技术经济比较后再确定。

图2-81是图2-76所示高压配电所及其附设2号车间变电所的平面和剖面图。读者可根据上述对变配电所总体布置的要求，仔细阅读、体会；并且对照图2-76，将高压开关柜、变压器、低压配电屏等设备在图2-81中“对号入座”，体会平、剖面图是如何表示出变配电所的总体布置和一次设备的安装位置的。

图2-82是工厂高压配电所与附设式车间变电所合建的几种平面布置方案。粗线表示墙，缺口表示门。图2-82(a)、(c)、(e)中的变压器装在室内；图2-82(b)、(d)、(f)中的变压器是露天安装的。

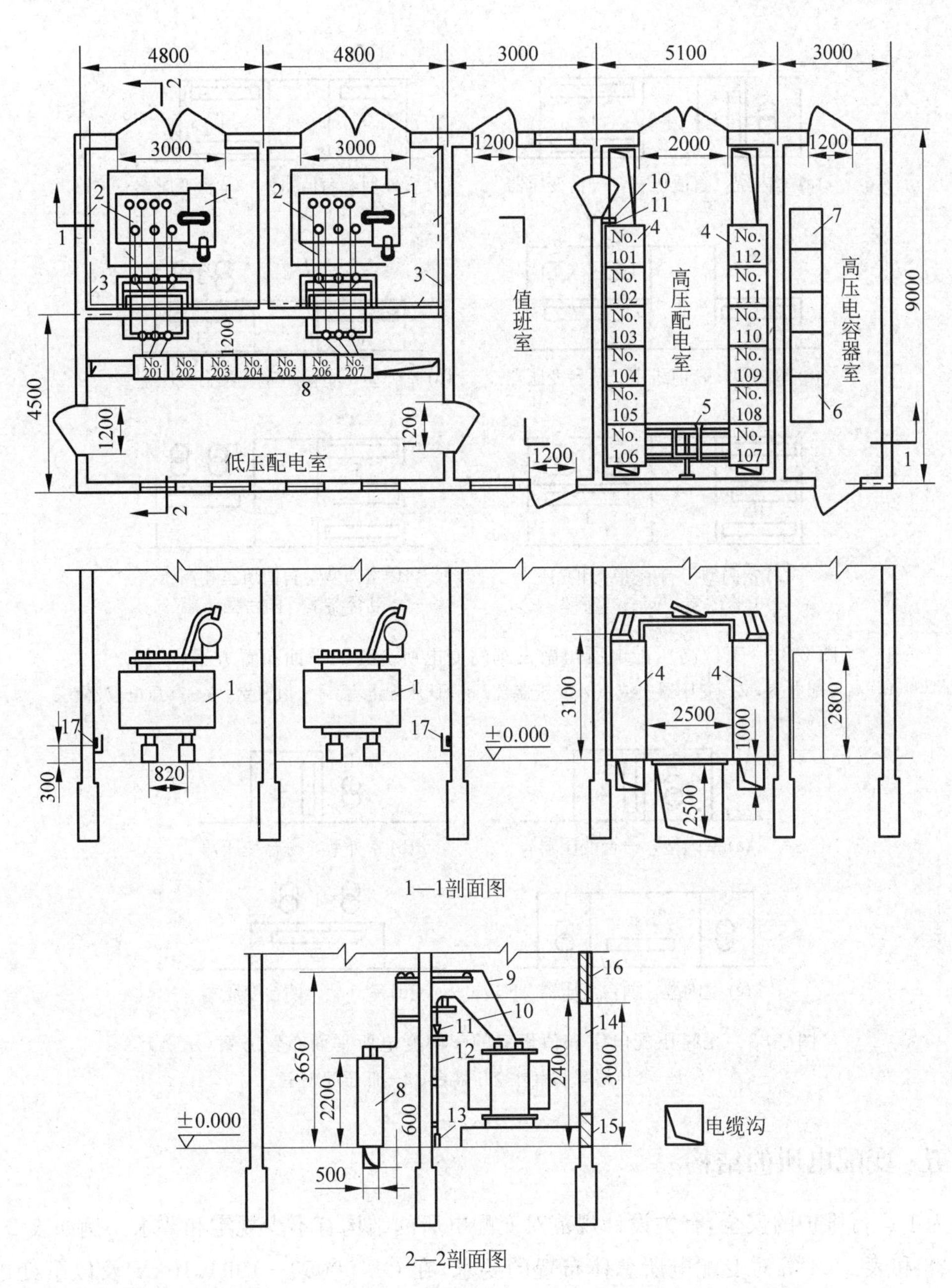

图 2-81　图 2-76 所示高压配电所及其附设 2 号车间变电所的平面和剖面图

1—S9-800/10 型电力变压器；2—PEN 线；3—接地线；4—GG-1A(F)型高压开关柜；5—GN6 高压隔离开关；6—GR-1 型高压电容器柜；7— GR-1 型电容器放电柜；8—PGL2 型低压配电屏；9—低压母线及支架；10—高压母线及支架；11—电缆头；12—电缆；13—电缆保护管；14—大门；15—进风口(百叶窗)；16—出风口(百叶窗)；17—接地线及其固定钩

如果工厂没有总降压变电所和高压配电所，则其高压开关柜的数量较少，高压配电室相应较小，但布置方案可与图 2-82 所示类似。

如果既无高压配电室，又无值班室，则车间变电所的平面布置方案更简单，如图 2-83 所示。

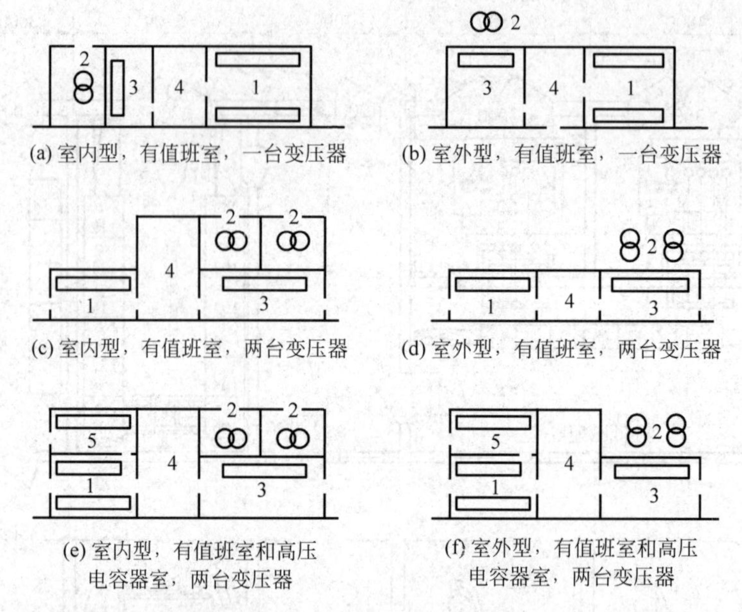

图 2-82 工厂高压配电所与附设车间变电所合建的平面布置方案(示例)

1—高压配电室；2—变压器室或室外变压器台；3—低压配电室；4—值班室；5—高压电容器室

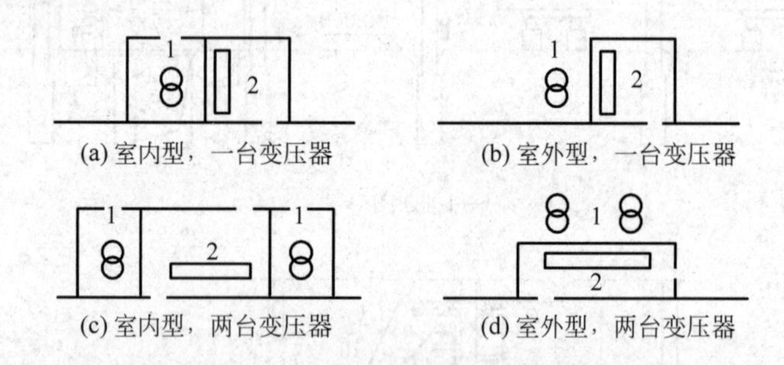

图 2-83 无高压配电室和值班室的车间变电所平面布置方案(示例)

1—变压器室或室外变压器台；2—低压配电室

五、变配电所的结构

为了运行维护的安全，有关设计规范对变配电所的结构有不少规定和要求。例如表 2-22、表 2-23 和表 2-24 等对变配电所总体布置的要求，在 GB 50053—1994《10kV 及以下变电所设计规范》中都有具体规定。

1．变压器室的结构

变压器室的结构型式取决于变压器的型式、容量、放置方式、主接线方案及进、出线方式和方向等诸多因素。

可燃油油浸变压器室的耐火等级应为一级，非燃或难燃介质变压器室的耐火等级不应低于二级。

变压器室的门要向外开。室内只设通风窗，不设采光窗。进风窗设在变压器室前门的下方，出风窗设在变压器室的上方，并应有防止雨、雪和蛇、鼠类小动物从门、窗和电缆沟等进入室内的设施。变压器室一般采用自然通风。夏季的排风温度不宜高于45℃，进风和排风的温度差不宜大于15℃。通风窗应采用非燃烧材料。

变压器室的布置方式，按变压器推进方向，分为宽面推进式和窄面推进式两种。

变压器室的地坪，按通风要求，分为地坪抬高和不抬高两种型式。变压器室的地坪抬高时，通风散热更好，但建筑费用较高。变压器容量在630kV·A及以下的变压器室地坪，一般不抬高。

图2-84所示是在变压器室的结构(摘自88D264-35)中，其高压侧为高压负荷开关—熔断器。本变压器室的特点是：窄面推进式，室内地坪不抬高，高压电缆由左侧进线，低压母线由右侧出线。

2. 室外变压器台的结构

图2-85所示是室外变压器台的结构图(摘自86D266-26)。该变电所有一路架空进线，高压有可带负荷操作的RW10-10(F)型跌开式熔断器及避雷器。避雷器与变压器400V侧中性点及变压器外壳共同接地，并将变压器的接地中性线(PEN线)引入低压配电室。

当变压器容量在315kV·A及以下、环境正常且符合用电负荷供电可靠性要求时，可考虑采用杆上变压器台的型式。设计时可参考建设部批准的86D265《杆上变压器台》标准图集。

3. 配电室、电容器室和值班室的结构

1) 高、低压配电室的结构

高、低压配电室的结构型式，主要决定于高低压开关柜(屏)的型式、尺寸和数量，同时考虑运行维护的方便和安全，留有足够的操作维护通道，并且要照顾今后的发展，留有适当数量的备用开关柜(屏)的位置，但占地面积不宜过大，建筑费用不宜过高。

图2-86所示是88D263《变配电所常用设备构件安装》标准图集中关于装有GG-1A(F)型高压开关柜、采用电缆进出线的高压配电室的两种布置方案剖面图。由图可知，装设GG-1A(F)型开关柜(柜高3.1m)的高压配电室高度为4m，这是采用电缆进出线的情况。如果采用架空进出线，高压配电室高度应在4.2m以上。如采用电缆进出线，而开关柜为手车式(一般高2.2m)，高压配电室高度可降为3.5m。为了布线和检修的需要，开关柜下面应设电缆沟。

对于低压配电室内成列布置的配电屏，其屏前、屏后的通道最小宽度，按GB 50053—1994规定，如表2-24所示。低压配电室的高度应与变压器室综合考虑，以便变压器低压出线。当配电室与抬高地坪的变压器室相邻时，低压配电室高度不应低于4m；与不抬高地坪的变压器室相邻时，配电室高度不应低于3.5m。为了布线需要，低压配电屏下面也应设电缆沟。

高压、低压配电室的耐火等级分别不应低于二级、三级。

2) 高、低压电容器室的结构

高、低压电容器室采用的电容器柜通常都是成套型的。按GB 50053—1994规定，成套电容器柜单列布置时，柜正面与墙面距离不应小于1.5m；当双列布置时，柜面之间距离不应小于2.0m。

高压、低压电容器室的耐火等级分别不应低于二级、三级。高压电容器装置宜设置在单独的高压电容器室内，低压电容器装置一般可设置在低压配电室内。

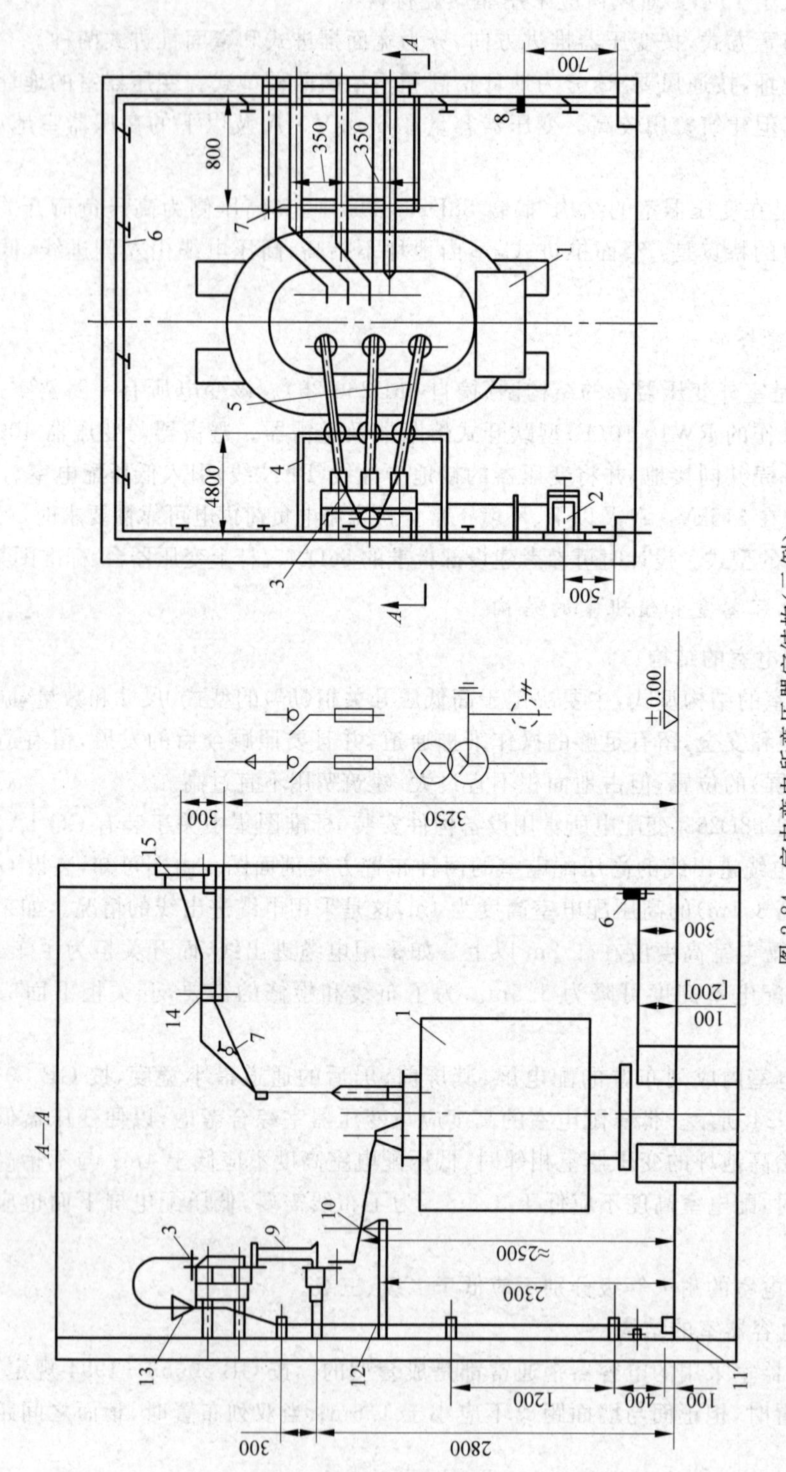

图 2-84 室内变电所变压器室结构(示例)

1—变压器；2—负荷开关操作机构；3—负荷开关；4—高压母线支架；5—高压母线；6—接地线；7—中性母线；8—临时接地线接线端子；9—熔断器；10—高压绝缘子；11—电缆保护管；12—高压电缆；13—电缆头；14—低压母线；15—穿墙隔板

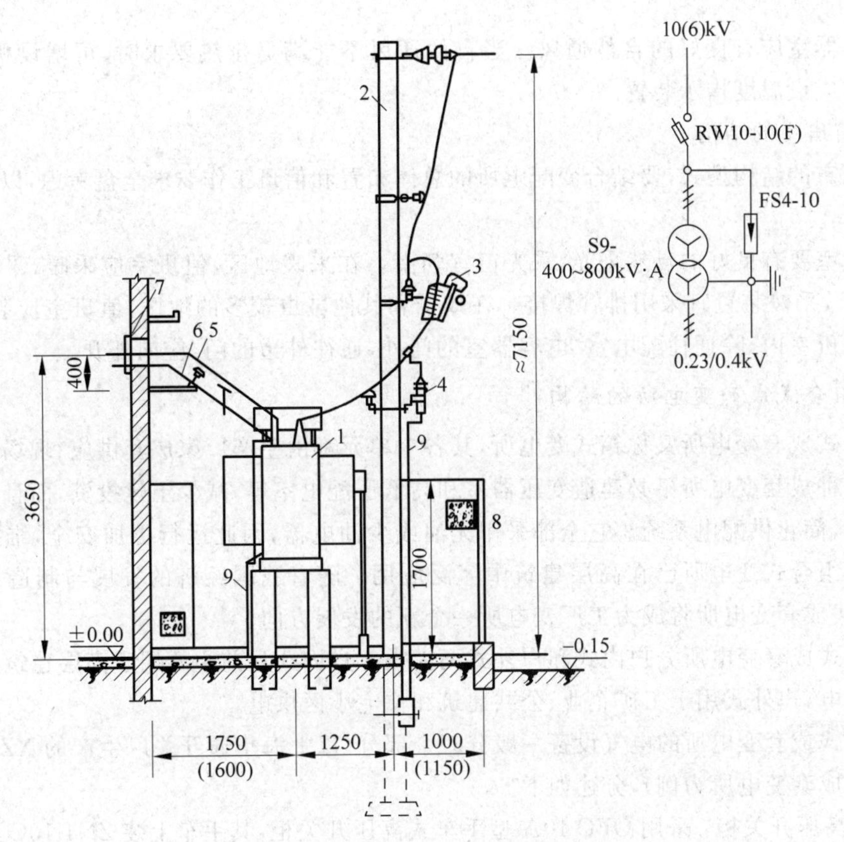

图 2-85　露天变电所变压器台结构(示例)

1—变压器；2—水泥电杆；3—RW10-10(F)型跌开式熔断器；4—避雷器；5—低压母线；6—中性母线；7—穿墙隔板；8—围墙；9—接地线

(注：图中括号内尺寸适于容量为 630kV·A 及以下变压器)

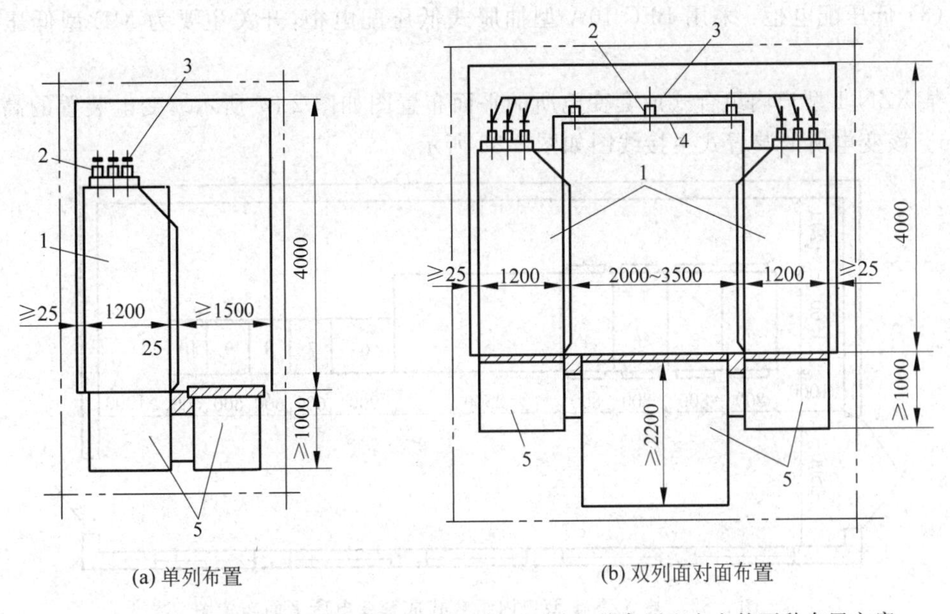

图 2-86　装有电缆进出线的 GG-1A(F)型高压开关柜的高压配电室的两种布置方案

1—高压开关柜；2—母线支柱瓷瓶；3—高压母线；4—母线桥架；5—电缆沟

电容器室应有良好的自然通风。当自然通风不能满足排热要求时，可增设机械排风。电容器室应设温度指示装置。

3）值班室的结构

值班室的结构型式，要结合变配电所的总体布置和值班工作要求全盘考虑，以利于运行值班工作。

值班室要有良好的自然采光，采光窗宜朝南。在采暖地区，值班室应采暖，采暖计算温度为18℃，采暖装置宜采用排管焊接。在蚊子和其他昆虫较多的地区，值班室应装纱窗、纱门。在值班室内，除通往配电室、电容器室的门外，通往外边的门，应向外开。

4. 组合式成套变电所的结构

组合式成套变电所又称箱式变电所，其各个单元都由生产厂家成套供应、现场组合安装而成。这种成套变电所不必建造变压器室和高低压配电室等，减少土建投资，而且便于深入负荷中心，简化供配电系统。它全部采用无油或少油电器，因此运行更加安全，维护工作量小。这种组合式变电所已在高层建筑中广泛应用。随着我国经济的发展与制造水平的提高，组合式成套变电所将成为工厂变电所一个新的发展方向。

组合式成套变电所分户内式和户外式两大类。户内式目前主要用于高层建筑和民用建筑群的供电，户外式用于工矿企业、公共建筑和住宅小区供电。

组合式成套变电所的电气设备一般分三个部分（以上海华通开关厂生产的XZN-1型户内组合式成套变电所为例），分述如下。

（1）高压开关柜：采用GFC-10A型手车式高压开关柜，其手车上装ZN4-10C型真空断路器。

（2）变压器柜：主要装配SC或SCL型环氧树脂浇注干式变压器，防护式可拆装结构。变压器底部装有滚轮，便于取出检修。

（3）低压配电柜：采用BFC-10A型抽屉式低压配电柜，开关主要为ME型低压断路器等。

某XZN-1型户内组合式成套变电所的平面布置图如图2-87所示。变电装置的高度为2.2m。该变电所的装置式主接线图如图2-88所示。

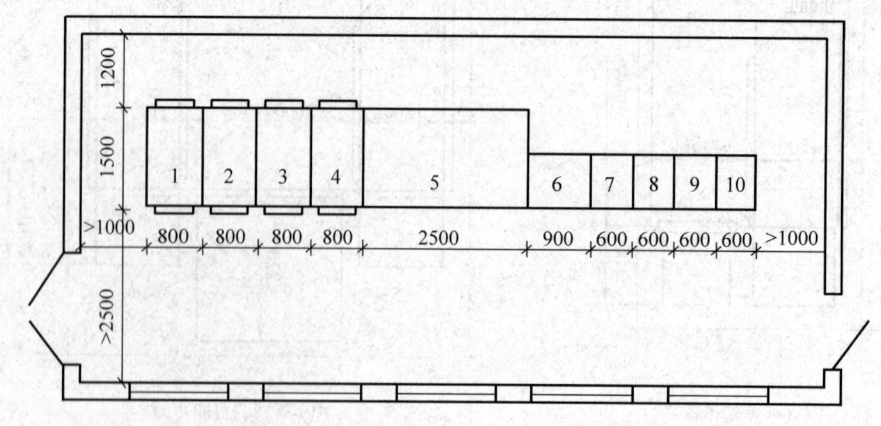

图2-87　某XZN-1型户内组合式成套变电所平面布置图

1～4—GFC-10A型手车式高压开关柜；5—SC或SCL型环氧树脂浇注干式变压器；
6—低压总进线柜；7～10—BFC-10A型抽屉式低压配电柜

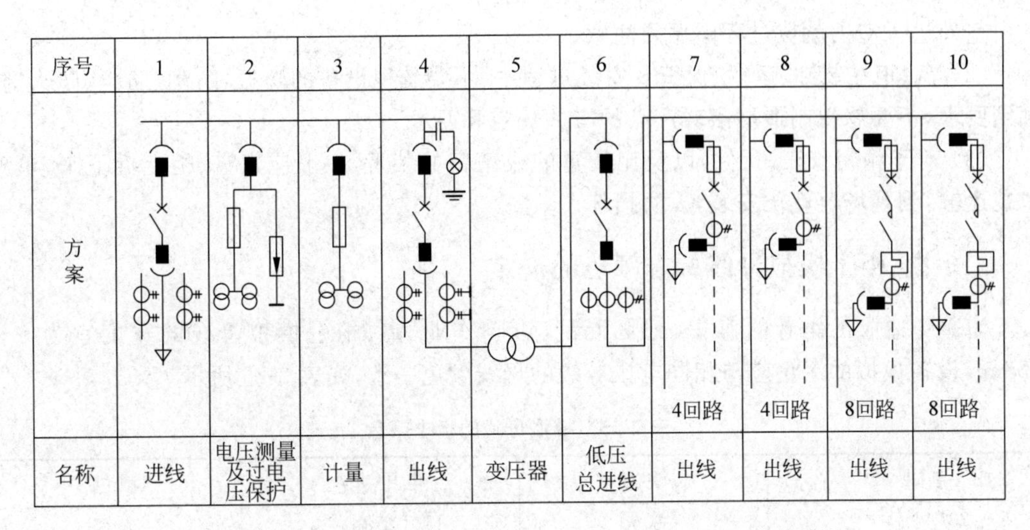

图 2-88　图 2-87 所示 XZN-1 型户内组合式成套变电所主接线图

5. 变配电所的电气安装图

电气安装图又称电气施工图，是设计单位提供给施工单位进行电气安装所依据的技术图样，也是运行单位进行竣工验收以及运行维护和检修试验的重要依据。

绘制电气安装图，必须遵循有关国家标准的规定。例如，图形符号必须遵照 GB/T 4728《电气简图用图形符号》的规定，文字符号必须遵照 GB 7159《电气技术中的文字符号制订通则》的规定，绘图方法必须遵照 GB/T 6988《电气技术用文件的编制》(原为《电气制图》)的规定。

变配电所的电气安装图包括变配电所主接线图、二次回路图、平剖面图及无标准图样的安装大样图等。

(1) 变配电所主接线图：即主电路图，一般绘成单线图，如图 2-76 或图 2-77 所示。图上所有一次设备和线路均应标号，并注明其型号、规格。

(2) 变配电所二次回路图：包括二次回路原理图和二次回路安装接线图。

(3) 变配电所平、剖面图：用适当比例(例如 1∶50 或 1∶100 等)绘制，表示出变配电所的总体布置和一次设备的安装位置，如图 2-81 所示。设计时，应依据相关规范，并参照标准图集。

(4) 无标准图样的构件安装大样图：有标准图样时，应采用标准图样，提出其标准图样代号即可。对于无标准图样的构件，应按设计要求绘制其安装大样图，图上注明比例、尺寸及有关材料和技术要求，以便制作单位按图制作和安装。

任务实施

一、盘、柜的装卸、运输和保管禁忌

这里所指的盘、柜，包括保护屏、控制屏、直流屏、励磁屏、信号屏、微机控制屏、远动盘、照明盘以及高、低压开关柜等。

(1) 盘、柜在装卸、运输、保管及安装中，都不应使其框架变形和漆面受损。这一点在设备由室外进入室内就位过程中尤须注意。

(2) 盘、柜在装卸、运输、保管及安装过程中，不要忽视设备的防振、防潮、防尘、防火、防倾倒要求，不要忽视制造厂家对产品的有关规定和要求。

(3) 对于精密仪表、元件，以及比较重的或精密的装置，一般应从盘、柜上拆下来，单独包装运输，到现场再就位安装，以防损坏。

二、盘、柜上模拟母线标志颜色的规定

为避免造成工作者的意识、记忆混乱，影响作业，盘、柜上模拟母线的宽度宜为6～12mm，设备模拟的涂色应与相同电压等级的母线颜色一致，如表2-25所示。

表2-25 模拟母线的标志颜色

电压/kV	颜色	电压/kV	颜色
0.23(交流)	深灰	110(交流)	朱红
0.40(交流)	黄褐	154(交流)	天蓝
3(交流)	深绿	220(交流)	紫
6(交流)	深蓝	330(交流)	白
10(交流)	绛红	500(交流)	淡黄
13.8～20(交流)	浅绿	(直流)	褐
35(交流)	浅黄	500(直流)	深紫
60(交流)	橙黄	—	—

三、盘、柜基础型钢安装不应超过允许偏差

基础型钢偏差除不应超过表2-26所示的规定之外，还应满足产品的一些特殊技术要求。基础型钢与接地干线应可靠焊接。

表2-26 基础型钢安装的允许偏差

项目	允许偏差	
	mm/m	mm/全长
直线度	<1	<5
平面度	<1	<5
位置误差及平行度		<5

四、盘、柜不宜与基础型钢焊死

控制屏、保护屏、自动装置屏等盘、柜，因改造、扩建等工程的需要，有更换、移动的可能，若与基础型钢焊死，在日后拆卸及插入安装盘、柜时将造成困难，故不宜焊死。按规定，应采用镀锌的标准紧固件紧固。

五、盘、柜安装不应超过偏差

盘、柜单独或成列安装时，其垂直度、水平偏差以及盘、柜面偏差和盘、柜间接缝的允许偏差，不应超过表2-27所示的规定。

表 2-27　盘、柜安装的允许偏差

项　目		允许偏差/mm
垂直度		<1.5
水平偏差	相邻两盘顶部	<2
	成列盘顶部	<5
盘面偏差	相邻两盘边	<1
	成列盘面	<5
盘间接缝		<2

六、手车式柜安装注意事项

(1)“五防装置”不准任意拆减。开关柜应具有防止带负荷拉合刀闸、防止带地线合闸、防止带电挂地线、防止误走错间隔、防止误拉合开关的要求，对防止人为操作事故很有意义。不能因为产品有缺陷和操作不习惯而任意拆下或减少“五防装置”。

(2) 手车推拉灵活、轻便，无卡阻；接地导线不松脱；控制电缆不妨碍手车推拉；动、静触头间隙尺寸不超标。

(3) 触头接触顺序不混，即手车推入柜内时，接地触头比主触头先接触；手车拉出时，接地触头比主触头后断开，并接触紧密；安全隔板开启无障碍。

七、接地

装有电器的柜门不要忽视接地柜的框架连接接地，当门上的电器或线路绝缘损坏时，将使屏、柜门上带有危险的电位，危及运行人员的人身安全。软导线应采用有足够机械强度的裸铜线。

八、盘、柜内导体电气间隙不超标

盘、柜内导体电气间隙和爬电距离应足够大，盘、柜内两个导体间，导电体与裸露的不带电的导体间，应符合表 2-28 所示的要求。

表 2-28　允许最小电气间隙及爬电距离

额定电压/V	电气间隙/mm		爬电距离/mm	
	额定工作电流/A			
	$\leqslant 63$	>63	$\leqslant 63$	>63
$U_N \leqslant 60$	3.0	5.0	3.0	5.0
$60 < U_N \leqslant 300$	5.0	6.0	6.0	8.0
$300 < U_N \leqslant 500$	8.0	10.0	10.0	12.0

自我检测

2-5-1　主接线设计的基本要求是什么？主接线中的母线在什么情况下分段？分段的目的是什么？

2-5-2　内桥接线和外桥接线各适用于什么样的变电所？图 2-75(a)中的外桥接线在一

路电源进线检修时应如何操作，才能转换为一路进线两台变压器并列运行的工作状态？

2-5-3 变配电所所址选择应考虑哪些条件？变电所靠近负荷中心有哪些好处？如何确定负荷中心？

2-5-4 变配电所总体布置应考虑哪些条件？变压器室、高低压配电室、高压电容器室和值班室的结构及相互位置安排各如何考虑？

项目三

供配电系统二次设备安装

本项目依据巨化集团公司某厂供配电系统的控制、信号、测量、绝缘监察、备用电源自动投入装置等二次原理接线图和安装图，阐述实现断路器分、合闸，电气参数测量，系统绝缘监视等功能的各类继电器及电气元器件的安装接线过程。从工作中提出供配电系统的二次接线原理图、电气元器件的布置图和安装图三者之间的关系，着重引导读者分析二次接线原理图，在电气元器件布置图和安装图的指导下进行设备控制的安装接线。

- 掌握二次设备的功能、文字符号及图形符号。
- 掌握二次接线原理图、电气元器件布置图、安装图的读图方法和技巧。
- 熟悉开关柜二次配线的工作要求和过程。
- 掌握电气参数的测量方法和绝缘监察的目的。
- 掌握备用电源自动投入装置的要求和实现。
- 了解计算机在工厂供配电系统保护、监控中的应用。

任务一　高压断路器控制回路的安装接线

任务情境

高压断路器是变电所主要的开关设备。为了通、断电路和改变系统的运行方式，必须对断路器进行分、合闸控制。控制断路器分、合闸的电气回路称为断路器的控制回路。本任务主要完成断路器控制回路的安装接线。

任务分析

要完成上述任务,需要掌握以下几个方面的知识。

✧ 二次回路及其操作电源的知识。

✧ 断路器控制回路的要求。

✧ 正确使用控制开关。

✧ 断路器的分、合闸控制回路工作过程及安装接线。

知识准备

一、概述

二次回路又称二次系统,是指用来控制、指示、监测和保护一次电路运行的电路。二次回路按照功用,分为控制分、合闸回路,信号回路,测量回路,保护回路以及运动装置回路等;按照电路类别,分为直流回路、交流回路和电压回路。

二次回路的接线图由原理接线图、展开接线图和安装接线图三种表现形式组成。这三种图纸相互一致,相互对应(见图 3-1)。下面以 10kV 出线过电流信号二次接线图为例,介绍二次接线图的相关知识。

原理接线图用来表示继电保护、监视测量和自动装置等二次设备或系统的工作原理,它以元件的整体形式表示各二次设备间的电气连接关系。通常在二次回路的接线原理图上将相应的一次设备画出,构成整个回路,以便了解各设备间的工作关系和工作原理。

原理图概括地反映了过电流的保护装置、测量仪表的接线原理及相互关系,但不注明设备内部接线和具体的外部接线。对于复杂的回路,难以分析和找出问题。因而,仅有原理图,不能对二次回路检查、维修和安装配线。

展开接线图(见图 3-1(a))按二次接线使用的电源分别画出各自的交流电流回路、交流电压回路和控制电源回路中各元件的线圈和触点。属于同一设备或元件的电流线圈、电压线圈、控制触点应分别画在不同的回路里。为了避免混淆,对同一设备的不同线圈和触点应用相同的文字标号,但各自的支路需要标注不同的数字回路标号。

二次接线展开图中的所有开关电器和继电器触头都是按开关断开时的位置和继电器线圈中无电流时的状态绘制的。展开图接线清晰,回路次序明显,易于阅读,便于了解整套装置的工作程序和工作原理,对于复杂线路工作原理的分析更为方便。

安装接线图反映的是组成二次回路中各电气元件在成套设备(如高压配电装置、控制屏)中的安装位置、内部接线及元件间的线路关系。它是现场施工不可缺少的图纸,也是成套装置制造商的制造依据。

二次接线安装图包括端子排接线图(见图 3-1(b))和屏背面元件布置图(见图 3-1(c))。屏背面元件布置图是按照一定的比例尺寸将屏面上的各个元件和仪表的排列位置及其相互间距离尺寸表示在图样上。外形尺寸应尽量参照国家标准屏柜尺寸,以便和其他控制屏并列时显得美观、整齐。

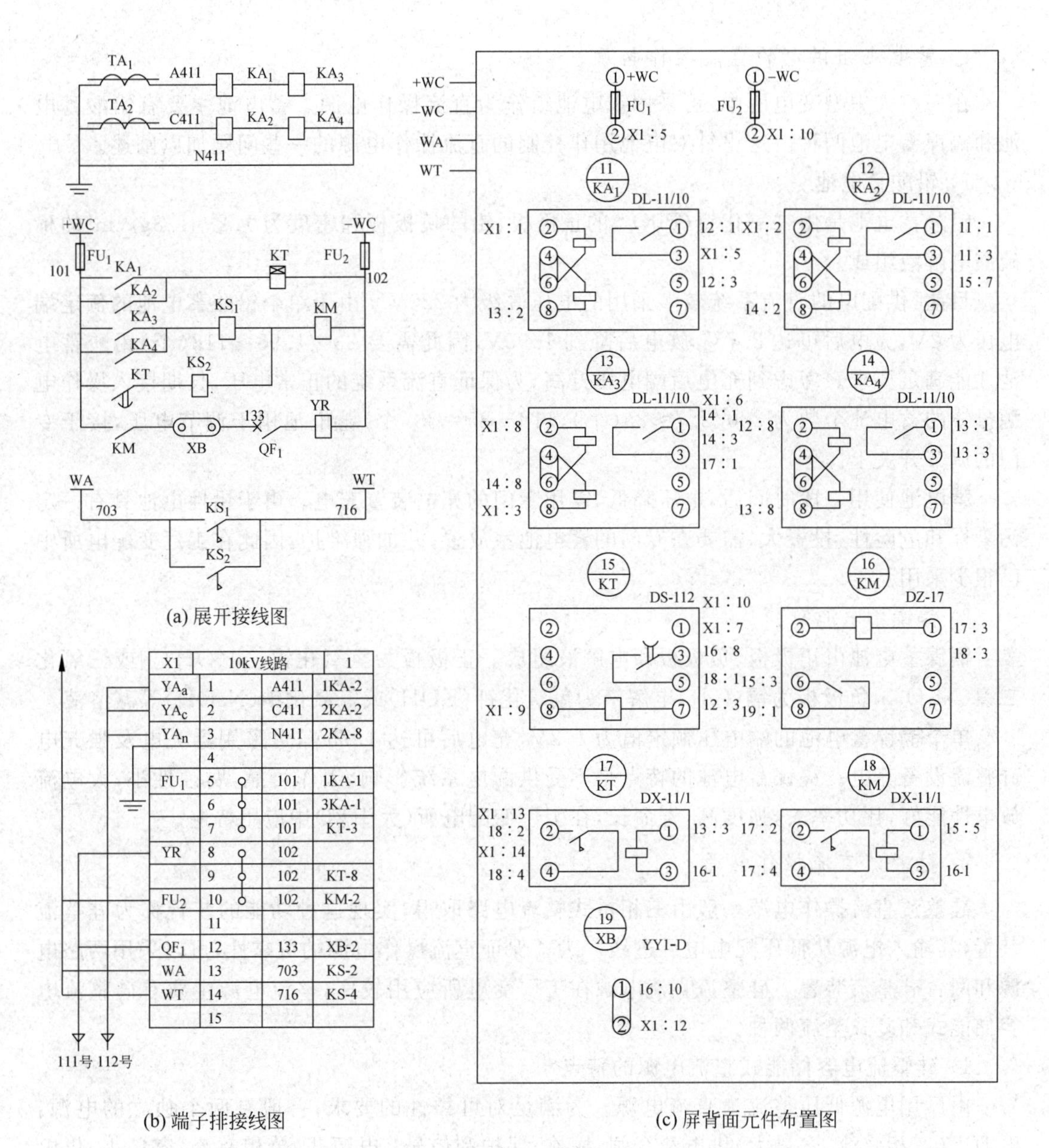

图 3-1　10kV 出线过电流信号二次安装接线图

KA_1、KA_2—过电流保护电流继电器；KA_3、KA_4—速断保护电流继电器

二、二次回路操作电源

二次回路的操作电源主要有直流和交流两大类。二次回路对应的所有设备电器，如保护回路继电器、信号回路设备、控制设备等采用哪种形式操作电源，在设备选型时必须足够重视。

（一）直流操作电源

直流操作电源主要有蓄电池组供电的直流操作电源、硅整流直流操作电源和直流闪光电源 3 种。

1. 蓄电池组供电的直流操作电源

在一些大中型变电所中,可采用蓄电池组作为直流操作电源。蓄电池主要有铅酸蓄电池和镉镍蓄电池两种。这里针对电池用作控制的直流操作电源的一些问题加以阐述。

1) 铅酸蓄电池

铅酸蓄电池是由二氧化铅(PbO_2)的正极板、铅的负极板和密度为1.2～1.3g/cm^3的稀硫酸电解液组成。

目前,供配电的直流系统较多采用的电压等级为220V。由于单个铅酸蓄电池的额定端电压为2V,充电后可达2.7V,放电后降到1.95V,因此需要230/1.95≈118(个)铅酸蓄电池才能满足要求。考虑到充电后端电压升高,为保证直流系统的正常电压,长期接入操作电源母线的蓄电池个数为230/2.7≈85(个),118－85＝33(个)蓄电池用于调节电压,接于专门的调节开关上。

蓄电池使用一段时间后,电压降低,需用专门的充电装置充电。由于铅性电池具有一定污染性和危险性,投资大,需要在专门的蓄电池室放置,并加强维护,因此在工厂变配电所中已很少采用。

2) 镉镍蓄电池

镉镍蓄电池由正极板、负极板和电解液组成。正极板为氢氧化镍[$Ni(OH)_3$]或三氧化二镍(Ni_2O_3),负极板为镉(Cd),电解液为氢氧化钾(KOH)或氢氧化钠(NaOH)等碱溶液。

单个镉镍蓄电池的端电压额定值为1.2V,充电后可达1.75V,可采用浮充电及强充电硅整流设备充电。镉镍蓄电池的特点是不受供配电系统影响,工作可靠,腐蚀性小,大电流放电性能好,比功率大,强度高,寿命长,在工厂变配电所(大中型)中应用普遍。

2. 硅整流直流操作电源

硅整流直流操作电源一般由三相桥式整流电路取得,实现这种功能的装置称为硅整流装置,其输入电源从低压配电电源进线。为了保证直流操作电源的可靠性,可以采用两路电源和两台硅整流装置。硅整流直流电源在工厂变电所应用较广,整流电源主要有硅整流电容储能式和复式整流两种。

1) 硅整流电容储能式整流电源的特点

由厂用电源低压整流为直流电源。为满足对可靠性的要求,一般有两个独立的电源:电源Ⅰ(三相整流,容量大)供电给合闸、操作、保护和信号;电源Ⅱ(单相整流,容量小)供电给操作、保护和信号。

当电力系统发生短路时,引起I_d升高,U_c(直流母线电压)下降,利用电容储能对保护装置和断路器的跳闸线圈放电,使断路器跳闸,切除故障点。

2) 复式整流操作电源的特点

复式电源的电压源一般取自厂用变压器或电压互感器TV,经全波整流、电抗器滤波成直流电源。电流源一般取自电流互感器TA,经稳压器转换成直流电源。

正常情况下,由电压源供电给电源Ⅰ用于合闸,电源Ⅱ用于保护、信号和跳闸;发生短路时,U_c(直流母线电压)下降或升高,由电流源供电给电源Ⅱ用于保护、信号和跳闸。

在直流母线上还接有绝缘监视装置和闪光装置。其中,绝缘监视装置采用电桥结构,用于监测正、负母线或直流回路对地绝缘电阻,原理将在后面的任务中介绍。

3. 直流闪光电源

当控制把手位置与断路器开关闭合状态不一致时，为提醒操作者，需要信号灯闪光。直流闪光电源主要由闪光装置提供，其工作原理如图 3-2 所示。在正常工作时，(＋)WF 悬空；当系统或二次回路发生故障时，相应的继电器 K_1 动作(其线圈在其他回路中)，K_1 常闭触点打开，K_1 常开触点闭合，使信号灯 HL 接于闪光母线，WF 的电压较低，HL 变暗，闪光装置电容充电；充到一定值后，继电器 K 动作，其常开触点闭合，使闪光母线的电压与正母线相同，HL 变亮，常开触点 K 打开，电容放电，使 K 电压降低；降低到一定值后，K"失电"动作，常开触点 K 打开，闪光母线电压变低，闪光装置的电容又开始充电。重复上述过程，信号指示灯发出闪光信号。

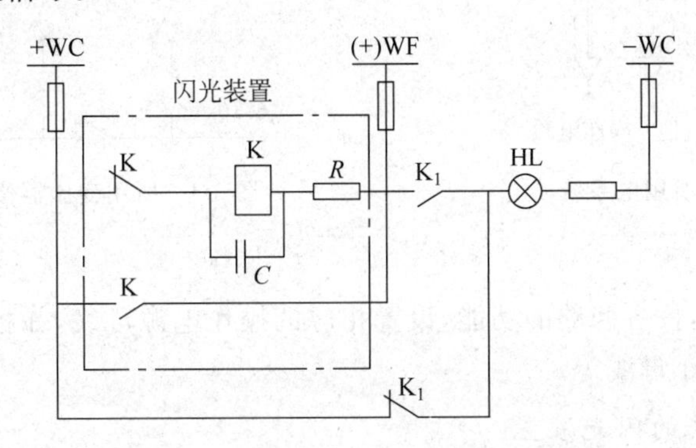

图 3-2　直流闪光电源工作原理示意图

(二) 交流操作电源

交流操作电源的优点是可以使二次回路简化，投资减少，工作可靠，维护方便；缺点是交流继电器性能没有直流继电器完善，不适用于比较复杂的电路。因此，交流操作电源在小型工厂变配电所中应用较广，而对保护要求较高的大中型变配电所宜采用直流操作电源。

交流操作电源可由两种途径获得：一是取自所用电变压器；二是当保护、控制、信号回路的容量不大时，取自电流互感器、电压互感器的二次侧。

所用变压器指为变电所的用电，一般应设置专门的供电变压器。变电所的用电主要有室外照明、室内照明、生活区用电、事故照明、操作电源用电等。上述用电一般都分别设置供电回路，如图 3-3 所示。

在某些重要的变电所，要求有可靠的所用电源，此电源不仅在正常情况下能保证操作电源的用电，而且在全所停电或所用电源发生故障时，仍能实现对电源进线断路器的操作和事故照明的用电。一般至少应设两台互为备用的所用电源。其中一台所用变压器应接至电源进线处(进线断路器的外侧)，另一台接至与本变电所无直接联系的备用电源。在所用低压侧可采用备用电源自动投入装置，确保所用电的可靠性。应当注意，由于两台所用电变压器所接电源中相位的关系，有时不能并联运行。为保证操作电源的用电，所用变压器一般都接在电源的进线处，如图 3-4 所示。

当交流操作电源取自电流、电压互感器时，通常在电压互感器二次侧安装 100/200V 的隔离变压器，可以取得控制回路和信号回路的交流操作电源。但用于保护的操作电源不能取自电压互感器，只能取自电流互感器，才能利用短路电流本身进行保护，并使断路器跳闸，

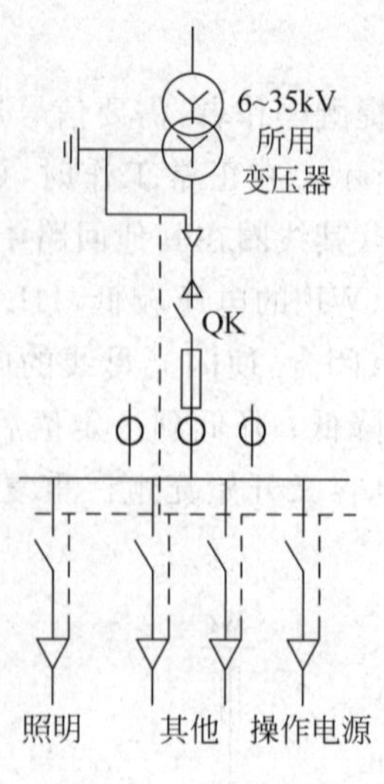

图 3-3 所用电系统

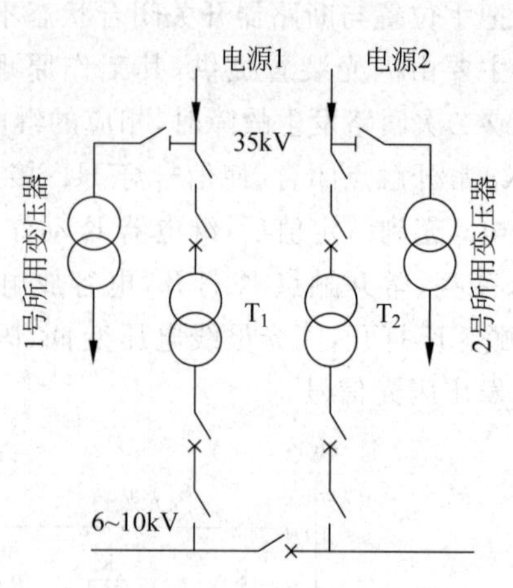

图 3-4 所用变压器位置

从而切除故障。

交流操作系统中，按各回路的功能，设置相应的操作电源母线，如控制母线、闪光母线、事故信号和预告信号小母线等。

1. 交流操作系统的闪光装置

交流操作系统的闪光装置有两种：一种由中间继电器和电磁式时间继电器组成；另一种由闪光继电器构成。图 3-5 所示为由闪光继电器构成的闪光装置原理接线图，其动作原理与直流闪光装置的原理相似。

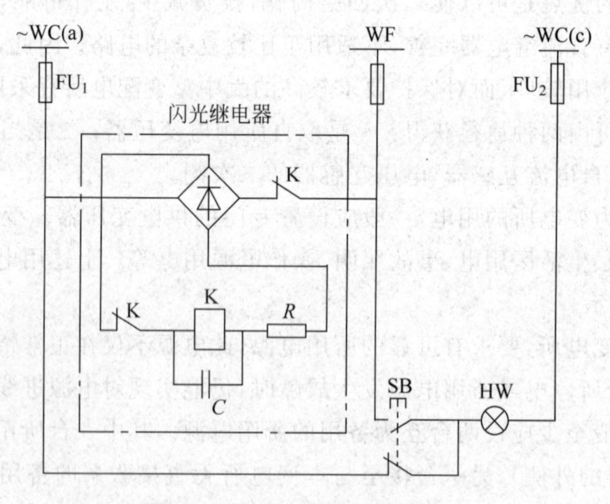

图 3-5 交流操作系统原理图

2. 交流操作系统的中央信号装置

中央信号是供配电系统安全运行的重要组成部分。使用直流操作电源的中央信号的组成及原理将在本项目任务三中详细介绍，这里主要介绍交流操作系统中央信号装置的原理。学完任务后，将两者相比较，可以看出其作用基本一样。

中央信号分事故信号和预告信号。事故信号是用于故障跳闸时的报警信号，预告信号是用于不跳闸故障的报警信号。在中小型工厂供配电系统中，出线回路不多，故障常采用中央复归式不重复动作的中央信号。

三、控制回路中的控制开关

（一）控制电路的基本要求

断路器控制回路是指控制（操作）高压断路器分、合闸的回路，直接控制对象为断路器的操动机构。该操动机构主要有手动操作机构、电磁操动机构（CD）、弹簧操动机构（CT）、液压操动机构（CY）等。根据操动机构的不同，控制回路有一些差别，但接线基本相似。

断路器控制回路的基本要求如下所述。

(1) 断路器操作机构中的合、分闸线圈是按短时通电设计的，在合闸或跳闸完成后，应能自动切除跳、合闸脉冲电流。

(2) 断路器控制回路接线不仅要满足手控分、合闸，而且当继电保护或自动装置动作时，能实现自动分、合闸。

(3) 应具有防止断路器跳跃的机械闭锁或电气闭锁装置。

(4) 能指示断路器的合闸和分闸位置信号，而且能够区分自动合闸或跳闸与手动合闸或跳闸的位置信号。

(5) 能监视控制回路的工作状态及跳闸或合闸回路是否完好。

(6) 控制回路接线力求简单、可靠，使用电缆芯数应最少。

（二）控制开关的作用

控制开关是断路器控制和信号回路的主要控制元件，由运行人员操作，使断路器合、跳闸，在工厂变电所中常用的是 LW2 型系列自动复位控制开关。

1. LW2 型控制开关的结构

LW2 型系列开关有如下几种结构型式：LW2-YZ：手柄内带信号灯，有自复机构及定位；LW2-Z：有自复机构及定位；LW2-W：有自复机构；LW2-Y：手柄内有信号灯，有定位；LW2-H：手柄可取出，有定位；LW2：有定位。面板有方形（用 F 表示）和圆形（用 O 表示）两种；手柄有 9 种，分别用数字 1～9 表示。定位器有 45°和 90°两种，45°定位用“8”表示，90°定位不加符号。

LW2 系列转换开关的额定电压为 250V，交流 50Hz，当电流不超过 0.1A 时，允许使用电压提高到 380V，其主触点极限断开容量如表 3-1 所示。

表 3-1　LW2 系列开关主触点极限断开容量

电流种类 / 负荷性质	交流电流/A		直流电流/A	
	220V	127V	220V	110V
纯电阻性	40	45	4	10
电感性	15	23	2	7

2. LW2 型控制开关触点图表

LW2 型开关有六种位置，即跳闸后、预备合闸、合闸、合闸后、预跳和跳闸。发出断路器的跳合闸命令分为两步。如合闸时，把控制开关手柄第一次顺时针转动 90°，转到“预备合闸”位置；第二次再转 45°，到达“合闸”位置，才能发出合闸脉冲。把控制开关旋转到“合闸”位置时，必须克服弹簧的反作用力。操作完毕，控制开关的手柄在弹簧作用下，自动返回到垂直位置，即“合闸后”位置。这种两步式控制开关对减少误操作，保证运行安全非常有利。因为在两步操作过程中，操作人员有时间核对操作是否有误，可及时中断错误操作。另外，万一不小心碰着控制开关，它至多只转动一个位置，不会误发合闸(或跳闸)脉冲。

图 3-6 所示触点的闭合状态除用“×”表示外，一般用 6 条竖点线表示手柄的位置状态；涂黑点表示该位置状态时，触点是闭合的。

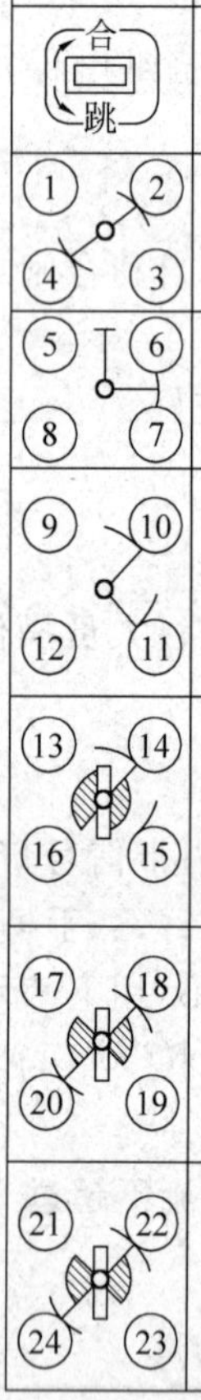

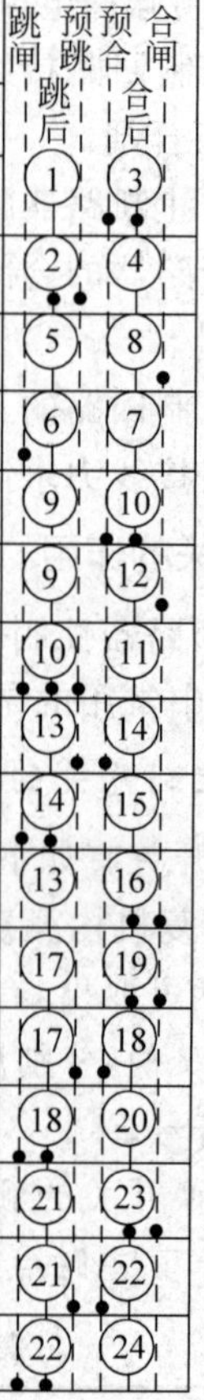

手柄在“跳后”位置时触点盒(背面)接线图	手柄与触点盒型式	触点端子号	手柄在不同位置时各触点的闭合表						竖线表示手柄位置，黑点表示闭合状态
			跳后	预合	合闸	合后	预跳	跳闸	跳闸 预跳 跳后 预合 合后 合闸
合 跳	F_8								
1 2 4 3	1a	1-3	—	×	—	×	—	—	1 3
		2-4	×	—	—	—	×	—	2 4
5 6 8 7	4	5-8	—	—	×	—	—	—	5 8
		6-7	—	—	—	—	—	×	6 7
9 10 12 11	6a	9-10	—	×	—	×	—	—	9 10
		9-12	—	—	×	—	—	—	9 12
		10-11	×	—	—	—	×	×	10 11
13 14 16 15	40	13-14	—	×	—	—	×	—	13 14
		14-15	×	—	—	—	—	×	14 15
		13-16	—	—	×	×	—	—	13 16
17 18 20 19	20	17-19	—	—	×	×	—	—	17 19
		17-18	—	×	—	—	×	—	17 18
		18-20	×	—	—	—	—	×	18 20
21 22 24 23	20	21-23	—	—	×	×	—	—	21 23
		21-22	—	×	—	—	×	—	21 22
		21-24	×	—	—	—	—	×	22 24

注：“×”表示触点接通，“—”表示触点断开。

图 3-6 LW2-Z-1a,4,6a,40,20,20/F_8 型控制开关

四、高压断路器控制回路的安装接线

高压断路器采用电磁操作机构时，控制回路主要有两种：一种是灯光监视的控制回路，另一种是音响监视的控制回路。本任务主要介绍灯光监视的断路器控制回路。

灯光监视的高压断路器控制和信号回路如图 3-7 所示，由断路器的跳、合闸回路，防止断路器多次合闸的跳跃闭锁回路，位置指示灯回路，启动事故音响回路以及信号回路等组成，控制开关采用 LW2-Z-1a，4，6a，40，20，20/F_8 型。

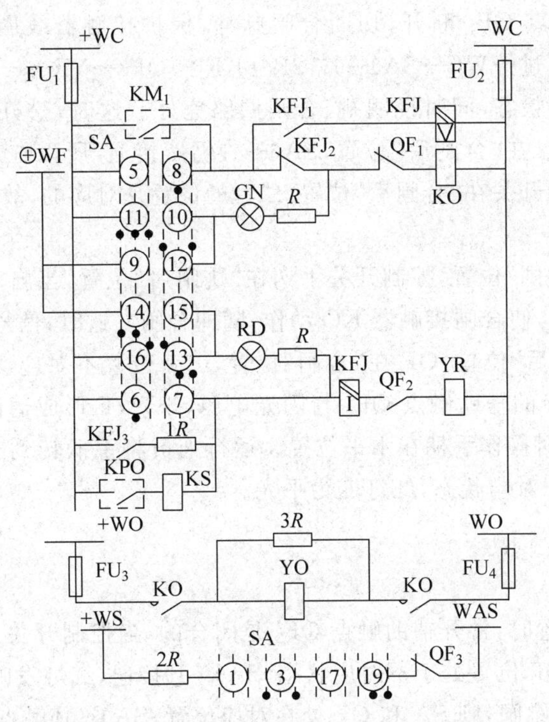

图 3-7　灯光监视的高压断路器控制和信号回路

WAS—事故音响信号小母线；WO、WC—合闸与信号小母线

(一) 跳闸、合闸回路

断路器跳、合闸回路由图 3-7 所示控制开关接点 SA⑤-⑧、QF_1、合闸线圈 KO 及控制开关 SA⑥-⑦、QF_2 跳闸线圈 YR 回路组成。

1. 合闸过程

合闸过程按手动合闸和自动合闸两种情况分述如下。

1) 手动合闸

合闸前，QF 为跳闸状态，控制开关 SA 处于“跳闸后”位置；QF 的操作机构中，辅助触点 QF_1 闭合。由图 3-6 所示触点图可知，控制开关触点 SA②-④、SA⑩-⑪、SA⑭-⑮、SA⑱-⑳及 SA㉒-㉔均闭合；但在控制回路中，只有 SA⑩-⑪触点有用。正控制电源＋WC 经 SA⑩-⑪，绿灯 GN、1R，QF_1，合闸接触器 KO 的线圈构成通路，接通负控制电源－WC。这时，绿灯 GN 发平光，由于大部分压降降落在 1R 和 GN 上，合闸接触器线圈 KO 上的压降很小，不足以使接触器 KO 动作。绿灯 GN 亮，说明断路器 QF 处于跳闸状态，还说明合闸回路完好，表明灯光能对回路状况进行监视。

在合闸回路完好的情况下，将控制开关手柄由跳闸后水平位置顺时针方向转 90°，到达“预备合闸”的垂直位置，此时触点 SA⑨-⑩和 SA⑬-⑭闭合，SA⑩-⑪打开，绿灯 GN 回路接到闪光母线＋WF 上。这时，控制开关在“预备合闸”位置，QF 处于“分闸”位置，即 QF 和

SA 二者的位置是不对应的，绿灯发闪光。闪光信号提醒运行人员核对所操作的断路器是否有误。如无误，继续操作手柄，依同一方向转 45°至“合闸”位置，此时 SA⑤-⑧、SA⑨-⑫和 SA⑰-⑲接通，使接触器 KO 动作，合闸线圈 YO 得电，经操作机构带动断路器 QF 合闸。QF 合闸后，其辅助接点 QF_1 断开，切断合闸脉冲，保护接触器线圈；其另一个辅助接点 QF_2 闭合，红灯 RD 通过＋WC→SA⑯-⑬，2R→KFJ→QF_2→YR→－WC 接通，红灯 RD 发平光，表示 QF 在合闸状态，同时说明跳、合闸回路完好。这时，松开控制开关，SA 恢复到“合闸后”的垂直位置。在“合闸后”位置，SA⑯-⑬仍然接通，所以红灯仍然亮。这时，断路器在“合闸”位置，控制开关在“合闸后”位置，二者的位置是对应的，故红灯发平光。

2）自动合闸

如断路器原在“跳闸”位置，控制开关手柄在“跳闸后”位置，当自动装置的触点 IKM 闭合后，将 SA⑤-⑧短接，使合闸接触器 KO 动作，随即合闸。这时，信号回路按不对应方式构成。此时 SA 在“跳闸后”位置，QF 在“合闸”位置，二者位置不对应。信号回路经 SA⑭-⑮红灯 RD 和断路器 QF 的辅助触点 QF_2 与闪光电源（＋）WF 形成通路，因而红灯 RD 发闪光，表示自动合闸，这时操作手柄在水平位置。运行人员将手柄转到“合闸后”的垂直位置，则 SA 和 QF 位置处于对应状态，红灯变为平光。

2．跳闸过程

1）手动跳闸

断路器在合闸位置时，常开辅助触点 QF_2 是闭合的，当控制开关 SA 反时针转到“预备跳闸”位置时，SA 和 QF 位置处于不对应状态，SA⑬-⑭接通，红灯发闪光；再依同方向转到“跳闸”位置，如 QF 已跳闸，则 SA 和 QF 处在对应位置，SA⑬-⑭触点断开，红灯闪光停止，SA⑪-⑩接通，绿灯发平光。这时，运行人员将手柄松开，SA 返回到“跳闸后”位置，SA⑪-⑩仍然接通，绿灯继续发平光。

2）自动跳闸

当线路上发生短路故障后，继电保护动作与控制开关 SA⑥-⑦并联的保护出口继电器 KPO 常开触点闭合，接通跳闸回路，发出跳闸脉冲，断路器跳闸。此时，SA 和 QF 处于不对应状态，SA 在“合闸后”位置，SA⑨-⑩接通，绿灯发闪光。

断路器的跳闸线圈 YR 和合闸线圈 YO 是按短时通电设计的，在跳、合闸操作完成后，通过 QF_1 和 QF_2 自动切换，将操作回路切断。由于断路器辅助触点比控制开关 SA 的触点容量大，由它来切断合闸脉冲和跳闸脉冲电流，可以保护控制开关触点 SA⑤-⑧、SA⑥-⑦不被烧坏。

自动跳闸属于事故性质，除发闪光外，还应发出事故音响和灯光信号，引起运行人员的注意。因此，须送出启动音响信号脉冲。在事故跳闸前，手柄处于“合闸后”位置，控制开关的触点 SA①-③和 SA⑰-⑲接通，一旦 QF 发生自动跳闸，辅助触点 QF_3 也闭合，将信号电源小母线（－）WS，2R 与事故音响信号小母线 WAS 接通，启动事故信号装置发出音响。

3．合闸线圈回路

合闸线圈回路由合闸电源小母线＋WO 和－WO、合闸接触器触点 KO 及合闸线圈 YO 组成，执行合闸操作。

（二）高压断路器的“防跳”装置

当断路器手控合闸时，由于控制开关的手柄未松开，或自动装置的触点 1KM 焊住了，如发生短路故障，继电保护装置动作，使断路器自动跳闸；其辅助接点 QF_1 又闭合，使合闸回路处在接通状态，断路器将再次合闸，如此反复跳—合的现象，称为断路器的跳跃。断路器多次跳跃，会使断路器烧坏，造成事故扩大。所谓防跳，就是采取措施防止这种跳跃的发生。对于 35kV 及以上电压的断路器，常采用电气防跳措施，使用专设的防跳继电器 KFJ，比如 DZB-115 型。这种继电器有两个线圈，一个是启动用的电流线圈，接在跳闸回路中；另一个是自保持用的电压线圈，通过 KFJ_1 接入合闸回路。

当合闸过程中遇到永久性故障时，因保护出口继电器 KM_1 闭合，断路器跳闸，并启动防跳继电器 KFJ。由于防跳继电器的触点 KFJ_1 已闭合，使 KFJ 的电压线圈带电自保持。另外，触点 KFJ_2 已断开，切断了合闸接触器 KO 的通电回路，就防止了断路器 QF 发生跳跃。

触点 KFJ_3 的作用是防止出口继电器 KPO 的触点被烧坏。因为自动跳闸，KPO 的触点可能比辅助触点 QF_2 先断开，以致被电弧烧坏，将 KFJ_3 与它并联，即使 KPO 的触点先断开，也不会烧坏。

KFJ_2 触点长期断开合闸回路，使断路器不能再合闸；只有合闸脉冲解除，KFJ 电压线圈断电后，控制回路才能恢复到正常状态。

任务实施

控制高压设备的合闸、跳闸等二次设备，如控制把手、端子排、测量仪表、继电器、信号灯、光字牌等，已按照原理图，在设备成套厂家制造配电装置时安装在控制屏、继电保护屏或中央信号屏上，其安装依据是背面接线图（见图 3-1）。背面接线图包含元件的平面布置和具体的接线等信息。

因此，在二次接线施工前，应对照原理展开图、端子排图、背面接线图综合分析和检查，确保控制屏内元件的电器参数准确、接线紧固、配线准确等。然后，按照电缆清册，敷设控制柜与高压柜或其他有联系的盘柜之间的控制电缆，不要遗漏。

一、二次回路接线应符合的要求

二次回路接线时应符合如下要求。

（1）按图施工，接线正确。配线应整齐、清晰、美观，导线绝缘应良好，无损伤。

（2）导线与电气元件间采用螺栓连接，插接、焊接或压接等均应牢固、可靠。

（3）盘柜内的导线不应有接头，导线芯线应无损伤。为保证导线无损伤，配线时，宜用与导线规格相对应的剥线钳剥掉导线的绝缘螺丝；连接时，弯线方向应与螺丝前进的方向一致。

（4）引入盘柜的电缆应排列整齐，编号清晰，避免交叉；并应固定牢固，不得使所接的端子排受到机械应力。电缆芯线和所配导线的端部均应标明其回路编号，编号应正确，字迹清晰，且不易脱色。线路标号常采用异型管，用英文打字机打上字，再烘烤，或采用烫号机烫号，这样，字迹清晰、工整，不易脱色；或采用编号笔用编号剂书写，效果也较好。

(5) 盘柜内的配线电流回路应采用电压不低于500V的铜芯绝缘导线，其截面不应小于2.5mm²，其他回路截面不应小于1.5mm²。对电子元件回路、弱电回路采用锡焊连接时，在满足载流量和电压降及有足够机械强度的情况下，可采用不小于0.5mm²截面的绝缘导线。

(6) 每个接线端子的每侧接线宜为1根，不得超过2根；对于插接式端子，不同截面的两根导线不得接在同一端子上；对于螺栓连接端子，当接两根导线时，中间应加平垫片。

(7) 用于连接门上的电气控制台板等可动部位的导线，应符合下列要求：

① 应采用多股软导线，敷设长度应有适当裕度。

② 线束应有外套塑料管等加强绝缘层。

③ 与电器连接时，端部应绞紧，并应加终端附件或搪锡，不得松散、断股。

④ 在可动部位两端应用卡子固定。

(8) 二次回路应设专用接地螺栓，使接地明显、可靠。施工时，接地应符合下列要求。

① 根据现行国家标准《交流电气装置的接地设计规范》(GB 50065—2011)及《电气装置安装工程接地装置施工及验收规范》(GB 50169—2006)，明确要求控制电缆的金属护层应接地。

② 为避免形成感应电位差，双屏蔽层的电缆常采用两层屏蔽层在同一端相连并接地。

二、端子排安装禁忌

端子排安装时应注意如下问题。

(1) 结构完整，不松脱；标志有序，忌不统一、不规范。

(2) 对地距离不宜小于350mm。

(3) 回路电压超过400V者，涂红色标志；强、弱电端子不应混合布置。

(4) 正、负电源之间及经常带电的正电源与合闸或跳闸回路之间，要隔开一个端子。

(5) 电流回路不应用普通端子，应该采用试验端子，以便临时通、断回路。

(6) 不应使用小端子配大截面导线，否则会接触不良，并易使小端子损坏；潮湿环境不应使用普通端子，应使用防潮端子。

(7) 屏顶上小母线不同相或不同极的裸露载流部分之间，裸露载流部分与未经绝缘的金属导体之间，电气间隙不得小于12mm，爬电距离不得小于20mm。

自我检测

3-1-1 变电所二次回路按功能有几个部分？各部分有什么作用？

3-1-2 二次回路图主要有哪些内容？各有何特点？

3-1-3 操作电源有哪几种？直流操作电源有哪几种？各有何特点？

3-1-4 交流操作电源有哪些特点？可通过哪些途径获得？

3-1-5 断路器的控制开关有哪六个操作位置？简述断路器手动合闸、跳闸的操作过程。

3-1-6 断路器控制回路应满足哪些要求？

任务二　电测仪表与绝缘监视装置的安装接线

任务情境

变电所测量仪表是保证电力系统安全、经济运行的重要工具之一，测量仪表的连接回路和绝缘监视回路是二次回路的重要组成部分。本任务主要完成这两部分的安装接线。

任务分析

要完成上述任务，需要掌握以下几个方面的知识。

✧ 三相有功功率、无功功率测量的原理。

✧ 三相有功、无功电能的测量。

✧ 高压电气参数测量的二次回路分析。

✧ 绝缘监视回路设计的目的。

✧ 绝缘监视回路的分析。

知识准备

一、概述

电气测量与电能计量仪表的配置，要保证运行值班人员能方便地掌握设备运行情况，方便事故及时处理；电气测量与计量仪表应尽量安装在被测量设备的控制平台或控制工具箱柜上，以便操作时观察。

绝缘监视装置用于小接地电流的电力系统中，以便及时发现单相接地故障，设法处理，以免单相接地故障发展为两相接地短路，造成停电事故。

二、电测仪表回路的安装接线

这里的电测仪表，按 GB/T 50063—2008《电力装置的电测量仪表装置设计规范》定义，是对电力装置回路的电力运行参数做经常测量、选择测量、记录用的仪表和做计费、技术经济分析考核管理用的计量仪表的总称。

为了监视供电系统一次设备(电力装置)的运行状态和计量一次系统消耗的电能，保证供电系统安全、可靠、优质和经济合理地运行，工厂供电系统的电力装置中必须装设一定数量的电测量仪表。

电测量仪表按其用途，分为常用测量仪表和计量仪表两类。前者是对一次回路的电力运行参数做经常测量、选择测量和记录用的仪表，后者是对一次回路进行供用电的技术经济考核分析和对电力用户用电量进行测量、计量的仪表，即各种电能表(又称电度表)。

(一) 对常用测量仪表的一般要求

(1) 常用测量仪表应能正确反映电力装置的运行参数，能随时监测电力装置回路的绝缘状态。

(2) 交流回路仪表的精确度等级，除谐波测量仪表外，不应低于 2.5 级；直流回路仪表的精确度等级，不应低于1.5级。

(3) 1.5级和2.5级的常用测量仪表，应配用不低于1.0级的互感器。

(4) 仪表的测量范围(量限)和电流互感器变流比的选择，宜满足当电力装置回路以额定值运行时，仪表的指示在标度尺的2/3处。对有可能过负荷运行的电力装置回路，仪表的测量范围宜留有适当的过负荷裕度。对重载启动的电动机和运行中有可能出现短时冲击电流的电力装置回路，宜采用具有过负荷标度尺的电流表。对有可能双向运行的电力装置回路，应采用具有双向标度尺的仪表。

(二) 对电能计量仪表的一般要求

(1) 月平均用电量在1000MW·h及以上或变压器容量为2000kV·A及以上的高压侧计费的电力用户电能计量点，应采用0.5级的有功电能表。月平均用电量小于1000MW·h而大于100MW·h或变压器容量为315kV·A及以上的高压侧计费的电力用户电能计量点，应采用1.0级的有功电能表。在315kV·A以下的变压器低压侧计费的电力用户电能计量点，75kW及以上的电动机以及仅作为企业内部技术经济考核而不计费的线路和电力装置，均应采用2.0级有功电能表。

(2) 在315kV·A及以上的变压器高压侧计费的电力用户电能计量点和并联电力电容器组，均应采用2.0级的无功电能表。在315kV·A以下的变压器低压侧计费的电力用户电能计量点及仅作为企业内部技术经济考核而不计费的电力用户电能计量点，均应采用3.0级的无功电能表。

(3) 0.5级的有功电能表，应配用0.2级的互感器；1.0级的有功电能表、1.0级的专用电能计量仪表、2.0级计费用的有功电能表及2.0级的无功电能表，应配用不低于0.5级的互感器。仅作为企业内部技术经济考核而不计费的2.0级有功电能表及3.0级的无功电能表，宜配用不低于1.0级的互感器。

总之，对常测仪表和计量仪表的要求，均应符合GB/T 50063—2008《电力装置的电测量仪表设计规范》的规定。

(三) 变配电装置中各部分仪表的配置要求

(1) 在工厂的电源进线上，或经供电部门同意的电能计量点，必须装设计费的有功电能表和无功电能表，而且宜采用全国统一标准的电能计量柜。为了解负荷电流，进线上还应装设一只电流表。

(2) 变配电所的每段母线上，必须装设电压表测量电压。在中性点非有效接地的电力系统中，各段母线上还应装设绝缘监视装置。

(3) 35～110/6～10kV的电力变压器，应装设电流表、有功功率表、无功功率表、有功电能表、无功电能表各一只，装在哪一侧视具体情况而定。6～10/3～6kV的电力变压器，在其一侧装设电流表、有功和无功电能表各一只。6～10/0.4kV的电力变压器，在高压侧装设电流表和有功电能表各一只；如为单独经济核算单位的变压器，还应装设一只无功电能表。

(4) 3～10kV的配电线路，应装设电流表、有功和无功电能表各一只。如果不是送往单独经济核算单位时，可不装无功电能表。当线路负荷在5000kV·A及以上时，可再装设一只有功功率表。

(5) 380V的电源进线或变压器低压侧，各装一只电流表。如果变压器高压侧未装电能表时，低压侧还应装设一只有功电能表。

(6) 低压动力线路上，应装设一只电流表。低压照明线路及三相负荷不平衡度大于15%的线路上，应装设三只电流表分别测量三相电流。如需计量电能，一般应装设一只三相四线有功电能表。对负荷平衡的动力线路，可只装设一只单相有功电能表，实际电能按其计度的3倍计。

(7) 并联电力电容器组的总回路上，应装设三只电流表，分别测量各相电流，并应装设一只无功电能表。

(四) 电能表的测量原理及接线

1. 单相电能的计量

在380/220V及以下小电流电路中，用单相电能表直接在电路上计量电能。

接线方式有两种，即顺入式和跳入式，一般国产电表多采用跳入式接线。单相电能表直接接入电路时，要特别注意，其相线与零线绝不能对调，否则容易造成触电及漏计电能的后果。

如果负载电流超过电能表的额定电流，电能表电流线圈须经电流互感器后接入电路。此时要注意，电能表的读数乘以电流互感器的电流比，才是实际消耗的电能。

2. 三相三线电路电能的计量

三相三线电路中，无论三相电压、电流是否对称，一般多采用三相两元件电能表计量电能。图3-8所示是三相三线高压配电线路上有功电能表和无功电能表的接线图。

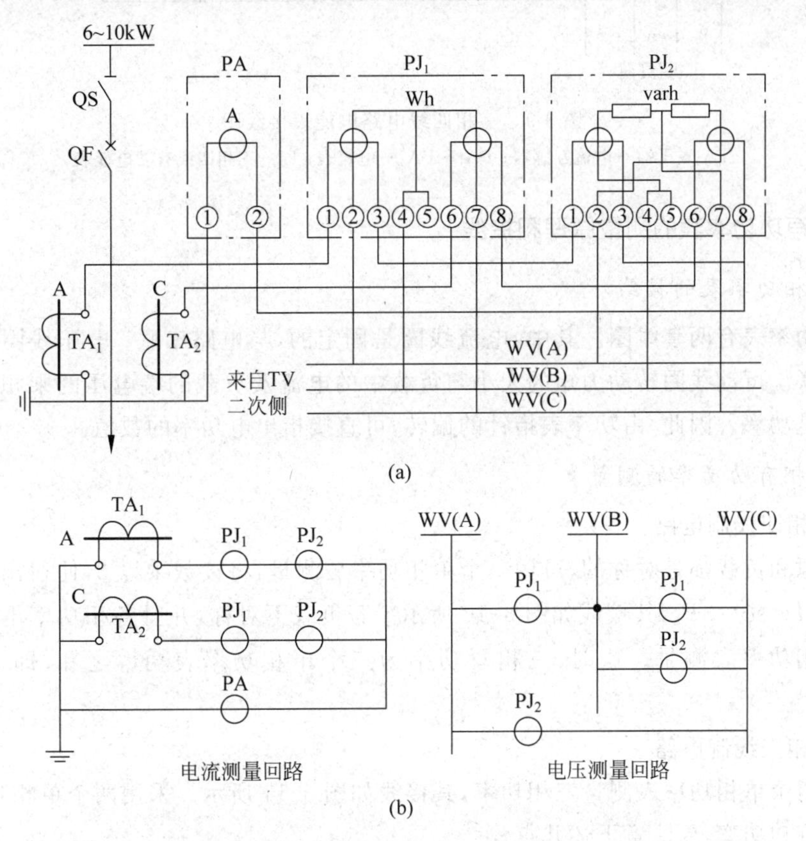

图3-8　三相三线高压配电线路上电能表的接线图

TA_1、TA_2—电流互感器；TV—电压互感器；PA—电流表；PJ_1—三相有功电能表；PJ_2—三相无功电能表；WV—电压小母线

3. 三相四线电路电能的计量和接线

在对称三相四线制电路中，可以用一个单相电能表测量任何一相电路消耗的电能，然后乘以 3，即得三相电路消耗的电能。当三相负载不对称时，需用三个单相电能表分别测量出各相消耗的电能，然后把它们加起来。这样做很不方便。采用三相三元件电能表计量电能比较方便，其接线如图 3-9 所示。

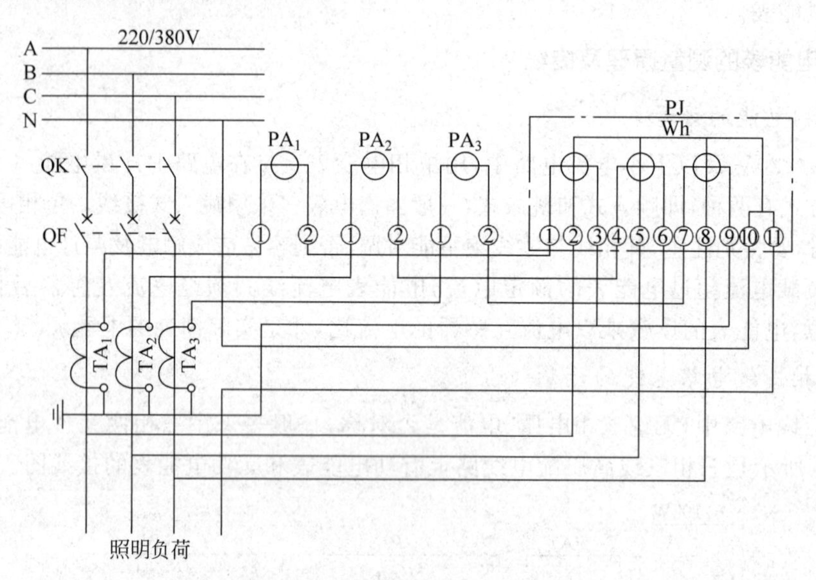

图 3-9　三相四线电路电能表接线图

TA_1～TA_3—电流互感器；PA_1～PA_3—电流表；PJ—三相四线有功电能表

（五）有功功率表的测量原理和接线

1. 单相功率表的接线

单相功率表有两套线圈。其中，电流线圈是固定的，与电路串联；电压线圈是可动的，与电路并联。可动线圈转动力矩的大小与负载中的电流及负载的端电压的乘积成正比，这个乘积就是功率。因此，由功率表指针的偏转，可直接指出电功率的数值。

2. 三相有功功率的测量

1）三相四线制电路

若电源和负载都是对称的，可用一个单相功率表测量，将读数乘以 3，便得出三相功率，即 $P_3=3UI\cos\varphi=3P_1$，其接线如图 3-10 所示。若负载不对称，并且各相功率不相等，必须用三个单相功率表测量。这时，三相总功率为三个单相功率表功率之和，即 $P_3=P_U+P_V+P_W$。

2）三相三线制电路

可用两个单相功率表测量三相功率，其接线如图 3-11 所示。采用两个单相功率表测量三相三线有功功率，要注意下述几点。

（1）两个单相功率表的电流线圈可以串联接入任意两相，电流线圈通过的电流为三相电路的线电流。电流线圈的始端接到电源侧。

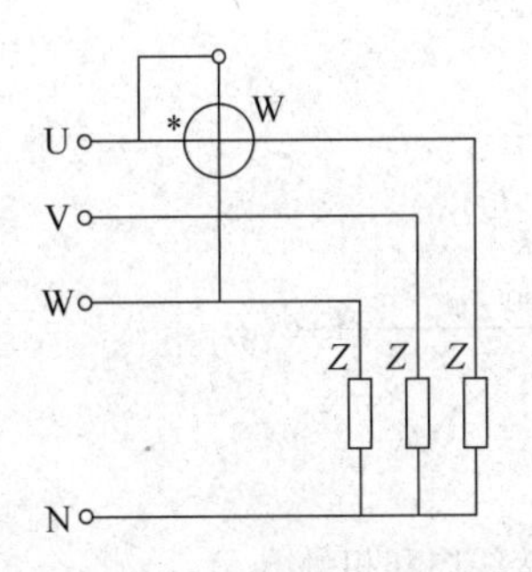

图 3-10　单相功率表测量接线原理图

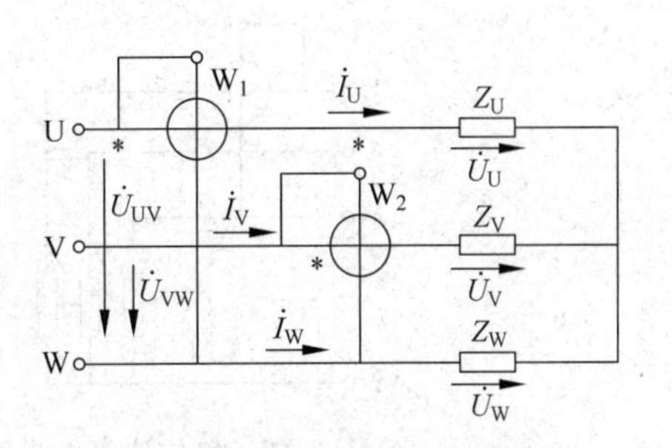

图 3-11　用两个单相功率表测量三相功率接线原理图

(2) 两个单相功率表的电压支路的“＊”端应接到该功率表电流线圈所在线，电压支路的末端都接到第三线，即不能接到功率表电流线圈的线上。

(3) 两个单相功率表的读数与不同负载功率因数之间有下列关系：负载为纯电阻性，相位差角 $\varphi=0$，两个功率表读数相等，则三相总功率为两表读数之和；若负载功率因数为 $0.5<\cos\varphi<1$，两表都有读数，但不相等，三相总功率仍为两表读数之和；若负载功率因数 $\cos\varphi=0.5$，相位差角 $\varphi=60°$，将有一个单相功率表的读数为零；当负载功率因数 $\cos\varphi<0.5$，将有一个功率表指针反转。为了正确读数，可将该表的电流线圈的两个端钮对换，而将读数记为负数，此时三相总功率为两个单相功率表读数之差。

3. 三相功率表直接测量高电压、大电流线路三相功率接线

根据两个单相功率表测量三相电路功率的原理制成的三相功率表，可以更直接、方便地测量三相功率，其接线如图 3-12 所示。图中，电流线圈和电压线圈分别与电流互感器和电压互感器相接，以满足高电压、大电流线路的需要。

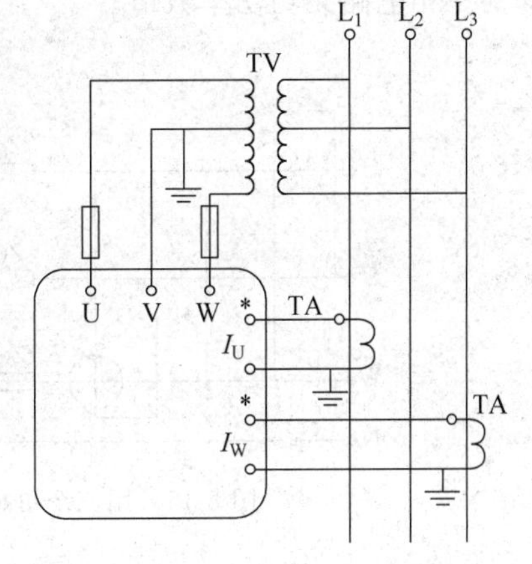

图 3-12　经电压互感器、电流互感器接入电路的三相功率表接线原理图

(六) 三相无功功率测量的原理

测量三相无功功率，一般常用 KVAR 表；测量接线与三相有功功率表相同。可以采用间接法，先求得三相有功功率和视在功率，然后计算出无功功率；也可以通过测量电压、电流和相位计算求得。

1. 用单相功率表测量无功功率

由于单相交流电路无功功率 $Q=UI\sin\varphi=UI\cdot\cos(90°-\varphi)$，所以如果将功率表$\dot{U}$与$\dot{I}$之间的相位差接成$(90°-\varphi)$，功率表的读数即为无功功率。测量无功功率的接线图和相量图如图 3-13 所示。

功率表电压回路接线电压$\dot{U}_{VW}$与相电压$\dot{U}_U$之间有 90°的相位差，$\dot{U}_{VW}$与$\dot{I}_U$之间的相位差为$(90°-\varphi)$，于是 $Q=U_{VW}I_U\cos(90°-\varphi)$。读数乘以$\sqrt{3}$，即为三相电路无功功率的数值。

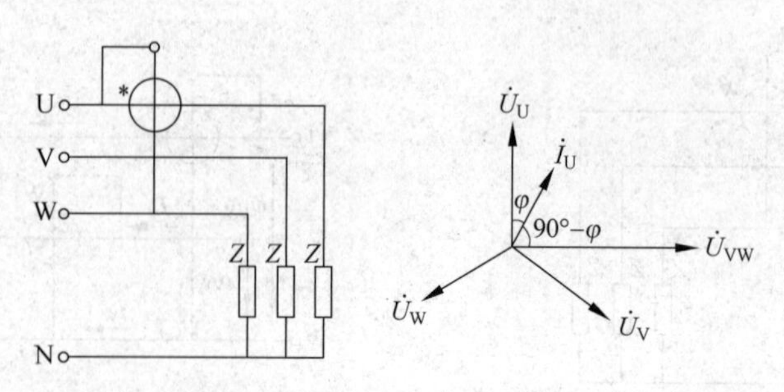

图 3-13 单相功率表测量无功功率的接线图和相量图

2. 用两个单相功率表测量无功功率

用两个单相功率表测量无功功率的接线图如图 3-14 所示。

根据推导可知，两表测量值之差(P_1-P_2)的绝对值乘以$\sqrt{3}$，即为三相电路无功功率的数值。

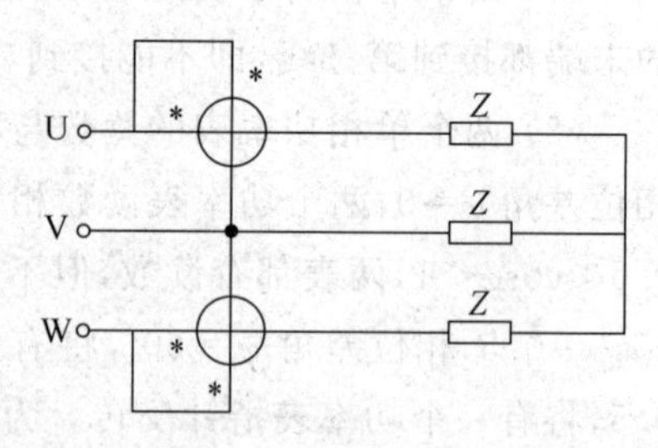

图 3-14 用两个单相功率表测量无功功率的接线图

3. 用三个单相功率表测量无功功率

用三个单相功率表测量无功功率的接线图和相量图如图 3-15 所示。

根据推导可知，每个功率表测量的有功功率是该相无功功率的$\sqrt{3}$倍，三个功率表读数总和为三相无功功率总和的$\sqrt{3}$倍。因此，将三个功率表的读数之和除以$\sqrt{3}$，即为三相电路无功功率数值。

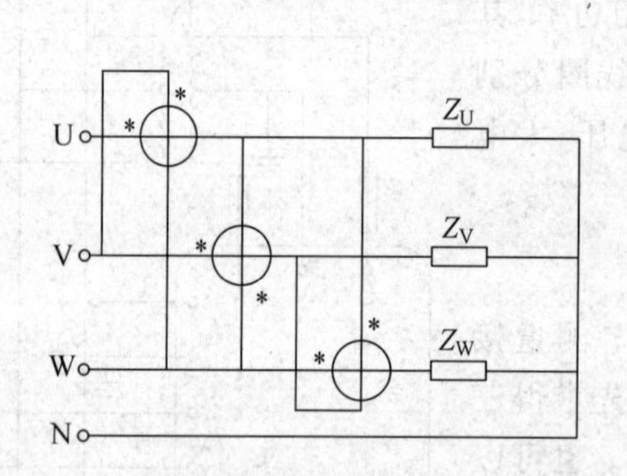

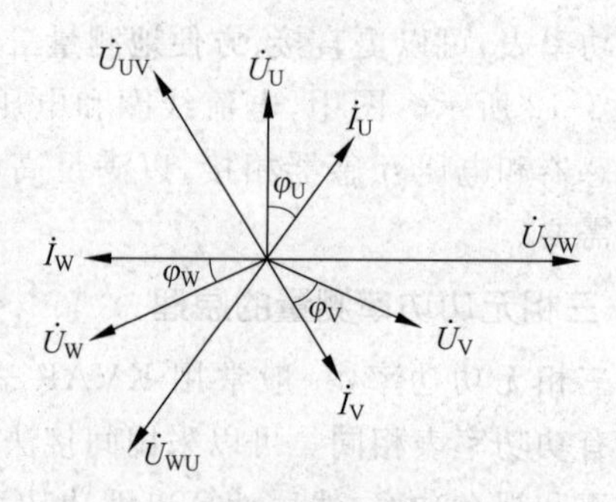

图 3-15 用三个单相功率表测量无功功率的接线图和相量图

三、绝缘监测监视回路的安装接线

(一) 直流绝缘监视回路

1. 直流系统两点接地的危害

在直流系统中，正、负母线对地是悬空的。当发生一点接地时，并不会引起任何危害，但必须及时消除；否则，当另一点接地时，会引起信号回路、控制回路、继电保护回路和自动装置回路的误动作。如图 3-16 所示，A、B 两点接地会造成误跳闸情况。

2. 直流绝缘监视装置回路图

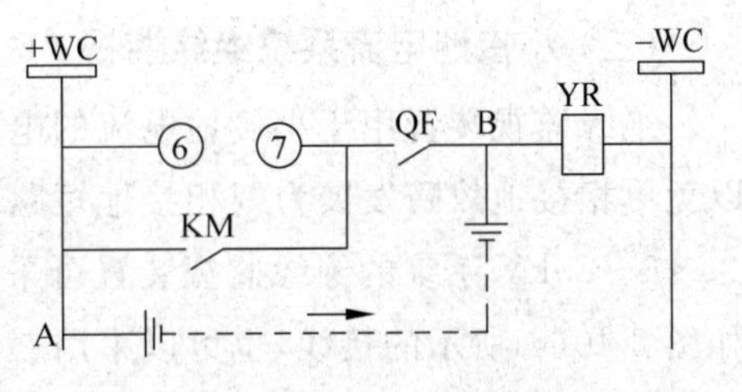

图 3-16　两点接地引起误跳闸的情况

图 3-17 所示为直流绝缘监视装置原理接线图。它是利用电桥原理进行监测的，正、负母线对地绝缘电阻作为电桥的两个臂，如图 3-17(a)等效电路所示。正常状态下，直流母线正极和负极的对地绝缘良好，电阻 R_+ 和 R_- 相等，继电器 KE 线圈中只有微小的不平衡电流通过，继电器不动作。当某一极的对地绝缘电阻(R_+ 和 R_-)下降时，电桥失去平衡，流过继电器 KE 线圈的电流增大。当绝缘电阻下降到一定值时，流过继电器 KE 线圈的电流增大，继电器 KE 动作，其常开触点闭合，发出预告信号。在图 3-17(b)中，$R_1=R_2=R_3=1000\Omega$。整个装置可分为信号部分和测量部分。

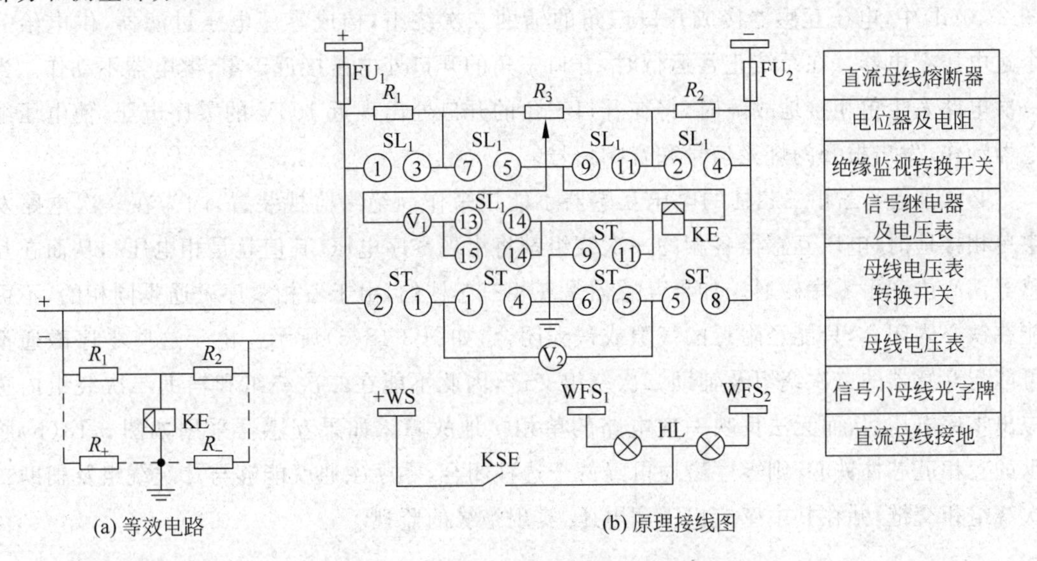

(a) 等效电路　(b) 原理接线图

图 3-17　直流绝缘监视装置回路接线

母线电压表转换开关 ST 有三个位置：不操作时，其手柄在竖直的“母线”位置，接点 9-11、2-1 和 5-8 接通，电压表 V_2 可测量正、负母线间电压；若将 ST 手柄逆时针方向旋转 45°，置于“负对地”位置时；ST 接点 1-2、5-6 接通，V_2 接到负极与地之间；若将 ST 手柄顺时针旋转 45°(相对竖直位置)，ST 接点 1-2 和 5-6 接通，V_2 接到正极与地之间。利用转换开关 ST 和电压表 V_2，可判别哪一极接地。若两极绝缘良好，则正极对地和负极对地时，V_2 指示 0V，因为电压表 V_2 的线圈没有形成回路。如果正极接地，则正极对地电压为 0V，而负极对地电压指示为 220V；反之，当负极接地时，情况与之相似。

绝缘监视转换开关 SL_1 也有三个位置，即“信号”“测量位置 1”和“测量位置 2”。一般情况下，其手柄置于“信号”位置，SL_1 的接点 5-7 和 9-11 接通，使电阻 R_3 被短接(ST 应置于“母线”位置，ST 接点 9-11 接通)。接地信号继电器 KSE 线圈在电桥的检流计位置，当母线绝缘电阻下降时，造成电桥不平衡，继电器 KSE 动作，其常开触点闭合，光字牌亮，同时发出音响信号。

（二）小接地电流系统绝缘监视

绝缘监视装置用于小接地电流的电力系统中，以便及时发现单相接地故障，设法处理，以免单相接地故障发展为两相接地短路，造成停电事故。

6～35kV 系统的绝缘监视装置可采用三个单相双绕组电压互感器和三只电压表，接成如图 2-40(c)所示的接线，也可以采用三个单相三绕组电压互感器或者一个三相五芯柱三绕组电压互感器，接成如图 2-40(d)所示的接线。接成Y_0的二次绕组，其中三只电压表均接各相的相电压。当一次电路某一相发生接地故障时，电压互感器二次侧对应相的电压表指零，其他两相的电压表读数升高到线电压。由指零电压表的所在相可知该相线发生了单相接地故障。但是这种绝缘监视装置不能判明具体是哪一条线路发生了故障，因此它是无选择性的，只适用于出线不多的系统，及作为有选择性的单相接地保护的一种辅助指示装置。图 2-40(d)中，电压互感器接成开口三角的辅助二次绕组，构成零序电压过滤器，供电给一个过电压继电器。在系统正常运行时，开口三角的开口处电压接近于零，继电器不动作。当一次电路发生单相接地故障时，将在开口三角的开口处出现近 100V 的零序电压，使电压继电器动作，发出报警的灯光信号和音响信号。

必须注意：三相三芯柱的电压互感器不能用来作为绝缘监视装置，因为在一次电路发生单相接地时，电压互感器各相的一次绕组都将出现零序电压（其值就是相电压），从而在互感器铁心内产生零序磁通。如果互感器是三相三芯柱的，由于三相零序磁通是同相的，不可能在铁心内闭合，只能经附近的气隙或铁壳闭合，如图 3-18(a)所示。由于这些零序磁通不可能与互感器的二次绕组及辅助二次绕组交链，因此不能在二次绕组和辅助二次绕组内感应出零序电压，从而无法反映一次电路的单相接地故障。如果互感器采用如图 3-18(b)所示的三相五芯柱铁心，则零序磁通可经两个边柱闭合，零序磁通就能够与二次绕组及辅助二次绕组相交链，并在其中感应出零序电压，实现绝缘的监视。

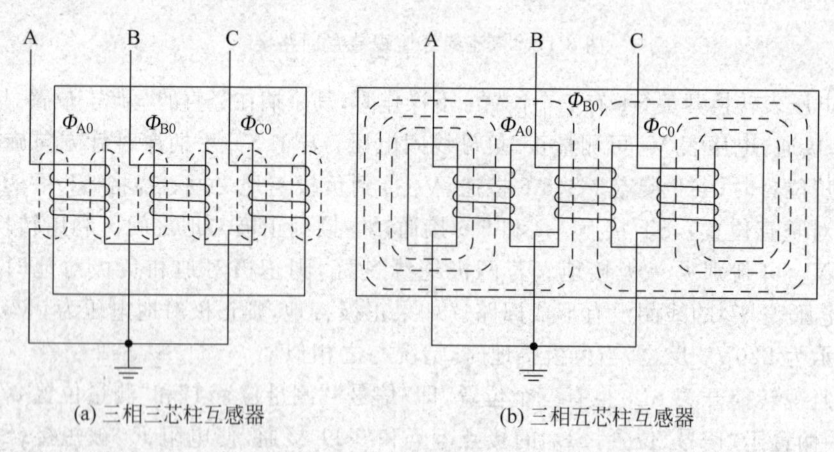

(a) 三相三芯柱互感器　　(b) 三相五芯柱互感器

图 3-18　电压互感器中的零序磁通（只画出互感器的一次绕组）

图 3-19 所示是 6～10kV 母线的电压测量和绝缘监视电路图。图中，电压转换开关 SA 用于转换测量三相母线的各个相间电压（线电压）。

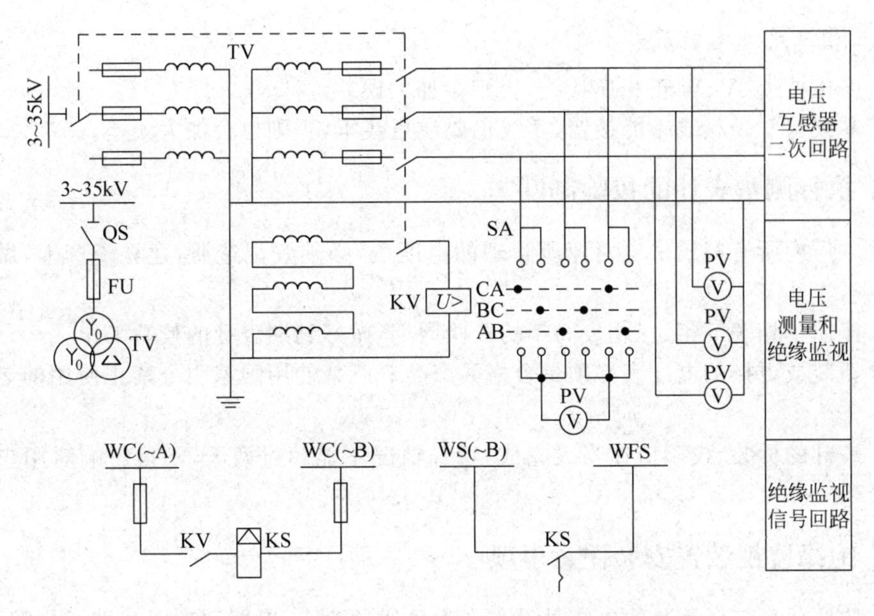

图 3-19　6～10kV 母线的电压测量和绝缘监视电路

TV—电压互感器；QS—高压隔离开关；SA—电压转换开关；PV—电压表；KV—电压继电器；KS—信号继电器；WC—控制小母线；WS—信号小母线；WFS—预告信号小母线

任务实施

一、功率表使用注意事项

(1) 测量交、直流电路的电功率，一般采用电动系仪表。仪表的固定绕组串联接入被测电路，活动绕组并联接入电路，不要接错。

(2) 使用功率表时，不但要注意功率表的功率量程，还要注意功率表的电流和电压量程，以免过载而烧坏电流和电压绕组。

(3) 注意功率表的极性。仪表两个绕组的正极都标有“*”。测量时，将标有“*”的电流端钮接到电源侧，另一个端钮接到负载侧。标有“*”的电压端钮可接在电流端钮的任一侧，另一个端钮跨接到负载的另一侧。

二、功率表与电能表接线注意事项

1. 单相功率表

注意电压线圈和电流线圈的极性。电流线圈的电源端标有“*”符号，必须接在电源一端。电压回路标有“*”符号的电源端可与电流线圈的任一端连接，另一端跨接到被测负载的另一端。电压回路标有“*”符号的一端，或与电流线圈负载端连接(后接法)，应该根据负载电阻的大小和功率表的参数确定。如果负载电阻比功率表电流线圈电阻大得多，可实行前接法；如果负载电阻比功率表电压支路电阻小很多，可实行后接法。

在实际测量中，如果功率表接线正确，而指针反向，表明功率输送的方向与预期的相反，此时将电流回路端钮换接即能正常。

2. 三相三元件电能表

(1) 严格按U、V、W正相序接线,否则会加大误差。

(2) 零线与三条相线不能接错,零线也要注意接牢,否则也会加大误差。

三、执行测量表计的校验制度

(1) 工厂内所有归属供电营业所管理的电度表,必须登记造册,建立资产卡,做好换验记录。

(2) 按照单相表5年、三相表3年的校验周期,做好到期表计的校验工作。

(3) 新装或更换的电度表必须是合格的产品。严禁使用国家明令禁止使用的老旧型号电度表。

(4) 表计的拆装、校验应在当天完成,特殊情况不能超过两天,不得影响对用户的正常供电。

四、绝缘监视装置安装注意事项

(1) 按照项目三任务一的电缆敷设与二次接线的要求,对照原理图和端子排图,接好绝缘监视回路的接线。

(2) 回路中的信号继电器、仪表校验必须合格。

(3) 检查二次接线是否正确,可以采用实验变压器在三相五柱式电压互感器的二次侧进行模拟,校验转换开关、继电器、表计是否实现绝缘监视功能,同时在发生单相接地时,中央预报信号的音响、指示灯、光字牌是否正常。

(4) 在系统安装、调试完毕送电后,要注意调试观察绝缘监视装置的工作情况。

知识拓展

GK-DNS型直流系统电压绝缘监视及选线装置介绍

变电站的直流系统是控制系统和信号系统,以及继电保护自动装置的工作电源。直流系统的工作可靠性直接影响电力系统的安全,但直流回路种类繁多,支线纵横,发生接地的概率非常高。正常情况下,直流系统的正、负母线是对地浮空的。当直流系统发生一点接地时,不会影响正常工作;但当出现第二个接地点时,将有可能引起事故,因此必须立即排除接地故障。

然而,直流系统的接地故障查找是一个棘手的问题。传统的方法是逐一断开各支路,根据绝缘监视装置的指示来确定故障支路,然后顺着该支路逐级查找,最后确定接地点。这种方法十分费时、费力,而且当断开某一支路时,该支路上的控制与保护装置要短时退出,有可能引起事故。

保定国电中科电气有限公司生产的GK-DNS型直流系统电压绝缘监视及选线装置(以下简称直流选线装置)可以完美地解决上述问题。它广泛适用于电力、煤炭、冶金、化工、石油等部门。

1. 功能及特点

GK-DNS型直流系统电压绝缘监视及选线装置采用现代微电子技术,能实现对直流系统的母线电压和对地绝缘的实时在线监测。该装置具有如下优点。

(1) 不需停电,即可查找接地支路。发生故障时,能及时报警,并在不断电的情况下自动确定接地支路,在便携式探测仪的配合下可迅速查找到接地点,在多点接地及系统对地电容较大的情况下仍有较高的准确度。

(2) 可以随时方便地更改设置参数,如各种报警值等;可以记忆20次最新的报警信息供随时显示和打印。

(3) 检测灵敏度高,受系统对地电容影响小;能同时监测两段母线。

(4) 系统的正、负母线对地绝缘均匀下降时仍能准确报警;抗干扰能力强,可靠性高。

2. 技术规范

GK-DNS型直流系统电压绝缘监视及选线装置的技术参数和指标如表3-2所示。

表3-2　GK-DNS型直流系统电压绝缘监视及选线装置的技术参数和指标

参　　数	指　　标
监测最大路数	101型,31路;201型,63路;301型,126路
系统接地检测灵敏度	≤99kΩ
支路接地检测灵敏度	≤20kΩ
每条支路的检测时间	≤10s
接地报警信息追忆	20次
输出报警信号	电压异常、接地
通信接口标准	RS-232、RS-422、RS-485
适用的直流系统电压等级	220V、110V、48V
电源电压	交流187～253V或直流176～242V
装置功耗	≤15W
质量	≤15kg(不含传感器)
工作环境	温度−5～40℃,相对湿度≤90%

该装置有三种型号:1型适用于单段母线,最大31路;2型适用于单段母线,最大63路;3型适用于双段母线,每段最大63路。

自我检测

3-2-1　电气测量的目的是什么?对仪表的配置有何要求?

3-2-2　计费计量中,对互感器、仪表的准确度有何要求?

3-2-3　试述单相有功电度表和三相有功电度表的工作原理并画出原理接线图。

3-2-4　试述单相电度表与三相电度表接线时的注意事项。

3-2-5　分析功率表采取前接法与后接法的情况及原因。

3-2-6　直流系统两点接地的危害是什么?

3-2-7　画出采用三相五芯柱三线圈电压互感器接成的绝缘监视装置电路。

3-2-8　小电流接地信号装置的设计判据有哪些?

3-2-9　绝缘监视装置调试的工作要点有哪些?

任务三　中央信号回路控制的安装接线

任务情境

变电所的进出线、变压器和母线等都配置继电保护装置或监测装置。保护装置或监测装置动作后都要通过信号系统发出相应的声响和指示灯信号提示运行人员，以便及时处理供配电系统的异常和故障现象。本任务主要完成中央预告信号回路分析及中央事故信号回路分析。

任务分析

要完成上述任务，需要掌握以下几个方面的知识。

✧ 中央信号回路的要求。

✧ 中央预告信号回路分析。

✧ 中央事故信号回路分析。

知识准备

一、中央信号的类型及回路要求

1. 中央信号的类型

(1) 事故信号：断路器发生事故，跳闸时，启动蜂鸣器(或电笛)发出声响，同时断路器的位置指示灯发出闪光，事故类型光字牌亮，指示故障的位置和类型。

(2) 预告信号：当电气设备出现不正常运行状态时，启动警铃发出声响信号，同时标有故障性质的光字牌点亮，指示不正常运行状态的类型，如变压器过负荷、控制回路断线等。

(3) 位置信号：位置信号包括断路器位置(如用灯光进行指示或采用操动机构分合闸位置指示器)和隔离开关位置信号等。

(4) 指挥信号和联系信号：用于主控制室向其他控制室发出操作命令和控制室之间的联系。

2. 中央信号回路应满足的要求

(1) 中央事故信号装置应保证在任一断路器事故跳闸后，立即(不延时)发出音响信号和灯光信号，或其他指示信号。

(2) 中央预告信号装置应保证在任一电路发生故障时，能按要求(瞬时或延时)准确发出音响信号和灯光。一般事故音响信号用电笛或蜂鸣器，预告音响信号用电铃。

(3) 中央信号装置在发出音响信号后，应能手动或自动复归(解除)音响，而灯光信号及其他指示信号应保持到消除故障为止。

(4) 接线应简单、可靠，应能监视信号回路的完好性；应能对事故信号、预告信号及其光字牌是否完好进行试验。交接班时，试验上述信号是否好用，是一项重要的工作。

(5) 中央信号一般采用重复动作的信号装置,变配电所主接线比较简单时,可采用不重复动作的中央信号装置。

二、中央预告信号回路分析

中央预告信号是指在供电系统中发生不正常工作状态下发出的音响信号。

常采用电铃发出声响,并利用灯光和光字牌来显示故障的性质和地点。中央预告信号装置根据操作电源性质,分为直流和交流两种,也可以分为不重复动作和重复动作两种,其区别分析如下。

1. 中央复归不重复动作预告信号回路

图 3-20 所示为中央复归不重复动作中央预告信号回路,KS 为反映系统不正常状态的继电器常开触点。当系统发生不正常工作状态时,如某台变压器过负荷,经一定延时后,KS 触点闭合,回路＋WS→KS→HL→WFS→$KM_{(1\text{-}2)}$→HA→－WS 接通,电铃 HA 发出音响信号,同时 HL 光字牌亮(两个灯)。点亮后,外层毛玻璃“变压器过负荷”的字样显示出来。SB_1 为试验按钮,SB_2 为音响解除按钮。SB_2 被按下时,KM 得电动作,$KM_{(1\text{-}2)}$ 打开,电铃 HA 断电,音响被解除,$KM_{(3\text{-}4)}$ 闭合自锁。在系统不正常工作状态未消除之前,KS、HL、$KM_{(3\text{-}4)}$、KM 线圈一直是接通的。当另一个设备发生不正常工作状态时,不会发出音响信号,只有相应的光字牌亮。这是“不能重复”动作的中央复归式预告音响信号回路。

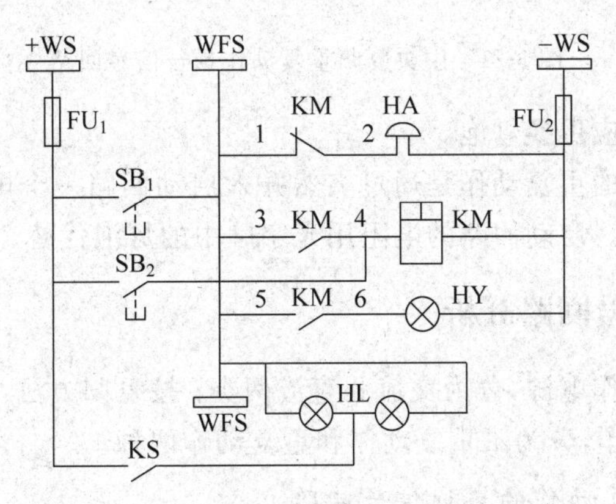

图 3-20　中央复归不重复动作预告信号回路

2. 中央复归重复动作预告信号回路

图 3-21 所示为重复动作的中央复归式预告信号回路。图中,预告信号小母线分为 WFS_1 和 WFS_2,转换开关 SA 有三个位置,中间为工作位置,左、右(±45°)为试验位置。SA 在工作位置时,13-14、15-16 通,其他断开;试验位置(左或右旋转 45°)则相反,13-14、15-16 不通,其他通。当 SA 在工作位置时,若系统发生不正常工作状态,如过负荷动作 K_1 闭合,＋WS 经 K_1、HL_1(两灯并联)、SA 的 13-14、K_1 到－WS,使冲击继电器 KI 的脉冲变流器一次绕组通电,发出音响信号,同时光字牌 HL_1 亮。

转动 SA 到试验位置时,试验回路为＋WS→12-11→9-10→8-7→WFS_2→HL 光字牌(两灯串联)→WFS_1→1-2→4-3→5-6→－WS,所有光字牌亮,表明光字牌灯泡完好;如有不

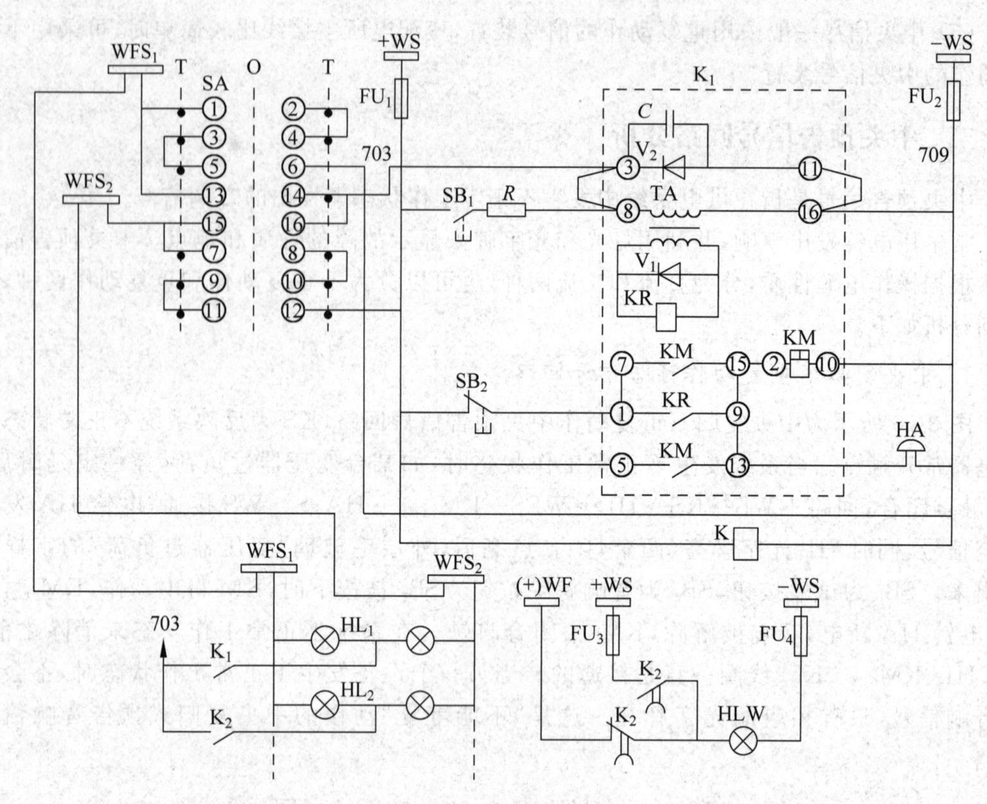

图 3-21 中央复归重复动作预告信号回路

亮，表示光字牌灯泡坏，应更换灯泡。

预告信号音响部分的重复动作是通过突然并入启动回路一个电阻，使流过冲击继电器的电流发生突变来实现。启动回路的电阻用光字牌中的灯泡代替。

三、中央事故信号回路分析

中央事故信号按操作电源，分为交流和直流两类；按复归方法，分为就地复归和中央复归两种；按能否重复动作，分为不重复动作和重复动作两种。

1. 中央复归不重复动作的事故信号回路

中央复归不重复动作事故信号回路如图 3-22 所示。在正常工作时，断路器合上，控制开关 SA 的 1-3 和 19-17 触点接通，但 QF_1 和 QF_2 常闭辅助触点断开。若某断路器（QF_1）因事故跳闸，则 QF_1 闭合，回路＋WS→HB→KM 常闭触点→SA 的 1-3 及 17-19→QF_1→－WS 接通，蜂鸣器 HB 发出声响。按 SB_2 复归按钮，KM 线圈通电，KM 常闭触点打开，蜂鸣器 HB 断电，解除音响，KM 常开触点闭合，继电器 KM 自锁。若此时 QF_2 又发生了事故跳闸，蜂鸣器将不会发出声响，这就叫作不能重复动作。能在控制室手动复归称为中央复归。SB_1 为试验按钮，用于检查事故音响是否完好。

2. 中央复归重复动作的事故信号回路

图 3-23 所示是重复动作的中央复归式事故音响信号回路。该信号装置采用信号冲击继电器（或信号脉冲继电器）K_1，型号为 ZC-23 型（或按电流积分原理工作的 BC-4(S)型），

虚线框内为 ZC-23 型冲击继电器的内部接线图。TA 为脉冲变流器，其一次侧并联的二极管 V_2 和电容 C 用于抗干扰；其二次侧并联的二极管 V_1 起单向旁路作用。当 TA 的一次电流突然减小时，其二次侧感应的反向电流经 V_1 而旁路，不让它流过干簧继电器 KR 的线圈。KR 为执行元件（单触点干簧继电器），KM 为出口中间元件（多触点干簧继电器）。

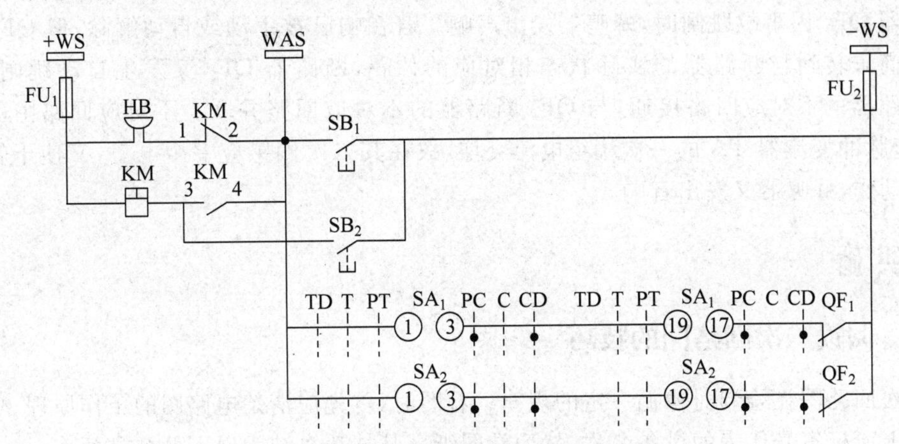

图 3-22　中央复归不能重复动作的事故信号回路

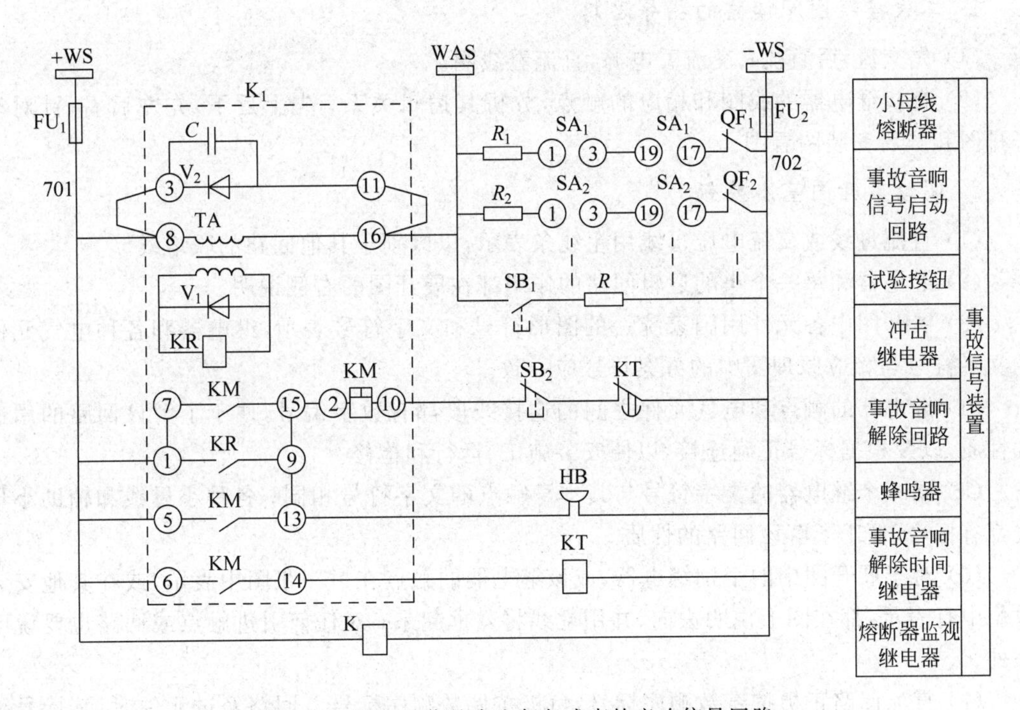

图 3-23　重复动作的中央复归式事故音响信号回路

当 QF_1、QF_2 断路器合上时，其辅助常闭触点 QF_1、QF_2（在图中）均打开，各对应回路的 1-3、19-17 均接通。若断路器 QF_1 因事故跳闸，辅助常闭触点 QF_1 闭合，冲击继电器的脉冲变流器一次绕组电流突增，在其二次侧绕组中产生感应电动势，使干簧继电器 KR 动作；KR 的常开触点（1-9）闭合，使中间继电器 KM 动作，其常开触点 $KM_{(7\text{-}15)}$ 闭合自锁；另一对常开触点 $KM_{(5\text{-}13)}$ 闭合，使蜂鸣器 HB 通电，发出声响；同时 $KM_{(6\text{-}14)}$ 闭合，使时间继电器 KT 动作,其常闭触点延时打开,KM失电,使音响自动解除。SB_2为音响解除按钮,SB_1为试验按钮。此时,若另一台断路器QF_2因事故跳闸,流经K_1的脉冲变流器的电流又增大,使HB发出声响,称为重复动作的音响信号回路。

重复动作是利用控制开关与断路器辅助触点之间的不对应回路中的附加电阻实现的。当断路器QF_1因事故跳闸时,蜂鸣器发出声响。若音响已被手动或自动解除,但QF_1的控制开关尚未转到与断路器的实际状态相对应的位置,断路器QF_2又发生自动跳闸时,其QF_2断路器的不对应回路接通,与QF_1断路器的不对应回路并联。不对应回路中串有电阻,引起脉冲变流器TA的一次绕组电流突增,故在其二次侧感应一个电势,又使干簧继电器KR动作,蜂鸣器又发出音响。

任务实施

一、阅读二次回路图的技巧

二次回路图在绘制时遵循一定的规律。看图时,首先应清楚电路图的工作原理、功能以及图纸上所标符号代表的设备名称,然后看图纸。其技巧总结为以下两个方面。

1. 二次接线图阅读总的指导思想

(1) 先交流,后直流;交流看电源,直流看线圈。

(2) 查找继电器的线圈和相应的触点,分析其逻辑关系;先上后下,先左后右,针对端子排图和屏后安装图看图。

2. 阅读展开图基本要领

(1) 直流母线或交流电压母线用粗线条表示,以区别于其他回路的联络线。

(2) 继电器和每一个小的逻辑回路的作用都在展开图的右侧说明。

(3) 展开图中各元件用国家统一的图形符号和文字符号表示,继电器和各种电气元件的文字符号与相应原理图中的方案符号应一致。

(4) 继电器的触点和电气元件之间的连接线段都有数字编号,便于了解该回路的用途和性质,以及根据标号正确连接,以便安装施工、运行和检修。

(5) 同一个继电器的文字符号与其本身触点的文字符号相同;各种小母线和辅助小母线都有标号,便于了解该回路的性质。

(6) 对于展开图中的个别继电器,或该继电器的触点在另一张图中表示,或在其他安装单位中有表示,都在图上说明去向,并用虚线将其框起来;对任何引进触点或回路也要说明来处。

(7) 直流回路正极按奇数顺序标号,负极按偶数顺序标号。回路经过元件时,其标号随之改变。

(8) 常用的回路都是固定编号,如断路器的跳闸回路是33,合闸回路是3等。

(9) 交流回路的标号除用3位数外,前面加注文字符号;交流电流回路使用的数字范围是400~599,电压回路为600~799,其中个位数字表示不同的回路,十位数字表示互感器的组数。回路使用的标号组要与互感器文字符号前的数字序号相对应。

二、设计二次接线图使用的标志方法

通过完成以上几个任务，介绍了电气原理图的正确分析方法。在设计二次接线时，为方便安装施工和投入运行后的检修维护，应在展开图中对回路编号，在安装图中对设备进行标记，详述如下。

1. 展开图中的回路编号

对展开图编号，可以方便维修人员进行检查以及正确地连接。根据展开图中回路的不同，如电流、电压、交流等，对回路的编号进行相应的分类。编号原则如下所述。

(1) 回路的编号由3个或3个以上的数字构成。对交流回路要加注A、B、C、N符号加以区分，对不同用途的回路规定了编号的数字范围，各回路的编号要在相应的数字范围内。

(2) 二次回路的编号应遵循等电位原则，即在电气回路中，连接在一起的导线属于同一电位，应采用同一编号。如果回路经继电器线圈或开关触点等隔离开，应视为两端不再是等电位，要有不同的编号。

(3) 在展开图中，小母线用粗线表示，并按规定标注文字符号或数字编号。

2. 安装图设备的标志编号

二次回路中的设备都是从属于某些一次设备或一次线路的，为了区分不同回路的二次设备，避免混淆，所有的二次设备必须使用规定的项目种类代号。例如，某高压线路的测量仪表，本身的种类代号为P；现有有功功率表、无功功率表和电流表，代号分别是P_1、P_2和P_3，这些仪表又从属于某一线路，其种类代号为W_6。设无功功率表P_3是在线路W_6上使用的，因此无功功率表的项目种类代号全称应为“$-W_6-P_3$”，这里的“-”是种类的前缀符号。又设W_6是8号开关柜内的线路，而开关柜的种类代号规定为A，因此该无功功率表的项目种类代号全称为“$=A-W_6-P_3$”。这里的“＝”是高层的前缀符号，高层是指系统或设备中较高层次的项目。

3. 接线端子的标志方法

端子排是由专门的接线端子板组合而成的，是连接配电柜之间或配电柜与外部设备的。接线端子分为普通端子、连接端子、试验端子和终端端子等形式。

试验端子用来在不断开二次回路的情况下，对仪表、继电器进行试验。终端端子板则用来固定或分隔不同安装项目的端子排。

在接线图中，端子排中各种类型端子板的符号如图3-24所示。端子板的文字代号为“X”，端子的前缀符号为“:”。按规定，接线图上端子的代号应与设备上的端子标记一致。

4. 连接导线的表示方法

安装接线图既要表示各设备的安装位置，又要表示各设备间的连接，如果直接绘出这些连接线，将使图纸上的线条难以辨认，因而一般在安装图上表示导线的连接关系时，只在各设备的端子处标明导线的去向，方法是在两个设备连接的端子出线处标出对方的端子号，称为相对标号法。如P_1、P_2两台设备，现P_1设备的3号端子要与P_2设备的1号端子相连，标志方法如图3-25所示。

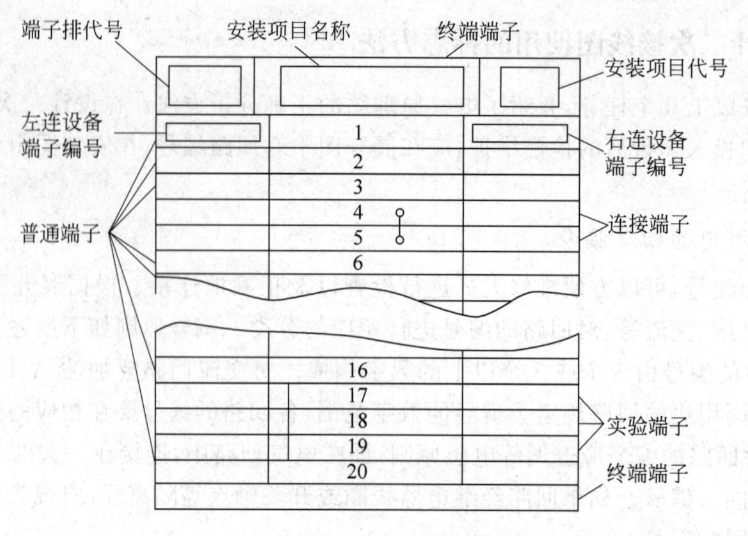

图 3-24 端子排标志图例

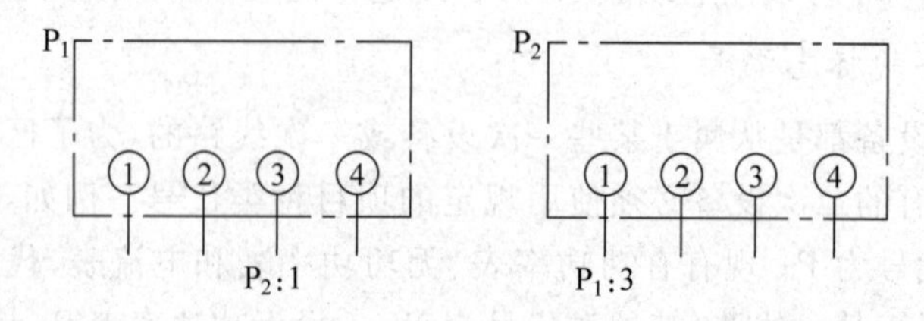

图 3-25 选择导线的表示方法

三、安装接线的要求

(1) 按照本项目任务一的要求，敷设各开关柜与中央信号屏之间的控制电缆，按照二次接线的工艺要求接线，关键是要对照端子排进行各回路接线，不要遗漏需要预报的回路。

(2) 校验各类继电器，对照原理图检查控制开关、继电器接点、回路是否正确。

四、中央信号屏送电调试过程

中央信号屏在完成施工接线，校验完继电器之后，一般在其他控制屏、保护屏的二次控制接线工作完成后进行调试，这样反映问题更全面。具体调试过程如下所述。

1. 信号回路系统调试

待直流电源投运正常后，首先应将信号回路投入，为以后的控制、保护回路的试验创造有利条件。即在检验其他回路时，其信号回路同时参加检验，从而完整地完成回路检验并投入工作。

2. 闪光装置调试

闪光装置本体经查线无误、绝缘试验合格后，送上直流电源。按下试验按钮时，信号灯应每分钟闪光 40～50 次。若动作不正常，加以调整。在动作正常后，即可投入，供检验各有关控制回路时使用。

3. 中央信号装置调试

以中央复归能重复动作的信号装置为例，经查线和绝缘检查，确认回路正常后，分别送预告和事故信号回路的直流电源。

4. 瞬时预告信号调试

按下瞬时预告信号的试验按钮，立即发出音响信号并自保持；按下瞬时预告信号的解除按钮(或有自动复归装置时)，音响应立即消失。连续上述操作数次，检查回路中有无接触不良的现象，以及电铃机械部分是否存在缺陷。正常时，音响应及时地、断续地发出信号。

5. 延时预告信号调试

按下延时预告信号的试验按钮，经过整定的时限后，应发出音响，并自保持。用延时预告信号解除按钮(或自动)复归，多次试验，检查有无缺陷；如有问题，寻找原因，加以处理。

6. 光字牌调试

光字牌试验操作开关转至试验位置，光字牌应全部亮。仔细检查有无不亮的光字牌。如有不亮，寻找原因，加以处理。操作开关复归后，灯应全灭，然后在端子排上用一条短接线，逐一接通每个光字牌的回路，模拟信号触点接通，相应的光字牌应亮灯并发出音响。此时，光字牌上的标志应与设计一致。如有不一致或不动作情况，应做相应的处理。

7. 事故信号调试

按下事故信号试验按钮，蜂鸣器应发出音响；按下解除按钮(或自动复归)，音响应立即停止。断开事故信号回路熔断器，瞬时预告信号应发出音响，同时光字牌亮，送上熔断器光字牌应自动恢复；按下解除按钮，音响应消失。如发现问题，及时寻找原因，加以处理。

8. 用外部回路检查信号回路系统调试

模拟设备的各种故障和事故，按顺序检查各种预告与事故信号。

知识拓展

变电所微机监控系统简介

随着科学技术不断发展，计算机技术渗透到世界的每个角落。电力系统不可避免地进入微机控制时代，变电站综合自动化系统取代传统的变电站二次系统，成为当前电力系统发展的趋势。

变电站综合自动化系统以其简单可靠、可扩展性强、兼容性好等特点，逐步被国内用户接受，并在一些大型变电站监控项目中成功应用。

1. 变电所综合自动化系统定义

变电所综合自动化系统是指在微机保护系统的基础上，将变电所的控制装置、测量装置、信号装置综合为一体，以全微机化的新型二次设备替代机电式的二次设备，用不同的项目化软件实现机电式二次设备的各种功能，用计算机局部联络通信替代大量信号电缆的连接，通过人机接口设备，实现变电所的综合自动化管理、监视、测量、控制及打印记录等所有功能。

2. 变电所综合自动化系统设计思想

完整的变电所综合自动化系统除在各控制保护单元保留紧急手动操作跳、合闸的手段外，其余的全部控制、监视、测量和报警功能均可通过计算机监控系统来完成。变电所无须另设远动设备，监控系统完全满足遥信、遥测、遥控、遥调的功能以及无人值班的需要。

3. 变电所综合自动化系统具有的基本功能和特点

变电所综合自动化系统具有数据采集、数据处理与记录、控制与操作闭锁、微机保护、与远方操作控制中心通信、人机联系、自诊断、数据库等功能。变电所综合自动化系统具有功能综合化、结构微机化、操作监视屏幕化、运行管理智能化等特点。

4. 变电所综合自动化系统的结构模式的类型

变电所综合自动化系统的结构模式分为集中式、分布式、分散式结构集中组屏三种类型。

自我检测

3-3-1 什么叫中央信号回路？事故音响信号和预告音响信号的声响有何区别？

3-3-2 试述能重复动作的中央复归式事故音响信号回路的工作原理。

3-3-3 如何检查光字牌灯泡是否损坏？

任务四 自动重合闸和备用电源自动投入装置的安装接线

任务情境

自动重合闸和备用电源自动投入装置是保证供电系统可靠性的有力措施。本任务主要完成这两个装置的安装接线。

任务分析

要完成上述任务，需要掌握以下几个方面的知识。

✧ 自动重合闸装置的作用和基本原理。

✧ 自动重合闸装置的安装接线。

✧ 备用电源自动投入装置的作用和分类。

✧ 备用电源自动投入装置的工作原理。

✧ 备用电源自动投入装置的安装接线。

知识准备

一、自动重合闸装置(ARD)

(一) 供电线路 ARD 的作用

电气运行经验表明，供电系统的故障，特别是架空线路上的故障大多是瞬时性的，例如雷云放电、潮湿闪络、导线受风吹动而搭线、鸟兽或树枝跨接导线而短路等。这些故障在断路器跳闸后，多数能很快地自行消除；如果将断路器重新合闸，线路一般均能恢复正常运行。自动重合闸装置就是利用线路故障多数是瞬时性的这一特点，当线路故障时，在继电保护的作用下，将线路跳闸；当故障自行消除后，ARD 装置将断路器重新合闸，迅速恢复供电，大大提高了供电的可靠性和连续性，避免因停电给工厂生产带来巨大损失。

当断路器因继电保护动作或其他原因跳闸后，能自动重新合闸的装置，称为自动重合闸装置。

ARD 装置在大多数情况下，能做到不间断供电，因此在国内一些大中型工厂的配电系统中应用广泛。ARD 装置本身所需费用较少，它给工厂在经济上及保证完成生产任务上都带来很大好处，因此在 6kV 及以上的架空线路或电缆与架空混合线路上装有断路器时，一般应装设自动重合闸装置。

（二）自动重合闸装置的基本原理

图 3-26 所示是说明一次自动重合闸装置的基本原理的电气简图。

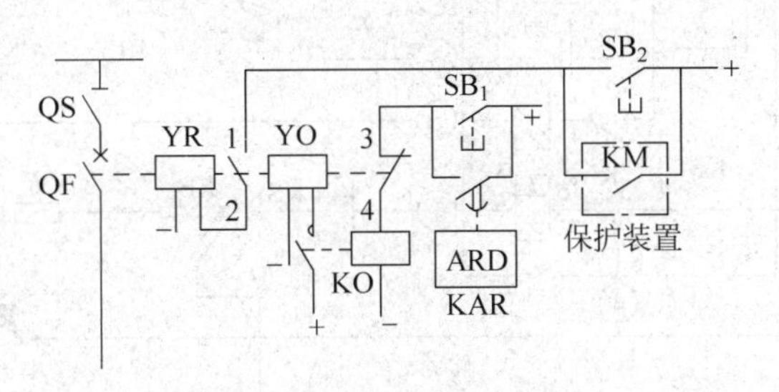

图 3-26　电气一次自动重合闸原理说明简图

QF—断路器；YR—跳闸线圈；YO—合闸线圈；KO—合闸接触器；KAR—重合闸继电器；KM—保护装置出口触点；SB_1—合闸按钮；SB_2—分闸按钮

手动合闸时，按下 SB_1，使合闸接触器 KO 通电动作，从而使合闸线圈 YO 动作，使断路器合闸。

手动分闸时，按下 SB_2，使跳闸线圈 YR 通电动作，使断路器分闸。

当一次电路发生短路故障时，保护装置动作，其出口继电器 KM 触点闭合，接通跳闸线圈 YR 回路，使断路器自动跳闸。与此同时，断路器辅助触点 $QF_{3\text{-}4}$ 闭合，而且重合闸继电器 KAR 启动；经整定的时限后，其延时闭合常开触点闭合，使合闸接触器 KO 通电动作，使断路器重合闸。如果一次电路的短路故障是瞬时性的，已经消除，则重合闸成功。如果短路故障尚未消除，则保护装置又要动作，其出口继电器 KM 触点闭合，又使断路器跳闸。由于一次 ARD 采用了防跳措施（图上未示出），因此不会再次重合闸。

（三）ARD 与继电保护装置的配合

如果供电线路上装设有带时限的过电流保护和电流速断保护，则在该线路末端发生短路时，应该是带时限的过电流保护动作使断路器跳闸，而电流速断保护不会动作，因为线路末端是属于速断保护的“死区”。过电流保护使断路器跳闸后，ARD 动作，使断路器重新合闸。如果短路故障是永久性的，过电流保护又要动作，使断路器再次跳闸。但由于过电流保护带有时限，使故障存在的时间延长，危害加剧。为了减轻危害，缩短故障时间，要求采取措施，缩短保护装置的动作时间。在工厂供电系统中，一般采用重合闸后加速保护装置动作的方案。

二、自动重合闸装置的安装接线

图 3-27 所示是采用 DH-2 型重合闸继电器的电气一次自动重合闸装置展开式原理电路图(图中仅绘出与 ARD 有关的部分)。该电路的控制开关 SA_1 采用 LW2 型万能转换开关,它的合闸(ON)和分闸(OFF)操作各有三个位置:预备分合闸、正在分合闸和分合闸后。SA_1 两侧的箭头(→)指向三条虚线位置,就是上述三个位置。选择开关 SA_2 采用一般转换开关,只有“合闸(ON)”和“断开(OFF)”两个位置,用来投入和切除 ARD。

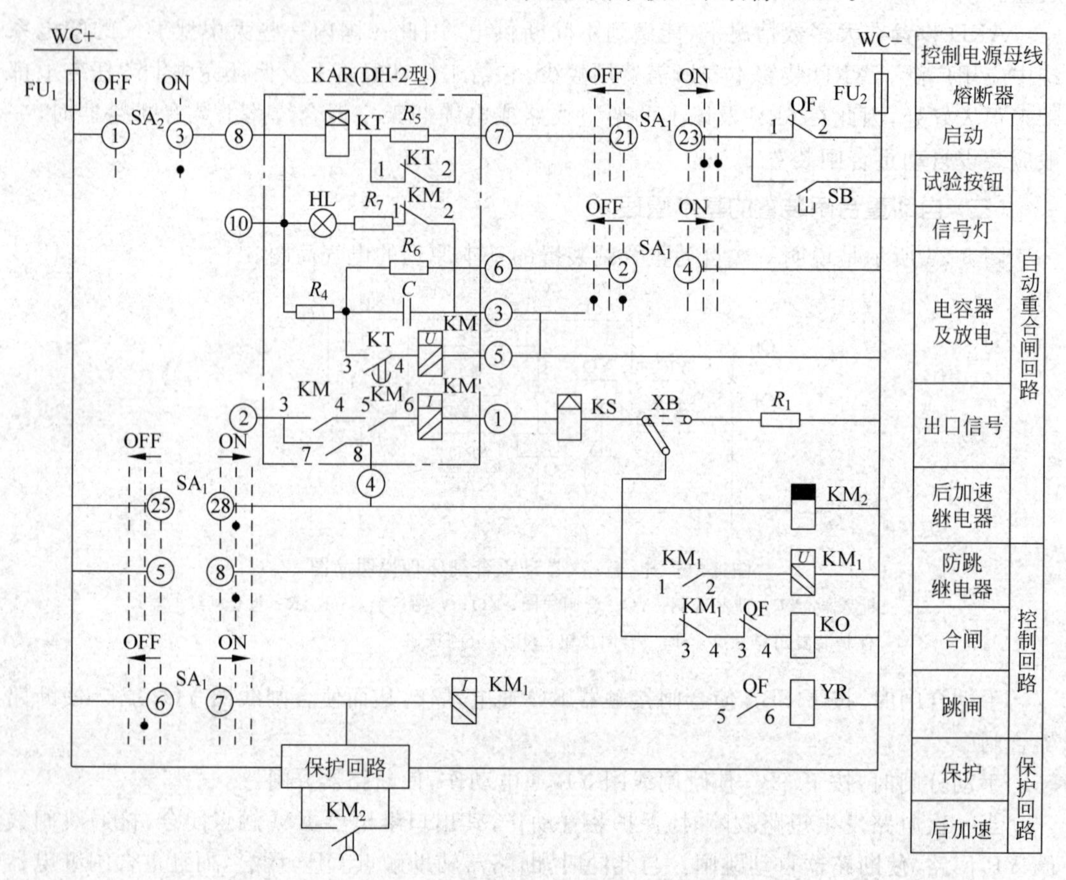

图 3-27 电气式一次自动重合闸装置展开式原理电路图

WC—控制小母线;SA_1—控制开关;SA_2—选择开关;KAR—DH-2 型重合闸继电器(内含 KT 时间继电器、KM 中间继电器、HL 指示灯及电阻 R、电容器 C 等);KM_1—防跳继电器(DZB-115 型中间继电器);KM_2—后加速继电器;KS—DX-11 型信号继电器;KO—合闸接触器;YR—跳闸线圈;XB—连接片;QF—断路器辅助触点

(一)一次自动重合闸装置的工作原理

系统正常运行时,SA_1 和 SA_2 都扳向“合闸(ON)”位置,ARD 投入工作。这时,重合闸继电器 KAR 中的电容器 C 经 R_4 充电,同时指示灯 HL 亮,表示控制小母线 WC 的电压正常,电容器 C 已在充电状态。

当一次电路发生短路故障时,保护装置动作,使断路器 QF 跳闸,断路器辅助触点 $QF_{1\text{-}2}$ 闭合,SA_1 仍处在合闸位置,接通 KAR 的启动回路,使 KAR 中的时间继电器 KT 经它本身

的常闭触点 KT_{1-2} 而动作。KT 动作后，其常闭触点 KT_{1-2} 断开，串入电阻 R_5，使 KT 保持动作状态。串入 R_5 的目的在于限制通过 KT 线圈的电流，避免线圈过热烧毁，因为 KT 线圈不是按长期接上额定电压设计的。

时间继电器 KT 动作后，经一定延时，其延时闭合的常开触点 KT_{3-4} 闭合。这时，电容器 C 对 KAR 中的中间继电器 KM 的电压线圈放电，使 KM 动作。

中间继电器 KM 动作后，其常闭触点 KM_{1-2} 断开，使 HL 熄灭，表示 KAR 已经动作，其出口回路已经接通。合闸接触器 KO 由控制小母线 WC 经 SA_2、KAR 中的 KM_{3-4} 和 KM_{5-6} 两对触点及 KM 的电流线圈、KS 线圈、连接片 XB，以及触点 KM_{3-4} 和断路器辅助触点 QF_{3-4} 获得电源，使断路器 QF 重新合闸。

由于中间继电器 KM 是由电容器 C 放电而动作的，但 C 的放电时间不长，因此为了使 KM 能够自保持，在 KAR 的出口回路中串入 KM 的电流线圈，借 KM 本身的常开触点 KM_{3-4} 和 KM_{5-6} 闭合使之接通，保持 KM 处于动作状态。在断路器合闸后，断路器的辅助触点 QF_{3-4} 断开，使 KM 的自保持被解除。

在 KAR 的出口回路中串联信号继电器 KS，是为了记录 KAR 的动作，并为 KAR 动作发出灯光信号和音响信号。

断路器重合成功以后，所有继电器自动返回，电容器又恢复充电。

要使 ARD 退出工作，可将 SA_2 扳到“断开(OFF)”位置，同时将出口回路的连接片 XB 断开。

(二) 一次自动重合闸装置的基本要求

1. 一次 ARD 只能重合闸一次

如果一次电路的故障为永久性的，则断路器在 KAR 作用下重合以后，继电保护又要动作，使断路器再次自动跳闸。断路器第二次跳闸后，KAR 又要启动，使时间继电器 KT 动作。但由于电容器 C 还来不及充好电(充电时间 15～25s)，所以 C 的放电电流很小，不足以使中间继电器 KM 动作，从而 KAR 的出口回路不会接通，保证了 ARD 只重合闸一次。

2. 用控制开关断开断路器时，ARD 不应动作

如图 3-27 所示，通常在分闸操作时，先将选择开关 SA_2 扳到“断开(OFF)”位置，使 KAR 退出工作；同时将控制开关 SA_1 扳到“预备跳闸”和“跳闸后”位置，其 SA_1 的触点 2-4 闭合，使电容器 C 先对 R_6 放电，使中间继电器 KM 失去动作电源。因此，即使 SA_2 没有扳到“断开”位置(使 KAR 退出的位置)，在用 SA_1 操作分闸时，断路器也不会自行重合闸。

3. 自动重合闸装置必需的“防跳”措施

当 KAR 出口回路中的中间继电器 KM 的触点被粘住时，应防止断路器多次重合于存在永久性故障的一次电路上。

如图 3-27 所示 ARD 电路中，采取了两项“防跳”措施。

(1) 在 KAR 的中间继电器 KM 的电流线圈回路(即其自保持回路)中，串接了它自身的两对常开触点 KM_{3-4}、KM_{5-6}，万一其中一对常开触点被粘住，另一对常开触点仍能正常工作，不致发生断路器“跳动”现象。

(2) 为了防止万一 KM 的两对常开触点 KM_{3-4}、KM_{5-6} 同时被粘住时断路器仍有可能

“跳动”的情况，在断路器的跳闸线圈 YR 回路中，串接了防跳继电器 KM_1 的电流线圈。在断路器跳闸时，KM_1 的电流线圈同时通电，使 KM_1 动作。当 KM 的两对串联的常开触点 KM_{3-4}、KM_{5-6} 被同时粘住时，KM_1 的电压线圈经其常开触点 1-2、XB、KS 线圈、KM 电流线圈及其两对常开触点 KM_{3-4}、KM_{5-6} 而带电自保持，使 KM_1 在合闸接触器 KO 回路中的常闭触点 3-4 同时保持断开，使合闸接触器 KO 不致接通，达到“防跳”的目的。因此，这种防跳继电器 KM_1 实际是一种跳闸保持继电器。

在采用防跳继电器以后，即使用控制开关 SA_1 操作断路器合闸，只要一次电路存在故障，当断路器自动跳闸以后，也不会再次合闸。当 SA_1 的手柄在“合闸”位置时，其触点 5-8 闭合，合闸接触器 KO 通电，断路器合闸。但因一次电路存在故障，继电保护将使断路器自动跳闸。在跳闸回路接通时，防跳继电器 KM_1 启动。这时，即使 SA_1 手柄扳在“合闸(ON)”位置，由于 KO 回路中 KM_1 的常闭触点 3-4 断开，SA_1 的触点 5-8 闭合，也不会再次接通 KO，而是接通 KM_1 的电压线圈，使 KM_1 自保持，从而避免断路器再次合闸，达到“防跳”要求。当 SA_1 回到“合闸后”位置时，其触点 5-8 断开，使 KM_1 的自保持随之解除。

（三）自动重合闸装置与继电保护装置的配合

假设线路上装设了带时限过电流保护和电流速断保护，则在线路末端短路时，速断保护不动作，只有过电流保护动作，使断路器跳闸。断路器自动跳闸后，由于 KAR 动作，将使断路器重新合闸。如果短路故障是永久性的，则过电流又要动作，使断路器再次跳闸。但由于过电流保护带有时限，将使故障延续时间延长，危害加剧，因此为了减轻危害，缩短故障时间，一般采取重合闸后加速保护装置动作时间的措施。在 KAR 动作后，KM 的常开触点 KM_{7-8} 闭合，使加速继电器 KM_2 动作，其延时断开的常开触点立即闭合。如果一次电路故障为永久性的，则由于 KM_2 触点闭合，使保护装置启动后不经时限元件，而经 KM_2 触点直接接通保护装置出口元件，使断路器快速跳闸。ARD 与保护装置的这种配合方式称为 ARD 后加速。

由图 3-27 还可看出：控制开关 SA_1 还有一对触点 25-28，它在 SA_1 手柄处于“合闸”位置时接通。因此，当一次电路存在故障，而 SA_1 手柄在“合闸”位置时，直接接通加速继电器 KM_2，也能加速故障电路的切除。

三、备用电源自动投入装置(APD)

（一）APD 作用

在工厂供电系统中，为了提高供电可靠性和连续性，常采用备用电源自动投入装置(APD)。当工作电源无论什么原因失电时，APD 启动，将备用电源自动投入，迅速恢复供电。

（二）APD 分类

对于工厂供电系统中的 APD 装置，常见有以下三种基本方式。

(1) 备用线路自动投入装置。图 3-28(a)所示为备用线路 APD。正常运行时，由工作线路供电；当工作线路因故障或误操作而失电时，APD 启动，将备用线路自动投入。这种方式常用于具有两条电源进线，但只有一台变压器的变电所。

(2) 分段断路器自动投入装置。图 3-28(b)所示为母线分段断路器 APD。正常运行时，一台变压器带一段母线上的负荷，分段断路器 QF_5 是断开的。当任一段母线因电源进线或变压器故障，使其电压消失（或降低）时，APD 动作，将故障电源的断路器 QF_2（或 QF_4）断开，然后合上 QF_5 恢复供电。这种接线的特点是：两个线路的变压器组正常时都在供电，故障时互为备用（热备用）。

（3）备用变压器自动投入装置。图 3-28(c)所示为备用变压器 APD。正常时，T_1 和 T_2 工作，T_3 备用。当任一台工作变压器发生故障时，APD 启动，将故障变压器的断路器跳开，将备用变压器投入。这种接线的特点是：备用元件平时不投入运行，只有当工作元件发生故障时，才将备用元件投入（冷备用）。

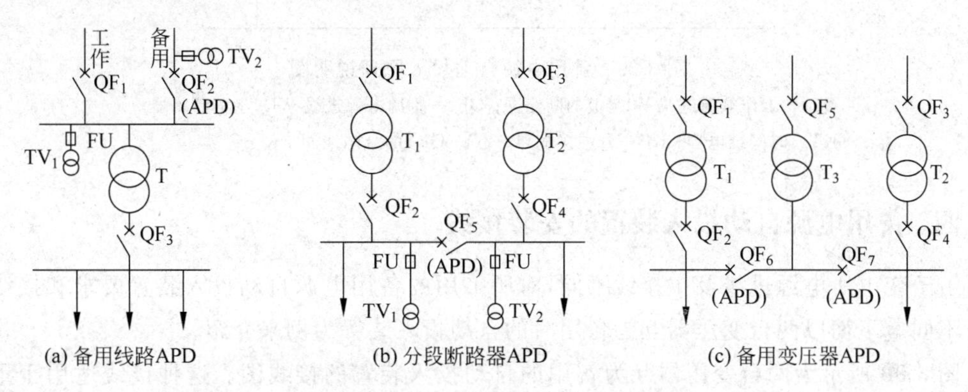

(a) 备用线路APD　(b) 分段断路器APD　(c) 备用变压器APD

图 3-28　备用电源自动投入的基本方式

（三）对 APD 装置的基本要求

（1）工作电源不论何种原因（故障或误操作）消失时，APD 应动作。

（2）备用电源的电压必须正常，且只有在工作电源已经断开的条件下，才能投入备用电源。

（3）备用电源自动投入装置只允许动作一次。这是为了防止备用电源投入到永久性故障上，而造成断路器损坏，或使事故扩大。

（4）备用电源自动投入装置的动作时间应尽量缩短，以利于电动机自启动，减少停电对生产的影响。

（5）电压互感器二次回路断线时，APD 不应误动作。

（四）备用电源自动投入的基本原理

图 3-29 所示为备用电源自动投入原理图。假设电源进线 WL_1 在工作，WL_2 为备用，其断路器 QF_2 断开，但其两侧隔离开关是闭合的（图上未绘出）。当工作电源 WL_1 断电，引起失压保护动作，使 QF_1 跳闸时，其常开触点 $QF_{3\text{-}4}$ 断开，使原来通电动作的时间继电器 KT 断电，但其延时断开触点尚未断开，这时 QF_1 的另一个常闭触点 1-2 闭合，使合闸接触器 KO 通电动作，使断路器 QF_2 的合闸线圈 YO 通电，使 QF_2 合闸，投入备用电源 WL_2，恢复对变配电所的供电。WL_2 投入后，KT 的延时断开触点断开，切断 KO 的回路，同时 QF_2 的联锁触点 1-2 断开，防止 YO 长时间通电。

由此可见，双电源进线又配以 APD 时，供电可靠性大大提高。但是当母线发生故障时，整个变配电所仍要停电，因此对某些重要负荷，可由两段母线同时供电。

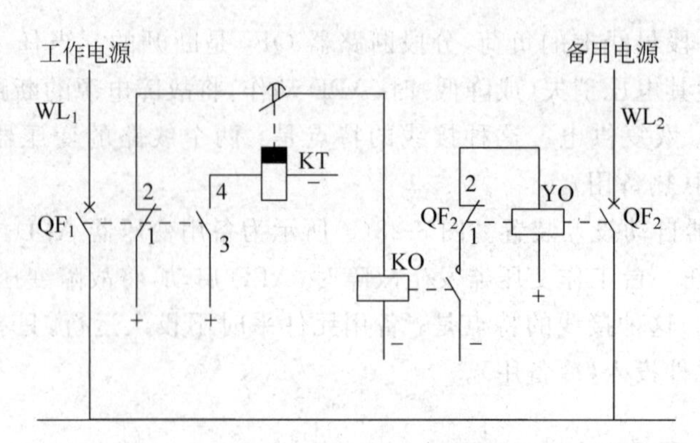

图 3-29 备用电源自动投入原理说明图

QF_1—工作电源进线 WL_1 上的断路器；QF_2—备用电源进线 WL_2 上的断路器；

KT—时间继电器；KO—合闸接触器；YO—QF_2 的合闸线圈

四、备用电源自动投入装置的安装接线

由于变电所电源进线及主接线不同，对所采用的备用电源自动投入装置要求和接线也有所不同。下面以两台变压器互为备用时的自动投入装置为例来介绍。

图 3-30 所示为两台变压器互为备用的自动投入装置的接线图。这种接线适用于重要的用电场所。图中只画出 QF_1 的接线图，QF_2～QF_4 与 QF_1 的接线图类似。SA_2、SA_3、SA_4 分别是 QF_2～QF_4 接线图中的开关。KV_1、KV_2 与 KV_3 触点串联，保证工作电源消失时，备用电源有电，才能投入备用电源。采用联锁跳闸回路和备用电源自动投入装置启动回路，可保证只有 QF_1、QF_4 同时跳闸后，备用电源才能投入，且只能投入一次。KV_1 与 KV_2 串联，可防止 TV_2 二次侧单相熔丝熔断时，备用电源自动投入装置误动作。

正常工作时，一台变压器工作，另一台备用。如 T_1 工作，QF_1、QF_4 在合闸位置，SA_1、SA_4 的触点 5-8、6-7 断开，16-13 接通，QF_1、QF_4 的辅助触点中常闭触点断开，常开触点闭合。T_2 备用，QF_2、QF_3 在“跳闸”位置，SA_2、SA_3 的触点 5-8、6-7、16-13 均断开。

当满足下列条件之一时，自动投入装置才会动作：当 T_1 内部故障，继电保护动作使 QF_1、QF_4 跳闸；或 KV_1、KV_2 动作返回(母线失电)，KV_3 带电(备用电源有电压)，低压启动回路才会接通，KT_1 线圈通电，KT_1 触点延时动作使 QF_1、QF_4 跳闸；或线路故障联锁跳闸回路动作，即 QF_4 跳闸，工作电源消失，KC_1 失电，其延时释放的常开触点延时返回，使 QF_1 的跳闸回路短时接通，QF_1 联锁跳闸。

当 QF_1、QF_4 跳闸后，KC_1 的延时释放的常开触点延时返回，使正电源→KC_1 触点→HW、KS、KC_2→QF_1→负电源形成回路。启动 HW、KS、KC_2，指示备用电源自动投入装置动作，发音响信号，KC_2 动作后，通过电流线圈自保持，分别启动 QF_2、QF_3 的合闸回路，使 QF_2、QF_3 自动合闸，T_2 投入运行。

当 QF_1～QF_4 相继动作后，绿灯、红灯闪光，操作 SA_1～SA_4 使之与 QF_1～QF_4 位置对应；同时检查工作电源失电原因，并尽快恢复电源。此时，工作方式改变，T_2 成为工作电源，T_1 变为备用电源。

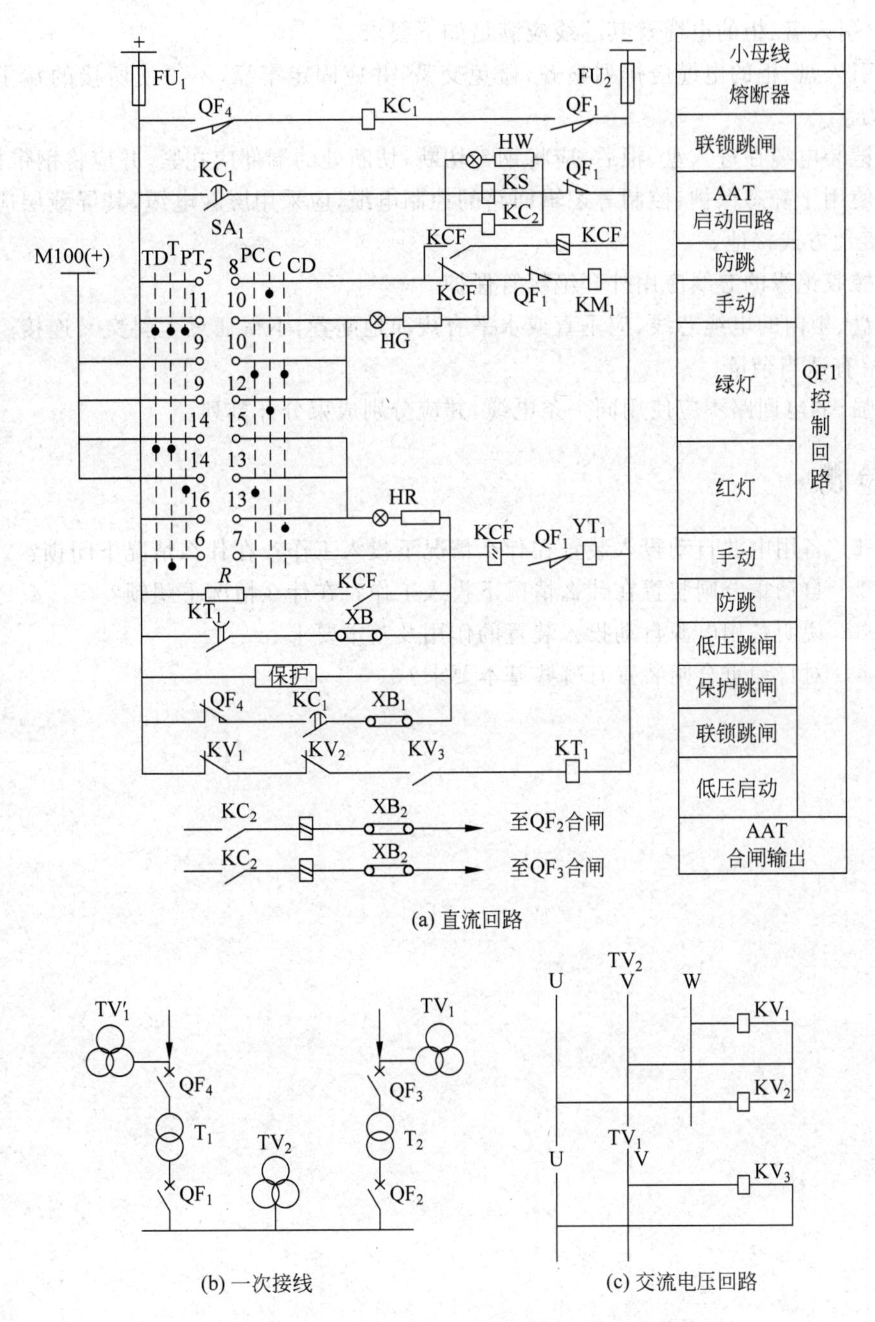

图 3-30　两台变压器互为备用的自动投入装置的接线图

任务实施

根据 GB 50171—1992《电气装置安装工程盘、柜及二次回路接线施工及验收规范》规定，二次回路接线应符合下列要求。

(1) 按照本项目任务一的要求，以及二次接线的工艺要求进行接线，关键是对照端子排进行各回路接线，不要遗漏需要预报的回路。

(2) 引入盘、柜的电缆及其芯线应满足如下要求。

① 引入盘、柜的电缆应排列整齐，避免交叉，并应固定牢靠，不得使所接的端子排受到机械应力。

② 铠装电缆在进入盘、柜后，应将钢带切断，切断处的端部应扎紧，并应将钢带接地。

③ 使用于静态保护、控制等逻辑回路的控制电缆，应采用屏蔽电缆，其屏蔽层应按设计要求的接地方式接地。

④ 橡胶绝缘的芯线应用外套绝缘管保护。

⑤ 盘、柜内的电缆芯线，应垂直或水平有规律地配置，不得任意歪斜交叉连接。备用芯长度应留有适当余量。

⑥ 强、弱电回路不应使用同一条电缆，并应分别成束分开排列。

自我检测

3-4-1 备用电源自动投入装置在什么情况下投入工作？在什么情况下闭锁？

3-4-2 自动重合闸装置在什么情况下投入工作？在什么情况下闭锁？

3-4-3 说明备用电源自动投入装置的作用及基本要求。

3-4-4 对自动重合闸装置有哪些基本要求？

项目四

供配电系统的调试

本项目在巨化集团公司某厂供配电系统的一次系统和二次系统安装工作完成后，阐述电力线路、变压器、高低压一次设备试验、检查的项目与方法，阐述电力线路、变压器、继电保护整定计算及继电器的校验。从工作过程中总结供配电系统的调试目的、调试方法、调试手段，使读者加深对调试重要性的认识，熟知供配电系统调试的规程。

- 掌握配电线路试验的项目和方法。
- 掌握电力变压器的试验项目和试验方法。
- 掌握一次设备的试验项目和试验方法。
- 掌握电力线路、变压器继电保护的整定计算，以及相应的继电器的校验方法。
- 熟悉设备调试所需要的仪器和使用方法。
- 了解试验、调试的新方法、新设备。

任务一　电力线路的检查与试验

任务情境

本任务的目标是在完成供配电系统线路的安装工作后，为了保证系统安全、可靠地运行，对线路绝缘状况、耐压能力等进行检查与试验。

任务分析

要完成上述任务，需要掌握以下几个方面的知识。

✧ 线路检查项目。

✧ 试验的目的。

✧ 线路上不同试验所用的方式与方法。

知识准备

一、架空线路的检查

架空线路所经路线较长，环境复杂，线路不仅本身会自然老化，还要受空气腐蚀和各种气候及外界因素的影响，因此，必须加强架空线路的运行与维护。除了定期对线路进行巡视、检查外，每年还要采取一些反事故措施。

1. 防止事故发生的反事故措施

(1) 反污。要在春季前抓紧对绝缘子进行测试、清扫工作，防止绝缘击穿造成伤害。

(2) 防雷。雷雨季节前应做好防雷设备的试验、检查和安装，做好接地装置接地电阻的测试等工作。

(3) 防暑度夏。在高温和雨季前，做好导线弧垂的检测，防止弧垂过大而发生事故。对线路连接(接头)处进行检查、修复，防止过热而发生事故。

(4) 防汛。雨季前，对杆基不稳的电杆采取加固措施，防止倒伏。

(5) 防风。风季前，做好杆基加固，清除线路附近的杂物、树枝，以免碰触(挂落)导线而造成事故。

(6) 防寒防冻。在严冬季节前，检查导线弧垂。导线过紧，会使导线受冷拉断或电杆倾斜。在冰冻雨雪天气，注意加强巡查，防止线路结冰。

(7) 防鸟。日常工作和巡视检查线路时，应做好防鸟害工作，防止鸟类(乌鸦或喜鹊)筑巢对线路造成的事故。

2. 线路巡查期限

线路的巡视检查一般分为定期巡检、特殊巡检和事故巡检。定期巡检就是每隔一段时间沿线路巡视检查，一般1～2个月一次。

特殊巡视是在特殊天气(如大雪、大雾、雷雨、导线结冰、地震、大风等)时进行的一次重点巡视(包括夜间巡视)，对全线路或重点部位进行查看。

事故巡检是在线路发生事故后，对事故的发生、地点、原因、破坏程度、抢修、恢复正常供电运行进行的有针对性的巡视。

3. 巡视检查内容

(1) 电杆、横担、拉线等有无变形、倾斜、下陷等。

(2) 各种金具是否完好，有无严重腐蚀或缺陷。

(3) 导线接头是否接触良好，有无过热发红、严重氧化、腐蚀或断落现象，绝缘子是否完好，有无破损和放电现象。如有，应及时修复。

(4) 避雷装置及接地线是否完好，接地线等有无严重锈蚀，接地电阻是否合格。

(5) 线路下方周围的地面上有无杂物，严禁堆放、存集易燃、易爆物品和化学腐蚀性物品。

(6) 线路上有无悬挂杂物(如纸带、丝线、风筝等)、鸟巢，线路下方有无树枝等。如有，应及时安全清除。

(7) 检查导线弧垂。冬季不得过紧,夏季不得太松,以免影响安全距离,并及时安排调整。

(8) 检查线路周围的建筑物,特别是临时建筑物外侧有无危险物体,以免对线路安全造成危害。

(9) 检查有无其他不利于线路安全运行的情况。如有,应根据具体情况,通过有关部门安全解决(排除)。

上述巡视检查工作应列入巡视检查记录并存档。

二、电缆线路的检查

电缆线路无论是架空、直埋、桥架敷设还是沟道敷设,为保证电缆线路安全、可靠地运行,必须全面了解电缆的敷设方式、走向、结构等,重点掌握电缆端头、中间接头以及转角、易受机械损伤和电缆线路与高温物体或发热物体接近处的位置等。

1. 定期巡查

电缆全线一般每季度全面巡视检查一次。对于户外电缆头,应每月检查一次,并同架空线路一样,分为特殊巡检和事故巡检。

2. 电缆线路检查内容

(1) 电缆头及瓷套管是否清洁、无损伤,有无放电痕迹;缆头有填充物时,不应有熔化和流出现象。

(2) 电缆接头处连接牢固,导电性能良好,无过热现象。

(3) 对于地下电缆(无论直埋、缆沟敷设),应检查沿线有无挖掘和机械损伤痕迹,路标和保护物是否完整、齐全,牢固、可靠。

(4) 对于地下电缆线路,要检查地面上有无堆集易燃物、化学腐蚀性物质和其他对电缆线路有损害的物质(体)。如有,及时妥善处理。

(5) 电缆引入、引出户内及户外,保护沟、管口应做好防止小动物进入和漏水防护。

(6) 对于明敷电缆,应检查电缆外皮有无损伤,支持物是否牢固、可靠。

(7) 电缆线路上的各种接地装置(措施)是否良好、安全、可靠。

(8) 电缆线路与高温或发热物体的距离是否符合要求,隔离设施是否齐全、有效。

(9) 对于有中间接头的电缆线路,应定期进行预防性测试。

(10) 检查有无其他不利于电缆线路安全运行的情况。

上述巡视检查应列入巡视检查记录并存档。

三、车间配电线路的检查

车间配电线路及设备是保证车间供电的重要设施,一般由车间电工负责维护。

1. 定期检查

车间配电线路一般每周巡视检查一次。对于易燃、易爆、有腐蚀性介质的场所,还应增加巡检次数。

2. 检查内容

(1) 车间内配电箱(柜)内不得存放杂物,配电箱周围不得堆放杂物。

(2) 导线连接处有无过热现象,绝缘导线有无变色、老化。

(3) 检查三相负荷平衡情况,记录零线电流与三相电流数值,分析设备运行状态,提出整改意见。

(4) 检查配电箱(柜)、金属套管、线槽及用电设备金属外壳保护接地(零)情况,保护线必须牢固、可靠。

(5) 巡视检查线路绝缘情况,绝缘子应完整无损,导线绑扎牢固,线皮绝缘良好;线路上没有悬挂物,周围没有易燃、易爆和化学腐蚀物品。

(6) 对长期不用的电路或设备,应及时拆除或采取安全措施。对重新启用的线路和设备,必须全面检查,其绝缘强度必须保持在合格状态。

任务实施

一、绝缘电阻的测量

测量线路绝缘电阻的目的是检查线路的绝缘状况是否良好,有无接地或相间短路故障。测量线路的绝缘电阻,通常在耐压试验前进行。高压线路一般采用 2500V 兆欧表测量,低压线路采用 1000V 兆欧表测量。

对于电缆或绝缘导线,测试步骤如下所述。

(1) 拆除被试电缆(或绝缘导线)的电源、负荷及一切对外连线,并将线芯全部对地放电。

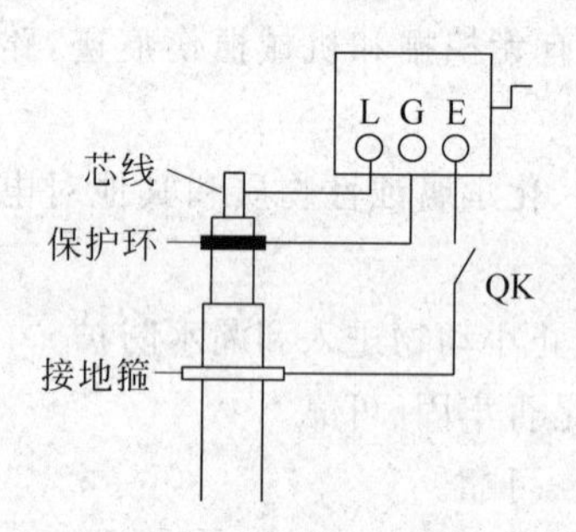

图 4-1 用兆欧表测量电缆或绝缘导线的绝缘电阻

(2) 按图 4-1 所示接线,将电缆铅包或钢铠接到兆欧表的接地端子 E;芯线接兆欧表线路端子 L;由于电缆有可能产生表面泄漏电流而影响测试,因此将兆欧表屏蔽(保护)端子 G 接保护环加以屏蔽。

(3) 以恒定速度(约 120r/min)摇兆欧表摇把,并合上开关 QK,读取 15s 和 60s 时的电阻值分别为 R_{15s} 和 R_{60s}。R_{60s}/R_{15s} 称为吸收比,一般电缆(或绝缘导线)的吸收比要求在 1.2 以上。

(4) 测试完毕,必须对被试物充分放电,放电时间不少于 2min。

二、直流耐压试验

电力电缆的直流耐压试验的试验期限为:变配电所无压力的重要电缆每年至少一次;其他电缆每三年至少一次。新敷设的有中间接头的电缆线路,在投入运行三个月后应试验一次,以后按一般周期试验。试验有以下要求。

(1) 电缆直流耐压试验电压的持续时间为 5min。

(2) 油浸纸绝缘电缆 6~10kV 采用 5 倍额定电压。

(3) 油浸纸绝缘电缆 15～35kV 采用 4 倍额定电压。

(4) 橡胶、塑料绝缘电缆 6～35kV 采用 2.5 倍额定电压。

三、三相线路的定相

所谓定相，就是测定相序和相位。新建线路要投入系统，以及双回路或双变压器要并列运行时，均需定相，以免彼此的相序或相位不一致，投入运行时造成短路或巨大的环流而损坏设备。

1. 相序测定

测定三相线路的相序，可采用电容式或电感式两种相序表测量的方法。

(1) 图 4-2(a)所示为电容式相序表原理接线图。L_1 相电容 C 的容抗 X_C 与 L_2、L_3 两相灯泡的电阻 R 值相等。接上三相电源后，灯亮的为 L_2 相，灯暗的为 L_3 相。

(2) 图 4-2(b)所示为电感式相序表原理接线图。L_1 相电感 L 的感抗 X_L 与 L_2、L_3 两相灯泡的电阻 R 值相等。接上三相电源后，灯暗的为 L_2 相，灯亮的为 L_3 相。

2. 核对相位

对于新建线路，应核对其两端相位是否一致，以免线路两端相位不一致时造成短路事故。

(1) 图 4-3(a)所示为用兆欧表核对线路两端相位的接线。线路首端接兆欧表，其 L 端接线路，E 端接地。测试时，线路末端逐相接地。如果兆欧表指示为零，说明末端接地的相线与首端测量的相线属同一相。如此，三相轮流测量，即可确定出线路首端和末端的 L_1、L_2、L_3 相。

(2) 图 4-3(b)所示为用指示灯核对线路两端相位的接线。线路首端接指示灯，末端逐相接地。如果通上电源时，指示灯亮，说明末端接地的相线与首端接指示灯的相线属同一相。如此，三相轮流测量，可定出线路首端和末端的 L_1、L_2、L_3 相。

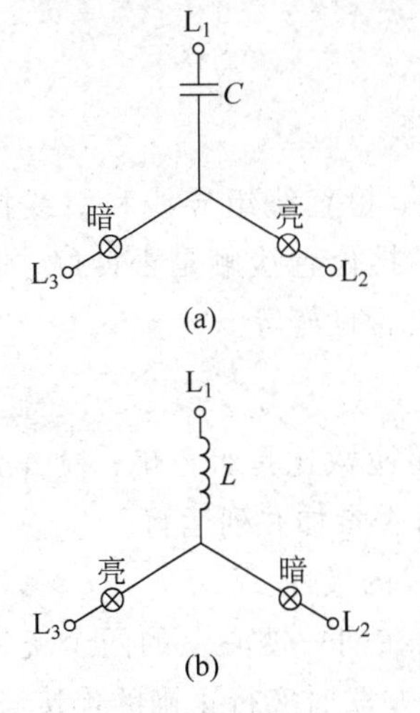

图 4-2　指示灯相序的原理接线

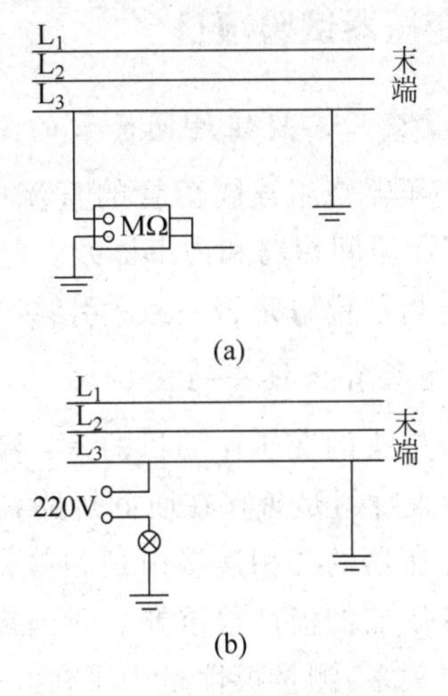

图 4-3　核对线路两端的接线

自我检测

4-1-1　简述电缆或绝缘导线绝缘电阻的测试步骤。

4-1-2　简述电力电缆直流耐压试验的试验期限。

4-1-3　如何测量三相电力电缆的相序？如何核定线路两端的相位？

4-1-4　用兆欧表遥测线路的绝缘电阻时，应注意哪些问题？

任务二　电力变压器的试验

任务情境

本任务主要完成与变压器相关的一些试验内容。在变压器安装竣工后，投入运行前要进行交接试验，各项交接试验和技术特性测试合格后便进入启动试运行阶段；变压器大修后应进行大修试验；另外，变压器每年还要进行一次预防性试验，并做充分检查。

任务分析

要完成上述任务，需要掌握以下几个方面的知识。

✧ 变压器试验的目的。

✧ 变压器三相直流电阻测试方法。

✧ 变压器的绝缘电阻和吸收比的测量。

✧ 油浸式变压器绝缘油的试验。

✧ 变压器的工频交流耐压试验。

知识准备

一、变压器试验项目

1. 测量变压器绕组连同套管的直流电阻

测量变压器绕组连同套管的直流电阻的目的是：检查绕组导线和引线接头的焊接质量；绕组有无匝间短路和内部断线；电压分接开关各挡位置接触是否良好；电压分接开关实际位置与指示位置是否一致；引线与套管的接触是否良好等。

2. 检查所有分接头的变压比

测量分接头的变压比的目的是：检查变压器绕组匝数比是否正确；检查分接开关装配的状况；检查绕组是否存在匝间短路；判断变压器可否参加并列运行。

检查变压器的三相连接组别和单相变压器引出线的极性。

单相变压器的极性很重要。所谓极性，是指绕组在同一铁心上的两个绕组的感应电动势间的相位关系，测量极性是为了在几个绕组串联或并联时实行正确的连接。

三相变压器连接组别是三相变压器并列运行的重要条件之一。若并列运行的变压器连接组别不一样，并列后，回路中会出现几倍于额定电流的环流，有可能烧毁变压器。为此，对三相变压器必须进行连接组别的检查。

3. 测量绕组连同套管的绝缘电阻、吸收比或极化指数

测量绕组连同套管的绝缘电阻、吸收比是检查变压器绝缘状况最基本、最简便的辅助方法。对变压器绝缘整体受潮及局部缺陷，如瓷件脏污、破裂、引出线接地等，均能有效地查出。吸收比试验更适用于变压器这种电容量较大的设备。

4. 测量绕组连同套管的介质损耗角正切值 $\tan\delta$

在交流电压作用下，介质内部电荷运动必然消耗能量。消耗的能量表现为介质温度的升高，而温度过高会使介质老化、变脆、干枯、开裂、烧焦，最终失去绝缘性能。因此，介质损耗是衡量介质优劣的一项重要指标。测量变压器绕组连同套管的介质损耗角正切值 $\tan\delta$，主要目的是进一步检查是否有变压器受潮、绝缘老化、绝缘油劣化、绝缘上附着油泥及严重局部缺陷等情况。

5. 测量绕组连同套管的直流泄漏电流

直流泄漏电流试验的原理与绝缘电阻试验完全相同。但是，泄漏电流试验所加的试验电压远远高于绝缘电阻试验，并且是逐渐施加，可以调节的，能发现某些绝缘电阻试验不能发现的绝缘缺陷。例如，能够灵敏地反映变压器绝缘的部分穿透性缺陷、套管的缺陷和绝缘油裂化。

6. 绕组连同套管的交流耐压试验

工频交流耐压试验通常是对变压器施加超过其工作电压一定倍数的高电压，且持续一定时间(一般为 1min)，对绝缘性能进行更有深度的检查。进行工频交流耐压试验，能有效地发现绕组主绝缘受潮、开裂，或在运输装卸过程中，由于振动引起绕组松动、移位，造成引线距离不够以及绕组绝缘上附着污物等情况所暴露的缺陷。

7. 绕组连同套管的局部放电试验

近年来，通过对很多运行中被击穿的高压电力设备进行解剖分析，发现有不少设备损坏的原因与局部放电有关。分析表明，如果在固体绝缘中存在局部损伤或气隙，这些部位的电场分布比其他地方更集中，当电场强度达到足够大时，这部分空间的空气产生游离放电——局部放电。此外，在绝缘内部有突出点或尖端的金属表面，其电场强度比较大，也容易产生局部放电。局部放电的发展进一步破坏绝缘的分子结构，最后有可能使整个绝缘击穿。局部放电试验，就是为了查明局部放电发生的部位，以消除隐患。

8. 测量与铁心绝缘的各紧固件及铁心接地线引出套管对外壳的绝缘电阻

夹紧铁心柱和铁轭叠片的穿心螺栓与铁心之间应该保持良好绝缘；若绝缘击穿，可能引起铁心叠片局部短路，产生局部涡流。此外，若两根或多根螺栓绝缘被击穿，当磁通穿过由这些螺栓形成的短路时，在这些螺栓中要流过可观的循环电流。该电流产生的热量有可能引起铁心及线圈烧毁，所以这个项目的试验也是不能忽视的。

二、电气设备试验常用的仪器、设备

无论是变压器还是其他电气设备进行试验时，经常用到以下设备和仪表：万用表、摇表、电桥、交流耐压机、直流电阻测试仪、接触电阻测试仪、高压开关动特性测试仪、绝缘油强

度测试仪、继电保护测试仪、CT(电流互感器)测试仪、大电流发生器、直流高压发生器(直流泄漏仪)等。

三、变压器电气试验中应注意的问题

在测量过程中,除要严格遵守电气安全规程和设备试验规程外,还要特别注意以下几个方面。

(1) 熟悉试验设备和测量仪表能做的试验项目和正确使用方法。

(2) 对人身易造成伤害的试验,按照电气安全规程做好防护措施。如进行交流耐压试验,应由专人监护,用彩带设立隔离区间,悬挂标示牌,防止有人误入试验区域。

(3) 试验记录应规范、全面,充分考虑试验的环境(如温度、湿度)对试验结果的影响。

(4) 熟悉试验所规定的条件。如变压器直流电阻测量要求在线圈温度稳定的情况下进行,同时要求变压器油箱上、下部的温度之差不超过3℃。

(5) 能对试验结果进行综合分析与判断。

四、变压器绝缘电阻、吸收比、极化指数的测量作用和局限性

测量电力变压器的绝缘电阻和吸收比或极化指数,对检查变压器整体的绝缘状况具有较高的灵敏度,能有效地检查出变压器绝缘整体受潮、部件表面受潮或脏污以及贯穿性的缺陷。

1. 吸收比、极化指数的定义与优点

吸收比是指对被试物进行测试,利用1min时的绝缘电阻值除以15s时的绝缘电阻值得出的结果。极化指数是10min时的绝缘电阻值除以1min时的绝缘电阻值得出的结果。

测量绝缘电阻时,采用空闲绕组接地的方法,可以测出被测部分对接地部分和不同电压部分间的绝缘状态,且能避免各绕组中剩余电荷造成的测量误差。

变压器绕组绝缘电阻值及吸收比对判断变压器绕组绝缘是否受潮起到一定作用。当测量温度在10～30℃时,未受潮变压器的吸收比应在1.3～2.0范围内;受潮或绝缘内部有局部缺陷的变压器的吸收比接近于1.0。考虑到变压器的固体绝缘主要为纤维质绝缘,而这些固体绝缘仅为变压器绝缘的一小部分,其主要部分由绝缘油组成,绝缘油是没有吸收特性的,故在注入弱极性的变压器油以后,其吸收特性并不显著。

2. 绝缘电阻测量局限性的原因

只有当绝缘电阻贯穿于两极之间时,测量其绝缘电阻时才会有明显的变化,即通过测量才能灵敏地查出缺陷;若绝缘只有局部缺陷,而两极间仍保持有良好绝缘,绝缘电阻降低很少,甚至不发生变化,因此不能查出这种局部缺陷。

绝缘电阻是对任何绝缘材料而言的,将足够的电压施加在绝缘材料上,在绝缘材料内或沿绝缘材料表面会有泄漏电流产生,施加的电压越高,泄漏电流越大。对于正常绝缘材料而言,施加的电压一定时,泄漏电流大小基本保持不变。

绝缘材料的绝缘电阻并不是一个恒定的值,当绝缘材料吸收水分或表面有灰尘,或者瓷件表面有污垢时,绝缘材料的绝缘电阻大大降低,这是由于吸收水分后,相当于并联了一个相当数值的电阻,使绝缘材料的总电阻下降。绝缘电阻降低后,泄漏电流增大。所以,绝缘

电阻可以判断内部绝缘材料是否受潮，或外绝缘表面是否有缺陷。对外绝缘而言，如果擦干净，即可恢复其绝缘性能，说明不了外绝缘的绝缘性能本质；对内绝缘而言，也不能表示其老化程度与损伤情况（这些绝缘性能要由介质损失角及局部放电试验来测定）。

绝缘电阻与温度的关系基于下列原因：绝缘材料内部含有的一些水分形成极细的纤维状线条，温度上升后，水分受热膨胀，纤维条伸长，它们会交联在一起，使泄漏电流容易通过，绝缘电阻下降。如在水中溶有盐类，温度越高，溶解度越大，也使绝缘电阻下降。

绝缘材料在直流电压作用下，吸收特性还与时间有关，包括充电电流在内的吸收电流随时间衰减，有一个衰减的时间常数，到一定时间后，吸收电流降为很低的值。有人提出可用60s时绝缘电阻绝对值与15s时绝缘电阻的比值来表示低直流电压下的绝缘性能。但是，大容量变压器的吸收电流衰减慢，即充电时间长。于是又有人提出用极化指数来表示绝缘性能。极化指数是10min时绝缘电阻与1min时绝缘电阻的比值。

绝缘材料在交流电压作用下，电容量会变化，介质损失也会变化。所以，绝缘电阻、吸收比试验、极化指数是一项在低电压（直流）下测定的绝缘性能。它们能反映一部分影响绝缘性能的原因，但代替不了高电压下的绝缘性能试验。

五、摇表测量绝缘电阻的注意事项和摇测绝缘的规定

1. 摇表测量绝缘电阻的注意事项

(1) 兆欧表（又称摇表）一般有500V、1000V、2500V几种，应按设备的电压等级按规定选择。

(2) 测量设备的绝缘电阻时，必须先切断电源，对具有较大电容的设备（如电容器、变压器、电机及电缆线路），进行放电。

(3) 兆欧表应放在水平位置。在未接线之前，先摇动兆欧表，看指针是否在"∞"处；再将"L"和"E"两个接线柱短接，然后慢慢地摇动兆欧表，看指针是否指在"零"处。对于半导体型兆欧表，不宜用短路校验。

(4) 兆欧表引用线采用多股软线，且应有良好的绝缘。

(5) 对于架空线路及与架空线路相连的电气设备，在发生雷雨时或者对于不能全部停电的双回架空线路和母线，在被测回路的感应电压超过12V时，禁止进行测量。

(6) 测量电容器、电缆、大容量变压器和电机时，要有一定的充电时间。电容量越大，充电时间越长。一般以兆欧表转动1min后的读数为准。

(7) 在摇测绝缘电阻时，应使兆欧表保持额定转速，一般为120r/min。当被测物电容量大时，为了避免指针摆动，可适当提高转速（如130r/min）。

(8) 被测物表面应擦拭清洁，不得有污物，以免因漏电影响测量的准确度。

(9) 兆欧表没有停止转动和设备未放电之前，切勿用手触及测量部分和兆欧表的接线柱，以免触电。

2. 用兆欧表测量绝缘电阻时摇测时间的规定

用兆欧表测量绝缘，一般规定以摇测1min后的读数为准。因为在绝缘体加上直流电压后，流过绝缘体的电流（吸收电流）将随时间的增长而逐渐下降。而绝缘体的直流电阻率是根据稳态传导电流确定的，并且不同材料绝缘体的绝缘吸收电流衰减时间不同，但是试验证明，绝大多数绝缘材料吸收电流经过1min已趋于稳定，所以规定以加压1min后的绝缘

电阻值来确定绝缘性能的好坏。

任务实施

一、绕组连同套管的直流电阻测量

1. 测量方法及接线

现场常采用的测量方法是电桥法，如单臂电桥 QJ-24、双臂电桥 QJ-44 等。因为电桥法测量需要充电时间，所以为测得一个电阻值，往往需要几分钟，甚至几十分钟。为了解决这个问题，现在测量都采用缩短测量时间的接线。图 4-4 所示为单臂电桥缩短充电时间原理接线。图 4-5 所示为双臂电桥缩短充电时间原理接线。

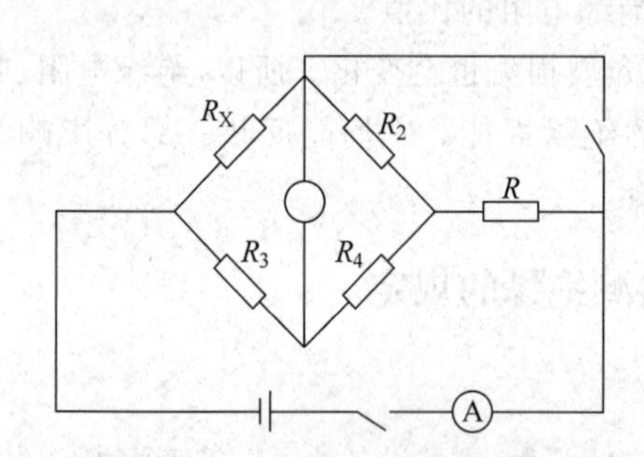

图 4-4 单臂电桥缩短充电时间原理接线

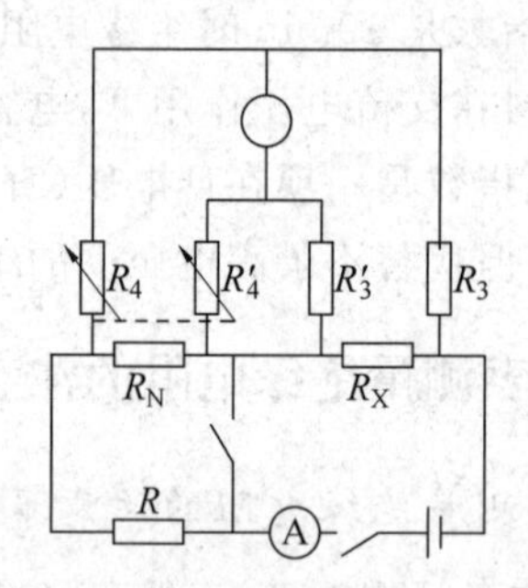

图 4-5 双臂电桥缩短充电时间原理接线

2. 试验标准及结果判断

对于 1600kV·A 及以下三相变压器，各相测得值的相互差值应小于平均值的 4%，线间测得值的差值应小于平均值的 2%；对于 1600kV·A 以上三相变压器，各相测得值的差值应小于平均值的 2%，线间测得值的差值应小于平均值的 1%。

变压器的直流电阻与同温下产品出厂实测数值比较，变化不应大于 2%。考虑到变压器直流电阻受温度影响的关系，为了便于比较，必须换算到同一温度。一般以 200℃为准，换算公式为

$$R_{200} = R_t K_t \tag{4-1}$$

式中：R_{200} 为 200℃时的直流电阻值，Ω；R_t 为 t℃时的直流电阻值，Ω；K_t 为换算系数，可按式(4-2)求出：

$$K_t = T + 20/T + t \tag{4-2}$$

式中：T 为常数(铜线为 235，铝线为 225)；t 为测量时的温度，以上层油温作为绕组温度。

测量作业中，不同的仪表、不同的操作人员、不同的温度都会影响测量误差。若所测三相电阻不平衡值超过标准，除了考虑上述测量误差因素外，下列原因值得检查、分析。

(1) 分接开关接头接触不良，主要是由于开关内部不清洁、电镀层脱落、弹簧压力不够大及分接开关受力不均等。

(2) 焊接质量有误，如绕组与引线焊接处接触不良，多股并联绕组有一、二股断裂或没有焊牢；套管导杆与引线连接处接触不良；绕组层间短路、匝间短路；三角形连接绕组某相断线。

二、分接头变压比的检查

测量分接头的变压比的目的：检查变压器绕组匝数比是否正确；检查分接开关装配的状况；检查绕组是否存在匝间短路；判断变压器可否参加并列运行等。

1. 测量方法接线

变压比测量方法有双电压表法和变压比电桥法。目前，变压比电桥法正在取代双电压表法，获得广泛的应用。

QJ-35 型变比电桥测量原理如图 4-6 所示。

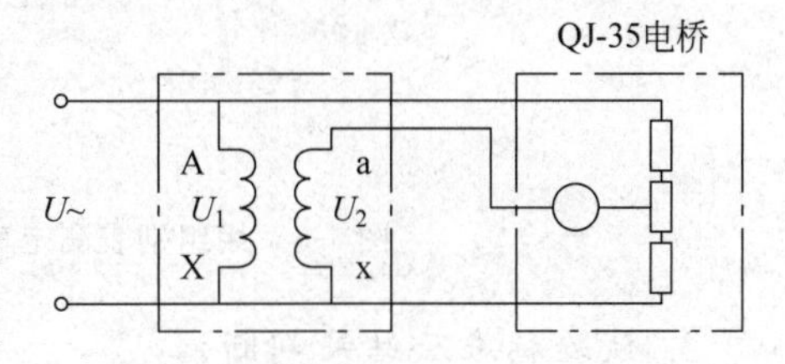

图 4-6　QJ-35 型变比电桥测量原理

2. 试验标准及结果判断

检查所有分接头的变压比，与制造厂铭牌数据相比，应无明显差别，且应符合变压比的规律。绕组电压等级在 20kV 及以上的电力变压器，其变压比的允许误差在额定分接头位置时为±0.5%；绕组电压等级在 35kV 以下、变压比小于 3 的变压器，变压比允许误差为±1%。

三、变压器的三相连接组别和单相变压器引出线的极性检查

1. 测量方法及接线

极性的测量如图 4-7(a)所示，将高压绕组的 A 端与低压绕组的 a 端用导线连接起来。在高压侧加交流电压，测量加入的电压 U_{AX}、低压侧电压 U_{ax} 和未连接的一对同名端 X、x 间的电压 U_{Xx}。若 $U_{Xx}=U_{AX}-U_{ax}$，则变压器为减极性；若 $U_{Xx}=U_{AX}+U_{ax}$，则变压器为加极性。

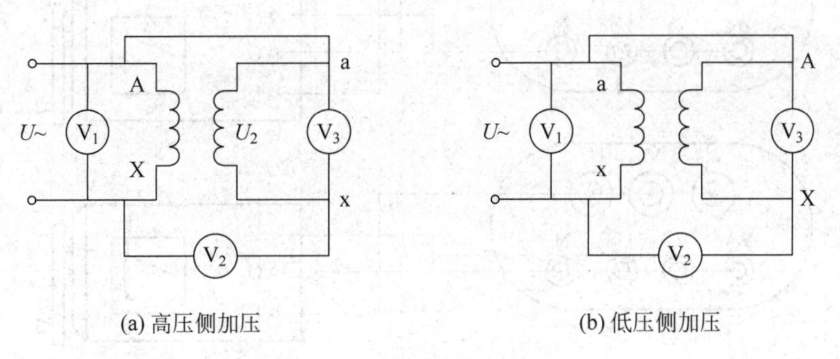

(a) 高压侧加压　　(b) 低压侧加压

图 4-7　交流法检查极性

在变压比较大时，如 $K>20$，则 $U_{AX}-U_{ax}$ 与 $U_{AX}+U_{ax}$ 的差别很小，测试结果不太明显。为此，可以在低压侧加压，使极性差别增大，如图 4-7(b)所示。

测量连接组别的方法甚多，在有三相交流电源的情况下，使用组别表测量连接组别最为简便、直观。如图 4-8 所示，使用时，使转换开关根据 a、b 间的电压值，选放适当的位置。U、V、W 端通以三相交流电压后，组别表指针开始旋转，指示相序。当指针旋转方向为正相序时，按下按钮 AN，指针立刻指在某一刻度点上，此数值即为被试三相变压器的连接组别。

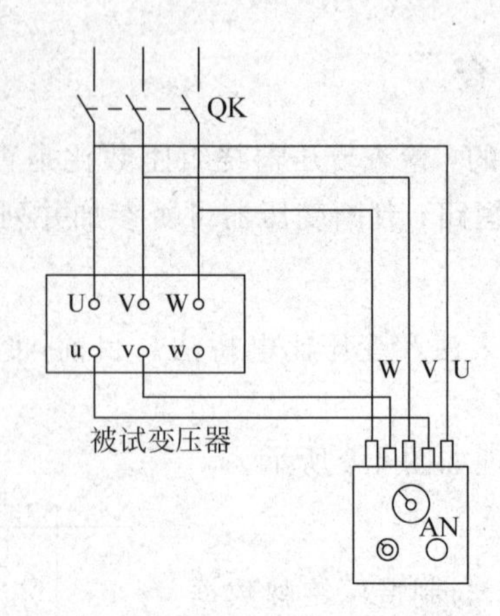

图 4-8 用组别表测定三相变压器连接组别的原理接线图

2. 试验标准及结果判断

三相变压器连接组别和单相变压器引出线的极性，必须与设计要求及铭牌上的标记和外壳上的符号相符。

四、绕组连同套管的绝缘电阻、吸收或极化指数的测量

1. 测量方法及接线

被试变压器应按表 4-1 所示接线。按标准规定使用兆欧表，依次测量各绕组对地及绕组间的绝缘电阻。图 4-9 所示为用兆欧表测量绝缘电阻示意图。

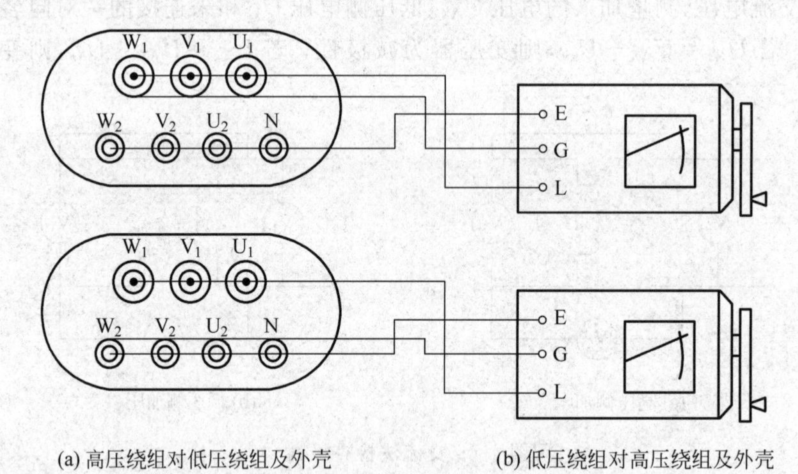

(a) 高压绕组对低压绕组及外壳　　(b) 低压绕组对高压绕组及外壳

图 4-9 用兆欧表测量变压器绝缘电阻接线示意图

表 4-1 测量绝缘电阻时测量线圈和接地部位

项序	双线圈变压器		三线圈变压器	
	测量线圈	接地部位	测量线圈	接地部位
1	低压	高压线圈及外壳	低压	高压、中压线圈和外壳
2	高压	低压线圈及外壳	中压	高压、低压线圈和外壳

续表

项序	双线圈变压器		三线圈变压器	
	测量线圈	接地部位	测量线圈	接地部位
3			高压	中压、低压线圈和外壳
4	高压和低压	外壳	高压和中压	低压和外壳
5			高压、中压和低压	外壳

2. 试验标准及结果判断

测得的数值主要依靠与出厂测量结果相互比较进行判断。当无出厂测量报告数据时，可以表4-2作为参考。

表4-2　油浸电力变压器绕组绝缘电阻的最低允许值　　单位：MΩ

绕组电压等级/kV	温度/℃								
	5	10	20	30	40	50	60	70	80
3～10	675	450	300	200	130	90	60	40	25
20～35	900	600	400	270	180	120	80	50	35
63～330	1800	1200	800	540	360	240	160	100	70
500	4500	3000	2000	1350	900	600	400	270	180

(1) 绝缘电阻值不应低于产品出厂试验值的70%。

(2) 当测量温度与产品出厂试验时的温度不符合时，可按表4-3换算到同一温度时的数值进行比较。当测量绝缘电阻的温度差不是表中所列数值时，其换算系数 A 可用线性插入法确定。

表4-3　油浸电力变压器绝缘电阻的温度换算系数

温度差 K	5	10	15	20	25	30	35	40	45	50	55	60
换算系数 A	1.2	1.5	1.8	2.3	2.8	3.4	4.1	5.1	6.2	7.5	9.2	11.2

(3) 变压器电压等级为35kV及以上，且容量在4000kV·A及以上时，应测量吸收比。吸收比与产品出厂试验值相比应无明显差别，在常温下不应小于13。

(4) 电压等级为220kV及以上，且容量在120MV·A及以上的大容量变压器，绝缘电阻高，泄漏电流小，绝缘材料和变压器油的极化缓慢，时间常数可达3min以上，因而 R_{60s}/R_{15s} 就不能准确地说明问题。为此，宜测量极化指数，即 R_{10min}/R_{1min}。测得值与产品出厂值相比，应无明显差别。

五、绕组连同套管的直流泄漏电流测量

1. 测量方法及接线

现场常采用如图4-10所示的接线方式进行试验。

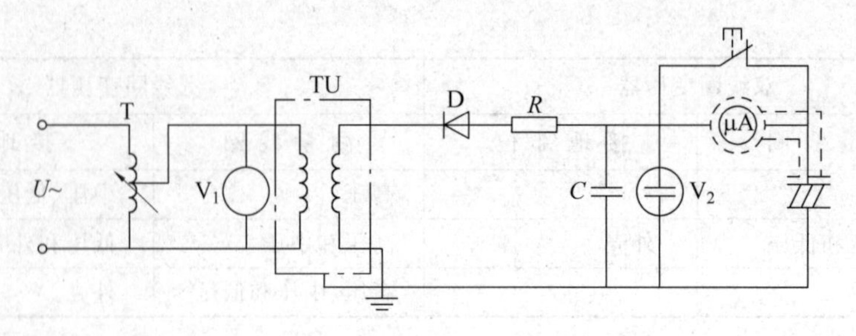

图 4-10　直流泄漏电流试验接线

2. 试验标准及结果判断

(1) 当变压器电压等级为 35kV 及以上且容量在 10000kV·A 及以上时，应测量直流泄漏电流。

(2) 试验电压标准如表 4-4 所示。当施加试验电压达 1min 时，在高压端读取泄漏电流。泄漏电流值不宜超过表 4-4 所列数值标准。

表 4-4　变压器绕组泄漏电流最高允许值

额定电压/kV	试验电压峰值/kV	绕组泄漏电流值/μA							
		10℃	20℃	30℃	40℃	50℃	60℃	70℃	80℃
2～3	5	11	17	25	39	55	83	125	178
6～15	10	22	33	50	77	112	166	250	356
20～35	20	33	50	74	111	167	250	400	570
63～330	40	33	50	74	111	167	250	400	570
500	60	20	30	45	67	100	150	235	330

(3) 测得数值与以往比较突然增大时，变压器可能有较严重的缺陷，应查明原因。

六、绕组连同套管的交流耐压试验

1. 测量方法及接线

常用的工频交流耐压试验接线如图 4-11 所示。

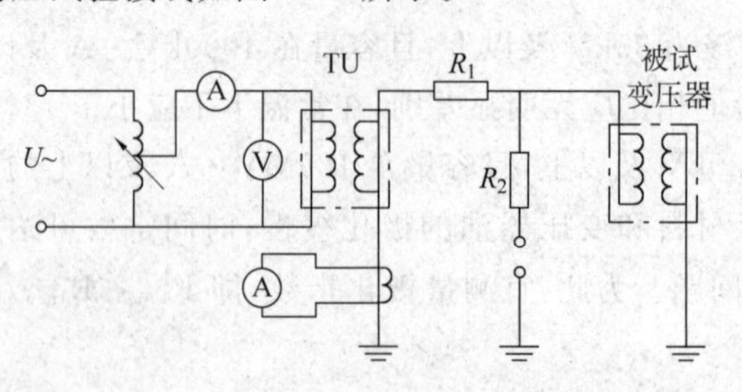

图 4-11　变压器交流耐压试验接线图

2. 试验标准及结果判断

容量为 8000kV·A 以下，绕组额定电压在 110kV 以下的变压器，应按表 4-5 所列试验电压标准进行交流耐压试验。

表 4-5　油浸电力变压器的工频耐压试验电压标准　　单位：kV

额定电压	3	6	10	15	20	35	63	110	220	330	500
出厂工频耐压试验电压有效值	18	25	35	45	55	85	140	200	395	510	680
交接工频耐压试验电压有效值	15	21	30	38	47	72	120	170	335	433	578

根据仪表指示、放电声响及有无冒烟、冒气现象，可以判断测试结果。试验过程中，仪表指示不抖动，被试变压器无放电声响，说明变压器能经受试验电压。如电流指示突然上升，且被试变压器发出放电声响，同时保护球隙放电，说明被试变压器内部击穿。如电流表指示突然下降，表明被试变压器击穿。试验过程中，若被试变压器发出声响、冒烟、冒气、有焦臭味、闪络及燃烧等，说明被试变压器有问题或已击穿。

此外，还可以根据被试变压器在耐压前、后绝缘电阻的变化来判断。如变化显著，则为不合格。

七、与铁心绝缘的各紧固件及铁心接地线引出套管对外壳的绝缘电阻测量

1. 测量方法及接线

测量时，将铁心的接地软铜片拆开，测量以后再恢复。试验采用 1000V 或 2500V 兆欧表。

2. 试验标准及结果判断

(1) 检查器身时，应测量可接触到的穿心螺栓、轭铁夹件及绑扎钢带对铁轭、铁心、油箱及绕组压环的绝缘电阻。

(2) 摇测持续 1min，应无闪络及击穿现象。

(3) 变压器铁心必须为一点接地；对变压器上有专用的铁心接地线引出套管时，应在注油前测量其对外壳的绝缘电阻。

知识拓展

一、电力设备预防性试验的几个概念

1. 劣化与老化的含义

劣化是指绝缘在电场、热、化学、机械力、大气条件等因素作用下，其性能变劣的现象。劣化的绝缘有的是可逆的，有的是不可逆的。例如绝缘受潮后，其性能下降，但干燥后，恢复其原有的绝缘性能，显然，它是可逆的。再如，某些工程塑料在湿度、温度不同的条件下，其机械性能呈可逆的起伏变化。这类可逆的变化，实质上是一种物理变化，没有触及化学结构的变化，不属于老化。

老化是绝缘在各种因素长期作用下发生一系列的化学、物理变化，导致绝缘电气性能和机械性能等不断下降。绝缘老化原因很多，但一般电气设备绝缘中常见的老化是电老化和热老化。例如，局部放电时会产生臭氧，很容易使绝缘材料性能老化；油在电弧的高温作用

下，能分解出炭粒，油被氧化而生成水和酸，都会使油逐渐老化。

由上分析可知，劣化含义较广泛，而老化的含义相对较窄，老化仅仅是劣化的一方面，两者的联系与区别如下所示。

- 劣化
  - 可逆
    - 疲劳
    - 其他可逆的绝缘缺陷
  - 不可逆：老化
    - 热老化
    - 电老化

2. 电力设备预防性试验方法分类

1）按对电力绝缘设备的危险性

（1）非破坏性试验。在较低电压（低于或接近额定电压）下进行的试验称为非破坏性试验，主要指测量绝缘电阻、泄漏电流和介质损耗因数 $\tan\delta$ 等电气试验项目。由于这类试验施加的电压较低，不会损伤电力设备的绝缘性能，其目的是判断绝缘状态，及时发现可能的劣化现象。

（2）破坏性试验。在高于工作电压下进行的试验称为破坏性试验。试验时，在电力设备绝缘上施加规定的试验电压，考验电力设备绝缘对此电压的耐受能力，因此也叫耐压试验。它主要是指交流耐压和直流耐压试验。由于这类试验所加电压较高，考验比较直接和严格，但有可能在试验过程中给绝缘造成一定的损伤，故而得名。

2）按停电与不停电

（1）预防性试验。在常规停电状态下，对设备进行的试验就是通常所说的预防性试验。

（2）在线监测。在不影响电力设备运行的条件下，即在不停电的情况下对电力设备的运行工况和健康状况连续或定时进行的检测，通常是自动的。它是预防性试验的重要组成部分，是发展的最高形式。

3）按测量的信息

（1）电气法：测量各种电信息的方法，如测量泄漏电流、介质损耗因数 $\tan\delta$ 等。

（2）非电气法：测量各种非电信息的方法，如油中溶解气体色谱分析和油中含水量测定。

3. 电力设备预防性试验方法与项目

应当指出，尽管试验项目很多，但是并不要求每一台电力设备都要做全上述各项目。对于不同类型的电力设备以及同类型不同电压等级的电力设备，只需要按《电力设备预防性试验规程》（DL/T 596—2005）（以下简称《规程》）要求的项目进行即可。测试时，应首先进行非破坏性试验，然后进行破坏性试验，避免发生不应有的击穿事件。

二、诊断电力变压器绝缘老化并推断其剩余寿命的方法

由于绝缘老化分解出 CO 和 CO_2，所以利用气相色谱法测定 CO 和 CO_2 生成量，可以在一定程度上反映纸的老化情况。但是，绝缘油氧化、国产变压器中使用的＃1030 或＃1032 漆在运行温度下都会分解出 CO 和 CO_2，给分析带来一定的困难，有时得不到明确的结论。

1. 测量绝缘纸的聚合度分析

测量变压器绝缘纸的聚合度（指绝缘纸分子包含纤维素分子的数目）是确定变压器老化

的一种比较可靠的手段。聚合度的大小直接反映了纸的老化程度,它是变压器绝缘老化的主要判据。当聚合度小于2500时,应引起注意。然而,这项试验要求变压器停运、吊罩,以便取纸样。因此,正在运行的变压器无法进行这项试验。

2. 测量油中的糠醛浓度分析

绝缘纸中的主要化学成分是纤维素。纤维素大分子由D-葡萄糖基单体聚合而成。当绝缘纸出现老化时,纤维素历经如下化学变化:D-葡萄糖聚合物由于受热、水解和氧化而解聚,生成D-葡萄单糖;D-葡萄单糖很不稳定,容易水解,最后产生一系列氧环化合物。糠醛是绝缘纸中纤维素大分子解聚后形成的一种主要氧环化合物。它溶解在变压器的绝缘油中,是绝缘纸因降解形成的主要特征液体。可以用高效液相色谱分析仪测出其含量,根据浓度的大小判断绝缘纸的老化程度,并根据糠醛的产生速率进一步推断其剩余寿命。

1) 糠醛分析的优点

(1) 取样方便,用油量少,一般只需十至十几毫升油样;测定时,不需变压器停电。

(2) 糠醛分析采集油样时,不需特别的容器且保存方便。糠醛为高沸点液态产物,由于糠醛不易散失及油老化不产生糠醛,分析结果准确、可靠。

2) 糠醛分析的缺点

当对油做脱气或再生处理时,如油通过硅胶吸附时,会损失部分糠醛,但损失程度比CO和CO_2气体损失小得多。

3) 糠醛分析的应用

油中糠醛分析对于运行年限不长的变压器,还可以结合油中CO和CO_2含量分析来综合诊断其内部是否存在固体绝缘局部过热故障。《规程》建议在以下情况检测油中糠醛含量:

(1) 油中气体总烃超标或CO、CO_2过高,需了解绝缘老化情况。

(2) 500kV变压器和电抗器及150MV·A以上升压变压器投运2~3年后。

4) 糠醛分析为设备故障情况提供的判断依据

(1) 已知变压器存在内部故障时,该故障是否涉及固体绝缘材料;是否存在引起变压器绕组绝缘局部老化的低温过热;判断运行年久变压器等的绝缘老化程度。

(2) 油中糠醛含量测试值大于4mg/L时,说明老化已较严重,变压器整体绝缘水平处于寿命晚期。此时,宜测定绝缘纸(板)的聚合度,综合判断。也有人认为:油中糠醛含量达到1~2mg/L,说明变压器绝缘裂化严重;油中糠醛含量达到3.5mg/L,说明变压器绝缘寿命终止。

三、变压器绝缘电阻测量与温度关系

变压器绝缘电阻测量时,温度升高,绝缘电阻下降;当温度降到低于"露点"温度时,绝缘电阻也降低。因温度升高,加速了绝缘介质内分子和离子的运动;同时,温度升高时,绝缘层中的水分溶解了更多杂质,这都使绝缘电阻降低。当试品温度低于周围空气的"露点"温度时,潮气将在绝缘表面结露,增加了表面泄漏,故绝缘电阻也要降低。

四、测量电力设备的泄漏电流

测量电力设备的泄漏电流与测量其绝缘电阻的原理相同,只是由于测量泄漏电流时所施加的直流电压较兆欧表的额定输出电压高,测量中使用的微安表的准确度较兆欧表的高,加上可以随时监视泄漏电流数值的变化，所以用它发现绝缘的缺陷较测量绝缘电阻更为有效。

经验证明，测量泄漏电流能发现电力设备绝缘贯通的集中缺陷、整体受潮或有贯通的部分受潮，以及一些未完全贯通的集中性缺陷和开裂、破损等。

自我检测

4-2-1 摇表测量绝缘电阻的注意事项有哪些？

4-2-2 变压器试验包括哪些项目？

4-2-3 列举变压器试验常用的仪器与设备。

4-2-4 简述劣化与老化的含义。

4-2-5 简述诊断变压器绝缘老化的方法。

任务三 高、低压一次设备的试验和检查

任务情境

高、低压一次设备都需要具有承载运行电压的能力。根据设备的不同，试验项目和检查内容有所不同。本任务主要是在变配电所设备安装完成后，对高、低压一次设备进行一些项目的试验。

任务分析

要完成上述任务，需要掌握以下几个方面的知识。

✧ 电力设备预防性试验的概念。

✧ 电力设备预防性试验的方法。

✧ 电力设备预防性试验结果的综合分析和判断原则。

知识准备

一、高压断路器的试验项目及目的

1. 绝缘电阻测量

油断路器的试验项目是油断路器交接试验中最基本的项目。通过测量绝缘电阻，可以检查拉杆、瓷瓶、套管和灭弧室是否受潮，以及电弧损伤、绝缘裂纹等缺陷。

2. 介质损耗角正切值 $\tan\delta$ 测量

35kV 及以上非纯瓷套管和多油断路器进行 $\tan\delta$ 测量；少油断路器一般不做此项试验。通过该项测量，发现多油断路器的套管、灭弧室、绝缘围屏、提升杆、导向板以及绝缘油等的绝缘缺陷。

3. 直流泄漏电流测量

测量直流泄漏电流是 35kV 以上少油断路器的重要试验项目；多油断路器则根据需要测量。该项测量比绝缘电阻的测量更能灵敏地发现少油断路器绝缘物表面的严重污秽，以

及拉杆、灭弧室、绝缘油受潮及劣化等缺陷。

4. 油断路器的交流耐压试验

油断路器的交流耐压试验是鉴定其绝缘强度最直接和最有效的试验方法。

5. 每相导电回路的电阻测量

断路器导电回路的电阻应包括导电杆电阻，导电杆与触头连接处电阻和动、静触头之间的电阻。动、静触头之间的电阻，因接触状况不同而有较大的变化；导电回路的电阻主要取决于动、静触头之间的接触电阻。这个电阻值偏大，在流过正常工作电流时容易产生不允许的发热；在流过短路电流时，有可能影响断路器的切断性能，如分闸时间延长和开断能力下降等。所以，该项测量也很重要。

6. 分、合闸时间测量

分、合闸时间是断路器性能中的一项重要技术指标，直接影响到断路器的分、合性能，并对继电保护、自动装置以及电力系统的稳定性等带来较大的影响，因此交接试验中必须进行该项试验。所谓断路器的固有分闸时间，是指由发布命令(分闸回路的电路接通)起到灭弧触头刚刚分离的这段时间。它是断路器本身的机械特性所固有的，不包括其他的动作时间。当然，在实际运行中还有一段灭弧时间。所谓断路器的合闸时间，是指由发布命令(合闸电路接通)起到通过主电流的触头刚刚接触的这段时间。当然，其间包括合闸接触器动作的时间在内。

7. 分、合闸速度测量

分、合闸速度是断路器性能中的一项重要技术指标。分闸速度过低，会使燃弧时间增加；在切断短路故障电流时，易使触头烧损、喷油，甚至爆炸；合闸速度过低，在合闸于短路故障时，由于电动力的阻碍，易使触头振动，也可引起爆炸。而分、合闸速度过高，易使运动机构承受过度的机械应力，损坏零部件。制造厂家在断路器的技术证明文件中都有关于分、合闸速度的规定。

8. 主触头分、合闸的同期性测量

断路器主触头分、合闸的同期性，也是断路器性能中又一项重要技术指标。若同期性差，即断路器三相触头接触或分开严重不同期，会在一定时间内造成断路器所带线路或变压器的非全相接入或切断，产生不平衡的零序电压和零序电流，影响继电保护装置的工作，或引起危害绝缘的过电压。这项测试做法并不复杂，但意义重大。

9. 断路器操动机构的试验

(1) 测量断路器分、合闸线圈及合闸接触器线圈的绝缘电阻值不应低于10MΩ；直流电阻值与产品出厂试验值相比，应无明显差别。

(2) 当操作电压、液压在表4-6所示范围内时，操动机构应可靠动作。

表4-6　操动机构合闸操作试验电压、液压范围

电　压		液　压
直流	交流	
85%～110%U_0	85%～110%U_0	按产品规定的最低及最高值

注：对于电磁机构，当断路器关合电流峰值小于50kA时，直流操作电压范围为80%～110%U_0(U_0为额定电源电压)。

(3) 直流或交流的分闸电磁铁，在其线圈端钮处测得的电压大于额定值的65%时，应可靠地分闸；当此电压小于额定值的30%时，不应分闸。

(4) 断路器操动机构附装失压脱扣器时，其动作特性应符合表4-7所示的规定；断路器操动机构附装过流脱扣器时，其额定电流规定不小于2.5A，脱扣电流的等级范围及其准确度应符合表4-8所示的规定。

表4-7 附装失压脱扣器的脱扣试验

电源电压与额定电源电压的比值/%	小于35	大于65	大于85
失压脱扣器的工作状态	铁心应可靠地释放	铁心不应释放	铁心应可靠地吸合

注：当电压缓慢下降至规定比值时，铁心应可靠地释放。

表4-8 附装过流脱扣器的脱扣试验

过流脱扣器的种类	延时动作	瞬时动作
脱扣电流等级范围/A	2.5～10	2.5～15
每级脱扣电流的准确度	±10%	
同一脱扣器各级脱扣电流准确度	±5%	

注：对于延时动作的过流脱扣器，应按制造厂提供的脱扣电流与动作延时的关系曲线进行核对。另外，应检查在预定延时终了前，主回路电流降至返回值时，脱扣器不应动作。

(5) 当具有可调电源时，可在不同电压、液压条件下，对断路器进行就地或远控操作。每次操作断路器均应正确、可靠地动作，其联锁及闭锁装置回路的动作应符合产品及设计要求；当无可调电源时，只在额定电压下试验。

(6) 直流电磁或弹簧机构的操动试验，应按表4-9所示的规定进行；液压机构的操动试验应按表4-10所示的规定进行。

表4-9 直流电磁或弹簧机构的操动试验

操作类别	操作线圈端钮电压与额定电源电压比值/%	操作次数
合、分	110	3
合闸	85(80)	3
分闸	65	3
合、分、重合	100	3

注：括号内数字适用于装自动重合闸装置的断路器。

表4-10 液压机构的操动试验

操作类别	操作线圈端钮电压与额定电源电压的比值/%	操作液压	操作次数
合、分	110	产品规定的最高操作压力	3
合、分	100	额定操作压力	3
合闸	85(80)	产品规定的最低操作压力	3
分闸	65	产品规定的最低操作压力	3
合、分、重合	100	产品规定的最低操作压力	3

二、隔离开关、负荷开关及高压熔断器的试验项目及标准

(1) 测量隔离开关与负荷开关的有机材料传动杆的绝缘电阻值，不低于表 4-11 所示的规定。

表 4-11　有机材料传动杆的绝缘电阻值标准

额定电/kV	3～15	20～35	63～220	330～500
绝缘电阻/MΩ	1200	3000	6000	10000

(2) 测量高压限流熔丝管熔丝的直流电阻值，与同型号产品相比，不应有明显差别。

(3) 测量负荷开关导电回路的电阻值及测试方法，应符合产品技术条件的规定。

(4) 交流耐压试验要求。三相同一箱体的负荷开关，应按相间及相对地进行耐压试验，其余均按相对地或外壳进行。试验电压应符合表 4-12 所示的规定。对于负荷开关，还应按产品技术条件规定进行每个断口的交流耐压试验。

表 4-12　隔离开关的高压工频耐压试验电压标准　　单位：kV

额定电压	3	6	10	15	20	35	63	110	220
出厂工频耐压试验电压有效值	25	32	42	57	68	100	165	265	450
交接工频耐压试验电压有效值	25	32	42	57	68	100	165	265	450

(5) 检查操动机构线圈的最低动作电压，应符合制造厂的规定。

(6) 操作机构的试验要求。动力式操动机构的分、合闸操作，当其电压或气压在下列范围时，应保证隔离开关的主闸刀或接地闸刀可靠地分闸和合闸。

① 电动机操动机构，当电动机接线端子的电压在其额定电压的 80%～110%内时。

② 压缩空气操动机构，当气压在其额定气压的 85%～110%内时。

③ 二次控制线圈和电磁闭锁装置，当其线圈接线端子的电压在其额定电压的 80%～110%内时。

三、避雷器的试验项目及目的

1. 绝缘电阻测量

对没有并联电阻的避雷器(如 FS 型)，测量绝缘电阻主要是为了检查产品出厂后的密封保持情况。密封破坏，会使内部受潮，绝缘电阻降低。

2. 测量电导电流，检查组合元件的非线性系数

对有并联电阻的避雷器(如 FZ、FCZ 等)测得的绝缘电阻，实际上是并联电阻对地的电阻值。测量绝缘电阻，能检查受潮情况。通过电导电流试验，计算组合元件的非线性系数，检查分路电阻的完整性和密封情况。

四、互感器的试验项目及目的

(1) 绕组的绝缘电阻测量。互感器测量绕组绝缘电阻的目的、方法、接线基本与变压器相同。

(2) 绕组连同套管对外壳的交流耐压。互感器绕组连同套管对外壳的交流耐压试验的目的、方法、接线基本上与变压器相同。

(3) 35kV 及以上互感器一次绕组连同套管的介质损耗角正切值 $\tan\delta$ 测量。该项试验的目的、方法、接线基本上与变压器相同。

(4) 油浸式互感器的绝缘油试验。

(5) 电压互感器一次绕组的直流电阻值测量。电压互感器一次绕组导线比较细,匝数比较多,发生断线或接触不良的可能性比较大,规定只测量电压互感器一次绕组的直流电阻。

(6) 互感器的励磁特性测量。互感器的励磁特性,是指在一次侧开路时,二次侧加电压,二次侧励磁电流与所加电压的关系曲线,即空载伏安特性。此项试验的主要目的是检查互感器的铁心质量,鉴别其磁化曲线的饱和程度,以判断电压互感器的绕组有无匝间短路或层间短路等。对电流互感器来说,当继电保护对电流互感器的励磁特性有要求时,也应进行励磁特性曲线试验。

(7) 互感器的三相连接组别和单相互感器引出线的极性检查。该项试验的目的、方法、接线与变压器相同。检查结果必须符合设计要求,并应与铭牌上的标记和外壳上的符号相符。

(8) 互感器变比检查。这里指的是检查互感器各分接头的变比,要求与设计要求相符,与铭牌标记相符。

(9) 测量铁心夹紧螺栓的绝缘电阻。互感器测量铁心夹紧螺栓绝缘电阻的目的、方法和接线与变压器相同。

(10) 局部放电试验。互感器局部放电试验的目的、方法和接线与变压器相同。

任务实施

一、油断路器的绝缘电阻测量

1. 测量方法及接线

采用 2500V 兆欧表测量,应分别测量合闸状态下导电部位对地和分闸状态下断口之间的绝缘电阻。前者可以发现绝缘拉杆受潮、烧伤和绝缘裂纹等缺陷;后者可以发现灭弧室结构是否受潮或烧伤等。

2. 试验标准及结果判断

由有机物制成的绝缘拉杆的绝缘电阻,在常温下不应低于表 4-6 所示的规定。

二、油断路器的交流耐压试验

1. 测量方法及接线

(1) 该项试验应在其他绝缘试验项目合格之后进行,并且绝缘油已处于充分静止状态。

(2) 多油断路器一般应在合闸状态下试验。试验要分相进行,当一相加压时,其余两相和油箱一起接地。

(3) 少油断路器应分别在合闸和分闸状态下试验。前者主要是为了鉴定支柱瓷套的绝缘；后者是为了考验油箱与导电杆之间的套管绝缘和断口绝缘强度。

2. 试验标准及结果判断

(1) 交流耐压试验电压应符合表 4-13 所示的规定。

表 4-13　断路器的高压工频耐压试验电压标准　　单位：kV

额定电压	3	6	10	15	20	35	63	110	220	330	500
出厂工频耐压试验电压有效值	18	23	30	40	50	80	140	185	395	510	680
交接工频耐压试验电压有效值	16	21	27	36	45	72	126	180	356	459	612

(2) 耐压前、后的绝缘电阻应无明显的变化，一般其下降值不应超过 30%。

三、断路器每相导电回路的电阻测量

1. 测量方法及接线

断路器应处于合闸状态。可用双臂电桥法直接测量，或采用通以直接电流的电压降法，通过折算测得。电压降法接线如图 4-12 所示。

对于主触头与灭弧触头并联的断路器，应分别测量其主触头和灭弧触头导电回路的电阻值。

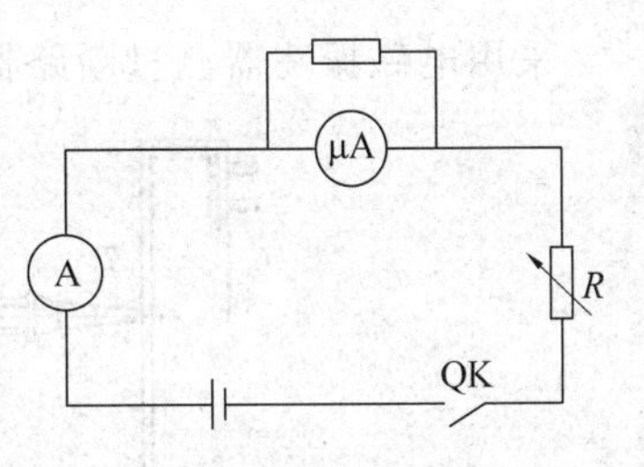

图 4-12　电压降法测量导电回路电阻接线图

2. 试验标准及结果判断

测得电阻值应符合制造厂家的标准规定。测得电阻值超标不多时，可将断路器分合一、二次后重测。若仍偏大，应查明原因进行处理。对于新的断路器来说，造成接触电阻偏大的主要原因可能是触头表面氧化、触头之间残存机械杂物、机构卡涩、触头调整不当等。几种断路器导电回路电阻参考值如表 4-14 所示。

表 4-14　断路器导电回路电阻参考值

断路器型号	电阻参考值/μΩ	断路器型号	电阻参考值/μΩ
SN10-101	100	SN10-10Ⅱ	50
SN10-35	70	DW6-35	450
SW2-35	75	DW2-35	200

四、断路器分、合闸时间测量

1. 测量方法及接线

采用周波积算器测量断路器分、合闸时间的接线如图 4-13 所示。

2. 试验标准及结果判断

(1) 断路器分、合闸时间的测量，应在环境温度为 10～30℃、额定操作电压(气压或液压)下进行。

(2) 实测数值应符合产品技术条件的规定。

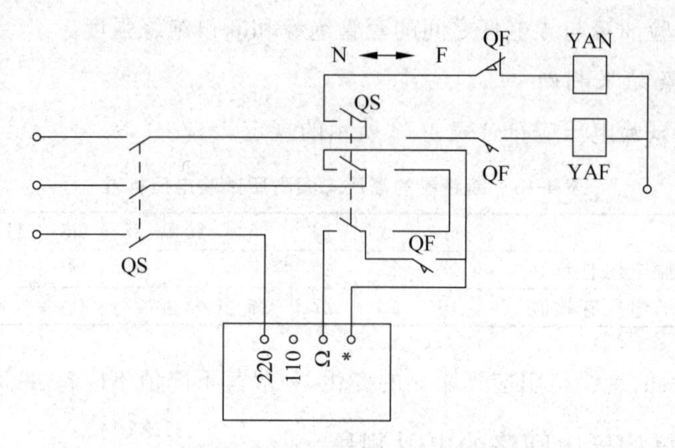

图 4-13　用周波积算器测量断路器分、合闸时间接线图

五、断路器分、合闸速度测量

1. 测量方法及接线

采用电磁振荡器测量断路器分、合闸速度的接线如图 4-14 所示。

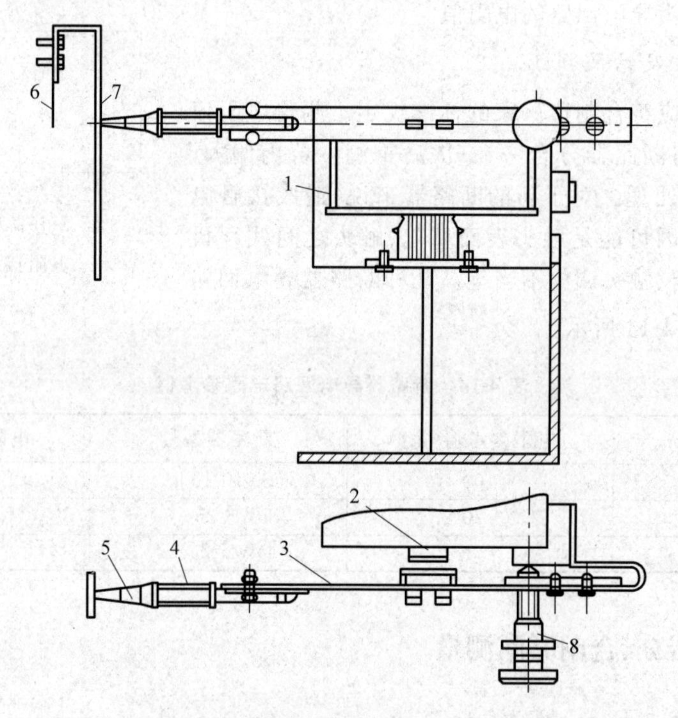

图 4-14　用电磁振荡器测量断路器分、合闸速度示意图

1—振荡器的线圈；2—衔铁；3—振动片；4—弹簧套；5—铅笔（划针）；
6—开关的提升杆；7—固定纸带的铁片；8—振幅调节螺钉

2. 试验标准及结果判断

（1）断路器分、合闸速度的测量，应在产品额定操作电压（气压或液压）下进行。

（2）实测值应符合产品技术条件的规定。

(3) 电压等级在 15kV 及以下的断路器，除发电机出线断路器和与发电机主母线相连的断路器应进行速度测量外，其余的可不测量。

六、断路器主触头分、合闸的同期性测量

1. 测量方法及接线

对于低、中速断路器(低速，$t_{分}>0.12s$；中速，$0.08s<t_{分}<0.12s$)，现场采用亮灯法配合行程测量，可以简便地测得同期差。此法接线如图 4-15 所示。对于快速断路器($t_{分}<0.08s$)，应采用电磁示波器或数字式电子毫秒表测量同期差。

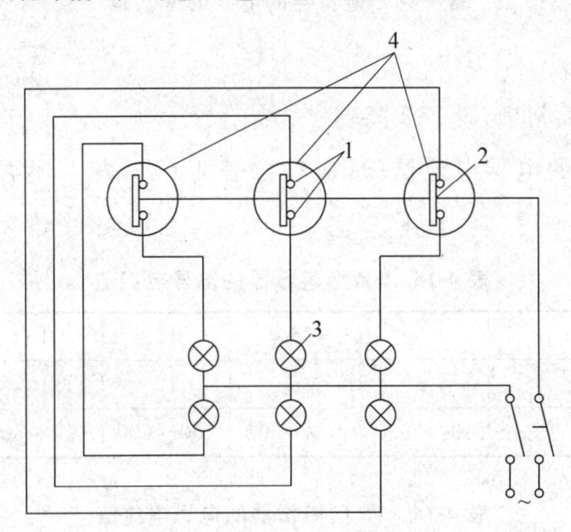

图 4-15　用亮灯法测量断路器同期接线图

1—静触头；2—动触头；3—灯泡；4—断路器

2. 试验标准及结果判断

测量断路器主触头的三相或同相各断口分、合闸的同期性，应符合产品技术条件的规定。

七、避雷器的绝缘电阻测量

1. 测量方法及接线

采用 2500V 兆欧表测量 FZ 型、FCZ 型、FCD 型避雷器时，周围温度以不低于 5℃为宜。

2. 试验标准及结果判断

(1) FS 型避雷器的绝缘电阻值不应小于 2500MΩ。

(2) 阀式避雷器(如 FZ 型)、磁吹避雷器(如 FCZ 及 FCD 型)和金属氧化物避雷器的绝缘电阻值，与出厂试验值相比，应无明显差别。

(3) 由于兆欧表电压比较低，避雷器有些绝缘缺陷暴露得不充分，还需用较高的直流电压进一步试验。

八、电导电流、检查组合元件的非线性系数测量

1. 测量方法及接线

试验接线如图 4-16 所示。

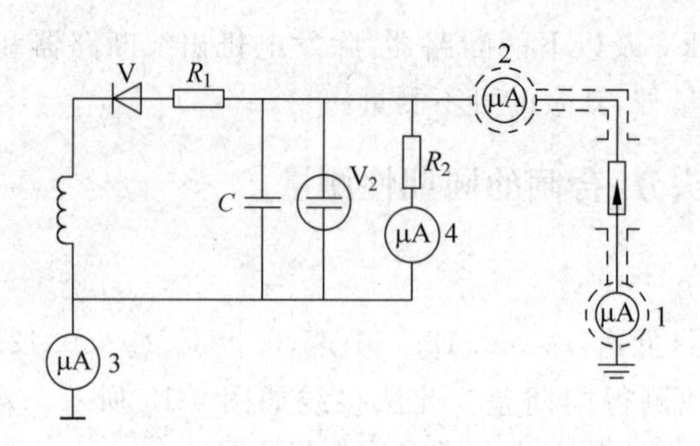

图 4-16 避雷器的电导电流试验

1、2、3、4—微安表

2. 试验标准及结果判断

(1) 常温下避雷器的电导电流试验,应符合表 4-15～表 4-18 所示或产品技术条件的规定。

表 4-15 FZ 型避雷器的电导电流值

额定电压/kV	3	6	10	15	20	30
试验电压/kV	4	6	10	16	20	24
电导电流/μA	400～650	400～600	400～600	400～600	400～600	400～600

表 4-16 FS 型避雷器的电导电流值

额定电压/kV	3	6	10
试验电压/kV	4	7	11
电导电流/A	不应大于 10		

表 4-17 FCD 型避雷器的电导电流值

额定电压/kV	3	4	6	10	13.2	15
试验电压/kV	3	4	6	10	13.2	15
电导电流/μA	FCD1、FCD3 型不应大于 10 FCD 型为 50～100,FCD2 型为 5～20					

表 4-18 FCZ 型避雷器的电导电流值

项　目	FCZ3-35	FCZ-35	LFCZ-30	DTFCZ-110	JFCZ1-110	JFCZ-110	FCZ-110J
额定电压/kV	35	35	35	110	110	110	110
试验电压/kV	50	50	18	100	100	140	110
电导电流/A	250～400	250～400	150～300	500～700	400～600	250～400	250～400

(2) FS 型避雷器的绝缘电阻值不小于 2500MΩ 时,可不进行电导电流测量。

(3) 同一相内,串联组合元件的非线性系数差值不应大于 0.04。FZ 型避雷器非线性系数 α 的值,应按下式计算:

$$\alpha = \frac{\lg U_2/U_1}{\lg I_2/I_1} \tag{4-3}$$

式中：U_2 为表 4-16 所示元件直流试验电压值，U_1 值为 U_2 值的 50%；I_1 和 I_2 为在试验电压 U_1 和 U_2 下测得的电导电流。

(4) 测量电压为 110kV 及以上的磁吹避雷器在运行电压下的交流电导电流，测得数值与出厂试验值比较，应无明显差别。

(5) 测量金属氧化物避雷器在运行电压下的持续电流，其阻性电流或总电流值应符合产品技术条件的规定。

(6) 测量金属氧化物避雷器的工频参考电压或直流参考电压，应符合产品技术条件的规定。

(7) FS 型阀式避雷器的工频放电电压试验应符合表 4-19 所示的规定；有并联电阻的阀式避雷器可不进行此项试验。

表 4-19　FS 型阀式避雷器的工频放电电压范围　　单位：kV

额定电压	3	6	10
放电电压有效值	9～11	16～19	26～31

经工频放电电压试验后的避雷器，必须测量绝缘电阻，如与试验前的绝缘电阻有显著差别，应查明原因。

(8) 检查放电计数器动作应可靠，避雷器基座绝缘良好。

九、互感器绕组的绝缘电阻测量

1. 测量方法及接线

互感器测量绕组绝缘电阻的接线基本与变压器相同。

2. 试验标准及结果判断

(1) 互感器只测量一次绕组对二次绕组及外壳、各二次绕组间及其对外壳的绝缘电阻，不测量吸收比。测量时，应将非被试绕组短路接地。

(2) 测量时，一次绕组采用 2500V 兆欧表；二次绕组采用 1000V 或 2500V 兆欧表。

(3) 对于电压等级为 500kV 的电流互感器，还应测量一次绕组间的绝缘电阻；但由于结构原因无法测量时，可不进行。

(4) 35kV 及以上的互感器的绝缘电阻值与产品出厂试验值比较(相同温度下)，应无明显差别。

十、绕组连同套管对外壳的交流耐压试验

1. 试验方法及接线

互感器绕组连同套管对外壳的交流耐压试验接线基本上与变压器相同。

2. 试验标准及结果判断

(1) 互感器的交流耐压试验是指绕组连同套管对外壳的工频交流耐压试验。

(2) 全绝缘互感器应按规定进行一次绕组连同套管对外壳的交流耐压试验。

(3) 对绝缘性能有怀疑时，串级式电压互感器及电容式电压互感器的中间电压变压器，应进行倍频感应耐压试验。

(4) 互感器二次绕组之间及其对外壳的工频耐压试验电压标准为 2kV。

(5) 测量 35kV 及以上互感器一次绕组连同套管的介质损耗角正切值 $\tan\delta$。

十一、油浸式互感器的绝缘油试验

1. 测量方法及接线

绝缘油试验方法、接线，由电气强度试验标准规定。

2. 试验标准及结果判断

电压等级在 63kV 以上的互感器，应进行油中溶解气体的色谱分析。油中溶解气体含量与产品出厂值相比，应无明显差别。

十二、电压互感器一次绕组的直流电阻值测量

1. 测量方法及接线

测量方法及接线与变压器试验相同，可用单臂电桥来测量。

2. 试验标准及结果判断

电压互感器该项试验的判断标准没有统一的规定，但与产品出厂值或同批相同型号产品的测得值相比，应无明显差别。

十三、测量互感器的励磁特性

1. 测量方法及接线

试验时，互感器一次侧开路，二次侧施加电压，所加电压应是额定频率的正弦波形。电流互感器和电压互感器试验接线如图 4-17 所示。

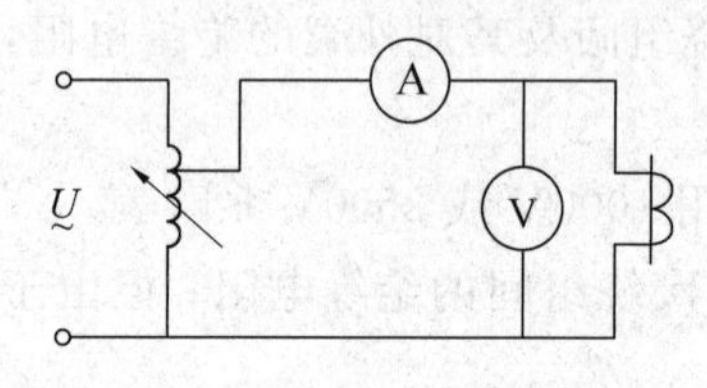

图 4-17 电流互感器及电压互感器励磁特性试验接线图

2. 试验标准及结果判断

(1) 实测励磁特性与历次试验结果或同型号电流互感器的试验数值相比较，应无明显差别。若电压显著降低，应检查是否存在二次绕组匝间短路。

(2) 电压互感器空载电流与历次试验结果或同型电压互感器的试验数值相比较，应无明显差别。

(3) 检查互感器的三相连接组别和单相互感器引出线的极性。该项试验的目的、方法、接线与变压器相同。检查结果必须符合设计要求，并应与铭牌上的标记和外壳上的符号相符。

十四、互感器变比检查

1. 测量方法及接线

该项试验一般采用与标准互感器比较的方法。电流互感器试验接线如图 4-18 所示。

被试电流互感器 VA_x 与标准电流互感器 VA_0 一次侧串联，由升流器在一次侧供给电流。电压互感器试验接线如图 4-19 所示。被试电压互感器和标准电压互感器高压侧并联，由单相调压器通过试验变压器向高压侧施加试验电压。

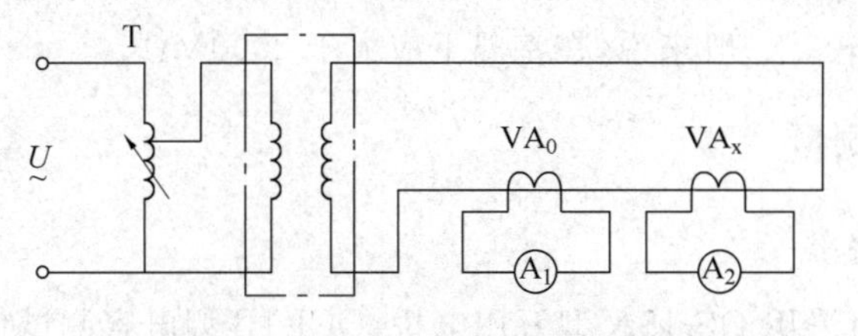

图 4-18　电流互感器变比试验接线图

此外，采用 QJ-35 型变比电桥测量变比，更加准确、方便、安全。测量接线如图 4-20 所示。

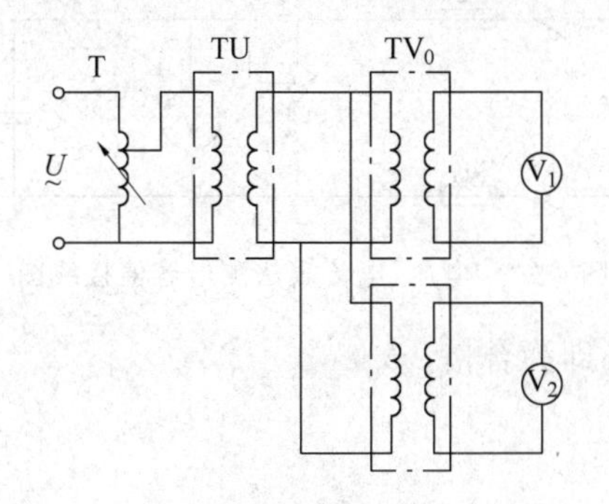

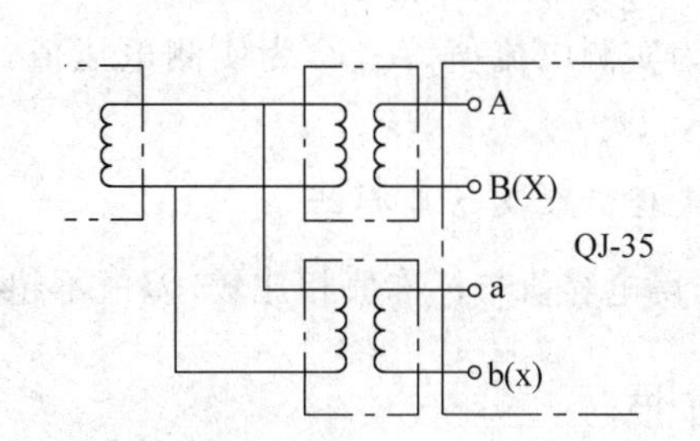

图 4-19　电压互感器变比试验接线图　　图 4-20　变比电桥法测试大变比电压互感器接线图

2. 试验标准及结果判断

检查互感器变比，应与制造厂铭牌值相符，且与设计要求相符。

十五、测量铁心夹紧螺栓的绝缘电阻

1. 测量方法及接线

互感器测量铁心夹紧螺栓绝缘电阻的方法和接线与变压器相同。

2. 试验标准及结果判断

(1) 在器身检查时，应测量外露的或可接触到的铁心夹紧螺栓。

(2) 采用 2500V 兆欧表测量，试验时间为 1min，应无闪络及击穿现象。

(3) 穿心螺栓一端与铁心连接者，测量时应将连接片断开，不能断开的可不测量。

十六、电力电容器的绝缘电阻测量

1. 测量方法及接线

一般采用 2500V 兆欧表测量两极(测量时，两极短接)对外壳的绝缘电阻。图 4-21 所示为测量绝缘电

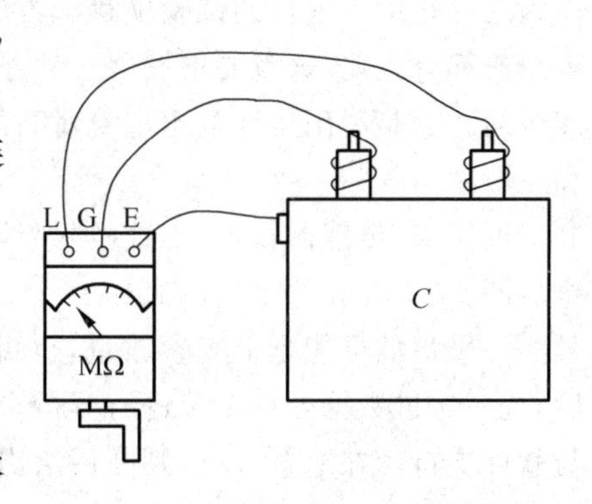

图 4-21　电容器绝缘电阻测量接线图

阻接线示意图。

2. 试验标准及结果判断

试验标准对绝缘电阻值未作明确规定，测量数值只能和同型号电容器的绝缘电阻比较，和以前的测量结果比较。一般来说，在室温下应大于 2000MΩ。

十七、电容值测量

1. 测量方法及接线

电容值的测量，可采用 QS-18A 型万用电桥、OCJ-1B 型电容测试仪等专用仪器。另外，现场采用电流、电压表法也可以得到满意的结果，其接线如图 4-22 所示。电流表、电压表均为 0.5 级。测得电容值由下式计算出来：

$$C=\frac{I}{2\pi fU}\times 10^{6} \qquad (4\text{-}4)$$

式中：I 为实测电流值，A；U 为实测电压值，V；f 为频率，Hz。

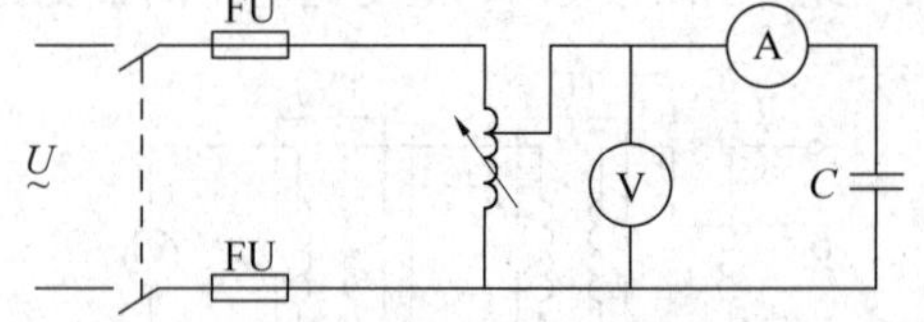

图 4-22 电压、电流表法测电容值接线图

2. 试验标准及结果判断

所测得电容值与标称值相比较，差值不超过 10% 即为合格。

知识拓展

一、电力设备预防性试验研究的方向

近几年来，人们在实践中逐步发现，有些试验项目出现了一些问题。例如，某台 220kV 油纸电容式电流互感器，停电预试时，按《规程》加 10kV 试验电压，测得其介质损耗因数为 1.4%，未超过《规程》的要求值 1.5%，但投运 10h 后就爆炸了。这是因为随着电力设备电压增高，容量增大，在现有情况下停电后进行的非破坏性试验测得的一些参数难以全面反映绝缘情况，特别是其耐电强度或寿命。为此，应当继续研究以下两方面的问题。

(1) 新的预防性试验的参数与方法。近几年来，虽然引入色谱分析、局部放电等试验项目，但有些缺陷仍难以在早期发现。因此，继续研究新的预防性试验参数及方法势在必行。

(2) 在线监测。电力设备虽然都按规定按时做了预防性试验，但事故还时有发生，主要原因之一是由于现行的试验项目和方法不能检出一个周期内的故障。由于绝大多数故障在事故前都有先兆，这就要求发展一种连续或选时的监视技术。在线监测就是在这种情况下产生的。它是利用运行电压本身对高压电力设备绝缘情况进行试验，提高了试验的真实性和灵敏度。

近年来，传感器技术、光纤技术、计算机技术等的发展和应用，为在线监测开启了新的篇章。图 4-23 给出了在线监测中一个最基本的流程方框图。由各种传感器系统获得的信号——采集的可能是电气参数量，也可能是温度、压力、超声等非电参量，经过必要的转换后，统一送进数据处理系统进行分析。当然，为采集及处理不同的参量，还需要相应的硬件与软件支持。在综合分析、判断后给出结果，既可以用微型打字机输出，也可以直接存盘或屏幕显示；有的如“超标”，可立刻发出警报；也可与上一级检测中心相连，形成多级监控系

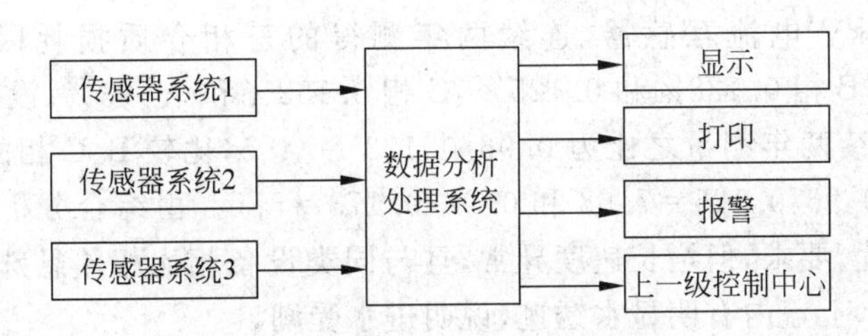

图 4-23　在线监测的基本流程方框图

统的一部分。这时，为方便起见，在设备旁边的在线检测仪一般可用单片（或单板）机来完成；而在变电所里，另有个人计算机对各电力设备及其参量进行统一的分析处理，实现存储、分析、对比、诊断等功能。

目前，电力设备绝缘在线检测技术沿着两个方向发展：一是发展多功能、全自动的绝缘在线检测系统，它用计算机控制，能够实现全天候自动检测、自动记录、自动报警；二是发展便携式绝缘检测仪，由工作人员带到现场对电力设备的绝缘状况进行在线检测。

二、研究解决不拆高压引线进行预防性试验的难题

电力设备的电压等级越高，其器身越高，引接线面积越大，感应电压越高。拆除高压引线需用升降车、吊车，工作量大，拆接时间长，耗资大，且对人身及设备安全构成一定威胁。为提高试验工作效率，节省人力、物力，减少停电时间，需要研究不拆高压引线进行预防性试验的方法。

由于不拆引线进行预防性试验，通常是在变电所电力设备部分停电的状况下进行，将遇到电场干扰强，测试数据易失真，连接在一起的各种电力设备互相干扰、制约等一系列问题。为此，必须解决以下难题。

(1) 被试设备能耐受施加于其他设备上的试验电压；被试设备在有其他设备并联的情况下，测量精度不受影响。

(2) 抗强电场干扰的试验接线。

三、电力设备预防试验结果综合分析和判断的原则

电力设备预防性试验结果的综合分析和判断常采用比较法。具体地说，它包括如下几个方面。

1. 与设备历次的试验结果相比较

因为一般的电力设备都应定期地进行预防性试验。如果设备绝缘在运行过程中没有什么变化，则历次试验结果都应当比较接近；如果有明显的差异，说明绝缘可能有缺陷。

例如，某台 66kV 电流互感器，连续两年测得的介质损耗因数 $\tan\delta$ 分别为 0.58% 和 2.98%。由于没有超过《规程》要求值 3% 而投入运行，结果 10 个月后发生爆炸。实际上，只比较两次试验结果(2.98/0.58=5.1 倍)，就能判断不合格，从而避免事故的发生。

2. 与同类型设备试验结果相比较

因为对同类型的设备而言，其绝缘结构相同，在相同的运行和气候条件下，其测试结果应大致相同；若结果相差很大，说明绝缘可能有缺陷。

例如，某台66kV电流互感器，连续两年测得的三相介质损耗因数分别为：A相0.213%和0.96%，B相0.128%和0.125%，C相0.152%和0.173%，没有超过《规程》要求值3%；但A相连续两年测量之比为0.96/0.123 = 4.5，比较B、C相的测量值也显著增加，其比值分别为0.96/0.125=7.68和0.96/0.173=5.5。由综合分析可见，A相互感器的值虽未超过《规程》要求，但增长速度异常，且与同类设备相比相差悬殊，故判断绝缘不合格。打开端盖检查，上盖内有明显水锈迹，说明进水受潮。

3. 同一台设备相间的试验结果相比较

因为对于同一台设备，各相的绝缘情况应当基本一样，如果三相试验结果相互差异明显，说明测量结果异常相的绝缘可能有缺陷。

4. 与《规程》的要求相比较

对有些试验项目，《规程》规定了要求值，若测量值超过要求值，应认真分析，查找原因，或再结合其他试验项目来查找缺陷。

例如，某台66kV电流互感器，测得A、C相的绝缘电阻均为25MΩ，显著降低；测得两相的$\tan\delta$和电容值C_x分别为3.27%和1670.75pF，3.28%和1695.75pF。$\tan\delta$值超过《规程》的3%，C_x比正常值102pF增加约16.4倍。根据上述测量结果，可判断绝缘受潮。检测时，从该互感器中放出大量水，证实了上述分析和判断的正确性。再结合被测设备的运行及检修等情况进行综合分析。

总之，应当坚持科学态度，对试验结果进行全面、历史的综合分析，掌握设备性能变化的规律和趋势，以此来正确判断设备的绝缘状况，为检修提供依据。

为了更好地进行综合分析、判断，除应注意试验条件和测量结果的正确性外，还应加强设备的技术管理，健全并积累设备资料档案。目前我国许多单位应用计算机管理，收到了良好效果。

自我检测

4-3-1 供配电系统一次设备的试验项目及标准有哪些？

4-3-2 断路器分、合闸速度如何测量？

4-3-3 电力设备预防性试验结果的综合分析和判断的原则是什么？

4-3-4 电力设备预防性试验研究的方向是什么？

任务四 继电保护的整定计算与继电器的校验

任务情境

为了保证供配电系统的可靠性，在系统发生故障时，必须有相应的保护装置将故障部分及时地从系统中切除，以保证故障部分继续工作；或发出报警信号，提醒值班人员检查并采取相应的措施。本任务主要学习供配电系统的继电保护整定计算及继电器校验。

任务分析

要完成上述任务，需要掌握以下几个方面的知识。

✧ 继电保护及继电保护装置的基本知识。

✧ 常用继电器的结构和作用。

✧ 电力线路和电力变压器继电保护的基本知识。

✧ 高压电动机继电保护和工厂低压供配电系统保护。

✧ 继电保护的整定计算知识。

✧ 继电器与仪表校验的工作过程。

知识准备

一、继电保护的基本知识

(一) 继电保护的任务

继电保护装置是一种能反映电力系统中电气元件发生的故障或异常运行状态,并动作于断路器跳闸,或发出信号的一种自动装置。它的基本任务如下所述。

(1) 自动、迅速、有选择地将故障元件从电力系统中切除,并保证无故障部分迅速恢复正常运行。

(2) 正确反映电气设备的不正常状态,发出预告信号,以便操作人员采取措施,恢复电气设备的正常运行。

(3) 与供电系统的自动装置(如自动重合闸装置、备用电源自动投入装置等)配合,提高供电系统运行的可靠性。

(二) 对继电保护的基本要求

对于电力系统继电保护装置,应满足选择性、可靠性、速动性和灵敏度的基本要求。

1. 选择性

保护装置的选择性是指保护装置动作时,仅将故障元件从电力系统中切除,使停电范围尽量缩小,以保证电力系统中的无故障部分仍能继续安全运行。满足这一要求的动作称为选择性动作。

如图 4-24 所示当线路 k_2 点发生短路时,保护 6 动作,跳开断路器 QF_6,将故障切除,其余的正常运行。继电保护的这种动作是有选择性的。

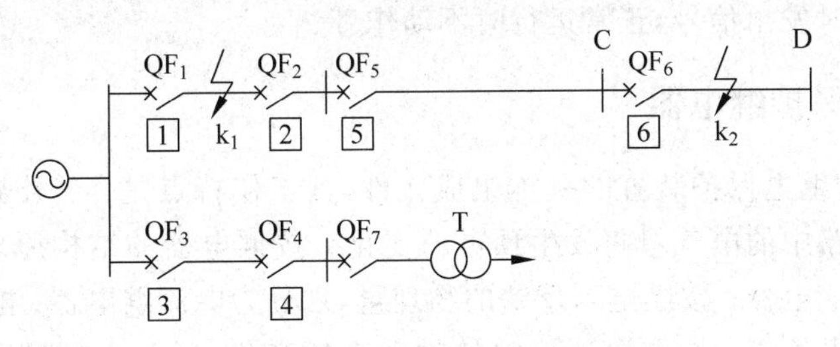

图 4-24　保护的动作选择性

2. 可靠性

保护装置的可靠性是指在规定的保护区内发生故障时,它不应该拒绝动作;而在正常运行或保护区外发生故障时,不应该误动作。如图 4-24 所示当线路 k_2 点发生短路时,保护 6 不应该拒绝动作,保护 1、2、5 不应该误动作。

3. 速动性

发生故障时，继电保护应该尽快地动作，切除故障，减少故障引起的损失，提高电力系统的稳定性。

4. 灵敏度

灵敏度是表征保护装置对其保护区内发生故障或异常运行状态的反应能力。如果保护装置对其保护区内极轻微的故障都能及时地反应，说明灵敏度高。灵敏度表示为

$$S_p \overset{\text{def}}{=} \frac{I_{k\cdot min}}{I_{op\cdot 1}} \tag{4-5}$$

式中：$I_{k\cdot min}$为继电保护装置在保护区内，在电力系统最小运行方式下的最小短路电流；$I_{op\cdot 1}$为继电保护装置动作电流换算到一次电路的值，称为一次动作电流。

上述对保护装置的四项基本要求，对某一个具体的保护装置而言，不一定同等重要，往往有所偏重。

（三）继电保护装置的组成

继电保护装置的构成原理虽然很多，但是在一般情况下，整套继电保护装置由测量部分、逻辑部分和执行部分组成，其原理结构如图4-25所示。

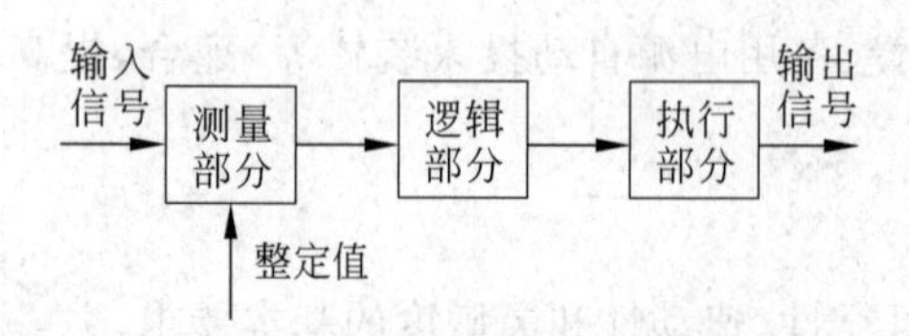

图4-25 继电保护装置的构成原理

1. 测量部分

测量部分测量被保护设备的某物理量，并与给定的整定值进行比较；然后根据比较的结果，判断保护是否应该动作。

2. 逻辑部分

逻辑部分是根据测量部分各输出量的大小、性质、输出的逻辑状态、出现的顺序或它们的组合，使保护装置按一定的逻辑关系工作，然后确定是否应该使断路器跳闸或发出信号，并将有关命令传给执行部分。

3. 执行部分

执行部分是根据逻辑部分传送的信号，最后完成保护装置所担负的任务，如故障时动作于跳闸，异常运行时发出信号，正常运行时不动作等。

二、常用的保护继电器

继电器是各种继电保护装置的基本组成元件，其工作特点是：当外界的输入量达到整定值时，其输出电路中的电气量将发生预定的变化。按继电器的结构原理，划分有电磁式、感应式、微机式等继电器；按继电器反映的物理量，划分为电流继电器、电压继电器、功率方向继电器、气体继电器等；按继电器反映的物理量的变化，划分为过量继电器和欠量继电器；按继电器在保护装置中的功能，划分为启动继电器、时间继电器、信号继电器和中间继电器等。

供电系统中常用的继电器主要分为电磁式和感应式。在现代化的大用户中开始使用微机保护。

（一）电磁式继电器

电磁式继电器的结构型式主要有三种，即螺管线圈式、吸引衔铁式及转动舌片式，如图 4-26 所示。

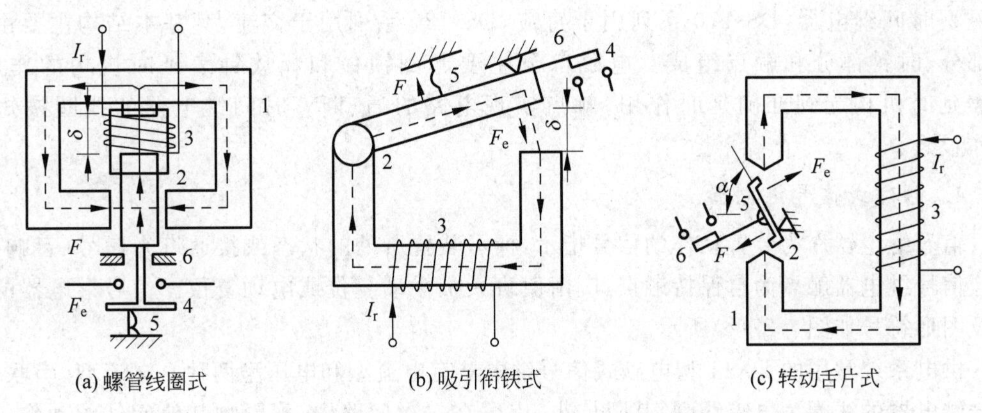

图 4-26　电磁型继电器三种基本结构型式

1—电磁铁；2—可动衔铁；3—线圈；4—止挡；5—反作用弹簧；6—接点

电磁式电流继电器和电压继电器在继电保护装置中均为启动元件，属于测量继电器。电流继电器文字及图形符号如图 4-27(a)所示。

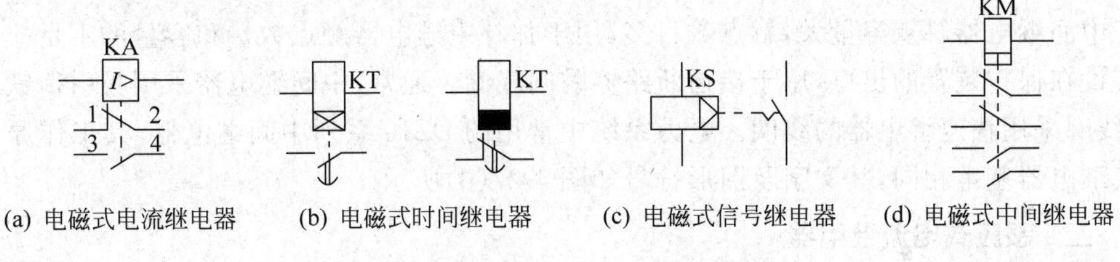

图 4-27　电磁式继电器的文字图形符号

1. 电磁式电流继电器

常用的 DL 系列电磁式电流继电器的基本结构如图 4-26(c)所示。当继电器线圈中的电流增大到使其常开触点闭合、常闭触点断开时，称为继电器动作；过电流继电器动作后，减小电流到一定值时，使触点返回到起始位置，称为继电器返回。

过电流继电器线圈中使继电器动作的最小电流，称为继电器的动作电流(I_{op}表示)；使继电器由动作状态返回到起始位置的最大电流，称为继电器的返回电流(I_{re}表示)。继电器的返回电流与动作电流的比值称为继电器的返回系数，用 K_{re} 表示，即

$$K_{re} = \frac{I_{re}}{I_{op}} \tag{4-6}$$

过量继电器(例如过电流继电器)的 K_{re} 总小于 1。

2. 电磁式电压继电器

电磁式电压继电器的基本结构与 DL 系列电磁式电流继电器基本相同。电压继电器分为过电压继电器和欠电压继电器两种。其中，欠电压继电器在工厂供电系统应用较多。过电压继电器的返回系数小于 1；欠电压继电器的返回系数大于 1，一般在 1～1.2 之间。

3. 电磁式时间继电器

电磁式时间继电器在继电保护装置中用来使其获得所要求的延时(时限)。时间继电器的文字及图形符号如图 4-27(b)所示。对于电力系统中常用的 DS-110、DS-120 系列电磁型时间继电器，DS-110 系列用于直流，DS-120 系列用于交流，其基本结构主要由电磁部分、时钟部分和触点组成。电磁部分主要起到锁住和释放钟表延时机构的作用。钟表延时机构起到准确延时作用，触点实现电路的通、断。时间继电器的线圈按短时工作设计。

4. 电磁式信号继电器

信号继电器作为装置动作的信号指示，标示装置所处的状态或接通灯光信号(音响)回路。信号继电器触点为自保持触点，应由值班人员手动复位或电动复位。信号继电器的文字及图形符号如图 4-27(c)所示。

供电系统常用的 DX11 型电磁式信号继电器有电流型和电压型两种。电流型(串联型)信号继电器的线圈为电流线圈，其阻抗小，串联在二次回路内，不影响其他元件的动作。电压型信号继电器的线圈为电压线圈，阻抗大，必须并联使用。当线圈加入的电流大于继电器动作值时，衔铁被吸起，信号牌失去支持，靠自身重量落下，且保持于垂直位置，通过窗口可以看到掉牌；与此同时，常开触点闭合，接通光信号和声信号回路。

5. 电磁式中间继电器

中间继电器触点容量大，触点数目多，用于弥补主继电器触点数量和容量的不足。它通常装设在保护装置的出口，用于接通断路器跳闸线圈。通常，中间继电器采用吸引衔铁式结构，线圈采用快速继电器的线圈。电力系统中常用的 DZ10 系列中间继电器，其工作原理与电流继电器基本相同，其文字及图形符号如图 4-27(d)所示。

(二) 感应式电流继电器

在工厂供电系统中，广泛采用感应式电流继电器来做过电流保护兼电流速断保护，因为感应式电流继电器兼有上述电磁式电流、时间、信号、中间继电器的功能，可大大简化继电保护装置；而且采用感应式电流继电器组成的保护装置采用交流操作，可进一步简化二次系统，减少投资，因此它在中小变配电所中应用非常普遍。

感应式电流继电器由感应元件和电磁元件构成。感应元件动作，实现反时限过流保护功能；电磁元件实现速断保护功能。同时，继电器本身带有信号掉牌，接点容量大，可直接接通断路器的跳闸线圈，其文字及图形符号如图 4-28 所示。

工厂常用的有 GL-10、GL-20、GL-$^{15、16}_{25、26}$ 型感应式电流继电器，后者还具有两对相连的常开和常闭触点，构成一组“先合后断的转换触点”，如图 4-29 所示。

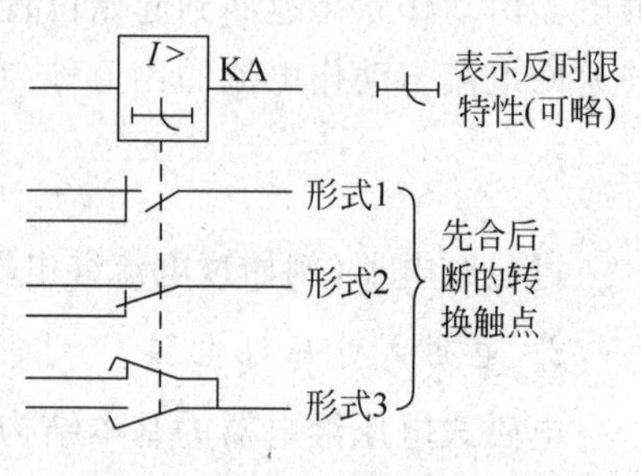

图 4-28 感应式电流继电器的文字、图形符号

三、高压线路的继电保护

按照 GB 50062—2008《电力装置的继电保护和自动装置设计规范》的规定：对于 3～66kV 电力线路，应装设相间短路保护、单相接地保护和过负荷保护。

作为线路的相间短路保护，主要采用带时限的过流

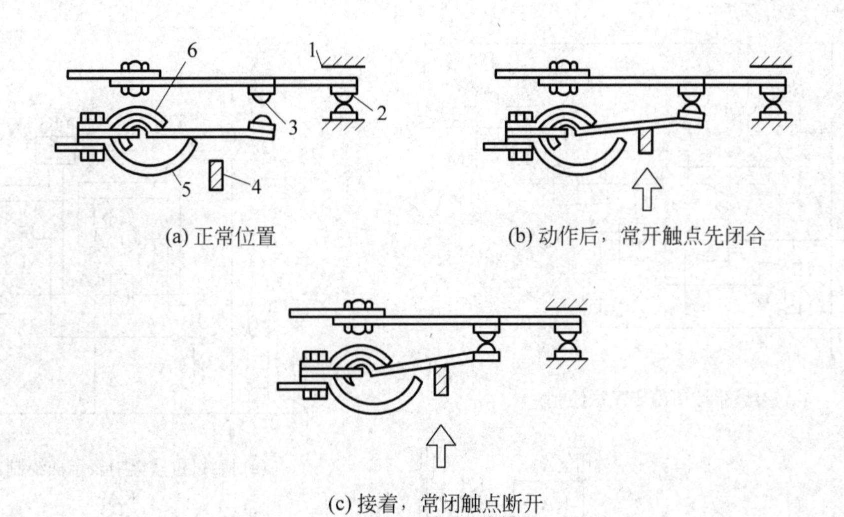

(a) 正常位置　(b) 动作后，常开触点先闭合

(c) 接着，常闭触点断开

图 4-29　GL-$^{15、16}_{25、26}$型感应式电流继电器“先合后断的转换触点”的动作说明

1—上止挡；2—常闭触点；3—常开触点；4—衔铁；5—下止挡；6—簧片

保护和瞬时动作的电流速断保护,作用于断路器的跳闸。如果过电流保护动作时限不大于0.5～0.7s,可不装设电流速断保护。

作为线路的单相接地保护,有绝缘监视装置(零序电压保护)或单相接地保护(零序电流保护),保护动作于信号;但是当单相接地故障危及人身和设备安全时,则动作于跳闸。

对于可能经常过负荷的电缆线路,应设过负荷保护,动作于信号。

(一) 带时限过电流保护

带时限的过电流保护,按其动作时间特性,分为定时限过电流保护和反时限过电流保护两种。定时限就是保护装置的动作时间是固定的,与短路电流大小无关;反时限就是保护装置的动作时间与反映到继电器中的短路电流大小成反比关系,短路电流越大,动作时间越短。

1. 定时限过电流保护的原理接线图

定时限过电流保护原理接线如图 4-30 所示。图 4-30(a)中,所有元件的组成部分集中表示,称为接线图;图 4-30(b)中,所有元件的组成部分按所属回路分开表示,称为展开图。从原理分析的角度来说,展开图简明、清晰,在二次回路中应用最普遍。

当线路发生短路故障时,短路电流经过 TA 流入继电器。如果短路电流大于继电器整定值,KA 瞬时动作,其常开触点闭合,时间继电器 KT 线圈得电;经过整定的延时后,触点闭合,中间继电器 KM 和信号继电器 KS 动作,KM 常开触点闭合,接通断路器跳闸线圈 YR 回路,断路器 QF 跳闸,切除故障;KS 动作,其指示牌掉下,同时其常开触点闭合,启动信号回路,发出灯光和音响信号。

2. 反时限过电流保护的原理接线图

反时限过电流保护的原理接线如图 4-31 所示。它由 GL 型感应式电流继电器组成,采用交流操作的“去分流跳闸”原理。

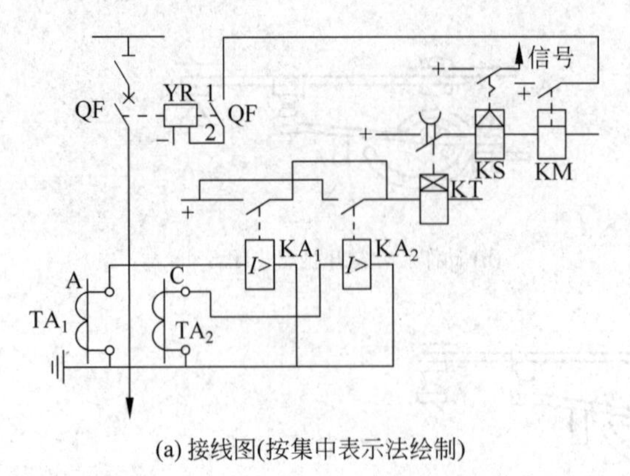

(a) 接线图(按集中表示法绘制)

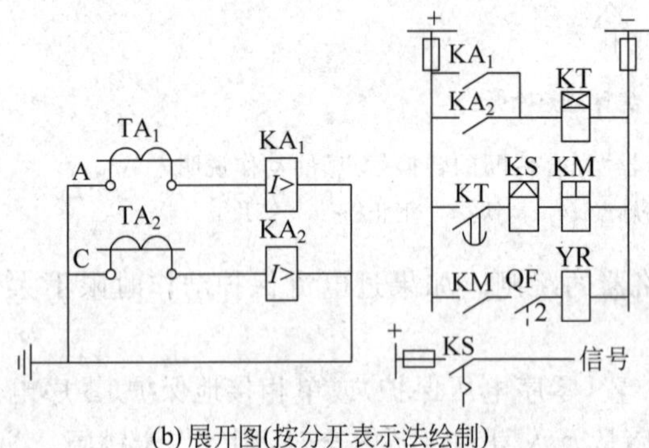

(b) 展开图(按分开表示法绘制)

图 4-30　定时限过电流保护的原理接线图

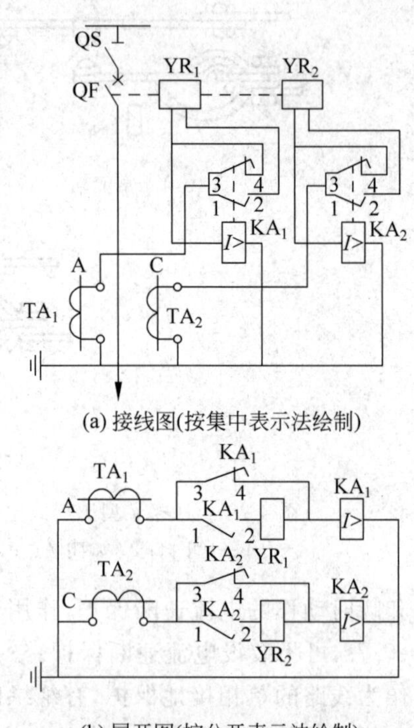

(a) 接线图(按集中表示法绘制)

(b) 展开图(按分开表示法绘制)

图 4-31　反时限过电流保护的原理接线图

当一次电路发生相间短路时，电流继电器 KA 动作；经过一定延时后(反时限特性)，其常开触点闭合，紧接着其常闭触点断开，断路器 QF 因其跳闸线圈 YR 被“去分流”而跳闸，切除短路故障。在继电器 KA 去分流跳闸的同时，其信号牌掉下，指示保护装置已动作。在短路故障切除后，继电器自动返回，其信号牌可利用外壳上的旋钮手动复位。

3. 过电流保护的整定

过电流保护的整定计算有动作电流整定、动作时限整定和保护灵敏度校验等三项内容。

1）动作电流整定

过电流保护的动作电流必须满足下列两个条件。

(1) 正常运行时，保护装置不动作，即保护装置的动作电流 $I_{op}>I_{L\cdot max}$。

(2) 保护装置切除外部故障后，应可靠返回到原始位置，即 $I_{re}>I_{L\cdot max}$。

如图 4-32 所示电路，假设线路 WL_2 的首端 k 点发生相间短路，由于短路电流远大于线路上的所有负荷电流，所以沿线路的过电流保护装置包括 KA_1、KA_2 均要动作。按照保护选择性的要求，应该是靠近故障点 k 的保护装置 KA_2 首先动作，断开 QF_2，切除故障线路 WL_2。切除故障后，保护装置 KA_1 应立即返回起始状态，不致断开 QF_1。这就要求 $I_{re}>I_{L\cdot max}$。

由于过流保护的 $I_{op}>I_{re}$，所以以 $I_{re}>I_{L\cdot max}$ 作为动作电流整定依据，同时引入一个可靠系数 K_{rel}，将不等式改成等式，将保护装置的返回电流换算到动作电流，得到过流保护装

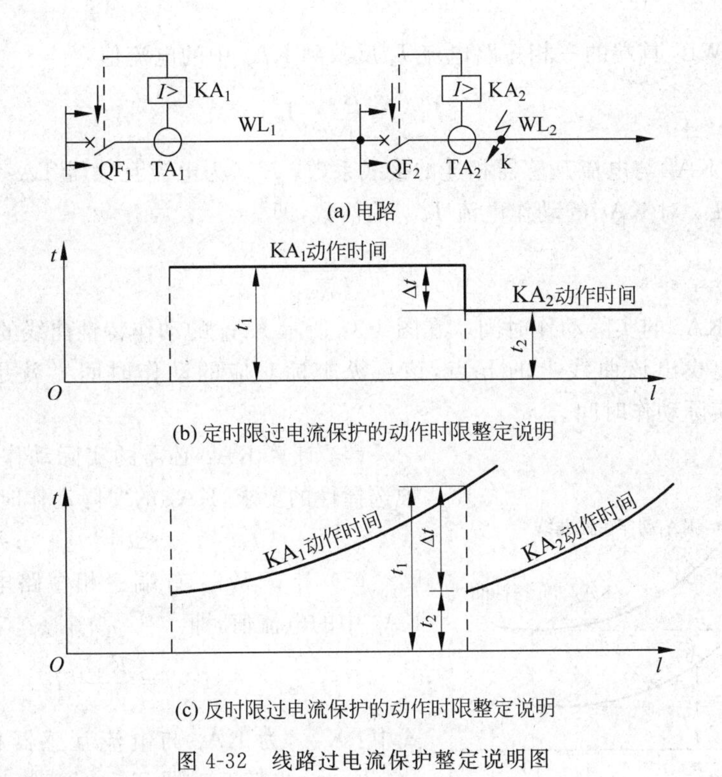

图 4-32　线路过电流保护整定说明图

置动作电流的计算式为

$$I_{op}=\frac{K_{rel}K_W}{K_{re}K_i}I_{L\cdot max} \tag{4-7}$$

式中：K_{rel}为可靠系数，DL 型继电器取 1.2，GL 型继电器取 1.3；K_W 为接线系数，对两相两继电器式接线为 1，对两相一继电器式(两相电流差接线)为$\sqrt{3}$；$I_{L\cdot max}$为线路上的最大负荷电流，可取为$(1.5\sim3)I_{30}$；K_{re}为返回系数，DL 型电流继电器取 0.85，GL 型电流继电器取 0.8。

2) 动作时限整定

对于过流保护的动作时限，根据阶梯原则进行整定，以保证前、后两级保护装置动作的选择性，也就是后一级保护装置所保护的线路首端发生三相短路时，前一级保护的动作时间 t_1 应比后一级保护中最长的动作时间 t_2 大一个时限级差 Δt，如图 4-32(b)、(c)所示，即

$$t_1>t_2+\Delta t \tag{4-8}$$

对于定时限过流保护，可取 $\Delta t=0.5$s；对于反时限过流保护，$\Delta t=0.7$s。

定时限过流保护的动作时限，利用时间继电器(DS 型)来整定。对于反时限过流保护的动作时限，由于 GL 型电流继电器的时限调节机构是按“10 倍动作电流的动作时限”来标度的，因此要根据前、后两级保护 GL 型继电器的动作特性曲线来整定。

假定图 4-32(a)中的继电器采用感应型电流继电器，WL_2 线路上的保护继电器 KA 的 10 倍动作电流的动作时限已整定为 t_2，现在要整定前一级线路 WL_1 的保护继电器 10 倍动作电流的动作时限 t_1，结合图 4-33，反时限过流保护动作时限整定计算步骤如下所述。

(1) 计算 WL_2 首端的三相短路电流 I_k 反映到 KA_2 中的电流值：

$$I'_{k(2)}=\frac{K_{W(2)}}{K_{i(2)}}I_k \tag{4-9}$$

式中：$K_{W(2)}$为 KA_2 与电流互感器相连的接线系数；$K_{i(2)}$为电流互感器 TA_2 的变流比。

(2) 计算 $I'_{k(2)}$对 KA_2 的动作电流 $I_{op(2)}$的倍数，即

$$n_2=\frac{I'_{k(2)}}{I_{op(2)}} \tag{4-10}$$

(3) 确定 KA_2 的实际动作时间。在图 4-33 所示 KA_2 的动作特性曲线的横坐标轴上找出 n_2，然后向上找出该曲线上的 b 点，该点纵坐标对应的动作时间 t'_2就是 KA_2 在通过 $I'_{k(2)}$电流时的实际动作时间。

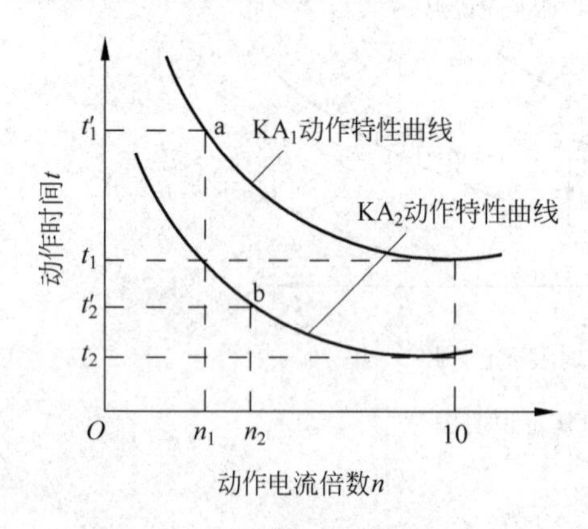

图 4-33　反时限过电流保护的动作时限整定

(4) 计算 KA_1 必需的实际动作时间。根据保护选择性的要求，KA_1 的实际动作时间 t'_1为

$$t'_1=t'_2+\Delta t=t'_2+0.7 \tag{4-11}$$

(5) 计算 WL_2 首端三相短路电流 I_k 反映到 KA_1 中的电流值，即

$$I'_{k(1)}=\frac{K_{W(1)}}{K_{i(1)}}I_k \tag{4-12}$$

式中：$K_{W(1)}$为 KA_1 与电流互感器相连的接线系数；$K_{i(1)}$为电流互感器 TA_1 的变流比。

(6) 计算 $I'_{k(1)}$对 KA_1 的动作电流 $I_{op(1)}$的倍数，即

$$n_1=\frac{I'_{k(1)}}{I_{op(1)}} \tag{4-13}$$

(7) 确定 KA_1 的 10 倍动作电流的动作时限。在图 4-33 所示 KA_1 的动作特性曲线的横坐标轴上找出 n_1，在纵坐标轴上找出 t'_1，然后找到 n_1 与 t'_1的交点 a。a 点所在曲线对应的 10 倍动作电流的动作时间 t_1 即为所求。

注意：有时 n_1 与 t'_1的交点不在给出的曲线上，而在两条曲线之间。这时，根据 GL 型继电器动作时限特性曲线形状大致相同的特点，粗略估计其 10 倍动作电流的动作时限。

3) 保护灵敏度校验

根据 $S_p=I_{k\cdot min}/I_{op}$，得到过电流保护的灵敏度必须满足下面的条件：

$$S_p=\frac{K_W I^{(2)}_{k\cdot min}}{K_i I_{op}}\geqslant 1.5 \tag{4-14}$$

式中：$I^{(2)}_{k\cdot min}$为被保护线路末端在系统最小运行方式下的两相短路电流。

如果过电流保护是作为相邻线路的后备保护，则其保护灵敏度 $S_p\geqslant 1.2$ 即可。

【例 4-1】 如图 4-34 所示的无限大容量供电系统中，10kV 线路 WL_1 上的最大负荷电流为 300A，电流互感器 TA 的变比为 400/5。k−1、k−2 点三相短路时，归算至 10kV 侧的最小短路电流分别为 2680A 和 940A。变压器 T 上设置的定时限过电流保护装置 2 动作时限为 0.6s。拟在线路 WL_1 上设置定时限过电流保护装置 1，试进行整定计算。

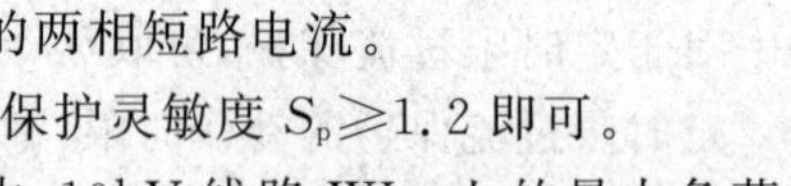

10.5kV　TA　WL_1　T　0.4kV　400/5　k−1　k−2

图 4-34　无限大容量供电系统示意图

解：保护装置采用两相不完全星形接线，则 $K_W=1$。

(1) 动作电流的整定。

取 $K_{rel}=1.2$，$K_{re}=0.85$，则过电流继电器的动作电流为

$$I_{op}=\frac{K_{rel}K_W}{K_{re}K_i}I_{L\cdot max}=\frac{1.2\times 1}{0.85\times 400/5}\times 300=5.29(A)$$

整定为 $I_{op}=6A$，则保护装置一次侧动作电流为

$$I_{op(1)}=\frac{K_i}{K_W}I_{op}=\frac{400/5}{1}\times 6=480(A)$$

(2) 灵敏度校验。

① 作为线路 WL_1 主保护的近后备保护时，灵敏度为

$$S_p=\frac{K_W I_{k2\cdot min}^{(2)}}{K_i I_{op}}=\frac{1}{400/5\times 6}\times 0.866\times 2680=4.83\geqslant 1.5$$

② 作为线路 WL_1 主保护的远后备保护时，灵敏度为

$$S_p=\frac{K_W I_{k1\cdot min}^{(2)}}{K_i I_{op}}=\frac{1}{400/5\times 6}\times 0.866\times 940=1.7\geqslant 1.5$$

均满足要求。

(3) 动作时间的整定。

由时限阶梯原则，动作时限应比下一级大一个时限级差，则

$$t_1=t_T+\Delta t=0.6+0.5=1.1(s)$$

由上述分析可知，定时限过电流保护的动作电流是按躲过最大负荷电流整定的，保护范围将延伸到下一级线路，其选择性是靠动作时间实现的。如此，则越靠近电源的保护，动作时限越长，不满足保护的速动性。这是定时限过电流保护的一个缺点。

【例 4-2】 如图 4-35 所示高压线路中，已知 TA_1 的变比为 200/5，TA_2 的变比为 160/5，WL_1 和 WL_2 上的过电流保护装置均采用两相两继电器式接线，继电器均为 GL-15/10 型。KA_1 已经整定，其动作电流为 10A，10 倍动作电流动作时间为 $t_1=1.5s$；WL_2 的最大负荷电流为 80A，其首端三相短路电流为 1200A，末端三相短路电流为 500A。试整定 KA_2 的动作电流和动作时间。

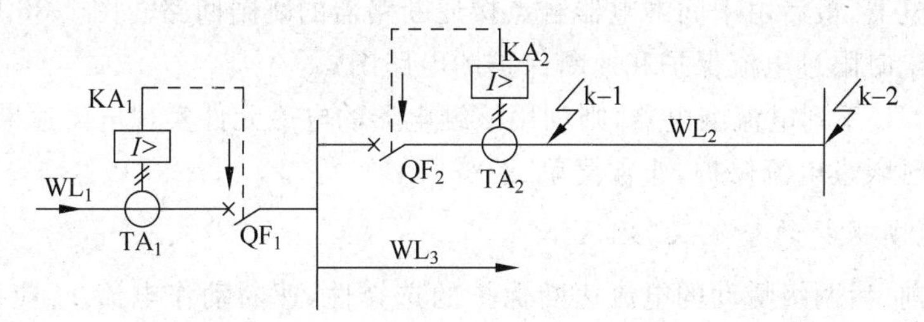

图 4-35　例 4-4-2 的电力线路

解：(1) 整定 KA_2 的动作电流。

取 $K_{rel}=1.3$，又因 $K_W=1$，$K_{re}=0.8$，可得

$$I_{op(2)}=\frac{K_{rel}K_W}{K_{re}K_i}I_{L\cdot max}=\frac{1.3\times 1}{0.8\times 160/5}\times 80=4.06(A)$$

整定为 4A。

(2) 整定 KA_2 的动作时限。

① 首先确定 KA_1 的动作时间。WL_2 首端短路电流反映到 KA_1 的电流为

$$I'_{k(1)}=\frac{K_{W(1)}}{K_{i(1)}}I_k=\frac{1}{200/5}\times 1200=30(A)$$

$I'_{k(1)}$ 对 KA_1 动作电流倍数为

$$n_1=\frac{I'_{k(1)}}{I_{op(1)}}=\frac{30}{10}=3$$

利用 $n_1=3$ 和 KA_1 已整定的时间 1.5s,查附表 18,可得 KA_1 的实际动作时间为 $t'_1=2.5$s。

② 根据保护的选择性,KA_2 实际动作时间为

$$t'_2=t'_1-\Delta t=2.5-0.7=1.8(s)$$

③ 求 KA_2 的 10 倍动作电流的动作时间。

WL_2 首端短路电流反映到 KA_2 的电流为

$$I'_{k(2)}=\frac{K_{W(2)}}{K_{i(2)}}I_k=\frac{1}{160/5}\times 1200=37.5(A)$$

$I'_{k(2)}$ 对 KA 动作电流倍数为

$$n_2=\frac{I'_{k(2)}}{I_{op(2)}}=\frac{37.5}{4}=9.38$$

利用 $n_2=9.38$ 和 $t_2=1.8$s,查附表 18,得 KA_2 的 10 倍动作电流的动作时间为 $t_2\approx 2$s。

(二) 电流速断保护

对于带时限的过电流保护,为了保证动作的选择性,其整定时限必须逐级增加,因而越靠近电源处,短路电流越大,保护动作时限越长,短路危害越严重。这是过流保护的不足。因此,GB 50062—2008 规定,当过流保护动作时间超过 0.5～0.7s 时,应设瞬动的电流速断保护装置。

1. 电流速断保护的原理接线图

电流速断保护是一种瞬时动作的过电流保护。对于采用 DL 系列电流继电器的速断保护来说,相当于定时限过流保护中抽去时间继电器,即在启动用的电流继电器之后,直接接信号和中间继电器,最后由中间继电器触点接通断路器的跳闸回路。图 4-36 所示是高压线路上同时装有定时限过电流保护和速断保护的电路图。

如果采用 GL 系列电流继电器,则利用该继电器的电磁元件实现电流速断保护,其感应元件用来做反时限过电流保护,非常简单、经济。

2. 电流速断保护的整定及“死区”

为了保证前、后两级瞬动的电流速断保护的选择性,速断动作电流 I_{qb} 应躲过被保护线路末端最大可能的短路电流 $I_{k\cdot max}$,避免后一级速断保护所保护线路的首端发生三相短路时的误跳闸。如图 4-37 所示电路中,WL_1 末端 k－1 点的三相短路电流与 WL_2 线路首端 k－2 点的三相短路电流近似相等。因此,电流速断保护动作电流 I_{qb} 的整定公式为

$$I_{qb}=\frac{K_{rel}K_W}{K_i}I_{k\cdot max} \tag{4-15}$$

式中:K_{rel} 为可靠系数,对 DL 型继电器取 1.2～1.3,对 GL 型继电器取 1.4～1.5,对脱扣器取 1.8～2。

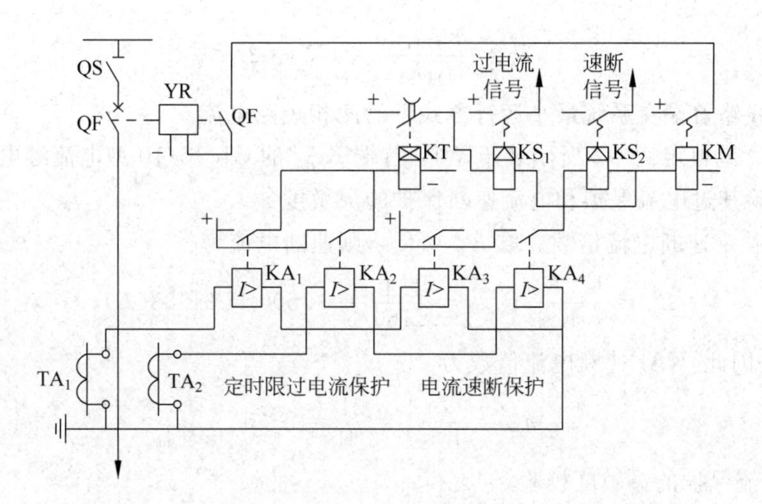

图 4-36　线路的定时限过电流保护和电流速断保护电路图

由于电流速断保护的动作电流躲过了被保护线路末端的最大短路电流，但当靠近末端的线路上发生的不是最大运行方式下的三相短路（比如两相短路电流）时，电流速断保护不可能动作，即电流速断保护不能保护线路的全长。这种保护装置不能保护的区域称为死区，如图 4-37 所示。

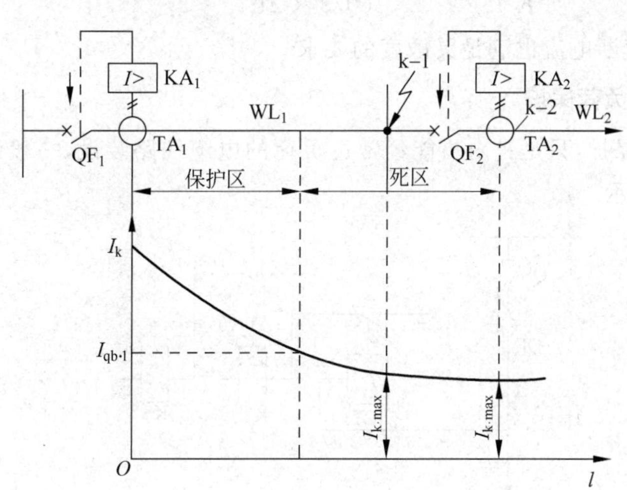

图 4-37　线路电流速断保护的保护区和“死区”

$I_{k\cdot max}$—前一级保护应躲过的最大短路电流；$I_{qb\cdot 1}$—前一级保护整定的一次速断电流

为了弥补速断保护存在死区的缺陷，电流速断保护一般不单独使用，而是与带时限的过电流保护配合使用，且过电流保护的动作时间比电流速断保护至少长一个时间级差；同时，前、后级过电流保护的动作时间符合时限的阶梯原则，以保证选择性。

在速断保护区内，速断保护是主保护，过电流保护是后备保护；而在速断保护的死区内，过电流保护作为基本保护。

3. 电流速断保护的灵敏度

电流速断保护的灵敏度按其保护装置安装处的最小短路电流来校验，即

$$S_p = \frac{K_W I_k^{(2)}}{K_i I_{qb}} \geqslant 1.5 \sim 2 \tag{4-16}$$

式中：$I_k^{(2)}$ 为线路首端在系统最小运行方式下的两相短路电流。

【例 4-3】 试整定例 4-2 所示装于 WL_2 首端 KA_2 的 GL-15/10 型电流继电器的速断电流倍数，并校验其过电流保护和电流速断保护的灵敏度。

解：(1) 整定速断电流倍数。取 $K_{rel}=1.4$，则速断电流为

$$I_{qb} = \frac{K_{rel} K_W}{K_i} I_{k\cdot max} = \frac{1.4 \times 1}{160/5} \times 500 = 21.88(\mathrm{A})$$

整定为 21A。因此，KA_2 速断电流倍数为

$$n_{qb} = \frac{I_{qb}}{I_{op(2)}} = \frac{21}{4} = 5.25$$

(2) 过电流保护的灵敏度校验。

$$S_p = \frac{K_W I_{k\cdot min}^{(2)}}{K_i I_{op(2)}} = \frac{1 \times 0.866 \times 500}{160/5 \times 4} = 3.38 > 1.5$$

因此，KA_2 整定的动作电流满足灵敏度的要求。

(3) 电流速断保护灵敏度的校验。

$$S_p = \frac{K_W I_k^{(2)}}{K_i I_{qb}} = \frac{1 \times 0.866 \times 1200}{160/5 \times 21} = 1.55 > 1.5$$

因此，KA_2 整定的速断电流也满足灵敏度的要求。

(三) 线路的过负荷保护

线路的过负荷保护，只是针对可能经常过负荷的电缆线路装设，一般延时动作于信号，其接线如图 4-38 所示。

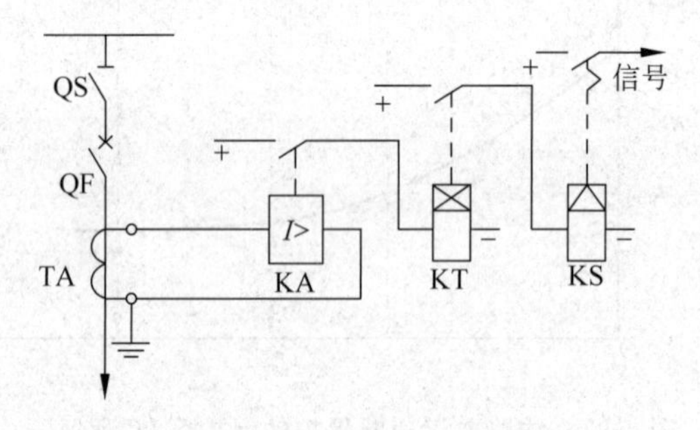

图 4-38 线路过负荷保护电路

过负荷保护的动作电流 $I_{op(OL)}$ 按躲过线路的计算电流来整定 I_{30}，整定公式为

$$I_{op(OL)} = \frac{1.2 \sim 1.3}{K_i} I_{30} \tag{4-17}$$

动作时间一般取 10～15s。

四、电力变压器的继电保护

(一) 电力变压器的常见故障和保护配置

(1) 变压器的短路故障按发生在变压器油箱内外，分内部故障和外部故障。内部故障

有匝间短路、相间短路和单相碰壳故障；外部故障有套管及其引出线的相间短路、单相接地故障。

(2) 变压器的不正常运行状态有过负荷、油面降低和变压器温度升高等。

对高压侧为6～10kV的车间变电所主变压器来说，通常装设有过电流保护和电流速断保护，用于保护相间短路。如果过电流保护的动作时间不大于0.5s，也可不装设电流速断保护。容量在800kV·A及以上和车间内容量在400kV·A及以上的油浸式变压器，还需装设瓦斯保护，用于保护变压器内部故障和油面降低。容量在400kV·A及以上的变压器，当数台并列运行，或者单台运行并作为其他负荷的备用电源时，应根据可能过负荷的情况装设过负荷保护。过负荷保护和轻瓦斯保护动作时只作用于信号，其他保护一般作用于跳闸。

对于高压侧为35kV及以上的工厂总降压变电所主变压器来说，一般应装设过电流保护、电流速断保护和瓦斯保护。在有可能过负荷时，也装设过负荷保护。但是，如果单台运行的变压器容量在10000kV·A及以上，或两台并列运行的变压器容量(单台)在6300kV·A及以上时，应装设纵联差动保护来取代电流速断保护。

(二) 变压器的过电流保护、电流速断保护、过负荷保护

1. 变压器的过电流保护

变压器过电流保护的组成和原理与电力线路的过电流保护完全相同。

变压器过电流保护的动作电流整定计算公式，也与电力线路过电流保护基本相同，只是式(4-7)中的$I_{L.max}$应取为$(1.5\sim3)I_{1N.T}$。这里的$I_{1N.T}$为变压器的额定一次电流。

变压器过电流保护的动作时间，也按阶梯原则整定。但对车间变电所来说，由于它属于电力系统的终端变电所，因此其动作时间可整定为最小值0.5s。

变压器过电流保护的灵敏度，按变压器低压侧母线在系统最小运行方式时发生两相短路(换算到高压侧的电流值)来校验，其灵敏度的要求也与线路过电流保护相同，即$S_p\geqslant1.5$，个别情况可以$S_p\geqslant1.2$。

2. 变压器的电流速断保护

变压器电流速断保护的组成、原理，与电力线路的电流速断保护完全相同。

变压器电流速断保护的动作电流(速断电流)的整定计算公式，与电力线路的电流速断保护基本相同，只是式(4-15)中的$I_{k.max}$应取变压器二次侧母线三相短路电流周期分量有效值换算到一次侧的短路电流值，即变压器电流速断保护的动作电流按躲过二次侧母线三相短路电流来整定。

变压器速断保护的灵敏度，按保护安装处在系统最小运行方式时发生两相短路的短路电流以$I_k^{(2)}$来校验，要求$S_p\geqslant1.5\sim2$。

变压器的电流速断保护，与电力线路的电流速断保护一样，也有死区。弥补死区的措施，也是配备带时限的过电流保护。

考虑到变压器在空载投入或突然恢复电压时将出现一个冲击性的励磁涌流，为避免速断保护误动作，可在速断保护整定后，将变压器空载试投若干次，检验速断保护是否误动作。

3. 变压器的过负荷保护

变压器过负荷保护的组成、原理，与电力线路的过负荷完全相同。

变压器过负荷保护的动作电流 $I_{op(OL)}$ 的整定计算公式与电力线路过负荷保护基本相同，只是将式(4-17)中的 I_{30} 改为 $I_{1N \cdot T}$。

动作时间一般也取 10～15s。

【例 4-4】 某厂降压变电所装有一台 10/0.4kV、1250kV·A 的电力变压器。已知变压器低压母线三相短路电流 $I_k^{(3)}=15kA$，高压侧继电保护用电流互感器电流比为 100/5，继电器采用 GL-25 型，接成两相两继电器式。试整定该继电器的反时限过电流保护的动作电流、动作时间及电流速断保护的速断电流倍数。

解：(1) 过电流保护的动作电流整定。

取 $K_{rel}=1.3$，而 $K_W=1$，$K_{re}=0.8$，$K_i=100/5=20$，

$$I_{L \cdot max}=2I_{1N \cdot T}=\frac{2\times 1250}{\sqrt{3}\times 10}=144.3(A)$$

则

$$I_{op}=\frac{1.3\times 1}{0.8\times 20}\times 144.3=11.72(A)$$

动作电流 I_{op} 整定为 12A。

(2) 过电流保护动作时间的整定。

考虑此为终端变电所的过电流保护，故其 10 倍动作电流的动作时间整定为最小值 0.5s。

(3) 电流速断保护速断电流的整定。

取 $K_{rel}=1.5$，而 $I_{k \cdot max}=15\times\frac{0.4}{10}=600(A)$，有

$$I_{qb}=\frac{1.5\times 1}{20}\times 600=45(A)$$

因此，速断电流倍数整定为

$$n_{qb}=\frac{45}{12}\approx 3.75$$

(三) 变压器低压侧的单相短路保护

1. 低压侧装设三相均带过流脱扣器的低压断路器保护

这种低压断路器既可作为低压侧的主开关，操作方便，便于自动投入，提高供电可靠性，又可用来保护低压侧的相间短路和单相短路。这种措施在工厂和车间变电所中应用广泛。例如，DW16 型低压断路器具有所谓的第四段保护，专门用作单相接地保护。

2. 低压侧三相装设熔断器保护

这种措施既可以保护变压器低压侧的相间短路，也可以保护单相短路，但由于熔断器熔断后更换熔体需耽误一定的时间，所以它主要适用于供不太重要负荷的小容量变压器。

3. 在变压器低压侧中性点引出线上装设零序电流保护

如图 4-39 所示，这种零序电流保护的动作电流，按躲过变压器低压侧最大不平衡电流来整定，其整定计算公式为

$$I_{op(0)} = \frac{K_{rel} K_{dsq}}{K_i} I_{2N \cdot T} \tag{4-18}$$

式中：$I_{2N \cdot T}$为变压器的额定二次电流；K_{dsq}为不平衡系数，一般取 0.25；K_{rel}为可靠系数，一般取 1.2～1.3；K_i为零序电流互感器的电流比。

零序电流保护的动作时间一般取 0.5～0.7s。

零序电流保护的灵敏度，按低压干线末端发生单相短路校验。对于架空线，$S_p \geqslant 1.5$；对于电缆线，$S_p \geqslant 1.2$。这一措施保护灵敏度较高，但欠经济，一般工厂较少采用。

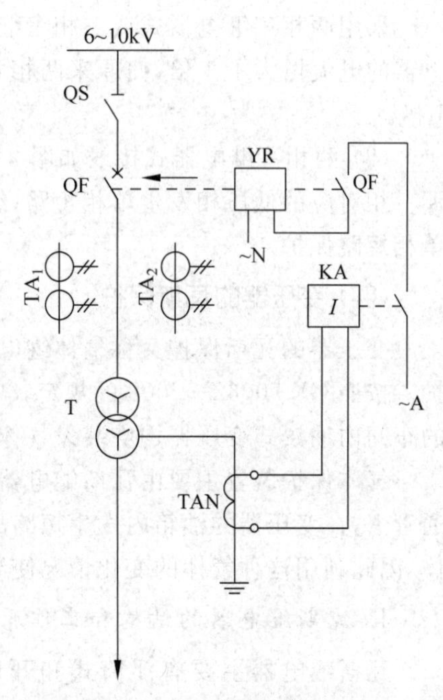

图 4-39　变压器的零序电流保护

QF—高压断路器；TAN—零序电流互感器；KA—电流继电器；YR—断路器跳闸线圈

4. 采用两相三继电器式接线或三相三继电器式接线的过电流保护

图 4-40 所示的两种接线既能实现相间短路保护，又能实现低压侧的单相短路保护，且保护灵敏度较高。

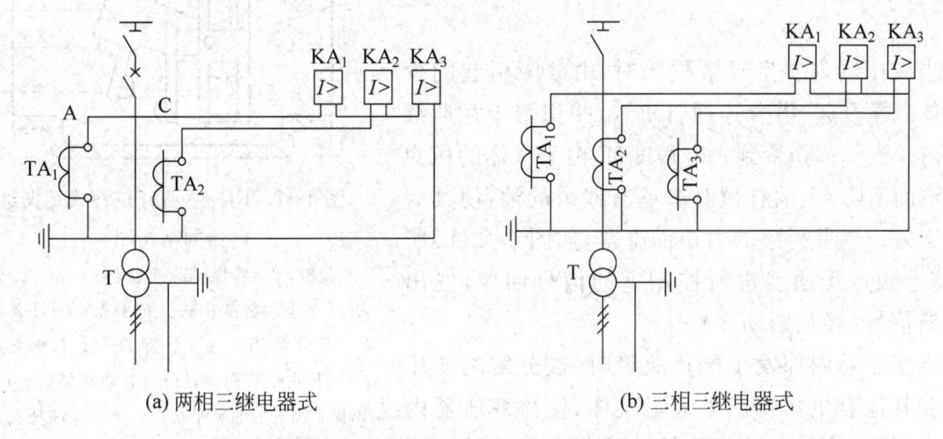

(a) 两相三继电器式　　(b) 三相三继电器式

图 4-40　适于兼作变压器低压侧单相短路保护的两种过电流保护方式

通常情况下，作为变压器过电流保护的接线方式有两相两继电器式和两相一继电器式两种，但均不宜作为低压侧的单相短路保护，原因如下所述。

(1) 两相两继电器式接线如图 2-36(b)所示，如果是装设有电流互感器的那一相(A 相或 C 相)对应的低压相发生单相短路，继电器中的电流反映的是整个单相短路电流。这当然符合要求。但如果是未装有电流互感器的那一相(B 相)对应的低压相(b 相)发生单相短路，继电器的电流仅仅反映单相短路电流的 1/3，达不到保护灵敏度的要求。因此，这种接线不适于做低压侧单相短路保护。

采用两相三继电器式或三相三继电器式接线，公共线上所接继电器的电流比其他两继电器的电流增大了1倍，使原来两相两继电器接线对低压单相短路保护的灵敏度也提高了1倍。

(2) 两相一继电器式接线如图2-36(a)所示。采用这种接线时，如果未装电流互感器的那一相对应的低压相发生单相短路，继电器中无电流通过，因此这种接线也不能做低压侧的单相短路保护。

(四) 变压器的瓦斯保护

变压器的瓦斯保护又称气体继电保护，是保护油浸式变压器内部故障的一种基本的保护。按照GB 50062—2008的规定，800kV·A及以上的油浸式变压器和400kV·A及以上的车间内油浸式变压器均应装设气体保护。

气体保护装置主要由瓦斯继电器构成。瓦斯继电器装设在变压器油箱和油枕之间的联通管上，在变压器的油箱内发生短路故障时，由于绝缘油和其他绝缘材料受热分解而产生气体，因此利用这种气体的变化情况使继电器动作，来做变压器内部故障的保护。

1. 瓦斯继电器的结构和工作原理

瓦斯继电器主要有浮筒式和开口杯式两种结构。一般采用开口杯式。图4-41所示为FJ_3-80型开口杯式瓦斯继电器的结构示意图。

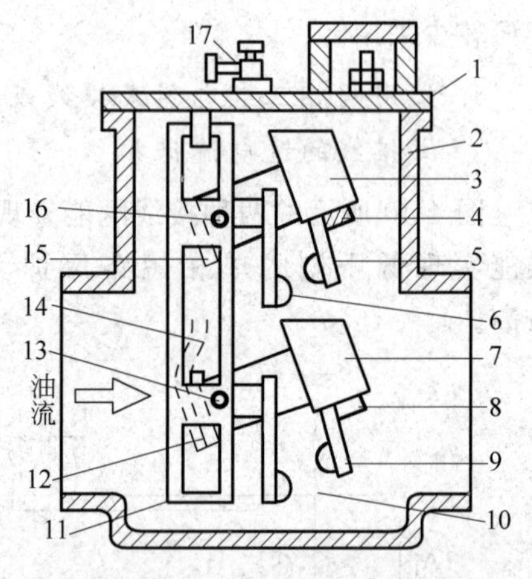

图4-41 FJ_3-80型开口杯式瓦斯继电器的结构图

1—盖板；2—容器；3—上油杯；4、8—永久磁铁；5—上动触点；6—上静触点；7—下油杯；9—下动触点；10—下静触点；11—支架；12—下油杯平衡锤；13—上油杯转轴；14—挡板；15—上油杯平衡锤；16—上油杯转轴；17—放气阀

当变压器正常工作时，瓦斯继电器内的上、下油杯都是充满油的，油杯因其平衡锤的作用而升高，如图4-42(a)所示，其上、下两对触点都是断开的。

当变压器内发生轻微故障时，由故障引起的少量气体慢慢升起，沿着连通管进入，并积聚于瓦斯继电器内。当气体积聚到一定程度时，由于气体的压力而使油面下降，上油杯因其中盛有残余的油，使其力矩大于另一端平衡锤的力矩而降落，如图4-42(b)所示，使上触点接通变电所控制室的信号回路，发出轻瓦斯信号(轻瓦斯动作)。

当变压器内部发生严重故障时，被分解的变压器油和其他有机物将产生大量气体，使得变压器内部压力剧增，迫使大量气体带动油流迅猛地从连通管通过瓦斯继电器进入油枕。在油流的冲击下，继电器下部的挡板被掀起，使下油杯降落，如图4-42(c)所示，使下触点接通跳闸回路。同时，通过信号继电器发出灯光和音响信号(重瓦斯动作)。

如果变压器的油箱漏油，使得瓦斯继电器内的油慢慢流尽，如图4-42(d)所示。先是上油杯降落，发出报警信号；最后下油杯降落，使断路器跳闸，切除变压器。

2. 变压器瓦斯保护的接线

图4-43所示是变压器瓦斯保护的接线原理电路图。当变压器内部发生轻微故障时，瓦

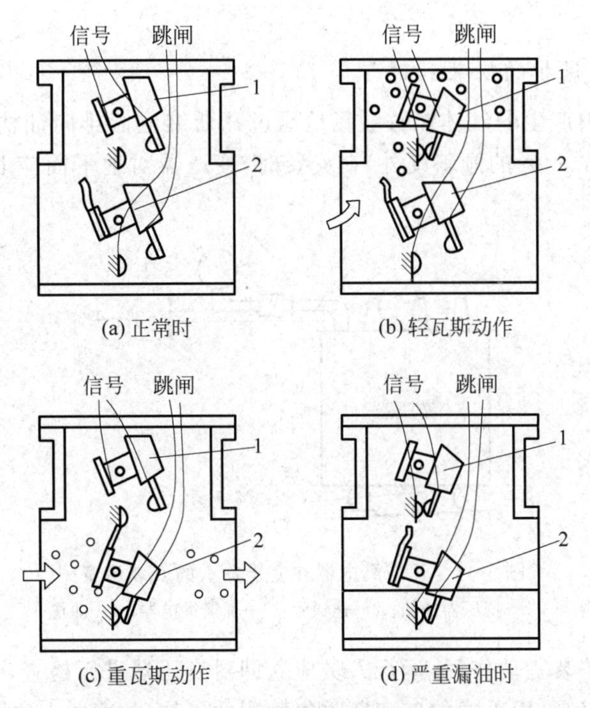

图 4-42　瓦斯继电器动作说明图

1—上开口油杯；2—下开口油杯

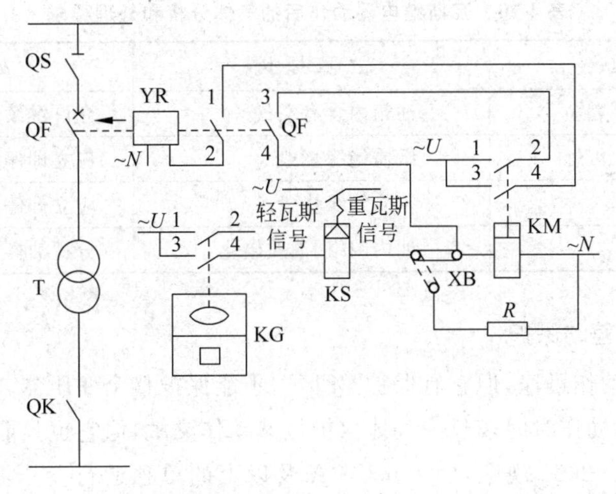

图 4-43　变压器瓦斯保护的接线原理电路图

T—电力变压器；KG—瓦斯继电器；KS—信号继电器；KM—中间继电器；YR—跳闸线圈；XB—切换片

斯继电器 KG 的上触点 1～2 闭合，作用于报警信号。当变压器内部发生严重故障时，KG 的下触点 3～4 闭合，经中间继电器 KM 作用于断路器 QF 的跳闸线圈 YR，使断路器跳闸，同时 KS 发出跳闸信号。KG 的下触点 3～4 闭合时，也可以用连接片 XB 切换位置，串接限流电阻 R，只给出报警信号。

由于瓦斯继电器 KG 的下触点 3～4 在发生严重故障时可能有抖动(接触不稳定)现象，因此，为使断路器可靠跳闸，利用中间继电器 KM 的触点 1～2 作为自保持触点，保证断路器可靠跳闸。

3. 变压器瓦斯保护的安装和运行

为了保证油箱内产生的气体能够顺畅地通过瓦斯继电器排向油枕，除了连通管对变压器油箱顶盖已有2%～4%的倾斜度外，在安装时，变压器对地平面应取1%～1.5%的倾斜度，如图4-44所示。

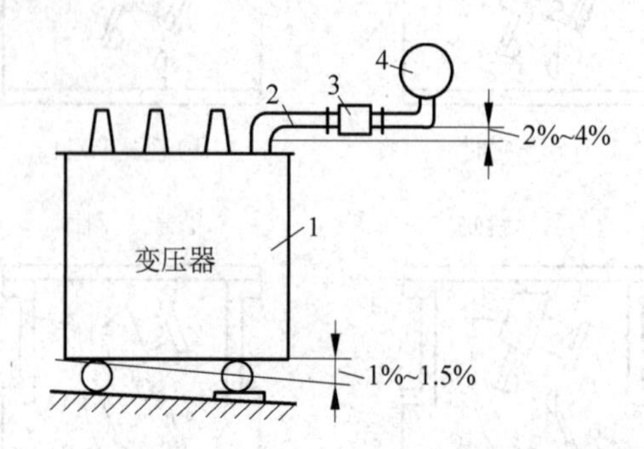

图4-44 瓦斯继电器在变压器上的安装示意图

1—变压器油箱；2—连通管；3—瓦斯继电器；4—油枕

变压器瓦斯保护装置动作后，运行人员应立即对变压器进行检查，查明原因。可在气体继电器顶部打开放气阀，用干净的玻璃瓶收集蓄积的气体(注意：人体不得靠近带电部分)，通过分析气体的性质来分析和判断故障的原因及处理要求，如表4-20所示。

表4-20 瓦斯继电器动作后的气体分析和处理要求

气体的性质	故障原因	处理要求
无色、无臭、不可燃	油箱内含有空气	允许继续运行
灰白色、有剧臭、可燃	纸质绝缘烧毁	应立即停电检修
黄色、难燃	木质绝缘烧毁	应立即停电检修
深灰黑色、易燃	油内闪络、油质碳化	分析油样，必要时停电检修

(五) 变压器的差动保护

电流速断虽然动作迅速，但它有保护“死区”，不能保护整个变压器。过电流保护虽然能保护整个变压器，但动作时间较长。气体保护虽然动作灵敏，但它也只能保护变压器油箱内部故障。GB 50062—2008规定，10000kV·A及以上的单独运行变压器和6300kV·A及以上的并列运行变压器应设差动保护；6300kV·A及以下单独运行的重要变压器，也可设差动保护；当电流速断保护灵敏度不符合要求时，宜装设差动保护。

变压器的差动保护分为纵联差动保护和横联差动保护两种形式。本节主要介绍变压器的纵联差动保护。

变压器纵联差动保护的单相原理电路图如图4-45所示。在变压器两侧安装电流互感器，其二次绕组串联成环路，继电器KA(或差动继电器KD)并联在环路上，流入继电器的电流等于变压器两侧电流互感器二次绕组电流之差，即$I_{dsp}=I_1'-I_2'$，I_{dsp}为变压器一、二次侧的不平衡电流。

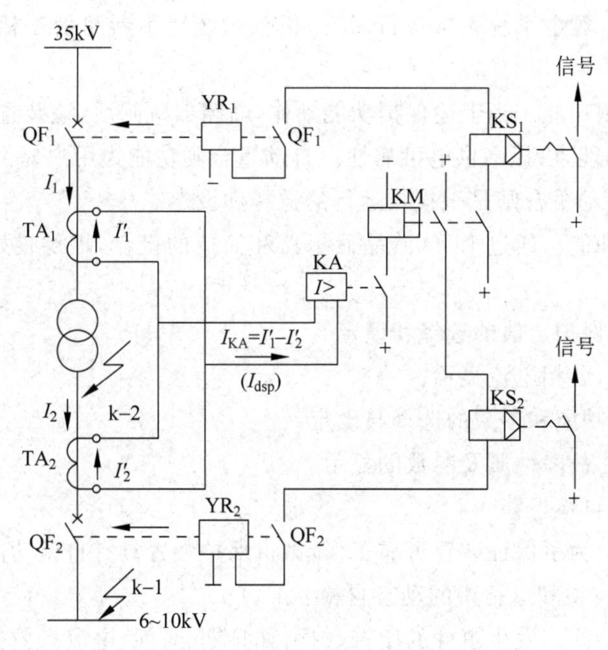

图 4-45　变压器纵联差动保护的单相原理电路图

当变压器正常运行或差动保护的保护区外 k－1 点短路时，流入 KA 的不平衡电流小于继电器的动作电流，保护不动作。在保护区内 k－2 点发生短路时，对于单端供电的变压器，$I_2'\approx0$，因此 $I_{KA}=I_1'$，超过继电器 KA(或 KD)所整定的动作电流，使 KA(或 KD)瞬时动作，通过出口中间继电器 KM 接通断路器跳闸线圈，使 QF 跳闸，切除短路故障；同时，信号继电器 KS 发出信号。

变压器差动保护的保护范围是变压器两侧电流互感器安装地点之间的区域。它可以保护变压器内部及两侧绝缘套管和引出线上的相间短路，保护反应灵敏，动作无时限。

五、工厂供电系统的微机保护

1. 微机保护概述

我国工厂供电系统的继电保护装置，主要由机电型继电器构成。机电型继电保护属于模拟式保护，多年来积累了丰富的运行和维护经验，基本上能满足系统的要求。随着电力系统的发展，对继电保护的要求越来越高，现有的模拟式继电保护将难以满足要求。随着计算机硬件水平不断提高，微机控制的继电保护应运而生。20 世纪 90 年代以来，微机保护广泛应用。

2. 微机继电保护的功能

配电系统微机保护装置除了保护功能外，还有测量、自动重合闸、事件记录、自检和通信等功能。

(1) 保护功能。微机保护装置的保护有定时限过电流保护、反时限过电流保护、带时限电流速断保护、瞬时电流速断保护。反时限过电流保护还有标准反时限、强反时限和极强反时限保护等几类。以上各种保护方式供用户自由选择，并进行数字设定。

(2) 测量功能。配电系统正常运行时,微机保护装置不断测量三相电流,并在 LCD 液晶显示器上显示。

(3) 自动重合闸功能。当上述保护功能动作,断路器跳闸后,该装置能自动发出合闸信号,即自动重合闸功能,以提高供电可靠性。自动重合闸功能为用户提供自动重合闸的重合次数、延时时间及自动重合闸是否投入运行的选择和设定。

(4) 人机对话功能。通过 LCD 液晶显示器和简捷的键盘,提供良好的人机对话界面,包括以下内容。

① 保护功能和保护定值的选择和设定。

② 正常运行时,各相电流显示。

③ 自动重合闸功能和参数的选择与设定。

④ 发生故障时,故障性质及参数的显示。

⑤ 自检通过或自检报警。

(5) 自检功能。为了保证装置可靠工作,微机保护装置具有自检功能,对装置的有关硬件和软件进行开机自检和运行中的动态自检。

(6) 事件记录功能。发生事件的所有数据,如日期、时间、电流有效值、保护动作类型等都保存在存储器中。事件包括事故跳闸事件、自动重合闸事件、保护定值设定事件等;可保存多达 30 个事件,并不断更新。

(7) 报警功能。报警功能包括自检报警、故障报警等。

(8) 断路器控制功能。各种保护动作和自动重合闸的开关量输出,控制断路器的跳闸和合闸。

(9) 通信功能。微机保护装置能与中央控制室的监控微机进行通信,接收命令和发送有关数据。

(10) 实时时钟功能。实时时钟功能自动生成年、月、日和时、分、秒,最小分辨率为毫秒,有对时功能。

3. 微机继电保护的构成

微机继电保护装置主要由硬件系统和软件系统两部分构成。

1) 硬件系统

典型微机继电保护装置的硬件系统框图如图 4-46 所示,包括输入信号、数据采集系统、微型计算机、键盘、打印机、输出信号等。

(1) 输入信号:由继电保护算法的要求决定。通常,输入信号有电压互感器二次电压、电流互感器二次电流、数据采集系统自检用标准直流电压及有关开关量等。

(2) 数据采集系统:包括辅助变换器、低通滤波器、采样保持器、多路开关、模/数转换器等。

(3) 微型计算机:是整个继电保护装置的主机部分,主要包括 CPU、RAM、EPROM、时钟、控制器及各种接口等。

(4) 输出信号:主要有微机接口输出的跳闸信号和报警信号。这些信号必须经驱动电路才能使有关设备执行。为了防止执行电路对微机干扰,采用光电耦合器进行隔离。输出信号经光电耦合器,放大后,驱动小型继电器。该继电器接点作为微机保护的输出。

2）软件系统

微机继电保护装置的软件系统一般包括调试监控程序、运行监控程序和中断继电保护功能程序三部分。其原理框图如图 4-47 所示。

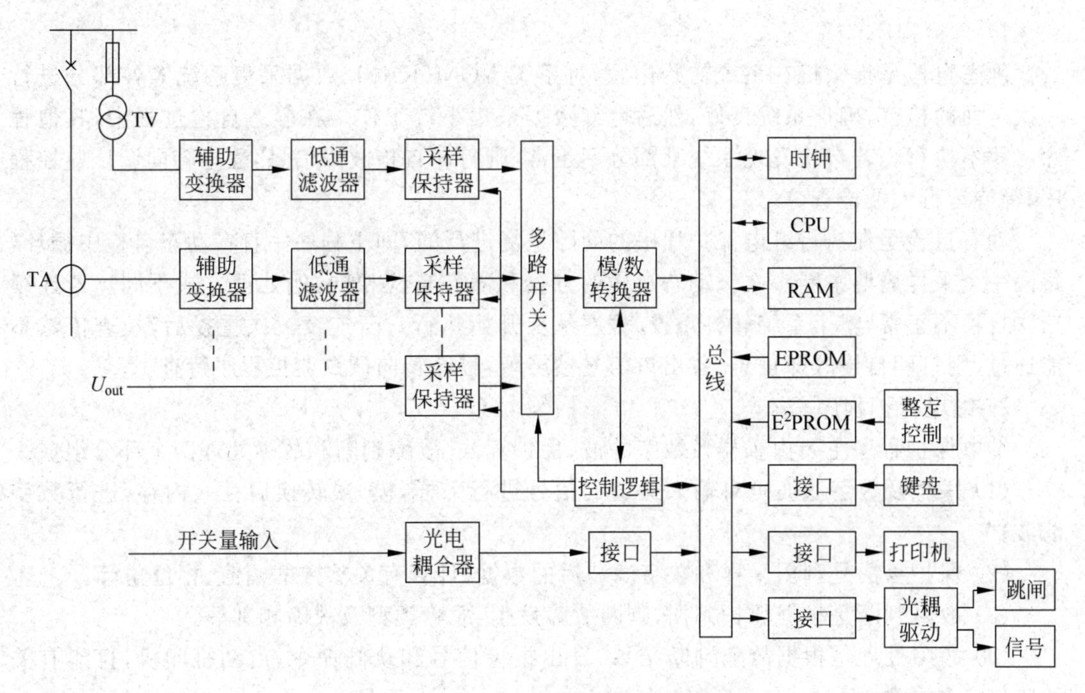

图 4-46　微机继电保护装置硬件系统框图

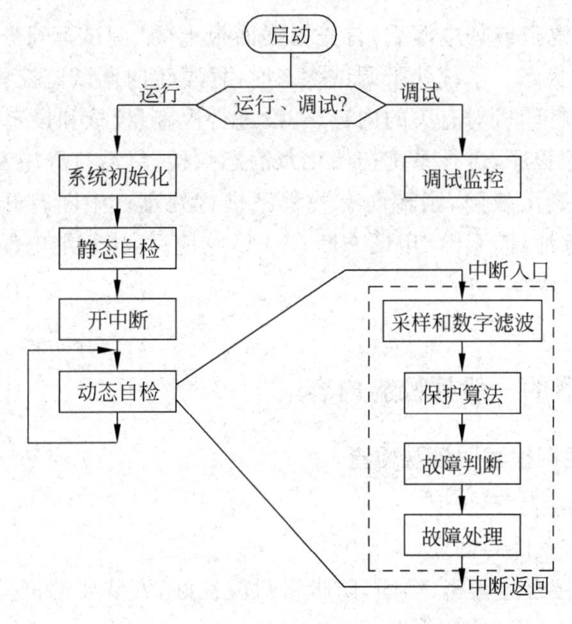

图 4-47　微机继电保护装置软件原理框图

调试监控程序对微机保护系统进行检查、校核和设定；运行监控程序对系统初始化，对EPROM、RAM、数据采集系统进行静态自检和动态自检；中断保护程序完成整个继电保护功能。微机以中断方式在每个采样周期执行继电保护程序一次。

4. 微机保护的有关程序

1）自检程序

静态自检是指微机在系统初始化后，对系统ROM、RAM、数据采集系统等各部分进行一次全面的检查，确保系统良好，然后允许数据采集系统工作。在静态自检过程中，其他程序一律不执行。若自检发现系统某部分不正常，则打印自检故障信息，程序转向调试监控程序，等待运行人员检查。

动态自检是在执行继电保护程序的间隙重复进行的，即主程序一直在动态自检中循环，每隔一个采样周期中断一次。动态自检的方式和静态自检相同，但处理方式不同。若连续三次自检不正常，整个系统软件重投，程序从头开始执行。若连续三次重投后，检查依然不能通过，则打印自检故障信息，各出口信号被屏蔽，程序转向调试监控程序待查。

2）继电保护程序

继电保护程序主要由采样及数字滤波、保护算法、故障判断和故障处理四个部分组成。

(1) 采样及数字滤波是对输入通道的信号进行采样，模/数转换后存入内存，进行数字滤波。

(2) 保护算法是利用采样和数字滤波后的数据，计算有关参数的幅值、相位角等。

(3) 故障判断是根据保护判据，判断故障发生、故障类型及故障相别等。

(4) 故障处理是根据故障判断结果，发出报警信号和跳闸命令，启动打印机，打印有关故障信息和参数。

5. 微机保护系统的运行

当微机保护系统复位或加电源后，首先根据面板上的“调试运行”开关位置判断目前系统处于运行还是调试状态。系统处于调试状态时，程序转向调试监控程序。此时，运行人员可通过键盘、显示器、打印机对有关的内存、外设进行检查、校核和设定。系统处于运行状态时，程序执行运行监控程序，进行系统初始化及静态自检，然后打开中断，不断重复进行动态自检。若两种自检检查出故障，则转向有关程序进行处理。中断打开后，每当采样周期一到，定时器发出采样脉冲，向CPU申请中断；CPU响应后，执行继电保护程序。

任务实施

一、各类继电器的一般性校验内容

（一）新安装和定期检验时外观检查

(1) 电器外壳应清洁，无灰尘。

(2) 玻璃应完整，嵌接要良好。

(3) 外壳与底座接合应紧密、牢固，防尘密封应良好，安装要端正。

（二）新安装和定期检验时内部和机械部分检查

(1) 继电器内部应清洁，无灰尘和油污。

(2) 对于圆盘式和四极圆筒式感应型继电器,当发现其转动部分转动不灵活或其他异常现象时,应检查圆盘与电磁铁、永久磁铁间,圆筒与磁极、圆柱形铁心间是否清洁并无铁屑等异物。同时,应检查圆盘是否平整,上、下轴承的间隙是否合适。

(3) 继电器的可动部分应动作灵活,转轴的横向和纵向活动范围应适当。

(4) 各部件的安装应完好,螺钉应拧紧,焊接头应牢固、可靠;发现有虚焊或脱焊时,应重新焊牢。

(5) 整定把手应能可靠地固定在整定位置,整定螺钉插头与整定孔的接触应良好。

(6) 弹簧应无变形。当弹簧由起始位置转至最大刻度位置时,层间距离要均匀,整个弹簧平面与转轴要垂直。

(7) 触点的固定要牢固并无折伤和烧损。常开触点闭合后,要有足够压力,即接触后有明显的共同行程。常闭触点的接触要紧密、可靠,且有足够的压力。动、静触点接触时,应中心相对。

(8) 擦拭和修理触点时,禁止使用砂纸、锉等粗糙器件。对于烧焦处,可用细油石修理,并用鹿皮或绸布抹净。

(9) 继电器的轴和轴承除有特殊要求外,禁止注任何润滑油。

(10) 对具有多对触点的继电器,要根据具体情况,检查各对触点的接触时间是否符合要求。

(11) 各种时间继电器的钟表机构及可动系统在前进和后退过程中,动作应灵活,其触点闭合要可靠。

(12) 继电器底座端子板上的接线螺钉的压接应紧固、可靠,应特别注意引向相邻端子的接线鼻子之间要有一定的距离,以免相碰。

(三) 绝缘检查

(1) 新安装和定期检验时,对全部保护接线回路用1000V摇表测定绝缘电阻,其值应不小于1MΩ。

(2) 单个继电器在新安装时或经解体检修后,应用1000V摇表(额定电压为100V及以上者)或500V摇表(额定电压100V以下者)测定绝缘电阻。

① 全部端子对底座和磁导体的绝缘电阻应不小于50MΩ。

② 各线圈对触点及各触点之间的绝缘电阻应不小于50MΩ。

③ 各线圈间的绝缘电阻应不小于10MΩ。

(3) 定期检验具有几个线圈的中间继电器、电码继电器时,应测各线圈间的绝缘电阻。

(4) 新安装继电器和继电器经过解体检修后,应进行50Hz交流电压历时1min的耐压试验,所加电压可根据各继电器技术数据中的要求而定。无耐压试验设备时,允许用2500V摇表测定绝缘电阻来代替交流耐压试验,所测绝缘电阻应不小于20MΩ。

(5) 测定绝缘电阻或耐压试验时,应根据继电器的具体接线情况,把不能承受高电压的元件,如半导体元件、电容器等从回路中断开,或将其短路。

(四) 继电器内部辅助电气元件检查

新安装和定期检验时,对于继电器内部的辅助电气元件,如电容器、电阻、半导体元件等,只有在发现电气特性不能满足要求而又需要对上述元件进行检查时,才核对其铭牌标称值或者通电实测。对于个别重要的辅助电气元件，有必要通电实测时，在有关部分明确规定。

1）触点工作可靠性检验

新安装和定期检验时，应仔细观察继电器触点的动作情况，除了发现有抖动、接触不良等现象要及时处理外，还应该结合保护装置整组试验，使继电器触点带上实际负荷，再仔细观察继电器的触点，应无抖动、粘住或出现火花等异常现象。

2）试验数据的记录

(1) 带有铁质外壳的继电器，应把铁壳罩上后，再记录正式的试验数据。

(2) 整定点动作值的测量应重复三次，每次测量值与整定值的误差都不应超出所规定的误差范围。

(3) 在做电流或电压冲击试验时，冲击电流值用保护安装处的最大故障电流，冲击电压用1.1倍的额定电压。若用负序电流或负序电压冲击试验时，只将正相序倒换成负相序即可。对冲击值有特殊要求时，根据各自的特殊规定。

(4) 试验电源频率的变化对某些继电器的电气特性影响较大，因此在记录这些继电器的试验数据时，应注明试验时的电源频率。

（五）重复检查

继电器检验调整完毕，应再次仔细检查拆动过的部件和端子等是否都已正确恢复。所有的临时衬垫等物件应清除，整定端子和整定把手的位置应与整定值相符，检验项目应齐全。

继电器盖上盖子后，应结合保护装置整组试验，检查继电器的动作情况，信号牌的动作和复归应正确、灵活。

注意试验电源和使用仪器仪表的一般要求，电源频率的变化对某些继电器的电气特性影响较大。若试验时，电源频率与50Hz有较大偏差，应考虑频率的影响。

试验电源波形的好坏对某些继电器的特性影响显著。为了获得较好的波形，在试验时可以采用相间电压作为电源，电流应用电阻器调节比较适宜。

为保证检验质量，应根据被测量的特性，选用型式比较合适的仪表(如反映有效值、平均值的仪表等)，所用仪表一般不低于0.5级，万用表不低于1.5级，真空管电压表应不低于2.5级。试验用的变阻器、调压器等应有足够的热稳定性，其容量应根据电源电压的高低、定值要求和试验接线误差而定，并保证能够均匀、平滑地调整。

（六）误差、离散值和变差的计算方法

(1) 误差(%)＝(实测值－整定值)/整定值×100%

(2) 离散值(%)＝(与平均值相差最大的数值－平均值)/平均值×100%

(3) 变差(%)＝(五次试验中的最大值－五次试验中的最小值)/五次试验的平均值×100%

二、电流继电器、电压继电器校验项目和要求

DL-10系列电流继电器用作发电机、变压器、线路及电动机等过负荷和短路的保护装置。DJ-100系列电压继电器用作发电机、变压器、线路及电动机等电压升高或降低的保护

装置，例如作为过电压保护或低压闭锁的动作元件等。

（一）检验项目和要求

1. 一般性检验

应特别注意机械部分和触点工作可靠性检验，方法如上所述。

2. 整定点的动作值和返回值检验

(1) 整定动作值与整定误差不应超过3%。

(2) 返回系数应满足下列要求：过电流继电器的返回系数不小于0.85，当大于0.9时，应注意触点压力；过电压继电器不小于0.85；低电压继电器不大于1.2；用于强行励磁的低电压继电器不大于1.06。

(3) 在运行中如需改变定值，应进行刻度检验，或检验所需改变的定值。

(4) 电流继电器用保护安装处最大故障电流做冲击试验后，应重复试验定值；电压继电器以1.1倍的额定电压进行冲击试验后，应重复试验定值。其值与整定值的误差均不应超过3%。定期试验时，(1)和(2)项均应做。

（二）检验方法

1. 机械部分检查

1) 检查轴的纵向活动范围

纵向活动范围应在0.15～0.2mm。

2) 检查舌片与电磁铁间隙

要求舌片上、下端部弯曲程度相同，舌片不应与磁极相碰。为此，继电器在动作位置时，舌片与磁极间隙不得小于0.5mm。

3) 弹簧的调整

弹簧的平面应严格与轴垂直。如不能满足要求，可拧松弹簧里圈套箍和转轴间的固定螺钉，然后移动套箍至适当位置，再将固定螺钉拧紧，或用镊子调整弹簧。

弹簧由起始拉角转至刻度盘最大位置时，层间间隙应均匀；否则，将弹簧外端的支杆适当地弯曲，或用镊子整理弹簧最外一圈的终端。

4) 检查并调整触点

(1) 触点上若有受熏及烧焦之处，应用细锉锉净，并用细油石打磨光。如触点发黑，可用鹿皮擦净。不得用砂布打磨触点。动触电桥与静触点接触时，所交角度应为55°～65°，且应在离静触点首端1/3处接触，然后滑至约末端1/3处终止。触点间的距离不得小于2mm。

(2) 为使常闭触点在正常情况下能可靠地闭合，当继电器线圈无电流时，必须使可动系统的自身重力能压下静触点并略往下移。用手轻轻转动舌片时，静触点的弹片应随触点的移动而伸直，且在某一时间内，触点回路不会断开，此时舌片与左方限制螺钉应有不小于0.5mm的距离。

5) 轴承与轴尖的检查

(1) 将继电器置于垂直位置，如继电器良好，调整把手由最小刻度值向左旋转20°～30°时，继电器的弹簧应全部松弛。此时，略将调整把手往复转动3°～5°，可使动触点与静触点时而闭合或开放。当用手慢慢地将把手向刻度右侧移动时，可动触点桥变更位置的速度应均匀。如速度不均匀，通常是轴承和轴尖有污秽或损伤所致。

(2) 检查轴承时，先用锥形小木条的尖端将轴承擦拭干净，再用放大器检查。如发现轴承有裂口、偏心、磨损等情况，应更换。

(3) 轴尖应用小木条擦净，并用放大镜检查。转轴的两端应为圆锥形，轴承的锥面应磨光，不得用刀尖或指甲削伤；轴尖如有裂纹、削伤、铁锈等，应将轴尖磨光，用油漆洗净，并用清洁软布擦干。如仍不能使用，应更换。

2. 整定值的动作值和返回值的检验

电流波形对电磁型继电器的工作转矩几乎没有影响，所以电流值可用变阻器、调压器、行灯变压器、大电流发生器等调节。设备容量由电源和被试继电器的要求决定，但应能平滑调整。

1) 电流继电器的动作电流和返回电流试验

电流继电器的动作电流和返回电流试验按图 4-48 所示进行。继电器开始动作时的电流称为动作电流 I_{op}。继电器动作后，在使触点开始返回至原位时的电流称为返回电流 I_{re}，返回系数为

$$K_{re} = I_{re}/I_{op} \tag{4-19}$$

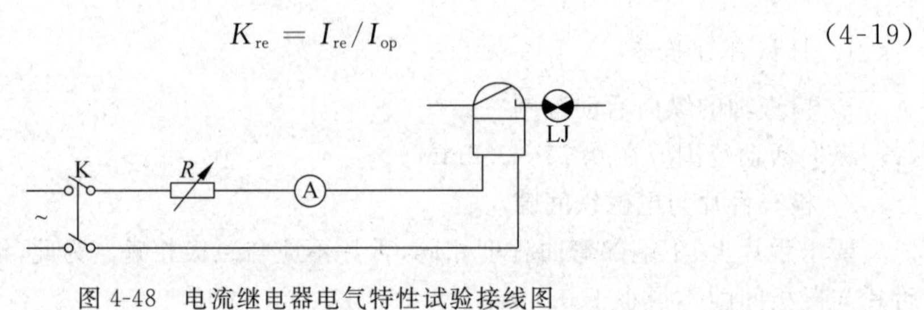

图 4-48　电流继电器电气特性试验接线图

过电流继电器的返回系数应不小于 0.85。当大于 0.9 时，应注意触点压力。

2) 过电压断电器的动作电压和返回电压试验

过电压继电器的动作电压和返回电压试验按图 4-49 所示进行。返回系数的定义与电流继电器相同。返回系数应不小于 0.85。当大于 0.9 时，应注意触点压力。

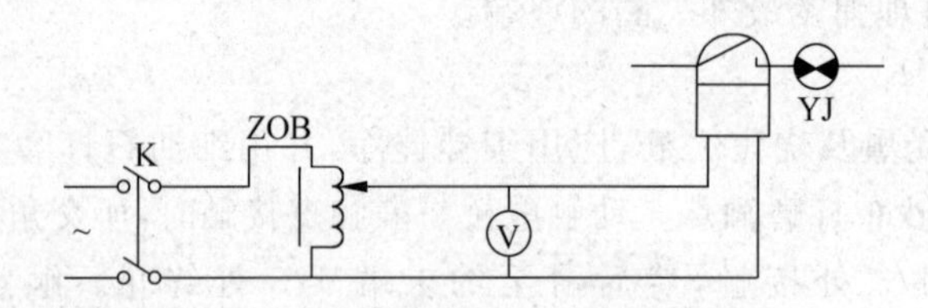

图 4-49　过电压继电器电气特性试验接线图

3) 低电压继电器的动作电压和返回电压试验

低电压继电器的动作电压和返回电压试验按图 4-49 所示进行。试验时，先对继电器加 100V 电压，消除继电器的振动；然后降低电压，至继电器舌片开始落下时的电压，称为动作电压；再升高电压，至舌片开始被吸上时的电压，称为返回电压，返回系数为

$$K_{re} = U_{re}/U_{op} \tag{4-20}$$

低电压继电器的返回系数不大于 1.2，用于强行励磁时不应大于 1.06。

以上试验,要求平稳、单方向地调整电流、电压数值,并应注意舌片转动情况。如遇到舌片有中途停顿或其他不正常现象,应检查轴承有无污垢、触点位置是否合适、舌片与电磁铁有无相碰等。

动作与返回的测量应重复三次,每次测量值与整定值的误差不应大于±3%,否则应检查轴承和轴尖。

在运行中,如需改变定值,除检验整定点外,还应进行刻度检验,或检验所需改变的定值。

用保护安装处最大故障电流或1.1倍额定电压进行冲击试验后,复试定值,与整定值的误差不应超过±3%;否则,应检查可动部分的固定和调整是否有问题,或线圈内部有无层间短路。

3. 返回系数的调整

返回系数不满足要求时,应予调整。影响返回系数的因素较多,如轴尖的光洁度、轴承清洁情况、静触点位置等,但影响较显著的是舌片端部与磁极间的间隙和舌片的位置。返回系数的调整方法有以下三种。

(1) 改变舌片的起始角和终止角。调整继电器左上方的舌片起始位置限制螺杆,以改变舌片起始位置角。此时,只能改变动作电流,返回电流几乎没有影响。因此,用改变舌片的起始角来调整动作电流和返回系数。舌片起始位置离开磁极的距离越大,返回系数越小;反之,返回系数越大。调整继电器右上方的舌片终止位置限制螺杆,以改变舌片终止位置角,此时只能改变返回电流,而对动作电流无影响。因此,用改变舌片的终止角来调整返回电流和返回系数。舌片终止位置与磁极的间隙越大,返回系数越大;反之,返回系数越小。

(2) 不改变舌片的起始角和终止角,而变更舌片两端的弯曲程度,以改变舌片与磁极间的距离,也能达到调整返回系数的目的。该距离越大,返回系数越大;反之,返回系数越小。

(3) 适当调整触点压力,也能改变返回系数,但应注意,触点压力不宜过小。

4. 动作值的调整

(1) 继电器的调整把手在最大刻度值附近时,主要调整舌片的起始位置,以改变动作值。为此,可调整左上方的舌片起始位置限制螺钉。当动作值偏小时,使舌片的起始位置远离磁极;反之,靠近磁极。

(2) 继电器的调整把手在最小刻度值附近时,主要调整弹簧,以改变动作值。

(3) 适当调整触点压力也能改变动作值,但应注意,触点压力不宜过小。

5. 触点工作可靠性检验

除按一般性检验要求操作外,应着重检查和消除触点的振动。

1) 消除过电流或过电压继电器触点

(1) 当电流(电压)近于动作值,或当定值在刻度盘始端时,发现触点振动和有火花,可用更换或适当调整弹片、变更触点相遇角度等方法消除。

(2) 当用大电流(高电压)检查时,产生振动与火花,需调整弹片的弯度,适当地缩短弹片的有效部分,使弹片变硬些。若用这种方法无效,应更换静触点片。触点弹片与防振片间空隙过大,易使触点产生振动。此时,应适当调整其间隙距离。改变继电器纵向窜动大小,往往可减小振动。

2）消除全电压下低电压继电器的振动

低电压继电器一般定值都较低，但长时间接额定电压，由于转矩较大，继电器舌片可能按2倍电源频率的频率振动，导致轴尖和轴承或触点磨损。因此，需细致地调整上静触点弹片和触点位置，或调整纵向窜动的大小，以消除振动。

（三）GL-10系列电流继电器检验项目和要求

1. 一般性检验

除了遵守总则外，机械部分还应满足下列要求。

(1) 感应型反时限元件的扇形齿与蜗轮杆接触时，应与其中心线对齐。扇形齿与蜗母杆的啮合深度为扇形齿深的1/3～2/3。扇形齿在其轴上不能有明显的窜动。

(2) 圆盘和可动方框的纵向活动范围为0.1～0.2mm。

(3) 圆盘平面与磁极平面应平行。圆盘与永久磁铁以及磁极的上、下间隙应不小于0.4mm。

(4) 触点间距离应不小于2mm。

2. 圆盘始动电流的检验

检验整定插孔下圆盘的始动电流，其值不应大于感应元件整定电流的40%。

3. 感应元件动作电流和返回电流的检验

检验整定插孔下感应元件的动作电流和返回电流，要求动作电流与整定值误差不超过5%，返回系数为0.8～0.9。

在运行中，如需改变定值，应检验所需改变的定值。

4. 速断元件动作电流的检验

要求0.9倍速断动作电流时的动作时间，应在反时限特性部分；1.1倍速断动作电流时的动作时间不大于0.15s。

5. 感应元件的时间特性曲线检验

(1) 在整定插孔下测定由感应元件动作电流至1.1倍速断元件动作电流时的时间特性曲线，要求动作时间与整定值误差不大于5%，且要求测定的各点应能绘出平滑的曲线。

(2) 如速断元件停用，应检验在继电器安装处最大故障电流时的动作时间。此时，速断元件不应动作。

(3) 对于没有时间配合要求的继电器，只做整定点的动作时间，不需作时间特性曲线。定期检验时，(1)～(3)项均应做。

6. 检验方法

由于继电器依据感应原理制成，因此要求试验电源为50Hz的正弦波。实践表明，试验电流波形的畸变主要由铁心饱和造成。为克服电流畸变，可使整个试验回路的阻抗远远大于继电器的阻抗，此时尽管电器的铁心仍饱和，但对整个试验回路影响不大，能使电流波形基本保持为正弦波。

试验时，应注意把信号牌恢复到正常位置，以免影响试验结果。如继电器为铁质外壳，试验时应将外壳盖上。

7. 继电器电气特性试验

继电器电气特性试验接线如图 4-50 所示，图中用电阻 R 调节电流，也可用容量足够大的升流器调节电流。试验步骤如下所述。

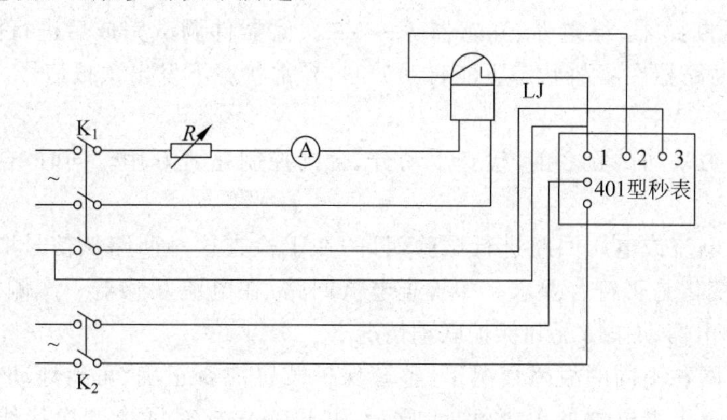

图 4-50　继电器电气特性试验接线图

1）圆盘始动电流试验

继电器铝质圆盘开始不间断转动时的最小电流，称为圆盘的始动电流，其值应不大于感应元件整定电流的 40%。过大时，应检查圆盘上、下轴承和轴尖是否清洁，圆盘转动过程有无摩擦等；必要时，可更换轴承内的小钢球。

2）感应元件动作电流和返回电流试验

平滑地通入电流，使继电器的扇形齿与蜗母杆啮合，并保持此电流为继电器的动作电流。若动作电流与整定值误差超过＋5%，调整拉力弹簧，使之满足要求。

将继电器通入动作电流，在扇形齿杠杆上升至将碰而未碰到可动衔铁杠杆以前，开始减小电流，至扇形齿与蜗母杆刚分开时的电流，称之为返回电流。要求返回系数为 0.8～0.9。若不能满足要求，从变更感应铁片与电磁铁间的距离、调整形齿与蜗母杆的啮合深度等方面进行调整。

8. 调整后重新试验动作值和返回值

继电器经过调整后，应重新试验动作值和返回值。

1）速断元件动作电流试验

试验速断元件的动作电流时，应向继电器通入冲击电流。如果动作电流与整定值误差过大，将刻度固定螺钉松开，旋转整定旋钮。当顺时针旋转时，动作电流减小；逆时针旋转时，动作电流增大，直至调整合适后，用螺钉将旋钮固定。

速断元件的返回电流无严格要求，只要求当电流降至零时，继电器的瞬动衔铁能重回原位。

2）感应元件的时间特性曲线试验

注意：在录取曲线的某一点时，应保持电流值不变；否则，测出的时间不准确。

若动作时间与整定值误差大于 5%，可调整永久磁铁的位置。把永久磁铁向圆盘外缘移动，则时限增加，反之时限减小。另外，也可移动时间刻度盘来获得时间调整。这两种方法应互相配合使用。

（四）断路器保护的联动试验

由于二次接线的复杂性，且二次设备的安装位置不同，接线中难免存在错误和疏漏。因此，当继电器校验工作结束后，应进行断路器保护的联动试验。继电保护联动试验是指一个系统或回路中的断路器、继电器、互感器等一、二次元器件调试完成后进行的系统升流（整组）试验。确保断路器在事故状态下能自动分闸，异常状态下发出预报信号。联动试验的工作步骤如下所述。

（1）进行保护联动试验之前，检查手动分、合闸控制是否好用。同时，合上需验证保护的回路断路器。

（2）针对某电流或电压回路进行试验，目的在于检查这一回路从信号取样到出口输出回路是否正常，变化是否符合要求。如检查电流回路，在电流互感器一次侧加一定电流，观察二次侧电流继电器动作情况和保护联动情况。

（3）模拟电网在不同的故障情况下，整套保护装置能否正确、可靠地动作，整定值是否符合要求；检验单个继电器的电气性能、质量，并再一次核对屏上二次接线的正确性和完好性。

（五）继电保护装置的定期检验

1. 定期检验的必要性

继电保护装置投入使用后，由于受环境与运行条件的影响，以及继电保护元件本身产品质量的影响，可能使继电保护装置失去正确判断故障的功能。如机电型继电器构成的继电保护装置常因转动部分转动不灵活、轴承磨损、整定螺丝插头与整定孔接触不良、弹簧变形、触点折伤或烧损、压力不够，低电量继电器长期带电，使电气元件的载流部分和绝缘材料温度过高，造成绝缘损坏，线圈烧毁，晶体管继电保护装置新使用的电子元件热稳定性能不好、焊接不良、集成电路及其半导体元件损坏以及微机内存程序错乱等都有可能造成继电保护装置拒动、误动。另外，由于环境潮湿、脏污，端子极连接处接触不良，接线头腐蚀、短路、电缆断线，电流回路试验端子接触不良、鼠害等，均可造成继电保护装置拒动、误动，给运行设备带来很大危害，影响系统运行的稳定性。因此，必须对继电保护装置定期检验，及时发现故障，消除隐患。通过定期检验，确保继电保护网络的完好性能。当电网发生异常情况时，就可通过断路器可靠地将故障线路切断，确保继电保护装置选择性、快速性、灵敏性、可靠性的要求，避免事故进一步扩大。

2. 定期检验的方法

继电保护装置经过验收、试验，投入使用后，必须每年至少进行一次定期检验，否则不可能发现保护装置由于某种异常而不能动作的故障现象。一般可采用下列方法进行检验。

1）目测检查

线圈和导线有无过热而变色、烧损，焊锡焊接处、螺钉紧固有无松动；印制电路板电路部件有无变色、变形和裂纹；印制电路板、印制电路有无损伤；触头有无接触不良；整定抽头和外部端子有无松动、破损；电流端子有无接触不良，放电痕迹等。

2）单元试验

单元试验即继电器的基本特性试验，也就是动作值、返回值、动作时间、相位特性和比率特性等具有代表性的特性项目试验，用于检查单个元件是否完好。

自我检测

4-4-1　试说明继电保护的四个基本要求和继电保护装置的任务。

4-4-2　试述定时限过电流保护的构成原理及时限特性。其时限阶梯是如何确定的?

4-4-3　试述定时限过电流保护的动作电流整定原则。

4-4-4　如何确定电流速断保护的保护范围?

4-4-5　电力变压器通常有哪些故障和不正常的运行状态?相应地,需要装设哪些继电保护装置?它们的保护范围是怎么样的?

4-4-6　电力变压器的瓦斯保护与纵联差动保护的作用有何区别?如果变压器内部发生故障,两种保护是否都会动作?

4-4-7　简述变压器瓦斯保护的工作原理,以及轻瓦斯与重瓦斯保护的区别。

4-4-8　在单相接地保护中,电缆头的接地线为什么一定要穿过零序电流互感器的铁心后接地?

4-4-9　对于变压器低压侧的单相短路,可采用哪几种保护措施?最常用的单相短路保护措施是哪一种?

4-4-10　高压电动机常见的故障和不正常运行状态有哪些?相应地,需要装设哪些保护装置?各种保护装置的动作电流是如何整定的?

4-4-11　微机保护的基本组成结构是怎样的?

4-4-12　微机保护有什么优点和缺点?

4-4-13　图 4-51 所示的无限大容量供电系统中,6kV 线路 WL_2 上的最大负荷电流为 130A,电流互感器变比为 150/5。k－1、k－2 点三相短路时,最小短路电流分别为 400A 和 600A。线路 WL_1 上设置定时限过电流保护装置 1 的动作时限为 1s。拟在线路 WL_2 上设置定时限过电流保护装置 2,试进行整定计算。

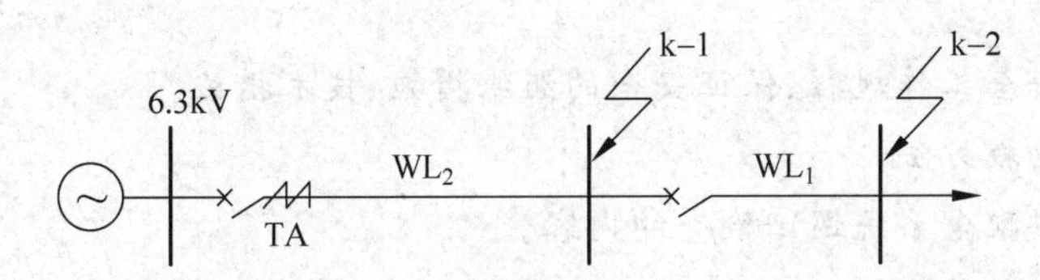

图 4-51　无限大容量供电系统示意图

4-4-14　如图 4-51 所示供电系统中,已知线路 WL_2 的最大负荷电流为 280A,k－1、k－2 点在最大运行方式下的短路电流分别为 960A 和 1300A;最小运行方式下的短路电流分别为 800A 和 1000A。拟在线路 WL_2 的始端装设反时限过电流保护装置 2,电流互感器变比为 400/5,反时限过电流保护装置 1 在线路 WL_1 首端短路时的动作时限为 0.6s。试进行整定计算。

4-4-15　某小型工厂 10/0.4kV、630kV·A 配电变压器的高压侧,拟装设由 GL-15 型电流继电器组成的两相一继电器式反时限过电流保护。已知变压器高压侧 $I_{k-1}^{(3)}=1.7kA$,低压侧 $I_{k-2}^{(3)}=13kA$;高压侧电流互感器变比为 200/5。试整定反时限过电流保护的动作电流及动作时限,并校验其灵敏度(变压器最大负荷电流取变压器额定一次电流的 2 倍)。

项目五

供配电系统的运行与维护

在巨化集团公司某厂供配电系统的一次系统和二次系统安装、调试工作完成后，进行供配电系统的管理、运行、维护、维修。本项目阐述电气安全工作规程、保障电气安全的措施与触电急救方法，阐述供配电系统的巡回检查内容及相关设备运行、维护、故障处理办法，阐述供配电系统的倒闸操作原则和要求、变配电所的具体停、送电操作等。使读者着重加深对供配电系统设备安全运行的重要性认识，熟知供配电系统运行、操作规程。

- 熟悉电气安全工作规程、保证安全的组织措施、技术措施。
- 掌握触电急救方法。
- 熟悉工厂供配电系统巡回检查的内容。
- 掌握倒闸操作的要领。
- 熟悉供配电系统常见的故障现象及诊断、排除方法。

任务一　电气安全与触电急救

任务情境

"安全第一"是供配电系统工作的永恒主题，为确保设备和人身安全，必须熟悉检修规程，并且严格按照规程工作，做到"我不伤害别人，也不被别人伤害"。本任务假设有人员出现触电事故，从事电气工作的人员应该如何施救？

任务分析

要完成上述任务，需要掌握以下两方面的知识。

✧ 电气安全工作规程，保证安全的组织措施、技术措施。

✧ 触电急救方法。

知识准备

电气安全包括人身安全和设备安全两个方面。人身安全是指电气从业人员或其他人员的安全；设备安全是指包括电气设备及其拖动的机械设备的安全。在供用电过程中，必须特别注意电气安全。如果稍有麻痹或疏忽，就可能造成严重的人身触电事故，或者引起火灾、爆炸，给国家和人民带来极大损失。

一、电气安全的一般措施

1. 加强电气安全教育

电能够造福于人，但如果使用不当，也能给人以极大危害，甚至致人死命，因此必须加强电气安全教育，人人树立"安全第一"的观点，个个都做安全教育工作，力争供电系统无事故地运行，防患于未然。

2. 严格执行安全工作规程

国家颁布的和现场制定的安全工作规程，是确保工作安全的基本依据。只有严格执行有关安全工作规程，才能确保工作安全。例如在变配电所工作中，必须严格执行《电业安全工作规程（发电厂和变电所电气部分）》（电力行业标准 DL 408—1991）的有关规定。

1）电气工作人员必须具备的条件

（1）经医师鉴定，无妨碍工作的病症（体格检查约两年一次）。

（2）具备必要的电气知识，且按其职务和工作性质，熟悉《电业安全工作规程》的有关部分，并经考试合格。

（3）学会紧急救护法，特别要学会触电急救。

2）人身与带电体的安全距离

（1）工作中，工作人员的正常活动范围与带电设备的安全距离不得小于表 5-1 所示的规定。

表 5-1 工作中，工作人员正常活动范围与带电设备的安全距离（据 DL 408—1991）

电压等级/kV	≤10(13.8)	20～35	44	60～110	154	220	330
安全距离/m	0.35	0.60	0.90	1.50	2.00	3.00	4.00

（2）地电位带电作业时，人身与带电体间的安全距离不得小于表 5-2 所示的规定。

表 5-2 地电位带电作业时，人身与带电体间的安全距离（据 DL 408—1991）

电压等级/kV	10	35	66	110	220	330
安全距离/m	0.4	0.6	0.7	1.0	1.8①（1.6）	2.6

注：因受设备限制达不到 1.8m 时，经主管生产领导（总工程师）批准，并采取必要措施后，可采用括号内 1.6m 的数值。

(3) 等电位作业人员对邻相导线的安全距离不得小于表5-3所示的规定。

表5-3 等电位作业人员对邻相导线的安全距离(据DL 408—1991)

电压等级/kV	10	35	66	110	220	330
安全距离/m	0.6	0.8	0.9	1.4	2.5	3.5

3. 严格遵循设计、安装规范

国家制定的设计、安装规范,是确保设计、安装质量的基本依据。例如进行工厂供电设计,必须遵循国家标准GB 50052—2009《供配电系统设计规范》、GB 50053—1994《10kV及以下变电所设计规范》、GB 50054—2011《低压配电设计规范》等一系列设计规范;进行供电工程的安装,必须遵循国家标准GB J147—2010《电气装置安装工程·高压电器施工及验收规范》、GB J148—2010《电气装置安装工程·电力变压器、油浸电抗器、互感器施工及验收规范》、GB 50168—2006《电气装置安装工程·电缆线路施工及验收规范》、GB 50173—1992《电气装置安装工程·35kV及以下架空电力线路施工及验收规范》等施工及验收规范。

4. 加强运行维护和检修试验工作

加强供用电设备的运行维护和检修试验工作,对于供用电系统的安全运行,具有很重要的作用,这方面也应遵循有关的规程标准。例如电气设备的交接试验,应遵循国家标准GB 50150—2006《电气装置安装工程·电气设备交接试验标准》的规定。

5. 采用安全电压和符合安全要求的电器

对于容易触电及有触电危险的场所,应按表5-4所示的规定采用相应的安全电压。

表5-4 安全电压(据GB 3805—1983)

<table>
<tr><th colspan="2">安全电压(交流有效值)/V</th><th rowspan="2">选用举例</th></tr>
<tr><th>额定值</th><th>空载上限值</th></tr>
<tr><td>42</td><td>50</td><td>在有触电危险的场所使用的手持式电动工具等</td></tr>
<tr><td>36</td><td>43</td><td>在矿井、多导电粉尘等场所使用的行灯等</td></tr>
<tr><td>24</td><td>29</td><td rowspan="3">供某些人体可能偶然触及的带电体设备选用</td></tr>
<tr><td>12</td><td>15</td></tr>
<tr><td>6</td><td>8</td></tr>
</table>

对于在有爆炸和火灾危险的环境中使用的电气设备和导线、电缆,应遵循GB 50058—2014《爆炸和火灾危险环境电力装置设计规范》的有关规定,采用符合安全要求的设备和导线、电缆。

二、安全用电的组织措施

安全用电的组织措施,是为保证人身和设备安全而制定的各种制度、规定和手续。

(1) 工作票制度。工作票是准许在电气设备或线路上工作的书面命令,也是执行保证安全技术措施的书面依据。工作票的主要内容应包括工作内容、工作地点、停电范围、停电时间、许可开始工作时间、工作终结及安全措施等。

(2) 操作票制度。在全部停电或部分停电的电气设备或线路上工作,必须执行操作票制度。该制度是人身安全和正确操作的重要保证。操作票的内容应包括操作票编号、填写日期、发令人、受令人、操作开始和结束时间、操作任务、顺序、项目、操作人、监护人以及备注等。

(3) 任务交底制度。此制度规定在接班之前应做好各项准备工作,以保证人身安全及施工进展顺利。对工作负责人而言,在工作开始前,应根据工作票的内容向全体人员交代工作的任务、时间、要求及各种安全措施。

(4) 工作许可制度。此制度是为了进一步加强工作责任感。工作许可人负责审查工作票所列安全措施是否正确、完备,是否符合现场条件;在确认安全措施到位后,与工作负责人分别在工作票上签字。工作负责人和工作许可人任何一方不得擅自改变安全措施和工作项目。

(5) 工作监护制度。该制度是保护人身安全及操作正确的主要措施。监护人的主要职责是监护工作人员的活动范围、工具使用、操作方法正确与否等。

(6) 工作间断及工作转移制度。在工作时如遇间断(如吃饭、休息等),间断后重新开始工作,无须再通过工作许可人的许可;工作地点如果发生转移,应通过工作许可人的许可,办理转移手续。

(7) 工作终结及送电制度。全部工作完毕,工作人员应清理现场、清点工具。一切正确无误后,全体人员撤离现场。宣布工作终结后,方可办理送电手续。

三、安全用电的技术措施

在电气设备上安全工作的技术措施,应由运行值班人员或有权执行操作的人员执行。

(1) 停电。停电时,必须把来自各途径的电源均断开,且各途径至少有一个明显的断点。工作人员在工作时,应与带电部分保持一定的安全距离。

(2) 验电。通过验电,可以明显地验证停电设备确实无电压,防止重大事故发生。验电时,工作人员应戴绝缘手套,使用电压等级合适、试验合格、试验期限有效的验电器。在验电前,还必须在带电设备上检验验电器是否良好。

(3) 装设临时接地线。装设临时接地线是为了防止工作地点突然来电,以保证人身安全的可靠措施。装设临时接地线时,必须先接接地端,后接设备端;拆掉临时接地线的顺序与此相反。装、拆临时接地线应使用绝缘棒或戴绝缘手套。

(4) 悬挂标志牌和装设临时遮拦。标志牌用来对所有人员提出危及人身安全的警告,以及应注意的事项,如“禁止合闸,有人工作”“高压,生产危险”等。临时遮拦是为了防止工作人员误碰或靠近带电体,以保证安全检修。

任务实施　触电急救

使触电人尽快脱离电源,是抢救过程中的一个关键。如处理得及时和正确,可能使因触电而呈假死的人获救;反之,可能带来不可弥补的后果。因此,从事电气工作的人员必须熟悉和掌握触电急救技术。

（一）脱离电源

（1）电源开关在附近时，迅速地切断有关电源开关，使触电者迅速地脱离电源。

（2）电源开关不在附近时，要因地制宜采用绝缘物品，使触电者迅速脱离电源。例如，可以抓住触电者干燥而不贴身的衣服使其脱离电源；也可以戴绝缘手套或将手用干燥衣服等包起绝缘后解脱触电者；救护人员也可站在绝缘垫上或干木板上，绝缘自己，实施救护；可用干木把斧子或有绝缘的钳子等将电线剪断，剪断电线要分相，一根一根地剪断，并尽可能站在绝缘物体或干燥木板上。救护时，为使触电者与带电体脱离，最好用一只手操作；如触电者处于高处，解脱电源后会有高处坠落的可能，因此要采取预防措施。

（3）脱离电源施救时应注意的问题：触电者未脱离电源前，救护人员不准直接用手触及触电者。

（二）急救处理

当触电者脱离电源后，应立即根据具体情况，迅速对症救治，同时赶快通知医生前来抢救。

（1）触电者如神志清醒，应使其就地躺平，严密观察，暂时不要站立或走动。

（2）触电者如神志不清或呼吸困难，应就地仰面躺平，且确保气道通畅，迅速测心跳情况，禁止摇动伤员头部呼叫伤员，要严密观察触电者的呼吸和心跳，并立即联系车辆送往医院抢救。

（3）触电者如意识丧失，应在10s内，用看、听、试的方法判定伤员呼吸、心跳情况。如呼吸停止，立即在现场采用口对口人工呼吸；如呼吸、心跳均停止，立即在现场采用心肺复苏法抢救。若现场仅有一人救护，可交替实施人工呼吸和胸外按压心脏，先胸外按压心脏4～8次，又口对口（鼻）吹气2～3次，交替反复。在运送伤员的途中，要继续在车上对伤员进行心肺复苏法抢救。

（三）心肺复苏法

1. 通畅气道

如发现伤员口内有异物，将其身体及头部同时侧转，迅速用一个手指或用两手指交叉从口角处插入，取出异物。操作中要注意防止将异物推到咽喉深部。

2. 仰头抬颌法

将左手放在触电者前额，另一只手的手指将其下颌骨向上抬起，两手协同将头部推向后仰，使触电者鼻孔朝上，舌根随之抬起，气道即可通畅。严禁用枕头或其他物品垫在伤员头下；否则，头部抬高前倾，或头部平躺会加重气道阻塞，并且使胸处按压时流向脑部的血流减少。

3. 口对口（鼻）人工呼吸

（1）在保持触电者气道通畅的同时，救护人员用放在伤员额上的手指捏住伤员的鼻翼，然后救护人员深吸气后，与伤员口对口贴紧，在不漏气的情况下，先连续大口吹气两次，每次吹气1～1.5s（放3.5～4s，每5s一次），如图5-1所示。两次吹气后，速测颈动脉。如无搏动，可判为心跳

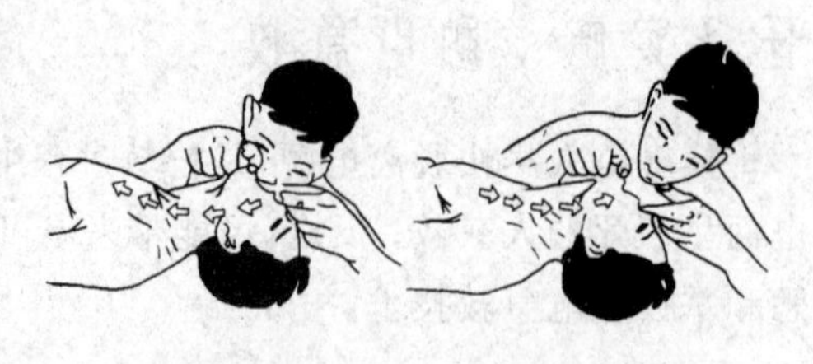

图5-1 口对口人工呼吸

已经停止，要立即同时进行胸外心脏按压。

(2) 触电者如牙关紧闭，可进行口对鼻人工呼吸。吹气时，要将伤员嘴唇紧闭，防止漏气。

4. 胸外心脏按压法

正确的按压位置是保证胸外心脏按压效果的重要前提。确定正确按压位置的步骤如下所述。

(1) 救护人迅速地双腿跪在被救人右侧的肩膀旁，右手的食指和中指并拢，沿触电者的两侧最下面的肋弓下缘向上，找到肋骨接合处的中点。两手指并齐，中指放在切迹中点(剑突底部)，左手的掌根(即大拇指最后的一节 1/3 处)紧挨食指上缘，左手置于胸骨上，即为正确按压位置。如图 5-2(a)和(b)所示。

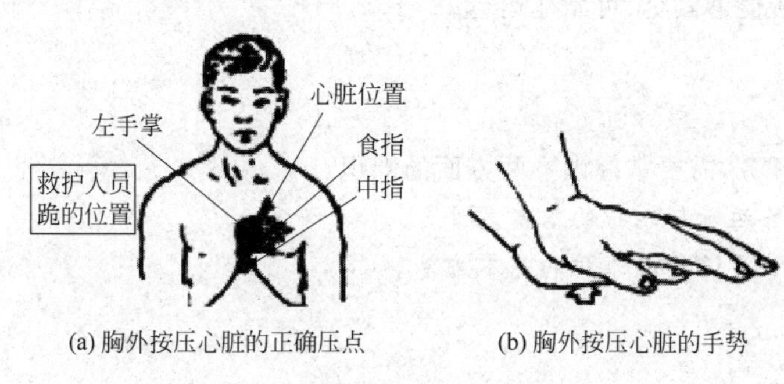

(a) 胸外按压心脏的正确压点　　(b) 胸外按压心脏的手势

图 5-2　正确的按压位置

(2) 使触电者仰面躺在平硬的地方，救护人员跪在伤员右侧肩位旁，两臂伸直，肘关节固定不屈，两手掌根相叠，手指翘起，不接触伤员胸壁。以髋关节为支点，利用上身的重力，垂直将伤员胸骨压陷 3～5cm(儿童和瘦弱者酌减)。压至要求程度后，立即全部放松；但放松时，救护人员的掌根不得离开胸壁(见图 5-3)。按压必须有效，有效的标志是按压过程中可以触摸到伤员颈动脉搏动。

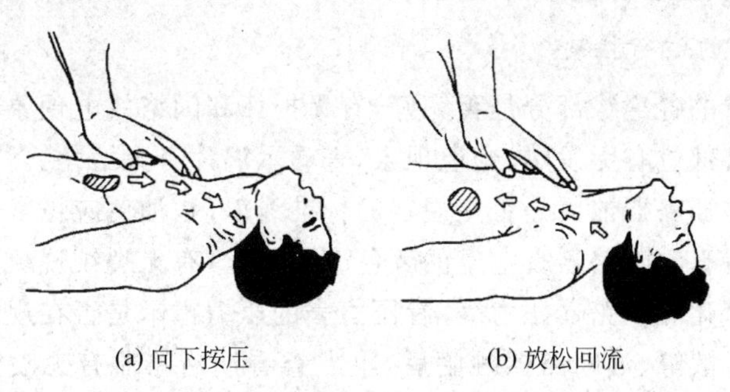
(a) 向下按压　　(b) 放松回流

图 5-3　正确的按压方法

胸外按压要均匀进行，每分钟约 60 次。按压时，定位要准确，用力要适当。

自我检测

5-1-1　保证电气安全的一般措施有哪些？

5-1-2 保证安全用电的组织措施和技术措施有哪些？

5-1-3 如何使触电人迅速脱离电源？

5-1-4 使触电人脱离电源后，应如何急救？

任务二 供配电系统的巡回检查

任务情境

前面开展了供配电系统设计、设备选择和安装工作，本任务针对投入运行的供配电系统进行巡回检查。通过对变配电设备和继电保护装置的缺陷与异常情况的监视，及时发现设备运行中出现的缺陷、异常情况和故障，并及时采取相应的措施，防止事故的发生和扩大，从而保证供配电系统能够安全、可靠地运行。

任务分析

要完成上述任务，需要掌握以下两方面的知识。

✧ 变配电设备运行与维护的基本方法。

✧ 继电保护装置运行与维护的基本方法。

知识准备

一、变配电设备运行与维护

（一）高压断路器的运行检查及故障处理

断路器的无事故运行与运行人员的检查和维护工作有很大的关系。运行人员在值班期间要树立高度的责任心和牢固的安全思想，要勤检查，如发现设备有缺陷，应及时消除，使设备总是处于正常状态，保证断路器安全运行。

1. 高压断路器的运行检查

(1) 检查断路器的各绝缘部分是否完好，有无损坏和闪络放电现象。

(2) 各导电连接部位有无发热、变色现象，查看示温片有无熔化。

(3) 应检查少油断路器油面是否在规定的标准线以内，油色应正常，无渗漏现象。

(4) 应注意查看真空断路器真空室的颜色有无变化，有无裂纹现象。

(5) 应查看六氟化硫断路器压力表，看压力表的压力指示是否在规定的范围内。

(6) 在线路发生故障、油断路器跳闸后，重点查看油断路器有无喷油现象，油色有无变化，是否有沉淀物出现。

(7) 检查操动机构指示灯指示是否正常。

(8) 检查操动机构的分、合闸线圈有无发热现象。

(9) 操动机构的分、合闸机械指示器的指示应与断路器的实际位置相符。

2. 高压断路器的异常运行及故障处理

(1) 运行检查中，发现断路器油面过低，严重缺油。产生这种情况的主要原因有：放油阀门的密封损坏或螺栓不紧，油标的玻璃损坏、破裂，基座上有“砂眼”或密封损坏等造成渗漏油。

处理工作：少油断路器的灭弧主要靠油。如果严重缺油，在遮断电流时，弧光可能冲出油面，使游离气体混入空气而产生燃烧，造成断路器爆炸。为了防止发生上述严重后果，应将该断路器操作回路的熔断器取下，或打开保护跳闸连接片，以防断路器跳闸，并报值班调度员将负荷倒出(此时，断路器只能作为隔离开关使用)，并迅速将此断路器退出运行，补充油面。

(2) 断路器的油色由原来的浅黄色变成灰黑色，并有喷油现象。这种现象说明断路器已多次切断故障电流或切断大的故障电流，使绝缘油炭化，并混进了大量的金属粉末。金属粉末在电弧的高温作用下变成金属蒸气，使断路器的灭弧能力下降。

处理工作：应将重合闸停用，预防线路发生永久性故障时，断路器跳闸后，重合闸动作。重合闸重合再跳闸，易发生断路器爆炸事故。此时，断路器应尽快安排检修。

(3) 当发现断路器的支持绝缘子断裂时，应迅速将重合闸的连接片打开，防止断路器跳闸后再次重合，并及时报值班调度员，将本路负荷倒出。在利用旁路母线备用断路器时，注意在闭合旁路隔离开关时，旁路断路器应在“断开”位置。拉开故障断路器前，应先拉开两侧隔离开关，以防故障断路器接地。

(4) 在断路器切断故障电流的次数超过运行规定的次数，或断路器的实际切断容量小于母线的短路容量时，应及时报告值班调度员，将重合闸退出运行，断路器应尽快安排检修。

(5) 在巡视时，若发现运行中的少油断路器内部有异常响声，如放电的“噼啪”声或“咕噜”的开水声，说明断路器的内部绝缘已损坏，或动、静触头接触不良，造成电弧在油中燃烧。若出现上述现象，应尽快将断路器退出运行，并拉开断路器两侧的隔离开关。

(6) 当运行的六氟化硫断路器发生爆炸或严重漏气，值班员需要接近设备时，要注意应从上风方向接近，必要时要戴防毒面具，穿防护衣，并应注意与带电设备的安全距离。

(7) 巡视中若发现真空断路器的真空室损坏，但没有造成接地或短路，应立即向调度员申请将此路负荷倒出，同时打开重合闸连接片。

(8) 当断路器合闸时，若出现拒动现象，应从以下几方面查找原因：操作不当；操作、合闸电源问题或电气二次回路故障；断路器本体传动部分和操作机构存在问题。

处理办法：

① 用控制开关再重新合一次，目的是检查前一次拒合闸是否为操作不当引起(如控制开关放手太快等)。在重合之前，应当检查有无漏装合闸熔断器，控制断路器(操作把手)是否复位过快或未扭到位，有无漏投同期并列装置(装有并列装置者)，检查是否按自投装置的有关要求操作(装有自投装置者)。如果是操作不当，应纠正后再重新合闸。

② 检查电气回路各部位情况，确定电气回路是否有故障，检查方法如下所述。

- 检查合闸控制电源是否正常。
- 检查合闸控制回路熔丝和合闸熔断器是否良好。
- 检查合闸接触器的触点是否正常(如电磁操动机构)。
- 将控制开关扳至“合闸时”位置，看合闸铁心是否动作(液压机构、气动机构、弹簧机构的检查类同)。若合闸铁心动作正常，说明电气回路正常。

③ 如果电气回路正常，断路器仍不能合闸，说明是机械方面的故障，应停用断路器，并

报告有关领导安排检修处理。

(9) 断路器跳闸失灵。断路器电动不能分闸时,将严重威胁系统安全运行。一旦发生事故,断路器拒动将造成越级跳闸,扩大事故范围。造成断路器跳闸失灵的主要原因如下所述。

① 电气回路故障:

- 直流电压过低,使分闸铁心冲力不足。
- 操作回路有断线现象。
- 熔断器熔断或接触不良。
- 跳跃闭锁继电器断线。
- 分闸线圈内部断线或接触不良。

② 机械部分故障:

- 分闸铁心动作正常,说明机构的三点轴调整过低,或分闸锁钩,合闸托架吃度过大。
- 分闸铁心卡死或松动脱落。
- 机械卡涩,使动连杆销子脱落等。

电动跳闸失灵,应首先判断是电气回路故障,还是机械部分故障。当跳闸铁心不动时,多属于跳闸回路故障,否则便是机械部分故障。

(10) 合闸接触器故障。当断路器合闸后,合闸接触器不返回,触点打不开,将造成合闸线圈长期通电,致使合闸线圈严重过热、冒烟。一旦发现合闸接触器保持不动,应迅速断开操作回路熔断器或合闸电源,但不能用手直接断开操作回路熔断器,防止电弧伤人。正确的方法是拉开直流盘上的总电源,然后查找原因,主要有:合闸接触器本身卡死或触点粘连;防跳闭锁继电器失灵;操作把手触点断不开;重合闸辅助触点粘连。

当发现合闸线圈冒烟时,不应再次操作,应待合闸线圈温度下降后,用仪表测量合闸线圈是否合格。

(二) 隔离开关的运行检查及故障处理

1. 隔离开关的运行检查

隔离开关结构简单,故障率低,但是隔离开关要承受负荷电流、短路冲击电流。实践证明,由于放松对隔离开关的巡视与维护,将发生意外事故,危及系统运行。所以,定期巡视是必要的,巡视时应注意以下几点。

(1) 隔离开关的绝缘子应完整,无裂纹,无闪络痕迹;同时,无电晕和放电现象。

(2) 隔离开关在合闸状态下,导电部分应接触良好,尤其注意动、静触头的接触部位应无发热现象,试验蜡片不应有熔化现象。

(3) 操动机构、连杆应无损坏、锈蚀,各部件应紧固,位置正确,无歪斜、松动、脱落等现象。

(4) 检查隔离开关的接触面有无烧伤、变形、脏污现象;弹簧片、弹簧应无锈蚀、折断等。

(5) 注意检查闭锁装置应完好,机械闭锁的销子应销牢;辅助触点位置应正确,并接触良好。

(6) 检查触头在合闸后是否到位,接触是否良好,有无变形情况。

(7) 夜间巡视应查看触头有无发热、烧红现象。

2. 隔离开关的异常运行与故障处理

(1) 正常运行的隔离开关不应出现过热现象，其温度不应超过 70℃。当发现示温片已熔化，说明温度超过 80℃，需立即减少负荷，加强监视。处理方法如下所述。

① 利用旁路母线或备用开关倒旁路母线的方法，将负荷转移，停电检修。

② 在没有停电条件的情况下，采取带电作业进行检修，也可以使用短接线的方法，临时将闸刀短接，但要在短期内安排停电处理。

(2) 当发现绝缘子严重损坏、闪络、放电，但没有造成事故时，应立即报值班调度员，申请停电进行处理。

(3) 隔离开关运行中不能分、合闸时，首先应查明原因，不可强行拉合，否则会造成绝缘子断裂和其他设备损坏。

(4) 若绝缘子严重损伤，绝缘子断裂，或对地击穿绝缘子爆炸时，应立即报值班调度员，采取停电或带电作业处理。

(5) 隔离开关在分闸位置时，自动掉落合闸，其原因为：操作机构的闭锁失灵，如弹簧的弹力减弱或销子行程太短、销不到位、销不牢等，当遇到较大的撞击和振动时，机械闭锁销子便会滑出，造成隔离开关自动掉落合闸，严重威胁人身和设备的安全。为防止上述情况发生，要求闭锁装置应可靠。操作完毕，应认真检查销子是否销牢；必要时，应加锁。

(三) 高压负荷开关的运行检查及故障处理

1. 负荷开关的运行检查

负荷开关的巡视检查项目和要求与隔离开关相似，但应注意以下几点。

(1) 巡视时，应查看灭弧筒有无闪络、破损和放电现象。

(2) 触头间接触是否紧密，两侧的接触压力是否均匀，有无发热现象，示温片有无熔化。

(3) 灭弧触头及喷嘴有无烧损现象。

(4) 负荷开关在分、合位置时，应注意检查操作机构的定位销是否可靠地锁住手柄。

(5) 载流部分表面有无锈蚀及发热现象。

(6) 检查绝缘子有无损坏、闪络和放电现象。

2. 负荷开关的异常运行及故障处理

(1) 发现灭弧装置中的有机绝缘体出现了裂纹及破损，而不能正常灭弧时，应注意此时的负荷开关只能作为隔离开关使用。

(2) 发现导流体、触头、接头发热严重时，应检查负荷情况，并报告值班调度员，申请将此开关的负荷转移，待有停电机会时进行处理。

(3) 负荷开关在运行中不能正常分、合操作时，应首先检查操动机构及传动机构有无卡阻和松动脱落现象，触头有无过热熔化、粘连等情况。待查明原因并处理后，再拉合开关；不可强行操作，以防发生事故。

(四) 高、低压熔断器的运行检查及故障处理

1. 高、低压熔断器的运行检查

(1) 检查熔断器瓷件部位有无裂纹和损坏、闪络、放电现象。

(2) 运行中熔断器的连接处有无发热现象。

(3) 检查熔断器的熔体接触是否良好,有无产生火花及放电、过热等现象。

(4) 检查熔断器是否熔断,装设是否牢靠。

(5) 熔断器的触头接触是否良好。

(6) 熔断器的熔管有无破损、变色现象。

(7) 检查负荷是否与熔体的额定值相配合。

(8) 对于有熔断信号指示器的熔断器,其指示是否保持正常状态。

(9) 熔体内有无异常声响,填充物处有无渗漏现象。

2. 熔断器的故障处理及注意事项

(1) 当发现熔断器熔体熔断时,首先应拉开隔离开关,再判明熔断原因(过负荷、短路以及其他),然后更换熔体。安装熔体时,不能有机械损伤,否则会造成相应的截面变小,电阻增加,从而影响保护特性。同时,检查熔断器熔管损坏情况,是否开裂、烧坏,导电部分有无熔焊、烧损,上、下触头处的弹簧是否有足够的弹性,接触面是否紧密。

(2) 处理跌下式熔断器故障,停电、送电时应注意:

① 操作时应戴上防护眼镜,以免带事故及带负荷拉、合熔断器时发生弧光灼伤眼睛。操作时,要果断、迅速,用力适度,防止冲击力损伤整体。

② 拉开时,应先拉中相,后拉开两边相;合时,应先合两侧(即边相),后合中相。

③ 不允许带负荷操作。

(3) 在处理低压熔断器故障时,一定要切断电源,将开关拉开,以免触电。在一般情况下,不应带电拨动熔断器。如因工作需要带电更换熔断器时,必须先断开负荷。因为熔断器的触头和底座不能用来切断电流,在拨动时,电弧不能熄灭,会引起事故。

(4) 在更换熔体、熔管时,必须保证接触良好。如果接触不良,使接触部位过热,当熔体温度升高时,会造成误动。安装熔断器及熔体时,应可靠;否则当一相断路时,可能使工作人员误判断,或造成保护误动。

(五) 电力变压器的运行维护

1. 一般要求

电力变压器是变电所内最关键的设备,搞好变压器的运行维护是非常重要的。

在有人值班的变电所内,应根据控制盘或开关柜上的仪表信号来监视变压器的运行情况,并每小时抄表一次。如果变压器在过负荷下运行,至少每半小时抄表一次。对于安装在变压器上的温度计,应在巡视时检视和记录。

无人值班的变电所,应在每次定期巡视时,记录变压器的电压、电流和上层油温。

变压器应定期进行外部检查。有人值班变电所,每天至少检查一次,每周至少进行一次夜间检查。无人值班的变电所,变压器容量在 3150kV·A 以下的,每月至少检查一次。

在下列情况下,应对变压器进行特殊巡视检查:①新设备或经过检修、改造的变压器在投运 72h 内;②有严重缺陷时;③气象突变时;④雷雨季节,特别是雷雨后;⑤高温季节、高峰负荷期间。

2. 巡视检查项目

(1) 变压器的油温和温度计是否正常。上层油温一般不应超过 85℃,最高不应超过

95℃。变压器各部位有无渗油、漏油现象。

(2) 变压器套管外部有无破损裂纹，有无放电痕迹及其他异常现象。

(3) 变压器音响是否正常。正常的音响为均匀的“嗡嗡”声。如音响较平常沉重，说明变压器过负荷；如音响尖锐，说明电源电压过高。

(4) 变压器各冷却器手感温度是否相近，风扇、油泵、水泵运转是否正常，吸湿器是否完好，安全气道和防爆膜是否完好无损。

(5) 变压器油枕及瓦斯继电器的油位和油色如何。油面过高，可能是冷却器运行不正常，或变压器内部存在故障；油面过低，可能有渗油、漏油现象。变压器油正常情况下为透明略带浅黄色，如油色变深、变暗，说明油质变坏。

(6) 变压器引线接头、电缆和母线有无发热迹象，有载分接开关的分接位置及电源指示是否正常。

(7) 变压器的接地线是否完好无损。

(8) 变压器及其周围有无影响其安全运行的异物(如易燃、易爆和腐蚀性物体)和异常现象。

在巡视中发现的异常情况，应计入专用记录簿；重要情况应及时上报，请示处理。

二、继电保护装置的运行与维护

(一) 继电保护装置运行维护工作的主要内容

(1) 对新投入和运行中的继电保护装置，应按照《继电保护及电网安全自动装置检查条例》要求的项目进行检查。一般对10～35kV用户的继电保护装置，应每两年进行一次检查，对供电可靠性较高的35kV及以上用户，每年进行一次检查。

(2) 在交接班时，应检查中央信号装置、闪光装置的完好情况，并检查直流系统的绝缘情况、电容储能装置的能量情况等。

(3) 对操作电源定期维护。

(4) 对继电器、端子排以及二次线应进行定期清扫、检查。此工作可以带电进行，也可以停电进行，但应注意以下几点。

① 必须有两人在场，其中一人监护，一人工作。

② 必须严格遵守《电工安全工作规程》中的有关要求，所用的工具应有可靠的绝缘手柄。

③ 清扫二次线上的尘土时，应由盘上部往下部进行。

④ 遇有活动的线头，应将其拧紧，严禁松开再拧紧，防止造成电流互感器二次回路开路，危及人身安全。

(二) 对继电保护装置及二次线巡视与检查的主要内容

(1) 严格监视控制盘上各仪表指示，按照规定的抄表时间抄表。

(2) 继电器外壳有无破损，整定位置是否变动。

(3) 继电器触点有无卡死、脱轴、脱焊等情况，经常带电的继电器触点有无大的抖动及磨损，感应性继电器铝盘转动是否正常。

(4) 各种信号、灯光指示是否正常。

(5) 保护装置的连接片、切换开关的位置是否与运行要求一致。

(6) 有无异常声响、发热、冒烟等现象。

(三) 继电保护装置运行注意事项

(1) 继电保护装置在运行中,当发生异常情况时,应加强监视,并立即向有关部门报告。

(2) 继电保护动作跳闸后,应检查保护动作情况,并查明原因。

(3) 运行值班人员对装置的操作,一般只允许断开或投入连接片、切换转换开关及投、退熔断器等。

(4) 运行中保护退出或变更整定值时,必须得到运行主管部门的同意。

(5) 在运行中的二次回路上工作时,必须遵守《电业安全工作规程》以及《继电保护和安全自动装置现场工作保安规定》的有关要求。

(四) 继电保护装置动作后的处理

(1) 继电保护动作后,运行值班人员必须沉着、迅速、准确地进行处理。

(2) 检查继电保护动作情况,并记录信号继电器掉牌情况。

(3) 根据继电保护动作情况,分析可能是哪些电气设备故障,检查巡视该保护范围内一次设备有无故障现象。

(4) 恢复送电前,应将所有掉牌信号全部复归。

(5) 属当地供电局调度管辖设备的继电保护动作,应迅速将继电保护动作情况和设备巡视情况汇报值班调度员,并应听从调度员的命令进行处理。

(6) 事故处理过程中,应限制事故的发生,防止事故扩大,解除对人身和设备的威胁,还应尽一切可能保持设备继续运行。

自我检测

5-2-1 高压断路器的异常运行应如何处理?

5-2-2 隔离开关巡视时应注意哪些事项?

5-2-3 熔断器的故障处理应注意哪些事项?

5-2-4 继电保护装置动作后应如何处理?

任务三 供配电系统的倒闸操作

任务情境

变配电所的电气设备因周期性检修、试验或处理事故等原因,需要通过操作断路器、隔离开关等电气设备,改变运行方式。通常称这种工作过程为倒闸操作。本任务针对图 2-76 所示的高压配电所进行停、送电倒闸操作。

任务分析

要完成上述任务,需要掌握以下两方面的知识。

✧ 倒闸操作的原则和要求。

✧ 常见的几种倒闸操作方法。

知识准备

为了确保运行安全,防止误操作,电气设备运行人员必须严格执行倒闸操作票制度和监护制度。

倒闸操作票(格式示例如表 5-5 所示)应由操作人根据操作任务通知,按供配电系统一次接线模拟图的运行方式正确填写。设备应使用双重名称,即设备名称和编号。操作票应用钢笔或圆珠笔填写,票面应整洁,字迹应清楚,不得任意涂改。填写完毕,须经监护人核对无误后,分别签名,然后经值班负责人(工作许可人)审核、签名。操作前,应先在模拟接线图上预演,以防误操作。倒闸操作应根据安全工作规定,正确使用安全工具。倒闸操作必须由二人及二人以上执行,并应严格执行监护制度。操作人和监护人都必须明确操作目的和顺序,由监护人按顺序口述操作任务,操作人按口述内容核对设备名称、编号,正确无误后复诵一遍;监护人确认复诵无误,发出“对！执行”的口令,操作人方可执行操作。操作完毕,二人共同检查无误后,由监护人在操作票上做一个“√”记号,再执行下一项操作。全部操作完毕,进行复查。操作中发生疑问时,应立即停止操作,向值班负责人或上一级发令人报告,弄清问题后再进行操作。

表 5-5　倒闸操作票格式示例　　编号:001

操作开始时间:2000 年 6 月 2 日 8 时 30 分		操作终了时间:2000 年 6 月 2 日 8 时 50 分
操作任务:WL_1 电源进线送电		
记号	顺序	操 作 项 目
√	1	拆除线路端及接地端接地线;拆除标示牌
√	2	检查 WL_1、WL_2 进线所有开关均在断开位置,合××＃母联隔离开关
√	3	依次合 No.102 隔离开关,No.101 1＃、2＃隔离开关,合 No.102 高压断路器
√	4	合 No.103 隔离开关,合 No.110 隔离开关
√	5	依次合 No.104～No.109 隔离开关;依次合 No.104～No.109 高压断路器
√	6	合 No.201 刀开关;合 No.201 低压断路器
√	7	检查低压母线电压是否正常
√	8	合 No.202 刀开关;依次合 No.202～No.206 低压断路器或刀熔开关
备注:		

操作人:××　　监护人:×××　　值班负责人:×××　　值长:×××

倒闸操作票应预先编号,按照编号顺序使用。作废的操作票和已执行的操作票,应明确注明。执行完的操作票应由有关负责人保管 3 个月备查。

一、倒闸操作的基本原则

断路器和隔离开关是倒闸操作的主要电气设备。为了减少和避免因断路器未断开或未合好而引起带负荷拉、合隔离开关,倒闸操作的中心环节和基本原则是围绕着不能带负荷拉、合隔离开关的问题。因此,在倒闸操作时,应遵循下列基本原则。

(1) 在拉、合闸时,必须用断路器接通或断开负荷电流或短路电流,绝对禁止用隔离开关切断负荷电流或短路电流。

(2) 在合闸时，应先从电源侧进行，依次到负荷侧。如图 5-4 所示，在检查断路器 QF 确在断开位置后，先合上母线(电源)侧隔离开关 QS_1，再合上线路(负荷)侧隔离开关 QS_2，最后合上断路器 QF。

这是因为在线路 WL_1 合闸送电时，有可能断路器 QF 在合闸位置而未查出，若先合线路侧隔离开关 QS_2，后合母线侧隔离开关 QS_1，造成带负荷合隔离开关，可能引起母线短路事故，影响其他设备安全运行。如先合 QS_1，后合 QS_2，虽是同样带负荷合隔离开关，但由于线路断路器 QF 的继电保护动作，使其自动跳闸，隔离故障点，不致影响其他设备安全运行。同时，线路侧隔离开关检修较简单，只需停一条线路；而检修母线侧隔离开关时，必须停用母线，影响面扩大。

对两侧均装有断路器的双绕组变压器，在送电时，当电源侧隔离开关和负荷侧隔离开关均合上后，应先合上电源侧断路器 QF_1 或 QF_3，后合负荷侧断路器 QF_2 或 QF_4，如图 5-5 所示。T_1 及 T_2 两台变压器中，变压器 T_2 在运行，若将变压器 T_1 投入并列运行，而 T_1 负荷侧恰好存在短路点 k 未被发现，这时若先合负荷侧断路器 QF_2，则变压器 T_2 可能被跳闸，造成大面积停电事故；而若先合电源侧断路器 QF_1，则因继电保护动作而自动跳闸，立即切除故障点，不会影响其他设备安全运行。

(3) 在拉闸时，应先从负荷侧进行，依次到电源侧。图 5-4 所示的供电线路进行停电操作时，应先断开断路器 QF，检查其确在断开位置后，先拉负荷侧隔离开关 QS_2，后拉电源侧隔离开关 QS_1。此时若断路器 QF 在合闸位置未检查出来，造成带负荷拉隔离开关，则故障发生线路上，因线路继电保护动作，使断路器自动跳闸，隔离故障点，不致影响其他设备安全运行。若先拉开电源侧隔离开关，虽然同样是带负荷拉隔离开关，则故障发生母线上，扩大了故障范围，影响其他设备运行，甚至影响全厂供电。

同样，对于图 5-5 所示两侧装有断路器的变压器而言，在停电时，应先从负荷侧进行，先断开负荷侧断路器，切断负荷电流；后断开电源侧断路器，切断变压器空载电流。

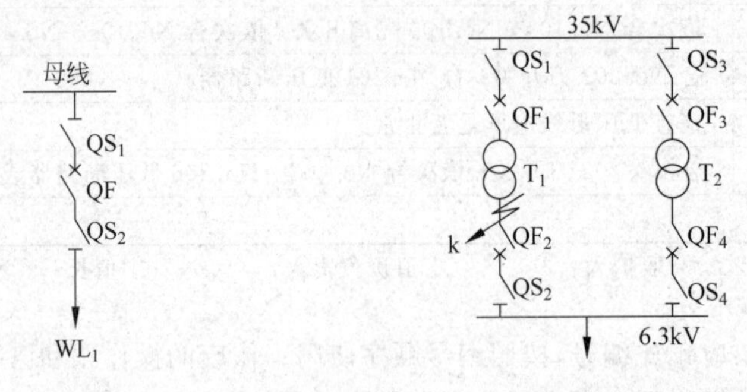

图 5-4 倒闸操作图示之一　　图 5-5 倒闸操作图示之二

二、倒闸操作的基本要求

1. 操作隔离开关的基本要求

(1) 在手动合隔离开关时，必须迅速、果断。在合闸开始时，如发生弧光，应毫不犹豫地将隔离开关迅速合上，严禁将其再行拉开。因为带负荷拉开隔离开关，会使弧光更大，造成设备更严重损坏。这时，只能用断路器切断该回路后，才允许将误合的隔离开关拉开。

(2) 在手动拉开隔离开关时,应缓慢而谨慎,特别是在刀片刚离开固定触头时,如发生电弧,应立即反向重新将刀闸合上,并停止操作,查明原因,做好记录。但在切断允许范围内的小容量变压器空载电流、一定长度的架空线路和电缆线路的充电电流、少量的负荷电流时,拉开隔离开关时都会有电弧产生,此时应迅速将隔离开关拉开,使电弧立即熄灭。

(3) 在拉开单极操作的高压熔断器刀闸时,应先拉中间相,再拉两边相。因为切断第一相时,弧光最小;切断第二相时,弧光最大。这样操作,可以减少相间短路的机会。合刀闸时,顺序相反。

(4) 在操作隔离开关后,必须检查隔离开关的开合位置,因为有时可能由于操作机构的原因,隔离开关操作后,实际上未合好或未拉开。

2. 操作断路器的基本要求

在运行和操作中,断路器本身的故障一般有拒绝合、分闸,假合闸,三相不同期,操作机构不灵,短路电流切断能力不够等现象。要避免或减少这类故障,应注意以下几个方面。

(1) 在改变运行方式时,首先应检查断路器的断流容量是否大于该电路的短路容量。

(2) 在一般情况下,断路器不允许带电手动合闸。因为手动合闸的速度慢,易产生电弧,特殊需要时除外。

(3) 遥控操作断路器时,扳动控制开关不能用力过猛,以防损坏控制开关;也不得使控制开关返回太快,防止断路器合闸后又跳闸。

(4) 在断路器操作后,应检查有关信号灯及测量仪表(如电压表、电流表、功率表)的指示,确认断路器触头的实际位置。必要时,可到现场检查断路器的机械位置指示器,确定实际开、合位置,防止在操作隔离开关时,发生带负荷拉、合隔离开关事故。

任务实施

一、变配电所的送电操作

变配电所的送电操作,要按照母线侧隔离开关(或刀开关)→负荷侧隔离开关(或刀开关)→断路器的合闸顺序依次操作。

以图2-76所示的高压配电所为例,当停电检修完成后,要恢复线路 WL_1 送电,而线路 WL_2 作为备用。送电操作程序如下所述(参见表5-5)。

(1) 检查整个变配电所电气装置上确实无人工作后,拆除临时接地线和标示牌。拆除接地线时,应先拆线路端,再拆接地端。

(2) 检查两路进线 WL_1、WL_2 的开关均在断开位置后,合上两段高压母线 WB_1 和 WB_2 之间的联络隔离开关,使 WB_1 和 WB_2 能够并列运行。

(3) 依次从电源侧合上 WL_1 上所有的隔离开关,然后合上进线断路器。如合闸成功,说明 WB_1 和 WB_2 是完好的。

(4) 合上接于 WB_1 和 WB_2 的电压互感器回路的隔离开关,检查电源电压是否正常。

(5) 依次合上高压出线上的隔离开关,然后依次合上所有高压出线上的断路器,对所有车间变电所的主变压器送电。

(6) 合No.2车间变电所主变压器低压侧的刀开关,再合低压断路器。如合闸成功,说明低压母线是完好的。

(7) 通过接于两段低压母线上的电压表，检查低压母线电压是否正常。

(8) 依次合 No.2 车间变电所所有低压出线的刀开关，然后合低压断路器，或合上低压熔断器式刀开关，使所有低压输出线送电。

至此，整个高压配电所及其附设车间变电所全部投入运行。

如果变配电所在事故停电以后恢复送电，则倒闸操作程序与变配电所装设的开关类型有关。

(1) 如果电源进线装设了高压断路器，则高压母线发生短路故障时，断路器自动跳闸。在故障消除后，可直接合上断路器恢复供电。

(2) 如果电源进线装设了高压负荷开关，则在故障消除后，先更换熔断器的熔体，才能合上负荷开关恢复送电。

(3) 如果电源进线装设了高压隔离开关—熔断器，则在故障消除后，须先更换熔断器熔体，并断开所有出线断路器，再合隔离开关，最后合上所有出线断路器才能恢复送电。

如果电源进线装设了跌开式熔断器，也必须如此操作才行。

二、变配电所的停电操作

变配电所的停电操作，要按照断路器→负荷侧隔离开关(或刀开关)→母线侧隔离开关(或刀开关)的拉闸顺序依次操作。

仍以图 2-76 所示高压配电所为例。现要停电检修，操作程序如下所述。

(1) 依次断开所有高压出线上的断路器，然后拉开所有出线上的隔离开关。

(2) 断开进线上的断路器，然后依次拉开进线上的所有隔离开关。

(3) 在所有断开的高压断路器手柄上挂上“有人工作，禁止合闸”的标示牌。

(4) 在电源进线末端、进线隔离开关之前悬挂临时接地线。安装接地线时，应先接接地端，再接线路端。

至此，整个高压配电所全部停电。

知识拓展

电气设备“五防”装置的现状分析

电气误操作是变电运行人员在倒闸操作活动中的大忌。为了有效防止误操作事故的发生，多年来，电力企业在加强运行人员安全意识教育、安全技能培训和不断完善有关规章制度的同时，积极、努力地通过采用各种防误操作技术措施，完善硬件设施来控制和规范操作人员的操作行为。

《电力安全工作规程》规定：高压电气设备都应安装完善的防误操作闭锁装置，其目的就是从技术措施上实现电力系统俗称的“五防功能”，即防止误拉、合开关，防止带负荷拉、合刀闸，防止带电合(挂)接地刀闸(接地线)，防止误入带电间隔，防止带接地线(接地刀闸)合闸等。但目前防误装置的类型和使用效果怎样呢？随着技术的发展，管理模式的变化，原有的“五防”技术是否能跟上发展的步伐？传统的“五防”理念是否要有所改变？是否有更好的防误系统来实现“五防”管理现代化呢？下面就这些问题做简要论述。

（一）防误装置应用的现状分析

目前在电力系统中使用的电气设备防误装置类型主要有普通挂锁、程序挂锁、机械程序锁、机械闭锁、电磁闭锁、电气闭锁、微机防误闭锁装置等，其优、缺点如下所述。

1. 普通挂锁

普通挂锁是最原始的防误措施。它是利用民用的普通挂锁对刀闸等电气设备的操作把手进行加挂来实现闭锁，其结构简单、明了。但由于闭锁方式简单，且存在钥匙繁多、管理麻烦、容易拿错、无法实现设备间联锁等原因，防误功能和可靠性等方面不能满足现有运行要求，系统中除一些特殊设备外，目前已绝少使用。

2. 程序挂锁

程序挂锁也是初期产品，它是利用带有程序编码性质的双开挂锁来实现单个间隔内的简单程序闭锁，由于存在与普通挂锁相同的缺点，目前系统内也已鲜见。

3. 机械程序锁

机械程序锁是利用带有程序编码性质的机械锁具对开关、刀闸等电气设备的操作把手实行机械定位控制来实现闭锁的。它能实现多个间隔之间的程序闭锁，在设备不多、一次接线简单的小型变电所内使用时，防误功能尚可；当用于接线较复杂的变电所，如双母线带旁路接线时，由于开锁程序复杂、开锁钥匙繁多、开锁时间长、开锁原理工作人员不易掌握、使用过于麻烦等原因，加上锁具制作及安装工艺精度要求高，造成日常维护量大和解锁量大，目前逐步被其他类型的防误装置取代。

4. 机械闭锁

机械闭锁是利用刀闸、开关等设备操作机械传动部分，通过互相限位、相互制约来实现联锁的闭锁方式，其特点是闭锁简单、可靠，不需使用开锁钥匙。这种闭锁实现的前提是一体化设备，如单一刀闸、开关柜、组合电器等；如要实现单元设备间的闭锁，则相当困难。因此，其防误功能是有限的。

5. 电磁闭锁

电磁闭锁是利用电磁锁的锁栓对刀闸、网门等电气设备的操作把手实行机械定位控制来实现相互闭锁的。其原理是利用断路器、刀闸、开关柜门等辅助接点、微动开关，接通或断开需闭锁设备的电磁锁电源，使其操作机构无法操作或门无法打开，实现设备间的联锁。

电磁闭锁特点是原理简单，实施和操作简便，适用于电气接线较简单的变电所内部分设备和配电装置的防误。但由于辅助接点过多、电缆使用量大、调试较为困难，加上运行环境恶劣、辅助接点不可靠、故障概率较高等，常常导致闭锁失灵，并且防误功能不够完善。

6. 电气闭锁

电气闭锁属于电气逻辑闭锁，它是利用开关、刀闸等设备的辅助接点串接入需要闭锁的设备的电动操作回路中，实现设备之间的相互闭锁。其特点是没有过多的附属设备，外表十分简洁。这种方式仅适用于电动操作的设备机构上，闭锁逻辑关系不宜太复杂，对辅助开关质量和运行环境要求较高，闭锁功能不够完善。

7. 微机防误闭锁装置

目前电力系统中使用的微机防误闭锁装置，主流产品是一种离线的防误闭锁系统，它由计算机主机、电脑钥匙、电气编码锁、机械编码锁等硬件组成，通过设置在系统内的软件实现防误逻辑闭锁功能。操作人员在操作前需先在防误系统中进行模拟操作，将模拟操作顺序输入到系统中，然后通过专用接口将操作程序传输到电脑钥匙中；操作人员用电脑钥匙到现场按已输入的操作顺序依次打开编码锁，实施操作，并采集设备状态，作为下一步能否操作的判据。整个操作完毕，再将电脑钥匙中的状态信息返回给防误主机进行状态更新，实现防误主机与现场设备状态的一致性。其特点是防误闭锁逻辑功能由微机“五防”系统独立完成，理论上能实现较为复杂的程序闭锁功能，其安装、维护比较方便。其缺点是这种模式只能离线控制设备及采集设备状态。当操作过程中设备发生异常变位后，电脑钥匙不能及时得到设备的变位信息，因而不能完全实现开关、刀闸等设备操作时的实时防误功能，仍然存在发生误操作的隐患；加上防误系统的操作比较烦琐，电脑钥匙易受环境电磁场干扰、产品质量等因素的影响，造成程序丢失，使得实际应用中不尽如人意。在变电所实行无人值班后，无法实现远方遥控操作，阻碍了变电所无人值班管理工作的推进。

综上所述，一体化的设备，如刀闸主刀与其两侧地刀、开关柜的开关与刀闸间等比较适合采用条机械闭锁，非一体化的单元间隔利用电磁锁或电气闭锁也不很困难；但要对一个变电所，特别是接线比较复杂的变电所做一套完善的“五防”方案，上述几种方式则显得捉襟见肘。

（二）“五防”闭锁集控化综合管理模式的提出

离线式微机防误装置虽然解决了适应各类接线及各设备之间的联锁问题，但随着无人值班变电所的实施、设备装备水平的发展、电动操作设备的增多以及监控中心、操作班的建立，一些新的倒闸操作管理模式正在挑战传统或现有的防误装置的防误功能和“五防”理念。

(1) 离线式微机防误闭锁装置采用电脑钥匙到现场开锁操作的方式无法满足监控系统后台遥控操作电动设备的需求。

(2) 传统的解锁管理，是有权批准解锁的人员通过电话了解现场操作步骤和解锁原因来判断是否同意解锁操作，但对现场人员解锁操作的正确与否无法监控。为了实现对解锁操作的监控，特别是在实行单人参与检修和操作时，迫切需要防误系统对变电所解锁操作具有远程解锁监控的功能。

(3) 系统操作时需要解决联络线路两侧防误联锁的问题；变电所操作量大时，需要解决多任务并行操作的问题等。

由于上述问题凸现，防误装置的功能迫切需要打破传统、单一变电所“五防”闭锁管理方式，从无人值班变电所及监控中心的整体考虑，建立一个信息化联网、功能更强大、手段更全面的“五防”闭锁集控化综合管理模式。目前普遍使用的离线式微机防误闭锁装置不仅无法实现，而且在使用过程中暴露出不可克服的弱点，如操作烦琐、限制并行操作、锁具复杂、维护困难、操作过程无法监控，更无法实现不同变电所间联络线的联锁，以及使用防误钥匙增加操作麻烦等，因此，如何利用现代网络技术，实现防误装置在理念和技术上的新突破显得非常迫切。实时在线的，根据开关、刀闸等设备的实时状态信息，用微机防误系统实现“五防”功能的在线式微机防误装置必将以其实时性强、适用性强、灵活方便、便于全方位考虑，并且满足无人值班变电所远方遥控操作的防误功能等特点，在目前防误系统领域独领风骚。

自我检测

5-3-1　简述倒闸操作的基本原则。

5-3-2　操作隔离开关的基本要求有哪些?

5-3-3　进行母线操作时,应注意哪些事项?

5-3-4　简述变配电所送电和停电操作的一般顺序。

附　录

常用设备的主要技术数据

附表1　用电设备组的需要系数、二项式系数及功率因数值

用电设备组名称	需要系数 K_d	二项式系数		最大容量设备台数 x[①]	$\cos\varphi$	$\tan\varphi$
		b	c			
小批生产的金属冷加工机床电动机	0.16～0.2	0.14	0.4	5	0.5	1.73
大批生产的金属冷加工机床电动机	0.18～0.25	0.14	0.5	5	0.5	1.73
小批生产的金属热加工机床电动机	0.25～0.3	0.24	0.4	5	0.6	1.33
大批生产的金属热加工机床电动机	0.3～0.35	0.26	0.5	5	0.65	1.17
通风机、水泵、空压机及电动发电机组电动机	0.7～0.8	0.65	0.25	5	0.8	0.75
非联锁的连续运输机械及铸造车间整砂机械	0.5～0.6	0.4	0.4	5	0.75	0.88
联锁的连续运输机械及铸造车间整砂机械	0.65～0.7	0.6	0.2	5	0.75	0.88
锅炉房和机加、机修、装配等类车间的吊车(ε=25%)	0.1～0.15	0.06	0.2	3	0.5	1.73
铸造车间的吊车(ε=25%)	0.15～0.25	0.09	0.3	3	0.5	1.73
自动连续装料的电阻炉设备	0.75～0.8	0.7	0.3	2	0.95	0.33
实验室用的小型电热设备(电阻炉、干燥箱等)	0.7	0.7	0	—	1.0	0
工频感应电炉(未带无功补偿设备)	0.8	—	—	—	0.35	2.68
高频感应电炉(未带无功补偿设备)	0.8	—	—	—	0.6	1.33
电弧熔炉	0.9	—	—	—	0.87	0.57
点焊机、缝焊机	0.35	—	—	—	0.6	1.33
对焊机、铆钉加热机	0.35	—	—	—	0.7	1.02
自动弧焊变压器	0.5	—	—	—	0.4	2.29
单头手动弧焊变压器	0.35	—	—	—	0.35	2.68
多头手动弧焊变压器	0.4	—	—	—	0.35	2.68

续表

用电设备组名称	需要系数 K_d	二项式系数		最大容量设备台数 x[①]	cosφ	tanφ
		b	c			
单头弧焊电动发电机组	0.35	—	—	—	0.6	1.33
多头弧焊电动发电机组	0.7	—	—	—	0.75	0.88
生产厂房及办公室、阅览室、实验室照明[②]	0.8～1	—	—	—	1.0	0
变配电所、仓库照明[②]	0.5～0.7	—	—	—	1.0	0
宿舍(生活区)照明[②]	0.6～0.8	—	—	—	1.0	0
室外照明、应急照明[②]	1	—	—	—	1.0	0

注：① 如果用电设备组的设备总台数 $n<2x$，取 $x=n/2$，且按四舍五入的修约规则取其整数。

② 这里的 $\cos\varphi$ 和 $\tan\varphi$ 值均为白炽灯照明的数值。如为荧光灯照明，取 $\cos\varphi=0.9$，$\tan\varphi=0.48$；如为高压汞灯或钠灯，取 $\cos\varphi=0.5$，$\tan\varphi=1.73$。

附表 2　并联电容器的无功补偿率

补偿前的功率因数	补偿后的功率因数				补偿前的功率因数	补偿后的功率因数			
	0.85	0.90	0.95	1.00		0.85	0.90	0.95	1.00
0.60	0.713	0.849	1.004	1.333	0.76	0.235	0.371	0.526	0.85
0.62	0.646	0.782	0.937	1.266	0.78	0.182	0.318	0.473	0.80
0.64	0.581	0.717	0.872	1.206	0.80	0.130	0.266	0.421	0.75
0.66	0.518	0.654	0.809	1.138	0.82	0.078	0.214	0.369	0.69
0.68	0.458	0.594	0.749	1.078	0.84	0.026	0.162	0.317	0.64
0.70	0.400	0.536	0.691	1.020	0.86	—	0.109	0.264	0.59
0.72	0.344	0.480	0.635	0.964	0.88	—	0.056	0.211	0.54
0.74	0.289	0.425	0.580	0.909	0.90	—	0.000	0.155	0.48

附表 3　部分并联电容器的主要技术数据

型　　号	额定电压/kV	额定容量/kar	额定电容/μF	相数
BCMJ0.23-5-3	0.23	5	300	3
BCMJ0.23-10-3	0.23	10	600	3
BCMJ0.23-20-3	0.23	20	1200	3
BCMJ0.4-10-3	0.4	10	200	3
BCMJ0.4-12-3	0.4	12	240	3
BCMJ0.4-14-3	0.4	14	280	3
BCMJ0.4-16-3	0.4	16	320	3
BKMJ0.4-12-3	0.4	12	240	3

续表

型　号	额定电压/kV	额定容量/kar	额定电容/μF	相数
BKMJ0.4-15-3	0.4	15	300	3
BKMJ0.4-20-3	0.4	20	400	3
BKMJ0.4-25-3	0.4	25	500	3
BWF6.3-22-1	6.3	22	1.76	1
BWF6.3-25-1	6.3	25	2.0	1
BWF6.3-30-1	6.3	30	2.4	1
BWF6.3-40-1	6.3	40	3.2	1
BWF6.3-50-1	6.3	50	4.0	1
BWF6.3-100-1	6.3	100	8.0	1
BWF6.3-120-1	6.3	120	9.63	1
BWF10.5-22-1	10.5	22	0.64	1
BWF10.5-25-1	10.5	25	0.72	1
BWF10.5-30-1	10.5	30	0.87	1
BWF10.5-40-1	10.5	40	1.15	1
BWF10.5-50-1	10.5	50	1.44	1
BWF10.5-100-1	10.5	100	2.89	1
BWF10.5-120-1	10.5	120	3.47	1
BWF11/$\sqrt{3}$-16-1W	11/$\sqrt{3}$	16	1.26	1
BWF11/$\sqrt{3}$-25-1W	11/$\sqrt{3}$	25	1.97	1
BWF11/$\sqrt{3}$-30-1W	11/$\sqrt{3}$	30	2.37	1
BWF11/$\sqrt{3}$-40-1W	11/$\sqrt{3}$	40	3.16	1
BWF11/$\sqrt{3}$-50-1W	11/$\sqrt{3}$	50	3.95	1
BWF11/$\sqrt{3}$-100-1W	11/$\sqrt{3}$	100	7.89	1
BWF11/$\sqrt{3}$-120-1W	11/$\sqrt{3}$	120	9.45	1

注：1. 表中并联电容器额定频率均为50Hz。

2. 并联电容器全型号的表示和含义：

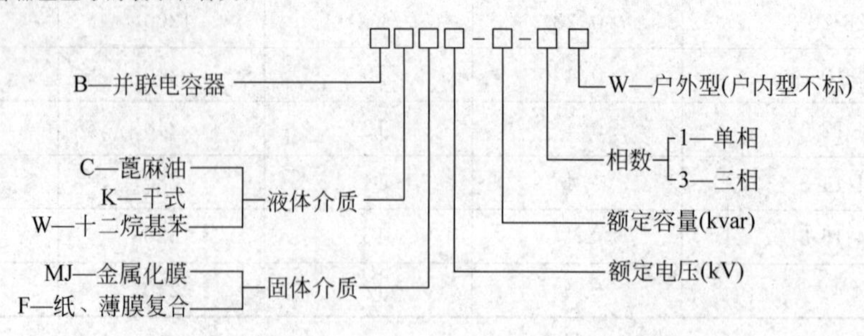

附表 4　部分高压断路器的主要技术数据

类别	型号	额定电压/kV	额定电流/A	额定开断电流/kV	额定断流容量/(MV·A)	动稳定电流峰值/kA	热稳定电流有效值/kA	固有分闸时间(不大于)/s	合闸时间(不大于)/s	配用操动机构型号
户内少油断路器	SN10-10Ⅰ	10	630	16	300	40	16(4s)	0.06	0.20	CS2、CS15、CD10、CD14、CT7、CT8、CT9 等
			1000							
	SN10-10Ⅱ		1000	31.5	500	80	31.5(4s)			
	SN10-10Ⅲ		1250	40	750	125	40(4s)			
			2000							
			3000							
	SN10-35Ⅰ	35	1000	16	1000	40	16(4s)	0.06	0.25(CD)	CD10、CT7、CT10 等
	SN10-35Ⅱ		1250	20	1250	50	20(4s)		0.20(CT)	
户外少油断路器	SW2-35		1000	16.5	1000	45	16.5(4s)		0.4	CTZ-XG
			1500	24.8	1500	63.4	24.8(4s)			
	SW3-35		630	6.6	400	17	6.6(4s)	0.06	0.12	液压型
			1000	16.5	1000	42	16.5(4s)		0.16	
			1500	24.8	1500	63	24.8(4s)		—	
户内真空断路器	ZN2-10	10	630	11.6	200	30	11.6(4s)	0.06	0.2	CD10 等
	ZN3-10		630	8	—	20	8(4s)	0.07	0.15	
			1000	20	—	50	20(4s)	0.05	0.10	
	ZN4-10		1000	17.3	—	44	17.3(4s)	0.05	0.20	
			1250	20	—	50	20(4s)			
	ZN5-10		630	20	—	50	20(4s)	0.05	0.10	专用 CD 型
			1000	20	—	50	20(4s)			
			1250	25	—	63	25(4s)			
	ZN12-10		1250	25	—	63	25(4s)	0.06	0.10	CT8 等
			2000							
	ZN24-10		1250	31.5	—	80	31.5(4s)	0.06	0.10	CT8 等
			2000							
户内六氟化硫断路器	LN2-35Ⅰ	35	1250	16	—	40	16(4s)	0.06	0.15	CT12Ⅱ
	LN2-35Ⅱ		1250	25	—	63	25(4s)			
	LN2-35Ⅲ		1600	25	—	63	25(4s)			
	LN2-10	10	1250	25	—	63	25(4s)	0.06	0.15	CT8Ⅰ、CT12Ⅰ

注：1. 对于热稳定试验时间，各厂不完全一致，有的厂为 2s。

2. 断路器采用 CS2 等型手动操动机构时，其断流容量宜按 100MV·A 计。

附表 5 S9、SC9 和 S11-M·R 系列配电变压器的主要技术数据

型号	额定容量/(kV·A)	额定电压/kV		连接组标号	损耗/W		空载电流/%	阻抗电压/%
		高压	低压		空载	负载		
1. S9 系列配电变压器的主要技术数据								
S9-30/10(6)	30	11,10.5,10,6.3,6	0.4	Yyn0	130	600	2.1	4
S9-50/10(6)	50			Yyn0	170	870	2.0	4
				Dyn11	175	870	4.5	4
S9-63/10(6)	63			Yyn0	200	1040	1.9	4
				Dyn11	210	1030	4.5	4
S9-80/10(6)	80			Yyn0	240	1250	1.8	4
				Dyn11	250	1240	4.5	4
S9-100/10(6)	100			Yyn0	290	1500	1.6	4
				Dyn11	300	1470	4.0	4
S9-125/10(6)	125			Yyn0	340	1800	1.5	4
				Dyn11	360	1720	4.0	4
S9-160/10(6)	160			Yyn0	400	2200	1.4	4
				Dyn11	430	2100	3.5	4
S9-200/10(6)	200			Yyn0	480	2600	1.3	4
				Dyn11	500	2500	3.5	4
S9-250/10(6)	250			Yyn0	560	3050	1.2	4
				Dyn11	600	2900	3.0	4
S9-315/10(6)	315			Yyn0	670	3650	1.1	4
				Dyn11	720	3450	3.0	4
S9-400/10(6)	400			Yyn0	800	4300	1.0	4
				Dyn11	870	4200	3.0	4
S9-500/10(6)	500			Yyn0	960	5100	1.0	4
				Dyn11	1030	4950	3.0	4
S9-630/10(6)	630			Yyn0	1200	6200	0.9	4.5
				Dyn11	1300	5800	3.0	5
S9-800/10(6)	800			Yyn0	1400	7500	0.8	4.5
				Dyn11	1400	7500	2.5	5
S9-1000/10(6)	1000			Yyn0	1700	10300	0.7	4.5
				Dyn11	1700	9200	1.7	5
S9-1250/10(6)	1250			Yyn0	1950	12000	0.6	4.5
				Dyn11	2000	11000	2.5	5
S9-1600/10(6)	1600			Yyn0	2400	14500	0.6	4.5
				Dyn11	2400	14000	2.5	6
S9-2000/10(6)	2000			Yyn0	3000	18000	0.8	6
				Dyn11	3000	18000	0.8	6
S9-2500/10(6)	2500			Yyn0	3500	25000	0.8	6
				Dyn11	3500	25000	0.8	6

续表

型　　号	额定容量/(kV·A)	额定电压/kV		连接组标号	损耗/W		空载电流/%	阻抗电压/%
		高压	低压		空载	负载		
2. SC9 系列环氧树脂浇注干式铜线配电变压器的主要技术数据								
SC9-30/10	30	11，10.5，10，6.6 6.3，6	0.4	Yyn0 Dyn11	200	560	2.8	4
SC9-50/10	50				260	860	2.4	
SC9-80/10	80				340	1140	2	
SC9-100/10	100				360	1440	2	
SC9-125/10	125				420	1580	1.6	
SC9-160/10	160				500	1980	1.6	
SC9-200/10	200				560	2240	1.6	
SC9-250/10	250				650	2410	1.6	
SC9-315/10	315				820	3100	1.4	
SC9-40010	400				900	3600	1.4	
SC9-500/10	500				1100	4300	1.4	
SC9-630/10	630				1200	5400	1.2	
					1100	5600	1.2	6
SC9-800/10	800				1350	6600	1.2	
SC9-1000/10	1000				1550	7600	1	
SC9-1250/10	1250				2000	9100	1	
SC9-1600/10	1600				2300	11000	1	
SC9-2000/10	2000				2700	13300	0.8	
SC9-2500/10	2500				3200	15800	0.8	
3. S11-M·R 系列卷铁心全密封铜线配电变压器的主要技术数据								
S11-M·R-30	30	11，10.5，10，6.3，6	0.4	Yyn0 Dyn11	95	590	1.1	4
S11-M·R-50	50				130	860	1.0	
S11-M·R-63	63				140	1030	0.95	
S11-M·R-80	80				175	1240	0.88	
S11-M·R-100	100				200	1480	0.85	
S11-M·R-125	125				235	1780	0.80	
S11-M·R-160	160				280	2190	0.76	
S11-M·R-200	200				335	2580	0.72	
S11-M·R-250	250				390	3030	0.70	
S11-M·R-315	315				470	3630	0.65	
S11-M·R-400	400				560	4280	0.60	
S11-M·R-500	500				670	5130	0.55	
S11-M·R-630	630				805	6180	0.52	4.5

注：1. 以上三种变压器均为无励磁调压，高压分接头调压范围为±5%或±2×2.5%。

2. SC9 系列变压器一般无外壳。可根据用户要求，加装防护等级为 IP20 或 IP23 的防护外壳。

附表 6　三相线路导线和电缆单位长度每相阻抗值

类别			导线(线芯)截面积/mm²													
			2.5	4	6	10	16	25	35	50	70	95	120	150	185	240
导线		导线温度/℃	每相电阻/(Ω·km⁻¹)													
LJ		50	—	—	—	—	2.07	1.33	0.96	0.66	0.48	0.36	0.28	0.23	0.18	0.14
LGJ		50	—	—	—	—	—	—	0.89	0.68	0.48	0.35	0.29	0.24	0.18	0.15
绝缘导线	铜芯	50	8.40	5.20	3.48	2.05	1.26	0.81	0.58	0.40	0.29	0.22	0.17	0.14	0.11	0.09
		65	8.76	5.43	3.62	2.19	1.37	0.83	0.63	0.44	0.32	0.23	0.18	0.15	0.12	0.10
	铝芯	50	13.3	8.25	5.53	3.33	2.08	1.31	0.94	0.65	0.47	0.35	0.28	0.22	0.18	0.14
		65	14.6	9.15	6.10	3.66	2.29	1.48	1.06	0.75	0.53	0.39	0.31	0.25	0.20	0.15
电力电缆	铜芯	55	—	—	—	—	1.31	0.84	0.60	0.42	0.30	0.22	0.17	0.14	0.12	0.09
		60	8.54	5.34	3.56	2.13	1.33	0.85	0.61	0.43	0.31	0.23	0.18	0.14	0.12	0.09
		75	8.98	5.61	3.75	3.25	1.40	0.90	0.64	0.45	0.32	0.24	0.19	0.15	0.13	0.10
		80	—	—	—	—	1.43	0.91	0.65	0.46	0.33	0.24	0.19	0.15	0.13	0.10
	铝芯	55	—	—	—	—	2.21	1.41	1.01	0.71	0.51	0.37	0.29	0.24	0.20	0.15
		60	14.4	8.99	6.00	3.60	2.25	1.44	1.03	0.72	0.52	0.38	0.30	0.24	0.20	0.16
		75	15.1	9.45	6.31	3.78	2.36	1.51	1.08	0.76	0.54	0.40	0.31	0.25	0.21	0.16
		80	—	—	—	—	2.40	1.54	1.10	0.77	0.56	0.41	0.32	0.26	0.21	0.17
导线		线距/mm	每相电抗/(Ω·km⁻¹)													
LJ		600	—	—	—	—	0.36	0.35	0.34	0.33	0.32	0.31	0.30	0.29	0.28	0.28
		800	—	—	—	—	0.38	0.37	0.36	0.35	0.34	0.33	0.32	0.31	0.30	0.30
		1000	—	—	—	—	0.40	0.38	0.37	0.36	0.35	0.34	0.33	0.32	0.31	0.31
		1250	—	—	—	—	0.41	0.40	0.39	0.37	0.36	0.35	0.34	0.34	0.33	0.32
		1500	—	—	—	—	0.42	0.41	0.40	0.38	0.37	0.36	0.36	0.35	0.34	0.33
		2000	—	—	—	—	0.44	0.43	0.41	0.40	0.40	0.39	0.37	0.37	0.36	0.35
LGJ		1500	—	—	—	—	—	—	0.39	0.38	0.37	0.36	0.35	0.34	0.33	0.33
		2000	—	—	—	—	—	—	0.40	0.39	0.38	0.37	0.37	0.36	0.35	0.34
		2500	—	—	—	—	—	—	0.41	0.41	0.40	0.39	0.38	0.37	0.37	0.36
		3000	—	—	—	—	—	—	0.43	0.42	0.41	0.40	0.39	0.39	0.38	0.37
		3500	—	—	—	—	—	—	0.44	0.43	0.42	0.41	0.40	0.40	0.39	0.38
		4000	—	—	—	—	—	—	0.45	0.44	0.43	0.42	0.41	0.40	0.40	0.39
绝缘导线	明敷/mm	100	0.33	0.31	0.30	0.28	0.27	0.25	0.24	0.23	0.22	0.21	0.20	0.19	0.18	0.18
		150	0.35	0.34	0.33	0.31	0.29	0.28	0.27	0.25	0.24	0.23	0.22	0.22	0.21	0.20
	穿管敷设		0.127	0.119	0.112	0.108	0.102	0.099	0.095	0.091	0.087	0.085	0.083	0.082	0.081	0.080
油浸纸绝缘电缆	电压/kV	1	0.098	0.091	0.087	0.081	0.077	0.067	0.065	0.063	0.062	0.062	0.062	0.062	0.062	0.062
		6	—	—	—	—	0.099	0.088	0.083	0.079	0.076	0.074	0.072	0.071	0.070	0.069
		10	—	—	—	—	0.110	0.098	0.092	0.087	0.083	0.080	0.078	0.077	0.075	0.075
塑料电缆	电压/kV	1	0.100	0.093	0.091	0.087	0.082	0.075	0.073	0.071	0.070	0.070	0.070	0.070	0.070	0.070
		6	—	—	—	—	0.124	0.111	0.105	0.099	0.093	0.089	0.087	0.085	0.082	0.080
		10	—	—	—	—	0.133	0.120	0.113	0.107	0.101	0.096	0.095	0.093	0.090	0.087

注：表中“线距”指线间几何均距。设三相线路的线距分别为 a_1、a_2、a_3，则线间几何均距为 $a_{av}=\sqrt[3]{a_1a_2a_3}$。当三相线路为等距水平排列时，相邻线距为 a，则 $a_{av}=\sqrt[3]{2}a=1.26a$。当三相线路为等边三角形排列时，相邻线距为 a，则 $a_{av}=a$。

附表 7　导体在正常和短路时允许的最高温度及热稳定系数

<table>
<tr><td rowspan="2" colspan="3">导体种类和材料</td><td colspan="2">最高允许温度/℃</td><td rowspan="2">热稳定系数 C /(A·S^{1/2}·mm^{-2})</td></tr>
<tr><td>额定负荷时</td><td>短路时</td></tr>
<tr><td rowspan="2">母线</td><td colspan="2">铜</td><td>70</td><td>300</td><td>171</td></tr>
<tr><td colspan="2">铝</td><td>70</td><td>200</td><td>87</td></tr>
<tr><td rowspan="8">油浸纸绝缘电缆</td><td rowspan="4">铜芯</td><td>1～3kV</td><td>80</td><td>250</td><td>148</td></tr>
<tr><td>6kV</td><td>65(80)</td><td>250</td><td>145</td></tr>
<tr><td>10kV</td><td>60(65)</td><td>250</td><td>148</td></tr>
<tr><td>35kV</td><td>50(65)</td><td>175</td><td>—</td></tr>
<tr><td rowspan="4">铝芯</td><td>1～3kV</td><td>80</td><td>200</td><td>84</td></tr>
<tr><td>6kV</td><td>65(80)</td><td>200</td><td>90</td></tr>
<tr><td>10kV</td><td>60(65)</td><td>200</td><td>92</td></tr>
<tr><td>35kV</td><td>50(65)</td><td>175</td><td>—</td></tr>
<tr><td rowspan="2" colspan="2">橡皮绝缘导线和电缆</td><td>铜芯</td><td>65</td><td>150</td><td>112</td></tr>
<tr><td>铝芯</td><td>65</td><td>150</td><td>74</td></tr>
<tr><td rowspan="2" colspan="2">聚氯乙烯绝缘导线和电缆</td><td>铜芯</td><td>65</td><td>130</td><td>100</td></tr>
<tr><td>铝芯</td><td>65</td><td>130</td><td>65</td></tr>
<tr><td rowspan="2" colspan="2">交联聚乙烯绝缘电缆</td><td>铜芯</td><td>90(80)</td><td>250</td><td>140</td></tr>
<tr><td>铝芯</td><td>90(80)</td><td>250</td><td>84</td></tr>
<tr><td rowspan="2" colspan="2">含有锡焊中间接头的电缆</td><td>铜芯</td><td>—</td><td>160</td><td>—</td></tr>
<tr><td>铝芯</td><td>—</td><td>160</td><td>—</td></tr>
</table>

注：1. "油浸纸绝缘电缆"中加括号的数字适用于"不滴流纸绝缘电缆"。

2. "交联聚乙烯绝缘电缆"中加括号的数字适用于 10kV 以上电压。

附表 8　RT0 型低压熔断器的主要技术数据

<table>
<tr><td rowspan="2">型　号</td><td rowspan="2">熔管额定电压/V</td><td colspan="2">额定电流/A</td><td rowspan="2">最大分断电流/kA</td></tr>
<tr><td>熔管</td><td>熔　体</td></tr>
<tr><td>RT0-100</td><td rowspan="5">交流 380
直流 440</td><td>100</td><td>30、40、50、60、80、100</td><td rowspan="5">50(cosφ=0.1～0.2)</td></tr>
<tr><td>RT0-200</td><td>200</td><td>(80、100)、120、150、200</td></tr>
<tr><td>RT0-400</td><td>400</td><td>(150、200)、250、300、350、400</td></tr>
<tr><td>RT0-600</td><td>600</td><td>(350、400)、450、500、550、600</td></tr>
<tr><td>RT0-1000</td><td>1000</td><td>700、800、900、1000</td></tr>
</table>

附表 9　部分常用低压断路器的主要技术数据

<table>
<tr><td rowspan="2">型　号</td><td rowspan="2">脱扣器额定电流/A</td><td rowspan="2">长延时动作整定电流/A</td><td rowspan="2">短延时动作整定电流/A</td><td rowspan="2">瞬时动作整定电流/A</td><td rowspan="2">单相接地短路动作电流/A</td><td colspan="2">分 断 能 力</td></tr>
<tr><td>电流/kA</td><td>cosφ</td></tr>
<tr><td rowspan="3">DW15-200</td><td>100</td><td>64～100</td><td>300～1000</td><td>300～1000
800～2000</td><td rowspan="3">—</td><td rowspan="3">20</td><td rowspan="3">0.15</td></tr>
<tr><td>150</td><td>98～150</td><td>—</td><td>—</td></tr>
<tr><td>200</td><td>128～200</td><td>600～2000</td><td>600～2000
1600～4000</td></tr>
<tr><td rowspan="3">DW15-400</td><td>200</td><td>128～200</td><td>600～2000</td><td>600～2000
1600～4000</td><td rowspan="3">—</td><td rowspan="3">25</td><td rowspan="3">0.35</td></tr>
<tr><td>300</td><td>192～300</td><td>—</td><td></td></tr>
<tr><td>400</td><td>256～400</td><td>1200～4000</td><td>3200～8000</td></tr>
</table>

续表

型　号	脱扣器额定电流/A	长延时动作整定电流/A	短延时动作整定电流/A	瞬时动作整定电流/A	单相接地短路动作电流/A	分断能力	
						电流/kA	cosφ
DW15-600	300	192～300	900～3000	900～3000 1400～6000	—	30	0.35
	400	256～400	1200～4000	1200～4000 3200～8000			
	600	384～600	1800～6000	—			
DW15-1000	600	420～600	1800～6000	6000～12000	—	40 (短延时 30)	0.35
	800	560～800	2400～8000	8000～16000			
	1000	700～1000	3000～10000	10000～20000			
DW15-1500	1500	1050～1500	4500～15000	15000～30000			
DW15-2500	1500	1050～1500	4500～9000	10500～21000	—	60 (短延时 40)	0.2 (短延时 0.25)
	2000	1400～2000	6000～12000	14000～28000			
	2500	1750～2500	7500～15000	17500～35000			
DW15-4000	2500	1750～2500	7500～15000	17500～35000	—	80 (短延时 60)	0.2
	3000	2100～3000	9000～18000	21000～42000			
	4000	2800～4000	12000～24000	28000～56000			
DW16-630	100	64～100	—	300～600	50	30(380V)	0.25(380V)
	160	102～160		480～960	80		
	200	128～200		600～1200	100		
	250	160～250		750～1500	125		
	315	202～315		945～1890	158	20(660V)	0.3(660V)
	400	256～400		1200～2400	200		
	630	403～630		1890～3780	315		
DW16-2000	800	512～800	—	2400～4800	400	50	—
	1000	640～1000		3000～6000	500		
	1600	1024～1600		4800～9600	800		
	2000	1280～2000		6000～12000	1000		
DW16-4000	2500	1400～2500	—	7500～15000	1250	80	—
	3200	2048～3200		9600～19200	1600		
	4000	2560～4000		12000～24000	2000		
DW17-630 (ME630)	630	200～400 350～630	3000～5000 5000～8000	1000～2000 1500～3000 2000～4000 4000～8000	—	50	0.25
DW17-800 (ME800)	800	200～400 350～630 500～800	3000～5000 5000～8000	1500～3000 2000～4000 4000～8000	—	50	0.25
DW17-1000 (ME1000)	1000	350～630 500～1000	3000～5000 5000～8000	1500～3000 2000～4000 4000～8000	—	50	0.25
DW17-1250 (ME1250)	1250	500～1000 750～1250	3000～5000 5000～8000	2000～4000 4000～8000	—	50	0.25
DW17-1600 (ME1600)	1600	500～1000 900～1600	3000～5000 5000～8000	4000～8000	—	50	0.25
DW17-2000 (ME2000)	2000	500～1000 1000～2000	5000～8000 7000～12000	4000～8000 6000～12000	—	80	0.2
DW17-2500 (ME2500)	2500	1500～2500	7000～12000 8000～12000	6000～12000	—	80	0.2
DW17-3200 (ME3200)	3200	—	—	8000～16000	—	80	0.2
DW17-4000 (ME4000)	4000	—	—	10000～20000	—	80	0.2

注：表中各断路器的额定电压：DW15—直流 220V，交流 380V、660V、1140V；DW16—交流 380V、660V；DW17(ME)—交流 380V、660V。

附表 10　绝缘导线明敷、穿钢管和穿硬塑料管时的允许载流量

1. 绝缘导线明敷时的允许载流量/A

芯线截面/mm²	芯线材质	BX、BLX 型橡皮绝缘线				BX、BLX 型塑料绝缘线			
		环境温度/℃							
		25	30	35	40	25	30	35	40
2.5	铜芯	35	32	30	27	32	30	27	25
	铝芯	27	25	23	21	25	23	21	19
4	铜芯	45	41	39	35	41	37	35	32
	铝芯	35	32	30	27	32	29	27	25
6	铜芯	58	54	49	45	54	50	46	43
	铝芯	45	42	38	35	42	39	36	33
10	铜芯	84	77	72	66	76	71	66	59
	铝芯	65	60	56	51	59	55	51	46
16	铜芯	110	102	94	86	103	95	89	81
	铝芯	85	79	73	67	80	74	69	63
25	铜芯	142	132	123	112	135	126	116	107
	铝芯	110	102	95	87	105	98	90	83
35	铜芯	178	166	154	141	168	156	144	132
	铝芯	138	129	119	109	130	121	112	102
50	铜芯	226	210	195	178	213	199	183	168
	铝芯	175	163	151	138	165	154	142	130
70	铜芯	284	266	245	224	264	246	228	209
	铝芯	220	206	190	174	205	191	177	162
95	铜芯	342	319	295	270	323	301	279	254
	铝芯	265	247	229	209	250	233	216	197
120	铜芯	400	361	346	316	365	343	317	290
	铝芯	310	280	268	245	283	266	246	225
150	铜芯	464	433	401	366	419	391	362	332
	铝芯	360	336	311	284	325	303	281	257
185	铜芯	540	506	468	428	490	458	423	387
	铝芯	420	392	363	332	380	355	328	300
240	铜芯	660	615	570	520	—	—	—	—
	铝芯	510	476	441	403	—	—	—	—

续表

2. 绝缘导线穿钢管(SC、MT)时的允许载流量/A

导线型号	芯线截面/mm²	2根单芯线 环境温度/℃				2根穿管 管径/mm		3根单芯线 环境温度/℃				3根穿管 管径/mm		4～5根单芯线 环境温度/℃				4根穿管 管径/mm		5根穿管 管径/mm	
		25	30	35	40	SC	MT	25	30	35	40	SC	MT	25	30	35	40	SC	MT	SC	MT
BX	2.5	27	25	23	21	15	20	25	22	21	19	15	20	21	18	17	15	20	25	20	25
	4	36	34	31	28	20	25	32	30	27	25	20	25	30	27	25	23	20	25	20	25
	6	48	44	41	37	20	25	44	40	37	34	20	25	39	36	32	30	25	25	25	32
	10	67	62	57	53	25	32	59	55	50	46	25	32	52	48	44	40	25	32	32	40
	16	85	79	74	67	25	32	76	71	66	59	32	32	67	62	57	53	32	40	40	(50)
	25	111	103	95	88	32	40	98	92	84	77	32	40	88	81	75	68	40	(50)	40	—
	35	137	128	117	107	32	40	121	112	104	95	32	(50)	107	99	92	84	40	(50)	50	—
	50	172	160	148	135	40	(50)	152	142	132	120	50	(50)	135	126	116	107	50	—	70	—
	70	212	199	183	168	50	(50)	194	181	166	152	50	(50)	172	160	148	135	70	—	70	—
	95	258	241	223	204	70	—	232	217	200	183	70	—	206	192	178	163	70	—	80	—
	120	297	277	255	233	70	—	271	253	233	214	70	—	245	228	216	194	70	—	80	—
	150	335	313	289	264	70	—	310	289	267	244	70	—	284	266	245	224	80	—	100	—
	185	381	355	329	301	80	—	348	325	301	275	80	—	323	301	279	254	80	—	100	—
BLX	2.5	21	19	18	16	15	20	19	17	16	15	15	20	16	14	13	12	20	25	20	25
	4	28	26	24	22	20	25	25	23	21	19	20	25	23	21	19	18	20	25	20	25
	6	37	34	32	29	20	25	34	31	29	26	20	25	30	28	25	23	25	25	25	32
	10	52	48	44	41	25	32	46	43	39	36	25	32	40	37	34	31	25	32	32	40
	16	66	61	57	52	25	32	59	55	51	46	32	32	52	48	44	41	32	40	40	(50)
	25	86	80	74	68	32	40	76	71	65	60	32	40	68	63	58	53	40	(50)	40	—
	35	106	99	91	83	32	40	94	87	81	74	32	(50)	83	77	71	65	40	(50)	50	—
	50	133	124	115	105	40	(50)	118	110	102	93	50	(50)	105	98	90	83	50	—	70	—
	70	164	154	142	130	50	(50)	150	140	129	118	50	(50)	133	124	115	105	70	—	70	—
	95	200	187	173	158	70	—	180	168	155	142	70	—	160	149	138	126	70	—	80	—
	120	230	215	198	181	70	—	210	196	181	166	70	—	190	177	164	150	70	—	80	—
	150	260	243	224	205	70	—	240	224	207	189	70	—	220	205	190	174	80	—	100	—
	185	295	275	255	233	80	—	270	252	233	213	80	—	250	233	215	197	80	—	100	—

续表

导线型号	芯线截面/mm²	2根单芯线 环境温度/℃				2根穿管 管径/mm		3根单芯线 环境温度/℃				3根穿管 管径/mm		4～5根单芯线 环境温度/℃				4根穿管 管径/mm		5根穿管 管径/mm	
		25	30	35	40	SC	MT	25	30	35	40	SC	MT	25	30	35	40	SC	MT	SC	MT
BV	2.5	26	23	21	19	15	15	23	21	19	18	15	15	19	18	16	14	15	15	15	20
	4	35	32	30	27	15	15	31	28	26	23	15	15	28	26	23	21	15	20	20	20
	6	45	41	39	35	15	20	41	37	35	32	15	20	36	34	31	28	20	25	25	25
	10	63	58	54	49	20	25	57	53	49	44	20	25	49	45	41	39	25	25	25	32
	16	81	75	70	63	25	25	72	67	62	57	25	32	56	59	55	50	25	32	32	40
	25	103	95	89	81	25	32	90	84	77	71	32	32	84	77	72	66	32	40	32	(50)
	35	129	120	111	102	32	40	116	108	99	92	32	40	103	95	89	81	40	(50)	40	—
	50	161	150	139	126	40	50	142	132	123	112	40	(50)	120	120	111	102	50	(50)	50	—
	70	200	186	173	157	50	50	184	172	159	146	50	(50)	164	152	141	129	50	—	70	—
	95	245	228	212	194	50	(50)	219	204	190	173	50	—	196	183	169	155	70	—	70	—
	120	284	264	245	224	50	(50)	252	235	217	199	50	—	222	206	191	175	70	—	80	—
	150	323	301	279	254	70	—	290	271	250	228	70	—	258	241	223	204	70	—	80	—
	185	368	343	317	290	70	—	329	307	284	259	70	—	297	277	255	233	80	—	100	—
BLV	2.5	20	18	17	15	15	15	18	16	15	14	15	15	15	14	12	11	15	15	15	20
	4	27	25	23	21	15	15	24	22	20	18	15	15	22	20	19	17	15	20	20	20
	6	35	32	30	27	15	20	32	29	27	25	15	20	28	26	24	22	20	25	25	25
	10	49	45	42	38	20	25	44	41	38	34	20	25	38	35	32	30	25	25	25	32
	16	63	58	54	49	25	25	56	52	48	44	25	32	50	46	43	39	25	32	32	40
	25	80	74	69	63	25	32	70	65	60	55	32	32	65	60	56	51	32	40	40	(50)
	35	100	93	86	79	32	40	90	84	77	71	32	40	80	74	69	63	40	(50)	40	—
	50	125	116	108	98	40	50	110	102	95	87	40	(50)	100	93	86	79	50	(50)	50	—
	70	155	144	134	122	50	50	143	133	123	113	50	(50)	127	118	109	100	50	—	70	—
	95	190	177	164	150	50	(50)	170	158	147	134	50	—	152	142	131	120	70	—	70	—
	120	220	205	190	174	50	(50)	195	182	168	154	50	—	172	160	148	136	70	—	80	—
	150	250	233	216	197	70	—	225	210	194	177	70	—	200	187	173	158	70	—	80	—
	185	285	266	246	225	70	—	255	238	220	201	70	—	230	215	198	181	80	—	100	—

3. 绝缘导线穿硬塑料管(PC)时的允许载流量

导线型号	芯线截面/mm²	2根单芯线 环境温度/℃				2根穿管管径/mm	3根单芯线 环境温度/℃				3根穿管管径/mm	4～5根单芯线 环境温度/℃				4根穿管管径/mm	5根穿管管径/mm
		25	30	35	40	PC	25	30	35	40	PC	25	30	35	40	PC	PC
BX	2.5	25	22	21	19	15	22	19	18	17	15	19	18	16	14	20	25
	4	32	30	27	25	20	30	27	25	23	20	26	23	22	20	20	25
	6	43	39	36	34	20	37	35	32	28	20	34	31	28	26	25	32
	10	57	53	49	44	25	52	48	44	40	25	45	41	38	35	32	32
	16	75	70	65	58	32	67	62	57	53	32	59	55	50	46	32	40
	25	99	92	85	77	32	88	81	75	68	32	77	72	66	61	40	40
	35	123	114	106	97	40	108	101	93	85	40	95	89	83	75	40	50
	50	155	145	133	121	40	139	129	120	111	50	123	114	106	97	50	65
	70	197	184	170	156	50	174	163	150	137	50	155	144	133	122	65	75
	95	237	222	205	187	50	213	199	183	168	65	194	181	166	152	75	80
	120	271	253	233	214	65	245	228	212	194	65	219	204	190	173	80	80
	150	323	301	277	254	65	293	273	253	231	75	264	246	228	209	80	90
	185	364	339	313	288	80	329	307	284	259	80	299	279	258	236	100	100
BLX	2.5	19	17	16	15	15	17	15	14	13	15	15	14	12	11	20	25
	4	25	23	21	19	20	23	21	19	18	20	20	18	17	15	20	25
	6	33	30	28	26	20	29	27	25	22	20	26	24	22	20	25	32
	10	44	41	38	34	25	40	37	34	31	25	35	32	30	27	32	32
	16	58	54	50	45	32	52	48	44	41	32	46	43	39	36	32	40
	25	77	71	66	60	32	68	63	58	53	32	60	56	51	47	40	40
	35	95	88	82	75	40	84	78	72	66	40	74	69	64	58	40	50
	50	120	112	103	94	40	108	100	93	86	50	95	88	82	75	50	65
	70	153	143	132	121	50	135	126	116	105	50	120	112	103	94	65	75
	95	184	172	159	145	50	165	154	142	130	65	150	140	129	118	75	80
	120	210	196	181	166	65	190	177	164	150	65	170	158	147	134	80	80
	150	250	233	215	197	65	227	212	194	179	75	205	191	177	162	80	90
	185	282	263	243	223	80	255	238	220	201	80	232	216	200	183	100	100

续表

导线型号	芯线截面/mm^2	2根单芯线 环境温度/℃				2根穿管 管径/mm	3根单芯线 环境温度/℃				3根穿管 管径/mm	4～5根单芯线 环境温度/℃				4根穿管 管径/mm	5根穿管 管径/mm
		25	30	35	40	PC	25	30	35	40	PC	25	30	35	40	PC	PC
BV	2.5	23	21	19	18	15	21	18	17	15	15	18	17	15	14	20	25
	4	31	28	26	23	20	28	26	24	22	20	25	22	20	19	20	25
	6	40	36	34	31	20	35	32	30	27	20	32	30	27	25	25	32
	10	54	50	46	43	25	49	45	42	39	25	43	39	36	34	32	32
	16	71	66	61	55	32	63	58	54	49	32	57	53	49	44	32	40
	25	94	88	81	74	32	84	77	72	66	40	74	68	63	58	40	50
	35	116	108	99	92	40	103	95	89	81	40	90	84	77	71	50	65
	50	147	137	126	116	50	132	123	114	103	50	116	108	99	92	65	65
	70	187	174	161	147	50	168	156	144	132	50	148	138	128	116	65	75
	95	226	210	195	178	65	204	190	175	160	65	181	168	156	142	75	75
	120	266	241	223	205	65	232	217	200	183	65	206	192	178	163	75	80
	150	297	277	255	233	75	267	249	231	210	75	239	222	206	188	80	90
	185	342	319	295	270	75	303	283	262	239	80	273	255	236	215	90	100
BLV	2.5	18	16	15	14	15	16	14	13	12	15	14	13	12	11	20	25
	4	24	22	20	18	20	22	20	19	17	20	19	17	16	15	20	25
	6	31	28	26	24	20	27	25	23	21	20	25	23	21	19	25	32
	10	42	39	36	33	25	38	35	32	30	25	33	30	28	26	32	32
	16	55	51	47	43	32	49	45	42	38	32	44	41	38	34	32	40
	25	73	68	63	57	32	65	60	56	51	40	57	53	49	45	40	50
	35	90	84	77	71	40	80	74	69	63	40	70	65	60	55	50	65
	50	114	106	98	90	50	102	95	88	80	50	90	84	77	71	65	65
	70	145	135	125	114	50	130	121	112	102	50	115	107	99	90	65	75
	95	175	163	151	138	65	158	147	136	124	65	140	130	121	110	75	75
	120	206	187	173	158	65	180	168	155	142	65	160	149	138	126	75	80
	150	230	215	198	181	75	207	193	179	163	75	185	172	160	146	80	90
	185	265	247	229	209	75	235	219	203	185	80	212	198	183	167	90	100

注：1. 穿线管“SC”表示“焊接钢管”(welded steel conduit)，旧符号“G”；“MT”表示“电线管”(electrical metallic tubing)，旧符号“DG”。

2. 穿钢管“PC”表示“硬塑料管(rigid PVC conduit)”，旧符号为“VG”。

3. 4～5根单芯线穿管的载流量，是指三相四线制的TN-C系统、TN-S系统和TN-C-S系统中的相线载流量，其中性线(N)或保护中性(PEN)中可有不平衡电流通过。如果线路是供电给平衡的三相负荷，第4根导线为单纯的保护线(PE)，则虽有4根导线穿管，但其截流量仍应按3根线穿管的载流量考虑，管径按4根线穿管选择。

附表 11　电力变压器配用的高压熔断器规格

变压器容量/(kV·A)		100	125	160	200	250	315	400	500	630	800	1000
$I_{1N\cdot T}$/A	6kV	9.6	12	15.4	19.2	24	30.2	38.4	48	60.5	76.8	96
	10kV	5.8	7.2	9.3	11.6	14.4	18.2	23	29	36.5	46.2	58
RN1 型熔断器	6kV	20/20		75/30		75/40	75/50	75/75		100/100	200/150	
$I_{N\cdot FU}/I_{N\cdot FE}$/A	10kV	20/15			20/20	50/30		50/40	50/50	100/75		100/100
RW4 型熔断器	6kV	50/20		50/30	50/40		50/50	100/75		100/100	200/150	
$I_{N\cdot FU}/I_{N\cdot FE}$/A	10kV	50/15		50/20		50/30	50/40		50/50	100/75		100/100

附表 12　LQJ-10 型电流互感器的主要技术数据

1. 额定二次负荷

铁心代号	额定二次负荷					
	0.5 级		1 级		3 级	
	Ω	V·A	Ω	V·A	Ω	V·A
0.5	0.4	10	0.6	15	—	—
3	—	—	—	—	1.2	30

2. 热稳定度和动稳定度

额定一次电流/A	1s 热稳定倍数	动稳定倍数
5、10、15、20、30、40、50、60、75、100	90	225
160(150)、200、315(300)、400	75	160

注：括号内数据，仅限老产品。

附表 13　架空裸导线的最小截面

线路类别		导线最小截面/mm²		
		铝及铝合金线	钢芯铝线	铜绞线
35kV 及以上线路		35	35	35
3～10kV 线路	居民区	35	25	25
	非居民区	25	16	16
低压线路	一般	16	16	16
	与铁路交叉跨越	35	16	16

附表 14　绝缘导线芯线的最小截面

线路类别			芯线最小截面/mm²		
			铜芯软线	铜线	铝线
照明用灯头引下线		室内	0.5	1.0	2.5
		室外	1.0	1.0	2.5
移动式设备线路		生活用	0.75	—	—
		生产用	1.0	—	—
敷设在绝缘支持件上的绝缘导线(L 为支持件间距)	室内	$L\leqslant 2$m	—	1.0①	2.5
	室外	$L\leqslant 2$m	—	1.5①	2.5
		2m$<L\leqslant$6m	—	2.5	4
		6m$<L\leqslant$15m	—	4	6
		15m$<L\leqslant$25m	—	6	10

续表

线路类别			芯线最小截面/mm²		
			铜芯软线	铜线	铝线
穿管敷设的绝缘导线			1.0①	1.0①	2.5
沿墙明敷的塑料护套线			—	1.0①	2.5
板孔穿线敷设的绝缘导线			—	1.0①	2.5
PE线和PEN线	有机械保护时		—	1.5	2.5
	无机械保护时	多芯线	—	2.5	4
		单芯干线	—	10	16

注：① GB 50096—1999《住宅设计规定》规定：住宅导线应采用铜芯线，其分支回路截面不应小于 2.5mm²。

附表 15　LJ 型铝绞线和 LGJ 型钢芯铝线的允许载流量

额定截面/mm²			16	25	35	50	70	95	120	150	185	240
LJ 的允许载流量/A	环境温度/℃	20	110	142	179	226	278	341	394	462	525	641
		25	105	135	170	215	265	325	375	440	500	610
		30	99	127	160	202	249	306	353	414	470	573
		35	92	120	151	191	236	289	334	392	445	543
		40	85	111	139	176	217	267	308	361	410	500
LGJ 的允许载流量/A		20	111	142	179	231	289	352	399	467	541	641
		25	105	135	170	220	275	335	380	445	515	610
		30	98	127	159	207	259	315	357	418	484	574
		35	92	119	149	193	228	295	335	391	453	536
		40	85	110	137	78	222	272	307	360	416	494

注：1. 导线载流量值按导线工作温度为 70℃确定。

2. TJ 型铜绞线的载流量约为同截面 LJ 型铝绞线载流量的 1.29 倍。

附表 16　LMY 型矩形硬铝母线的允许载流量　　单位：A

每相母线条数		单条		双条		三条		四条	
母线放置方式		平放	竖放	平放	竖放	平放	竖放	平放	竖放
母线尺寸 宽(mm)×厚(mm)	40×4	480	503	—	—	—	—	—	—
	40×5	542	562	—	—	—	—	—	—
	50×4	586	613	—	—	—	—	—	—
	50×5	661	692	—	—	—	—	—	—
	63×6.3	910	952	1409	1547	1866	2111	—	—
	63×8	1038	1085	1623	1777	2113	2379	—	—
	63×10	1168	1221	1825	1994	2381	2665	—	—
	80×6.3	1128	1178	1724	1892	2211	2505	2558	3411
	80×8	1274	1330	1946	2131	2491	2809	2863	3817
	80×10	1427	1490	2175	2373	2774	3114	3167	4222
	100×6.3	1371	1430	2054	2053	2663	2985	3032	4043
	100×8	1542	1609	2298	2516	2933	3311	3359	4479
	100×10	1728	1803	2558	2796	3181	3578	3622	4829
	125×6.3	1674	1744	2446	2680	2079	3490	3525	4700
	125×8	1876	1955	2725	2982	3375	3813	3847	5129
	125×10	2089	2177	3005	3282	3725	4194	4225	5633

注：本表载流量在导体工作温度 70℃、环境温度 25℃、无风、无日照条件下计算而得(据 GB 50060—1992)。

附表 17　10kV 常用三相电缆的允许载流量

项　　目		电缆允许载流量/A							
绝缘类型		黏性油浸纸		不滴流纸		交联聚乙烯			
钢铠护套						无		有	
缆芯最高工作温度/℃		60		65		90			
敷设方式		空气中	直埋	空气中	直埋	空气中	直埋	空气中	直埋
缆芯截面/mm²	16	42	55	47	59	—	—	—	—
	25	56	75	63	79	100	90	100	90
	35	68	90	77	95	123	110	123	105
	50	81	107	92	111	146	125	141	120
	70	106	133	118	138	178	152	173	152
	95	126	160	143	169	219	182	214	182
	120	146	182	168	196	251	205	246	205
	150	171	206	189	220	283	223	278	219
	185	195	233	218	246	324	252	320	247
	240	232	272	261	290	378	292	373	292
	300	260	308	295	325	433	332	428	328
	400	—	—	—	—	506	378	501	374
	500	—	—	—	—	579	428	574	424
环境温度/℃		40	25	40	25	40	25	40	25
土壤热阻系数/(℃·m·W⁻¹)		—	1.2	—	1.2	—	2.0	—	2.0

注：1. 本表系铝芯电缆数值。铜芯电缆的允许载流量可乘以 1.29。

2. 当地环境温度不同时的载流量校正系数可查相关资料。

3. 当地土壤热阻系数不同时(以热阻系数 1.2 为基准)的载流量校正系数可查相关资料。

4. 本表根据 GB 50217—1994《电力工程电缆设计规范》编制。

附表 18　GL-$^{11,15}_{21,25}$型电流继电器的主要技术数据及其动作特性曲线

1. 主要技术数据

型　　号	额定电流/A	额定值		速断电流倍数	返回系数
		动作电流/A	10 倍动作电流的动作时间/s		
GL-11/10,GL-21/10	10	4,5,6,7,8,9,10	0.5,1,2,3,4	2～8	0.85
GL-11/5,GL-21/5	5	2,2.5,3,3.5,4,4.5,5			
GL-15/10,GL-25/10	10	4,5,6,7,8,9,10	0.5,1,2,3,4		0.8
GL-15/5,GL-25/5	5	2,2.5,3,3.5,4,4.5,5			

2. 动作特性曲线

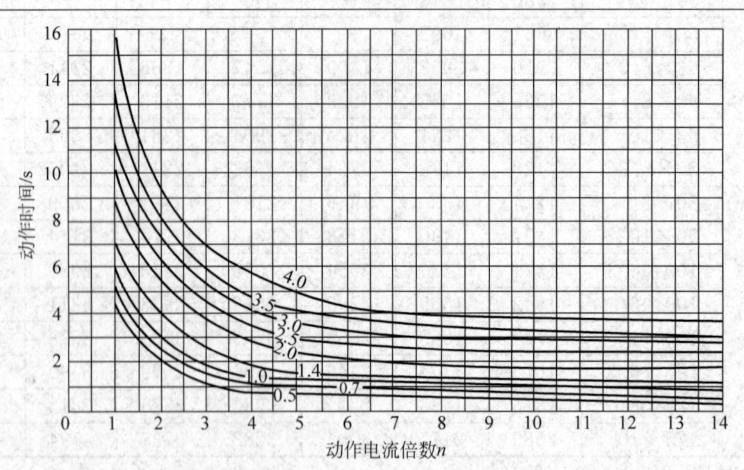

部分习题参考答案

学习导入

0-10　T_1：10.5/121kV，WL_1：110kV，WL_2：35kV

0-11　G：10.5kV，WL_1：10kV，WL_2：220/380V，T_2：10.5/242kV，T_3：220/121/11kV

项目一　供配电系统基本计算

1-1-7　$P_e=24kW$

1-1-8　$\left(取 K_{\Sigma p}=0.95, K_{\Sigma q}=0.97\right)$ $P_{30}=36.3kW$，$Q_{30}=58.8kvar$，$S_{30}=69.1kV\cdot A$，$I_{30}=105A$

1-1-9　需要系数法：$\left(取 K_{\Sigma p}=0.95, K_{\Sigma q}=0.97\right)$ $P_{30}=13.1kW$，$Q_{30}=8.5kvar$，$S_{30}=22.7kV\cdot A$，$I_{30}=34.5A$

二项式法：$P_{30}=19kW$，$Q_{30}=28.6kvar$，$S_{30}=34.3kV\cdot A$，$I_{30}=52.1A$

1-2-3　$Q_C=707kvar$，$n=60$

1-2-4　$I_{30}=88.8A$，$I_{pk}=283.4A$

1-3-6

短路计算点	三相短路电流/kA					三相短路容量/(MV·A)
	$I_k^{(3)}$	$I''^{(3)}$	$I_\infty^{(3)}$	$i_{sh}^{(3)}$	$I_{sh}^{(3)}$	$S_k^{(3)}$
k_1	11.23	11.23	11.23	28.64	16.96	204.23
k_2	52.73	52.73	52.73	97	57.48	36.53

1-4-3　$\sigma_{al}=70MPa>\sigma_c=35.4MPa$，所以该母线满足动稳定要求。

1-4-4　母线的实际截面为 $A=80\times10=800(mm^2)$，大于 $A_{min}=325mm^2$，所以该母线满足短路热稳定的要求。

项目二　供配电系统一次设备选择与安装

2-1-4　可初选两台 1000kV·A 的变压器

2-2-5　选择 SN10-10 Ⅰ/630 型断路器

2-2-6　选择 BLV 导线截面 $25mm^2$，RT0-200 型熔断器，熔体电流为 150A

2-4-5　所选导线型号：BV-500-(3×70+1×35+PE35)-SC70

2-4-6　所选线路型号：LJ-50，环境温度 30℃时，$I_{al}=202A>I_{30}=62.1A$

2-4-7　所选导线型号：BX-500-(3×10＋PEN10)　$\Delta U\%=3.2\%$

项目四　供配电系统的调试

4-4-13　1. 动作电流：$I_{op}=6.12$A，选择 DL 型继电器

2. 灵敏度校验：

作为本段线路 WL_2 的近后备保护时，$S_p=2.89>1.5$，合格。

作为下段线路 WL_1 的远后备保护时，$S_p=1.92>1.25$，合格。

3. 动作时间：1.5s

4-4-14　1. 动作电流：$I_{op}=5.25$A，整定为 6A，选择 GL 型电流继电器。

2. 灵敏度校验：

作为本段线路 WL_2 的近后备保护时：$S_p=1.80>1.5$，合格。

作为下段线路 WL_1 的远后备保护时，$S_p=1.44>1.25$，合格。

3. 动作时间：k－2 点短路，动作电流倍数 $n=2.71$，$t_2=1.3$s，查 GL 型继电器时限曲线，得 10 倍动作电流时的动作时限为 0.6s

4-4-15　动作电流：$I_{op}=5.1$A，整定为 5A。动作时限：对终端变电所取 0.5s

灵敏度：$S_p=3.9$，合格。

参考文献

[1] 刘介才.工厂供电[M].5版.北京：机械工业出版社,2010.
[2] 侯志伟.建筑电气工程识图与施工[M].北京：机械工业出版社,2004.
[3] 吕梅蕾.供配电技术[M].北京：清华大学出版社,2014.
[4] 张辉,马建华.电力内外线施工[M].北京：北京理工大学出版社,2010.
[5] 吕梅蕾.工厂供电技术[M].天津：天津大学出版社,2009.
[6] 周文彬.工厂供配电技术[M].天津：天津大学出版社,2008.
[7] 夏兴华.电气安全工程[M].北京：人民邮电出版社,2012.
[8] 王玉华.供配电技术[M].北京：北京大学出版社,2012.
[9] 余健明.供电技术[M].北京：机械工业出版社,2012.
[10] 翁双安.供电工程[M].北京：机械工业出版社,2012.
[11] 莫岳平,翁双安.供配电工程[M].北京：机械工业出版社,2011.
[12] 马桂荣.工厂供配电技术[M].北京：北京理工大学出版社,2010.
[13] 北京土木建筑学会.建筑电气动力安装工程[M].武汉：华中科技大学出版社,2009.
[14] 浙江省安全生产教育培训教材编写组.电工作业[M].北京：中国工人出版社,2003.
[15] 宫德福.维修电工[M].北京：化学工业出版社,2007.
[16] 刘介才.工厂供电设计指导[M].北京：机械工业出版社,2011.
[17] 刘介才.供电工程师技术手册[M].北京：机械工业出版社,1998.
[18] 李成良.电工职业技能鉴定教材[M].北京：中国劳动社会保障出版社,2008.
[19] 盛占石,尤德同.变配电室值班电工[M].北京：化学工业出版社,2007.
[20] 刘法治.电力线路操作实训[M].北京：化学工业出版社,2006.
[21] 国家电力监管委员会.低压类实操部分[M].北京：中国时政经济出版社,2007.
[22] 国家电力监管委员会.高压类实操部分[M].北京：中国时政经济出版社,2007.
[23] 李有安.建筑电气实训指导[M].北京：科学出版社,2003.
[24] 田淑珍.工厂供配电技术及技能训练[M].北京：机械工业出版社,2009.
[25] 郎禄平.建筑电气设备安装调试技术[M].北京：中国建材工业出版社,2003.
[26] 中国机械工业联合会.建筑物防雷设计规范[M].北京：中国计划出版社,2011.
[27] 中国机械工业联合会.低压配电设计规范[M].北京：中国计划出版社,2013.
[28] 中华人民共和国化工部.爆炸和火灾危险环境电力装置设计规范[M].北京：中国计划出版社,2013.
[29] 中国机械工业联合会.供配电系统设计规范[M].北京：中国计划出版社,2013.
[30] 中华人民共和国电力工业部.66kV及以下架空电力线路设计规范[M].北京：中国计划出版社,2010.
[31] 中国电力企业联合会.电力工程电缆设计规范[M].北京：中国计划出版社,2008.